Repertorium der Physik.

Enthaltend

eine vollständige Zusammenstellung der neuern Fortschritte dieser Wissenschaft.

Unter Mitwirkung der Herren

Lejeune-Dirichlet, Moser, Neumann, Riess, Strehlke,

herausgegeben

von

HEINR. WILH. DOVE.

II. Band.

Elektricität, Magnetismus, Erdmagnetismus, Literatur der Optik.

Mit einer Tafel Abbildungen.

Berlin:

Verlag von Veit & Comp.

1838.

Die weite Entfernung vom Druckort und die daraus entstandenen Unbequemlichkeiten machten es dem Herrn Professor Moser unmöglich, an der Redaction des Repertoriums so thätigen Antheil zu nehmen als er es gewünscht hätte, und er hat es deshalb vorgezogen, dieselbe dem Herrn Professor Dove allein zu überlassen. Dass er dem gemeinschaftlich begonnenen Unternehmen seine fernere Theilnahme als Mitarbeiter nicht entziehen wolle, bekundet die von ihm in dem vorliegenden zweiten Bande mitgetheilte Abhandlung.

Gegen Ostern des künftigen Jahres glauben wir das Erscheinen des dritten Bandes versprechen zu dürfen, der die Berichte über Akustik, Optik, Meteorologie und Wärmelehre enthalten und somit den ersten Cyclus des Repertoriums abschliessen wird. Als Anhang wird der Herr Redacteur die Literatur eines andern Theiles der Physik hinzufügen, deren Fortsetzung er sich für die folgenden Bände vorbehält.

Berlin im October 1837.

Die Verlagshandlung.

Druckfehler
in dem Aufsatze über Galvanismus u. s. w. im ersten Bande des Repertoriums.

Seite 183	Zeile	4	v. o	statt: sogar l. sobald
- 190	-	16	- -	- Contract l. Contact
- 192	-	13	- -	- leich l. gleich
- 200	-	6	- -	- rücktretende l. eintretende
- 204	-	13	- u.	- Wismuths l. Antimons
- 206	-	19	- o.	erreichen l. vermischen
- 213	-	7	- ų.	- Nur l. Nun
- 214	-	19	- o.	- nicht mit ihnen zusammenstellen l. sondern
- 222	-	21 u. 25	v. u.	statt: hingegen l. hiergegen
- 225	-	14	- o.	- Gasarten l. Gelehrten
- 225	-	16	- -	- die l. seine
- 229	-	7	- u.	- sie l. Platten
- 245	-	8	- u.	hinter Wassermenge ist einzuschalten rascher
- 258	-	17	-	statt: Fig. 10 Taf. I. l. Fig. 17 Taf. II.
- 264	-	14	- -	- die l. deren
- 272	-	15	- o.	um l. und
- 291	-	12	-	- Wesen l. Westen
- 300	-	18	-	- nur in l. eine
- 300	-	17	- u.	hinter Pol ist einzuschalten über
- 306	-	18	- o.	statt: im l. in
- 306	-	5	- u.	- richtiger l. wichtiger
- 309	-	1	- -	- Stelle l. Welle
- -	-	5	- -	- permanenten l. remanenten
- 336	-	8 und 30	- -	- -
- 315	-	13	-	- hinter proportional einzuschalten der Quadratwurzel von
- -	-	-	-	- statt $\sin^2 \frac{1}{2}\alpha$ l. $\sin \frac{1}{2}\alpha$
- 318	-	22	- o.	- aufgefunden l. aufgewunden
- 334	-	13	- u.	- unterbrochen l. ununterbrochen
- -	-	23	- -	- genannte l. gehemmte
- 339	-	25	- o.	- Streifen l. Streichen

Inhaltsverzeichniss zum zweiten Bande.

Siebenter Abschnitt.

Lehre von der Electricität.

A. Eigenschaften der Electricität im Allgemeinen.

B. Besondere Wirkungen der Electricität.

C. Erregung der Electricität.

D. Electrische Apparate.

Achter Abschnitt.

Magnetismus und einige Nachträge zum Galvanismus und zum induzirten Magnetismus.

1. Nachträge.

2. Magnetismus.

3. Magnetismus der Erde.

Da die Literatur einer physicalischen Disciplin bei dem raschen Fortschreiten derselben bald unvollständig wird, für das Eintragen von Ergänzungen es daher wünschenswerth ist, sie mit Papier zu durchschiessen, was für die andern Abschnitte des Werkes eher störend sein möchte, so ist die Einrichtung getroffen worden, dass die am Ende des Bandes befindliche Literatur der Optik von jenen getrennt werden kann. Sie ist daher besonders paginirt worden und hat ihr eignes Inhaltsverzeichniss erhalten.

D.

Siebenter Abschnitt.

Lehre von der Elektricität

von P. Riess.

Die nachfolgenden Erklärungen machen keinen Anspruch darauf, erschöpfend zu sein, oder irgend theoretischen Werth zu haben. Sie sollen nur als Erläuterungen gelten von Abkürzungen, deren wir uns bedienen und die, bei der so schwankenden Terminologie der Elektricitätslehre, leicht zu Missverständnissen Anlass geben könnten.

Elektricität. Elektricität, Reibungs-, Maschinen-Elektricität, heisst die unbekannte Ursache verschiedener Wirkungen, welche die Körper in einem gewissen vorübergehenden Zustande äussern, der deshalb der elektrische Zustand genannt wird. Der Körper bringt alsdann an einem Goldblattelektrometer die Goldblättchen zum Divergiren, er zieht leichte Körper an, zeigt unter gewissen Bedingungen eigenthümliche Lichterscheinungen, lenkt eine Magnetnadel ab, erhöht die Temperatur eines dünnen Metalldrahtes u. s. w. Wir nehmen aber nur die erstgenannte Wirkung, die Divergenz des Elektrometers und die damit zusammenhängenden Erscheinungen, als das charakteristische Merkmal der Elektricität, und werden aus dem Umstande allein, dass ein Körper vorübergehend die Magnetnadel ablenkt, oder ein dem elektrischen ähnliches Licht entwickelt, oder u. s. f. nicht schliessen, dass sich derselbe im elektrischen Zustande befinde. — Hiermit ist der Kreis von Arbeiten bestimmt, die der vorliegende Bericht umfasst.

Quantität der Elektricität. Der elektrische Zustand eines Körpers ist vorübergehend, er kann willkührlich gesteigert und vermindert werden. Geschieht diese Steigerung oder Verminderung in einzelnen bemerkbaren Perioden, und ist man berechtigt, jede derselben als elektrisch gleichbedeutend anzusehen, so ist die Anzahl dieser Perioden das Maass der Quantität der Electricität. Ein Körper hat die Elektricitätsmenge 3, soll also nur sagen, dass bei seinem Elektrischwerden ein gewisser Akt dreimal eingetreten ist, und dass hiernach sein el. Zustand als Summe dreier gleich grosser el. Zustände gedacht werde. Es ist gleichgültig, welche von den bei der Elektricitätserregung vorkommenden Erscheinungen in einzelnen Fällen als Einheit der Quantität zu Grunde gelegt wird; man hat sich nur zu rechtfertigen, richtig gezählt, d. h. in Bezug auf die Erregung oder Verminderung der Elektricität wirklich äquidistante Perioden gewählt zu haben. Ausser den direkten Mitteln, die elektrische Quantität zu messen, giebt es begreiflicherweise viele indirekte. Die elektrischen Wirkungen sind sämmtlich von der Elektricitätsmenge abhängig, und geben, wo das Gesetz dieser Abhängigkeit bekannt ist, das Quantum der wirksamen Elektricität durch Rechnung.

Dichtigkeit der Elektricität. Das Verhältniss der Elektricitätsmenge zu der Oberfläche, auf der sie verbreitet ist. Bezeichnet s die Oberfläche des Körpers, der sich im elektrischen Zustande befindet, q seine Elektricitätsmenge, so ist $\frac{q}{s}$ die Dichtigkeit der Elektricität. Die bisher genauer untersuchten Wirkungen der Elektricität haben sich proportional gewissen Funktionen von $\frac{q}{s}$ gezeigt.

Intensität, Tension, Spannung, Repulsivkraft der Elektricität. So werden einige der charakteristischen Wirkungen der Elektricität genannt, oder allgemeiner, die Funktionen der elektrischen Dichtigkeit, denen sie proportional sind. Bei dem verschiedenen Gebrauche dieser Worte ist es schwer anzugeben, welche besondere Wirkung und Funktion mit jedem von ihnen gemeint sei. In den meisten Fällen entsprechen sie $\frac{q}{s}$ oder $(\frac{q}{s})^2$, und nur Intensität findet sich zuweilen für eine noch unbekannte Funktion der Dichtigkeit gebraucht. Wo wir im Folgenden genöthigt sind, eins dieser mehrdeutigen Worte zu gebrauchen, soll darunter $f(\frac{q}{s})$, eine unbestimmt gelassene Funktion der Dichtigkeit, oder die ihr proportionale elektrische Wirkung verstanden werden.

Gebundene Elektricität. Die elektrischen Wirkungen eines isolirten mit einer Elektricitäts-Art geladenen Leiters A werden wesentlich modificirt, wenn sich ein zweiter Leiter B in seiner Nähe befindet, der mit der entgegengesetzten Elektricitätsart geladen ist. Die gleichzeitige Wirkung beider Leiter kann, nach Art der Anstellung des Versuchs, eine früher beobachtete elektrische Wirkung von A als aufgehoben, vermehrt oder vermindert erscheinen lassen. Ganz allgemein sagt man, dass die Elektricität von A oder die von B gebunden sei, wodurch eben nur die Nähe eines zweiten mit entgegengesetzter Elektricität geladenen Leiters angedeutet werden soll. Im engern Sinne, wenn der Grad der Bindung angegeben ist, bezeichnet das Wort gebunden, dass eine ganz bestimmte elektrische Wirkung von A nach bestimmter Richtung hin vermindert worden sei. Wenn von gebundener Elektricität im engeren Sinne die Rede ist, ohne Angabe der elektrischen Wirkung, auf welche die Bindung sich bezieht, so ist für dieselbe die Schlagweite der Elektricität, in bestimmter Richtung nach einem neutralen Körper hin, zu nehmen. Der Ausdruck, ein Körper A besitze eine Elektricitätsmenge q, von welcher der Theil c gebunden sei, sagt hiernach, dass durch die Nähe eines elektrisirten Leiters B, die Schlagweite der Quantität q nach einem neutralen Leiter hin, so vermindert sei, als ob sie einer Quantität q(1—c) zugehöre. Es kommt bei der gebundenen Elektricität nicht in Betracht, auf welche Weise einer der beiden Leiter elektrisch geworden ist.

Inducirte Elektricität. Ein isolirter neutraler Leiter, dem ein elektrischer Körper nahe steht, erscheint an zwei entgegengesetzten Enden entgegengesetzt elektrisch. Diese erregten Elektricitäten, die bei Entfernung des elektrischen Körpers wieder verschwinden, heissen inducirte (durch Vertheilung erregte) Elektricitäten. Der elektrisirte Körper und das ihm nächststehende Ende des Leiters sind ungleichnamig elektrisch; die Elektricität dieses Endes muss daher als gebunden betrachtet werden. Sie ist aber auch im engern Sinne, und zwar gänzlich gebunden, das heisst, nach der obigen Erklärung, ihre Quantität mag noch so gross sein, so ist ihre Schlagweite nach einem neutralen Körper hin die, welche der Quantität q (1—1) = 0 zukommt. Man kann den Leiter mit dem Finger berühren, ohne dass diese Elektricität abgeleitet wird. Es ist dies der ganz specielle Fall, welcher der oben erwähnten Klasse von el. Erscheinungen den unpassenden Namen der gebundenen Elektricität verschafft hat, womit durchaus nicht gemeint sein konnte, dass die elektrischen Wirkungen ohne Unterschied gebunden und neutralisirt worden seien. — Der Ausdruck: gebundene Electricität für: inducirte gebundene Elektricität kann an seiner Stelle weiter keine Zweideutigkeit veranlassen.

A. Eigenschaften der Elektricität im Allgemeinen.

I. Grundgesetze der Elektricität.

Die Elektricitätslehre geht von der Abstossung und Anziehung der durch Mittheilung elektrisirten Leiter aus; sie analysirt diese Erscheinung, entwickelt ihre Gesetze und sucht aus ihnen mit gewissen Annahmen alle elektrischen Wirkungen abzuleiten. Die Annahmen sind nicht so unbestreitbar, die Ableitung ist nicht überall so einfach, als dass wir unbedingt den Versuch tadeln könnten, die bisher geltenden elektrischen Grundgesetze für einen Augenblick bei Seite zu legen und von einer andern Erscheinung ausgehend, sie durch neue zu ersetzen. Aber ein solcher Versuch, wenn er von Werth sein sollte, müsste mit Klarheit und Consequenz durchgeführt sein, er könnte bekannte Hypothesen, aber nicht bekannte Thatsachen ignoriren, er dürfte keine Hypothesen aufstellen, die grössere Widersprüche herbeiführen, als die sind, welche er zu umgehen beabsichtigt. Diesen Anforderungen wird keinesweges genügt in einer Abhandlung von Snow Harris [1]), die nicht undeutlich prätendirt, die Elektricität auf eine leichtere Art, als bisher geschehen, unter die Herrschaft der Analysis zu bringen. Der Verfasser stellt die am längsten beobachtete Erscheinung, dass ein elektrisirter Körper einen neutralen Leiter anzieht, an die Spitze und betrachtet sie als die einfachste, indem er von der inducirten gebundenen Elektricität des Leiters gänzlich abstrahirt. Die inducirte Elektricität des angezogenen Körpers ist aber ein eben so unbestreitbares Factum, als die Electricität des anziehenden; die neuen Grundgesetze, mit Beachtung dieser Electricität gedeutet, sind durchaus nicht so einfach, als sie erscheinen, und die Versuche aus welchen sie abgeleitet sind, bleiben nur als specielle Fälle stehen, die als solche von geringem Interesse sind. Wir gehen, der angedeuteten Tendenz wegen, die Abhandlung als Ganzes genommen, durch; obgleich sie, nach Fortlassung des meistentheils sehr unklaren Raisonnements, nur als ein Convolut der verschiedenartigsten elektrischen Experimente erscheint, die ohne Nachtheil hätten vereinzelt werden können.

Messende Instrumente. Das von Harris angegebene Elektroskop hat bei einem complicirten Bau vor den zu gleichem Zwecke gebräuchlichen Instrumenten den nicht wesentlichen Vorzug, gegen den Horizont beliebig geneigt werden zu können. Wir lassen es füglich

---

[1]) Philos. transact. f. 1834. pag. 213.

unbeschrieben, da es auch sonst keinen Einfluss auf die Darstellung des Verfassers hat. Anders ist es mit seinen Elektrometern. Harris nennt die Anziehung zwischen einem elektrisirten Leiter und einem nicht isolirten Leiter elektrische Intensität, und misst diese durch das Gewicht, das jene Anziehung aufwiegt. Er gebraucht hierzu eine gewöhnliche feine Wage und eine eigens construirte hydrostatische, welche letztere vorzugsweise als Elektrometer bezeichnet wird. Beide Instrumente machen die Anwendung der grossen unsymmetrischen Leiter nothwendig, die in Taf. I. Fig. 1 abgebildet sind. a und b sind hölzerne mit Goldblatt überzogene Scheiben von 2 Zoll Durchmesser, auf der Rückseite mit hohen Kegeln versehen; b trägt seitlich die Zuleitung c und ist isolirt auf einer vertical stehenden Schraube befestigt, durch welche die Entfernung der beiden Scheiben bestimmt werden kann. Bei der gewöhnlichen Wage ist die Scheibe a mittelst eines feinen Silberdrahts an dem einen Arme des metallenen Wagebalkens aufgehängt, dessen gleichfalls metallenes Lager durch einen Draht mit der Erde verbunden wird. Erhält die feste Scheibe b Elektricität von dem Innern einer leydener Flasche, so wird der letztgenannte Draht mit der äussern Belegung derselben verbunden.

Am Elektrometer dient ein ähnlicher Apparat Fig. 1. Der Silberdraht der Scheibe a ist an der Peripherie eines metallenen Rades befestigt, das um eine horizontale, auf Friktionsrädern ruhende Axe sehr leicht beweglich ist. An der andern Seite der Peripherie trägt das Rad an einem Silberdraht einen hohlen hölzernen Cylinder, der zum Theil in ein Gefäss mit Wasser taucht und mit Schrot beschwert wird, bis der Zeiger an der Axe des Rades auf Null zeigt. Der Apparat ist dann nur in dieser Lage im Gleichgewicht, bei einer Drehung des Rades taucht das Gegengewicht weniger ins Wasser, und die Gewichte sind nicht mehr zu beiden Seiten des Rades gleich. Rückt der Zeiger um 1°, so entspricht dies einer Gewichtsvermehrung von 0,2 Gran und einer Senkung der Scheibe von 0,01 Zoll. Die Friktionsräder, und daher auch die Scheibe a, stehen metallisch mit der Erde in Verbindung.

Abgesehen von der Ansicht, die diesen Instrumenten zu Grunde liegt, lässt es sich bezweifeln, dass sie zur Wägung der elektrischen Anziehung hinlänglich fein wären. Die numerischen Werthe, die der Verf. mit ihnen gewonnen haben will, sind der Art, dass wir es uns nicht versagen können, ihre Uebereinstimmung bei jeder Tabelle durch eine hinzugefügte letzte Spalte deutlicher herauszustellen.

Maass der Quantität der Elektricität. Soll ein isolirter Conductor mit einer bestimmten Quantität Elektricität versehen werden, so isolirt Harris eine mit bestimmter Quantität geladene leydener Flasche und überträgt, mittelst einer kleinen Scheibe, zu öftern Malen Elektricität von der Innenseite derselben auf den Conductor. Die äussere Belegung der Flasche wird nach jeder Uebertragung ableitend berührt. — Um eine Flasche oder eine Batterie mit einem bestimmten Quantum Elektricität zu laden, setzt er sie mit der äussern Belegung einer Laneschen Entladungsflasche in Verbindung, deren Knopf auf dem ersten Conductor einer Elektrisirmaschine befestigt ist. Die Kugeln der Laneschen Flasche sind in eine bestimmte Entfernung von einander gestellt; die Anzahl der zwischen ihnen überspringenden Funken soll das Maass für die in die Batterie übergegangenen Elektricitätsmenge sein. Diese letzte Methode ist indess nur zu rechtfertigen, wenn sie gebraucht wird, eine und dieselbe Flasche oder Batterie zu verschiedenen Zeiten mit demselben Quantum Elektricität zu laden. Direkte Maassbeziehungen zwischen verschiedenen Ladungen derselben Flasche oder gar zwischen Ladungen verschieden grosser Flaschen giebt sie nicht, da die Entladungen der Maassflasche nur dann mit gleichen Quantitäten Elektricität erfolgen können, wenn die äussere Belegung derselben stets dieselbe Ableitung hat, welches hier nicht der Fall ist.

Elektrische Anziehung in verschiedenen Entfernungen. Die untere Scheibe des Elektrometers erhielt bei jedem Versuche durch Uebertragung von einer leydener Flasche dasselbe Quantum Elektricität, nachdem sie mittelst der Fussschraube in verschiedene Entfernungen von der beweglichen Scheibe gestellt worden war. Der Zeiger am Rade des Elektrometers gab das Gewicht und zugleich die Correction der Entfernung.

Entfernung d	Anziehung in Graden v	vd^2
0,5''	20°	5,00
0,8	8	5,12
1,0	5	5,00
1,2	3,5	5,04
1,5	2	4,50
	angen. 2,2	5,00

Das sich in diesen Versuchen aussprechende Gesetz würde auffallend, aber zugleich von wenig theoretischem Werthe sein. Es ist nämlich nicht zu übersehen, dass hier nicht die Anziehungen constanter Elektricitätsmengen gemessen werden, indem zwar die untere Scheibe stets dasselbe Quantum Electricität besass, die obere nicht isolirte Scheibe aber durch Vertheilung desto stärker elektrisirt wurde, je näher sie der untern stand. Ferner nimmt das Gesetz die Entfernung der nächsten Oberflächen der Conductoren in Anspruch, obgleich diese aus zweizölligen Scheiben mit hohen Kegeln auf der Rückseite bestanden und der untere Conductor ausserdem mit einer Zuleitung versehen war. Das Gesetz würde also höchstens für den angewandten zusammengesetzten Apparat und nicht, wie Harris will, für ebene Scheiben überhaupt gelten. Aus andern nicht mitgetheilten Versuchen werden folgende Resultate gezogen:

1) Die Anziehung zwischen einem elektrisirten und einem nicht isolirten Körper gleicher Gestalt wird nicht geändert durch Aenderung der Form der nicht unmittelbar gegenüber stehenden Flächen. Zwei Kugeln ziehen sich an wie zwei Halbkugeln.
2) Die anziehende Kraft ist gleich der Zahl der anziehenden Punkte, dividirt durch die Quadrate ihrer Entfernungen von den angezogenen.
3) Die Anziehung zwischen zwei ungleichen Kreisflächen ist wie zwischen zwei gleichen von der Grösse der kleinern.
4) Die Anziehung zwischen einer Kreisfläche und einem Ringe ist der zwischen zwei Ringen gleich.
5) Die Anziehung zwischen einer Kugel und einem Kugelsegment derselben Krümmung ist wie zwischen zwei gleichen Segmenten.

Die Anziehung zwischen zwei Kugeln gleicher Grösse unterwirft Harris einer auf den sonderbarsten Prämissen basirten Rechnung. Er betrachtet von den Kugeln nur die beiden zugewandten Halbkugeln und theilt sie durch Ebenen, die auf der Verbindungslinie ihrer Centra winkelrecht stehen in eine unendliche Menge Ringe. Indem er nun die Rechnung so ansetzt, als ob die Elektricität auf der elektrisirten Halbkugel gleichförmig vertheilt wäre und jeder elektrisirte Ring nur auf den ihm an Grösse gleichen Ring der andern Kugel anziehend wirke, findet er für die Summe dieser Partialwirkungen eine Totalanziehung, die nach den Entfernungen wie $\frac{1}{a\,(a+2r)}$ variirt, wo r den Halbmesser der Kugeln, a die Entfernung ihrer nächsten Punkte bezeichnet. Zur Prüfung dieses Gesetzes wurden 2 hölzerne vergoldete Kugeln von 1 Zoll Radius an die Stelle der Scheiben der Wage gesetzt und ihre Anziehung bei derselben Quantität mitgetheilter Electricität in verschiedenen Entfernungen gemessen.

a	Anziehung in Granen beobachtet.	berechnet.
0,3″	15	
0,5	8,25	8,28
0,8	4,6	4,62
1,0	3,5	3,45

Das wäre freilich eine in jedem Betracht erstaunenswerthe Uebereinstimmung.

Elektrische Anziehung nach der Quantität der mitgetheilten Elektricität. Ein isolirter Metallcylinder wurde zu verschiedenen Malen mit einer bestimmten Elektricitätsmenge geladen und entweder sogleich an den Knopf des Elektrometers gebracht, oder nachdem er mit einem, zwei oder drei ihm ganz ähnlichen Cylindern berührt worden. Die Anziehungen am Electrometer verhielten sich, wie die Quadrate der auf dem Cylinder befindlichen Elektricitätsmengen. Oder auch, es wurde eine leydener Flasche successiv mit verschiedenen Quantitäten Elektricität geladen, und die Anziehung der innern Belegung an den Scheiben der Wage bestimmt. Hier fand sich

Quantität q	Anziehung in Granen. i	$\frac{i}{q^2}$
1	4,5	4,5
2	18	4,5
3	40,5	4,5

Abgesehn von dem absolut verschwindenden Beobachtungsfehler würde uns hier nichts auffallend sein. Erhält die untere Scheibe des Elektrometers oder der Wage ein doppeltes, dreifaches Quantum Elektricität durch Mittheilung, so erhält die obere Scheibe ein doppeltes, dreifaches Quantum durch Vertheilung, und die elektrische Anziehung zwischen zwei Körpern ist dem Produkte ihrer Elektricitätsmengen proportional. Harris betrachtet aber den angezogenen Körper als durchaus passiv, und kommt hier nach einigen schiefen Analogieen zu der sonderbaren Annahme, dass bei Anhäufung der Elektricität auf einem isolirten Leiter ein Theil dieser Elektricität durch Wirkung der Oberflächepartikel desselben für das Elektrometer maskirt, gebunden werde, dass aber dieser Theil desto kleiner ausfalle, je grösser die Quantität der Elektricität sei. Er will daher bei jeder Elektrisirung eines Leiters unterscheiden:

1) die wirklich angehäufte Quantität Elektricität;

2) die an dem Elektrometer nicht merkbare (controlled quantity);
3) die an demselben merkbare Quantität (free action).

Es braucht kaum hinzugefügt zu werden, dass diese Annahme weder die beabsichtigte Erklärung liefert, noch mit irgend einer Theorie oder Erfahrung in Einklang zu bringen ist.

Anziehung nach der Gestalt der elektrisirten Leiter. Drei metallene Rechtecke von gleicher Oberfläche (75 □'') wurden, mit demselben Quantum Elektricität geladen, an den Knopf des Elektrometers gebracht; die Anziehungen fanden sich ihren Perimetern umgekehrt proportional.

Länge.	Breite.	Perimeter.	Anziehung.	
		p	i	pi
54,5	1,4	112	3	336
25	3	56	6	336
12,5	6	37	9	333
			angen. 9,08	336

Auch diese Versuche sind höchst speciell und nicht geeignet, unsere Kenntniss der Elektricitätswirkungen zu erweitern. Sie lehren nichts über die Anziehungen der verschieden geformten Bleche, sondern nur über die Anziehungen des complicirten Conductors b (Fig. 1.), je nachdem seine Kugel c mit dem einen oder dem andern jener Bleche in Berührung ist. Die resultirende Anziehung ist von der Vertheilung der Elektricität über zwei sich berührende Conductoren abhängig, bei der nicht allein die Gestalt, sondern auch die relative Grösse derselben von Einfluss ist. Noch verwickelter erscheinen diese Versuche, wenn man bedenkt, dass, an dieselbe Elektricitätsquelle gehalten, eine quadratische Platte weniger Elektricität aufnimmt, als ein Streifen derselben Oberfläche, und dass sich deshalb bei den 3 Rechtecken nicht einmal vor der Berührung mit der Kugel c dieselbe Elektricitätsmenge voraussetzen lässt. Wir sind daher weit entfernt, mit dem Verfasser aus den obigen Versuchen eine Formel ableiten zu wollen für die elektrische Intensität ebener rechtwinkliger Conductoren überhaupt, oder auf seine nachfolgenden Versuche Gewicht zu legen, nach welchen die Intensität eines rechtwinklichen Bleches dieselbe bleibt, wenn es nach der Länge oder Breite zu einem Cylinder zusammengebogen wird, und ferner die Intensität einer Kugel der einer ebenen Scheibe von derselben Oberfläche gleich ist. H. findet dies letzte Resultat vorzugsweise auffallend, da nach der gewöhnlichen Annahme auf der concaven Kugelfläche keine Elektricität frei sei, bei der Planscheibe aber auf beiden Seiten. Er bestreitet indess das erstere, indem er von der Innenseite einer elektrisirten Kugel leicht Elektricität erhielt, als er den prüfenden isolirten Draht den er in dieselbe einführte, länger als ihren Durchmesser nahm. — Man könnte nach dem letzten Versuche glauben, dass der Verf. die durch Vertheilung frei werdende Elektricität ebenso leugnet, wie die inducirte gebundene, es finden sich indess folgende Versuche vor.

Anziehung der durch Vertheilung frei gewordenen Elektricität. Von zwei isolirten Metall-Cylindern mit ebenen Endflächen wurde der eine mit dem Elektrometer verbunden, der andere dem erstern in der Verlängerung der Axe entgegen gestellt und mit einer bestimmten Elektricitätsmenge geladen. Bei gleicher Quantität mitgetheilter Elektricität wurden die Anziehungen am Elektrometer umgekehrt proportional gefunden den Entfernungen der nächststehenden Endflächen der Cylinder, bei gleicher Entfernung direkt proportional den Quadraten der mitgetheilten Elektricitätsmengen. Dasselbe fand sich, als die gegenüberstehenden Endflächen der Cylinder von einem Ballon umschlossen waren, in dem die Luft verdünnt worden. — Dem Gesetze, das die Entfernung der nächststehenden Endflächen in Anspruch nimmt, dürfen wir wiederum keine allgemeine Gültigkeit zugestehen.

Erwärmung eines Drahtes durch die elektrische Entladung. Das Elektrothermometer des Verfassers ist ein Luftthermometer, durch dessen Kugel ein dünner Platindraht geführt ist, der einen Theil des Schliessungsbogens einer elektrischen Batterie ausmacht. An diesem Instrumente hatte der Verfasser Versuche über die Erwärmung des Drahtes nach Maassgabe der Anhäufung der Elektricität angestellt, die in den »Plymouth transactions« mitgetheilt worden sind. Er schliesst aus diesen Versuchen, dass der erwärmende Effekt einer gegebenen Quantität Elektricität derselbe sey, wie gross auch ihre frühere Tension oder Intensität in der Batterie gewesen sein möge. Es bringe zum Beispiel ein gegebenes Quantum Elektricität in dem sie entladenden Drahte dieselbe Erwärmug hervor, diese Elektricität mag nun in Flaschen von dünnem oder dickem Glase, von kleinerer oder grösserer Oberfläche angehäuft gewesen sein, wenn nur die Zahl der Flaschen und die Länge des elektrischen Kreises dieselben sind.[1]) Die Bedingung, dass die Zahl der Flaschen dieselbe sein müsse, erregt schon Misstrauen gegen das angeführte Gesetz; noch zweifelhafter aber erscheint es durch die folgenden Versuche, nach welchen die Wärme im

---

[1]) Phil. transact. 1834. pag. 225. Pogg. Ann. 29. pag. 375.

Drahte abnimmt, wenn der Widerstand gegen den Durchgang der Elektricität durch den Schliessungsbogen zunimmt. Harris lud nämlich eine Flasche mit einem bestimmten Quantum Elektricität und liess die Entladung durch das Elektrothermometer und eine gewisse Länge Kupferdraht gehen. Es fand sich:

bei Einschaltung von 300	Fuss	Draht	die	Erwärmung	10°
600	„	„	„	„	5,5
900	„	„	„	„	3

Die Erwärmung des Platindrahtes im Thermometer scheint umgekehrt proportional der Länge des Schliessungsbogens zu sein. Bei Einschaltung von Halbleitern in den Schliessungsbogen wurde das Thermometer nicht afficirt.

Es ist bekannt, dass die Zeit der Entladung einer leydener Flasche desto grösser ist, je unvollkommener der Schliessungsdraht die Elektricität leitet. Ebenso hängt die Zeit der Entladung bei gleichbleibenden Schliessungsbogen von der Tension oder Intensität (welche Bedeutung auch wir diesem Worte geben) der Elektricität in der Flasche ab. Wenn die Entladungsdauer im ersten Falle auf die Erwärmung im Schliessungsdrahte Einfluss hat, so wird sie ihn auch im zweiten haben, und diese Erwärmung kann daher nicht unabhängig von dem Grade der Anhäufung in der Batterie sein. Ich werde weiter unten meine Untersuchungen über diesen Gegenstand und das aus ihnen folgende Gesetz anzuführen Gelegenheit haben.

Schlagweite der Elektricität und Umstände, welche sie modificiren. Es ist durch Lane bekannt, dass die Schlagweite einer geladenen leydener Flasche in geradem Verhältnisse zu der Quantität der angehäuften Elektricität steht. Wenn ein gewisses Quantum Elektricität, in einer Flasche gesammelt, bei der Selbst-Entladung den Zwischenraum 1, der durch zwei Kugeln gegeben wird, überspringt, so muss dies Quantum verdoppelt werden, wenn bei dem Zwischenraum 2 wieder eine Entladung eintreten soll. Harris hat dasselbe Gesetz für einfache Conductoren gefunden. Auf einen Metallcylinder mit sphärischer Endigung wurden successiv verschiedene Quanta Elektricität gebracht; demselben wurde ein ähnlicher, aber nicht isolirter Cylinder mittelst einer Micrometerschraube genähert, bis der Funke übersprang. Die Entfernungen der nächsten Flächen der Cylinder waren den Quantitäten der Elektricität proportional. Als ein bestimmtes Quantum auf verschieden grosse Flächen gebracht wurde, fand sich die Schlagweite den Arealgrössen der Flächen umgekehrt proportional. Bei diesen Versuchen ging die

Elektricität beim Ueberspringen durch eine Luftstrecke von gewöhnlicher Dichtigkeit. Um diese Dichtigkeit ändern zu können, setzte Harris den Schliessungsbogen einer sehr grossen leydener Flasche aus folgenden Stücken zusammen. (Aeussere Belegung); ein Draht mit einer Kugel, die sich in der Campane einer Luftpumpe befindet; eine zweite Kugel mit einem Drahte, der ersten messbar zu nähern; ein Elektrothermometer; eine Drahtstrecke; ein Drahtstück um ein Charnier drehbar; eine Kugel mit Glas bedeckt (innere Belegung). Wurde durch Hinabwerfen des beweglichen Drahtes das Glas auf der Kugel zerbrochen, so bestand zwischen den beiden Belegungen der Flasche eine metallische Verbindung, unterbrochen durch die Luftstrecke zwischen den Kugeln in der Campane. Das Glas auf der mit der innern Belegung verbundenen Kugel sollte die zu frühe Entladung der Flasche verhindern. Es wurde nun die grösste Entfernung der Kugeln in der Campane bestimmt, bei welcher noch eine Entladung der mit bestimmter Quantität geladenen Flasche stattfand, und sodann die Luft in der Campane verdünnt. Die Schlagweite der angehäuften Elektricität fand sich in gleichem Verhältnisse mit der Luftverdünnung vermehrt. In Luft von nur der halben Dichtigkeit, wie früher, war die Schlagweite desselben Quantums Elektricität doppelt so gross, oder, was dasselbe sagt, ein halbes Quantum Elektricität hatte jetzt dieselbe Schlagweite, die früher das ganze hatte. Als Nebenresultat wird angeführt, dass die Erwärmung des Platindrahts in dem Thermometer dieselbe blieb, wenn ein gewisses Quantum Elektricität seine volle Schlagweite, oder eine geringere Weite übersprang. Zur Untersuchung des Einflusses der Lufttemperatur auf die Schlagweite vertauschte Harris in der erwähnten Zusammensetzung des Schliessungsbogens die Campane mit einem Glasballon, in dem sich die Drähte mit den Kugeln in constanter Entfernung und ein kleines Thermometer befanden. Ueber den Ballon wurde eine Blechhülle gesetzt mit einer seitlich angebrachten trichterförmigen Erweiterung, unter welcher eine Spirituslampe stand, welche die Luft um den Ballon und dadurch die in ihm befindliche erwärmte. Es wurde die Quantität der Elektricität gemessen, die zwischen den Kugeln in dem Ballon unter vollem Luftdrucke bei einer Temperatur von 10° C. übersprang; der Ballon wurde verschlossen und die Luft in demselben zu 148° erhitzt; dieselbe Quantität Elektricität sprang über, aber keine kleinere. Blieb der Ballon hingegen offen, so war bei 148° eine viel geringere Elektricitätsmenge, als bei 10°, erforderlich, um die Entladung durch dieselbe Luftstrecke hindurch zu veranlassen; dieselbe geringe Quantität blieb zur Entladung hinreichend, als der Ballon heiss verschlossen und zu frühern Temperatur abgekühlt worden war. Der Verfasser schliesst hieraus, dass die Wärme das elektrische Leitungsvermögen der Luft nicht erhöhe, sondern den Uebergang der Elektricität nur dadurch erleichtere, dass sie die Luft weniger dicht macht.

Uns scheint dieser interessante Versuch eine für die Theorie der Elektricität wichtige Folgerung zuzulassen, die eine Wiederholung desselben wünschen liesse. Die Unveränderlichkeit nämlich der Schlagweite für abgesperrte Luft von 10° und von 148° Wärme würde zeigen, dass der Druck der Luft, der bei der letzten Temperatur um die Hälfte grösser sein musste, als bei der ersten, dem Gange der Elektricität kein Hinderniss darbietet. Die bekannte Erfahrung, dass die Schlagweite der Elektricität durch Compression des Gases, das sie durchbrechen soll, bedeutend vermindert wird [1]), müsste daher nicht dem vergrösserten Drucke, sondern der vermehrten Dichtigkeit desselben zugeschrieben werden. Der Annahme, dass nur die Menge der isolirenden Lufttheilchen, nicht die Kraft, die sie aus einander hält, dem Ausströmen der Elektricität hinderlich ist, widersprechen auch die folgenden Versuche nicht.

Elektrisirte Leiter in verdünnter Luft. In den gangbaren Lehrbüchern der Physik wird das Zurückbleiben der Elektricität auf isolirten Leitern, der isolirenden Eigenschaft und dem Drucke der Luft zugeschrieben, welcher letzterer sich der Expansion der elektrischen Theilchen entgegenstemmen soll. Bei nahestehenden elektrisirten Leitern wird ferner der Luftdruck an verschiedenen Seiten der Leiter verschieden angenommen und dadurch auf eine nicht nicht sehr einleuchtende Weise die Bewegung der Leiter erklärt; überall aber findet sich die Behauptung, dass in verdünnter Luft die Elektricität die Leiter, auf denen sie sich befindet, sogleich verlasse, so dass also keine Bewegung der Leiter möglich wäre. Es lassen sich gegen diese Behauptung schon seit lange vorliegende Versuche aufführen. Boyle fand, dass ein elektrisirter Körper in verdünnter Luft anziehend wirkt; [2]) Dessaignes, dass ein Elektrometer in derselben stundenlang seine Divergenz behält; [3]) Davy, dass im luftleeren Raume Drähte nach von aussen mitgetheilter Elektricität sich abstossen. [4]) Diese Versuche

[1]) Döbereiner in Schweigg. Journ. 62. pag. 89.
[2]) Opera varia. Genevae 1740. I. pag. 142.
[3]) Gilb. Annal. XLVIII. pag. 50.
[4]) Ibid. LXXII. pag. 366.

sind indess so wenig beachtet worden, dass die von Harris über diesen Gegenstand angestellten fast ganz für neue gelten können. Harris führte einen Draht, der sich in einer Kugel endigte, luftdicht in eine Campane und verband ihn von aussen mit einem Elektroskope. Als der Draht elektrisirt worden, und das Elektroskop auf 40° Grad zeigte, verdünnte er die Luft in der Campane bis zu $\frac{1}{60}$ ihrer frühern Dichtigkeit, ohne dass eine merkliche Abnahme der Divergenz des Elektroskopes stattfand. Derselbe Versuch wurde mit gleichem Erfolge wiederholt, als die Kugel in der Campane einen Durchmesser von 2 Zoll hatte. Der obere Theil eines Goldblattelektrometers wurde auf den Hals eines kleinen Glasballons luftdicht aufgeschraubt, so dass die Goldblättchen in dem Ballon hingen. Elektrisirt unter die Campane der Luftpumpe gestellt, behielt dies Elektrometer seine Divergenz, als die Luft bis $\frac{1}{70}$ ihrer Dichtigkeit verdünnt war. Dies geschah gleichfalls, als der Deckel mit den Goldblättchen ohne Glashülle unter der Campane stand. Dr. Turner wiederholte den letzten Versuch und konnte keine Abnahme der Divergenz bemerken, selbst als die Luft bis zu $\frac{1}{300}$ ihrer ersten Dichtigkeit verdünnt worden war.

Eine Campane mit Metalldeckel, dem innerhalb ein dicker Glasstab oder ein dünner Metalldraht nahe stand, wurde evacuirt; sogleich floss die dem Deckel mitgetheilte Elektricität leuchtend über den Stab oder Draht. Ein dünner Metalldraht, in der Campane ausgespannt und mit den Belegungen einer Batterie von 5 □ Fuss Oberfläche verbunden, konnte bei gewöhnlicher Dichtigkeit der Luft, leicht geschmolzen werden. Als aber die Luft verdünnt worden, gelang dies nicht, selbst als eine Batterie von 25 □ Fuss angewendet wurde. Der grösste Theil der Elektricität ging nämlich in dem letzten Falle leuchtend über den Draht fort, statt durch denselben.

Harris schliesst aus diesen Versuchen, dass ein elektrisirter Leiter in verdünnter Luft nur dann Elektricität verliert, wenn ein anderer nicht isolirter Körper in seiner Schlagweite steht, welche durch die Dichtigkeit der Elektricität sowohl, wie durch die Dichtigkeit der Luft bestimmt wird.

Zum Gelingen elektrischer Versuche würde also im luftvollen wie im luftverdünnten Raume dieselbe Bedingung gelten: hinreichende Entfernung neutraler Leiter; nur dass im letztern Falle diese Entfernung viel grösser sein wird, als im ersten.

Ich habe einige der oben angeführten Versuche wiederholt. Ich liess um den Hals eines Gasballons von 3 Zoll Durchmesser eine messingene Fassung kitten, auf die eine Hülse luftdicht aufgeschraubt wird. Durch die Hülse geht isolirt ein Draht, der oben eine kleine Kugel, $4\frac{1}{2}'''$ im Durchmesser, unten die Goldblättchen trägt, die bei grösster Divergenz noch $9'''$ von der Wandung des Ballons entfernt bleiben. Dieser Ballon, auf einen Glasdreifuss gestellt und mit einer Theilung auf Papier versehen, bildet bei Weitem das beste Elektroskop, das ich je gebraucht habe. — Ich stellte das Instrument auf den Glasteller der Luftpumpe und bedeckte es, nachdem ich den Blättchen eine Divergenz von $5\frac{1}{2}'''$ gegeben hatte, mit einer Glasglocke; nach 55 Minuten war die Divergenz auf $4'''$ gesunken. Das Elektrometer wurde aufs neue zu $5\frac{1}{2}'''$ elektrisirt, die Luft aber in der Glocke bis auf $4'''$ Barometerstand verdünnt. Nach 1 Stunde 8 Minuten, indessen das Barometer unverändert geblieben war, divergirten die Blättchen noch mit $5'''$. An einem andern Tage war die Divergenz bei einem Barometerstande von $3'''$ (zu Ende $5'''$) in $1\frac{1}{2}$ Stunde von $6'''$ auf $4'''$ gesunken. Man kann freilich einwenden, dass der Druck von $3'''$ Quecksilber noch hinlänglich war, die geringe Quantität Elektricität im Elektrometer zurückzuhalten; erfährt man aber, dass die Kugel des Elektroskops nur 1 Zoll von der Decke der Campane und 7 Zoll von der metallenen Saugröhre der Pumpe entfernt war, so wird es sehr auffallend, dass ein Druck von 28 Zoll Quecksilber auf die elektrischen Molecule die Zerstreuung derselben durchaus nicht mehr verhinderte, als ein Druck von 3 Linien. Dass in der dichten Luft viel mehr Lufttheilchen mit der elektrisirten Kugel in Berührung kommen als in der dünnen, kann nicht weiter aufgeführt werden, da die geringere Anzahl Theilchen dagegen in dem verdünnten Raume eine viel grössere Beweglichkeit haben mussten. Damit die Elektricität in verdünnter Luft der schnellen Zerstreuung entgehe, braucht übrigens, unter sonst günstigen Bedingungen, die elektrische Dichtigkeit nicht klein zu sein. Ich deckte die Campane mit einer kleinen Messingplatte, die ausserhalb mit zwei isolirten Hollundermarkpendeln in Verbindung stand und von der nach innen ein Draht mit einer Kugel von $4\frac{1}{2}'''$ Durchmesser hinabging. Als der Knopf einer stark geladenen leydener Flasche an die Metallplatte gehalten wurde, divergirten die Hollunderkugeln zu $\frac{5}{4}$ Zoll. Nachdem die Glocke bis auf $3'''$ exantlirt worden, erhielt die Flasche das Elektroscop 11 Minuten lang in derselben Divergenz und hatte danach nur wenig von ihrer Ladung verloren. Die Kugel in der Glocke stand hierbei $7''\ 5'''$ über der Saugröhre. Als indess der Draht so weit verlängert wurde, dass die Kugel nur $4''$ von der

Saugröhre entfernt war, ging bei Anlegung der zu gleichem Grade wie früher geladenen Flasche an die Metallplatte, Elektricität mit bläulichem Lichte durch die Campane; das Elektroscop divergirte zwar, aber die Flasche hatte den grössten Theil ihrer Ladung verloren. Bei gewöhnlicher Dichtigkeit der Luft in der Glocke war die Entfernung der Kugel von 4″ noch vollkommen hinreichend, den Uebergang der Elektricität zur Saugröhre zu verhindern.

II. Dauer des elektrischen Lichts; Fortpflanzungsgeschwindigkeit der Elektricität in einem besondern Falle.[1])

Das sinnreiche Mittel, dessen sich Wheatstone bedient hat, für die genannten bisher unmessbaren Phänomene ein annäherndes Maass zu erhalten, wird durch folgendes verständlich sein. Man betrachte von einem festen Augenpunkte aus das Bild eines entfernten leuchtenden Punktes in einem kleinen vertical gestellten ebenen Spiegel, und drehe diesen langsam um eine verticale Axe, so wird das Bild in entgegengesetzter Richtung und zwar mit der doppelten Winkelgeschwindigkeit seine Stelle ändern, bis es aus dem Gesichtsfelde rückt. Geschieht diese Drehung so schnell, dass das Auge die einzelnen Bilder nicht mehr unterscheidet, so erblickt man einen leuchtenden Bogen (den Theil eines Kreises, dessen Radius die Entfernung des leuchtenden Punktes vom Spiegel ist), der die ganze Breite des Spiegels einnimmt. Die Grösse des Bogens wird durch die beiden Stellungen des Spiegels gegen das Auge bestimmt, mit denen das Bild in das Sehfeld ein- und austritt. Leuchtet der Punkt daher die Zeit über, die zwischen diesen beiden Stellungen des Spiegels vergeht, so giebt die Länge des Bogens kein Maass seines Leuchtens; fällt aber Anfang und Ende des Leuchtens innerhalb dieser Zeit, so wird der Lichtbogen kürzer sein und bei bekannter Drehungsgeschwindigkeit des Spiegels die Dauer der Erscheinung berechnen lassen. Macht z. B. der Spiegel in 1 Sekunde a Umläufe, so würde das Bild des Punktes, wenn er 1 Sekunde leuchtete, 2. a. 360 Grade durchlaufen; ein Bogen von b Graden entspricht daher einer Leuchtdauer von $\frac{b}{720.\ a.}$ Sekunden. Dasselbe, was von dem leuchtenden Punkte bemerkt worden, gilt auch von einer leuchtenden Linie, die der Drehungsaxe des Spiegels parallel steht, sie wird nach Verhältniss ihrer Leuchtdauer breiter werden.

---

[1]) Philos. transact. f. 1834. pag. 583. Pogg. Ann. Bd. 34. pag. 464.

Steht der leuchtende Punkt nicht fest, sondern durchläuft er, während der Drehung des Spiegels eine gewisse Strecke, die wir uns durch zwei in einer Verticallinie befindliche Punkte begränzt denken wollen, so werden, falls die Geschwindigkeit des leuchtenden Punktes zu der des Spiegels in einem merklichen Verhältnisse steht, die Gränzpunkte der Bahn im Spiegel nicht mehr in einer Verticalen stehen können. Erscheint der Endpunkt der Bahn von der durch den Anfangspunkt gezogenen Verticalen im Spiegel um b Grade abgelenkt, so werden wir schliessen, dass sich der Spiegel während der Bewegung des Punktes um $\frac{b}{2}$ Grad gedreht hat, welches, wenn der Spiegel in 1'' a Umläufe macht, einer Zeit von $\frac{b}{720.\,a}$ Sekunde entspricht. Es ist daher aus dem Bilde eines leuchtenden Gegenstandes in einem rotirenden Spiegel zuvörderst zweierlei ersichtlich: die Dauer des Leuchtens durch die Verbreiterung des Gegenstandes nach der auf der Drehungsaxe des Spiegels winkelrechten Richtung; die Geschwindigkeit seiner Bewegung durch die Ablenkung seiner Bahn von der im ruhenden Spiegel gesehenen. Bleibt ferner der leuchtende Gegenstand an derselben Stelle des Raums, ändert sich aber sein Leuchten in sehr schnell auf einander folgenden Perioden, so wird der rotirende Spiegel, wenn seine Geschwindigkeit zu der Dauer der Lichtphasen in einem merklichen Verhältnisse steht, das Bild des Gegenstandes in diesen verschiedenen Perioden wiederholentlich zeigen und dieselben dem Auge neben einander bemerklich machen. Der Spiegel giebt daher drittens ein Mittel ab, ein intermittirendes Phänomen als ein solches zu erkennen.

Wheatstone hat die elektrischen Lichterscheinungen nach diesen drei Fragepunkten untersucht, und sowohl schon jetzt interessante Resultate mitgetheilt, als auch er uns deren noch mehr erwarten lässt. Er bediente sich eines kleinen runden Spiegels, der nach Art des Beleuchtungsspiegels am Mikroskope von einer gestielten Gabel umfasst wird und durch Schraubenzapfen beliebig gegen den Stiel geneigt werden kann. Er befestigte zuerst den Stiel vertical auf einer Rotationsmaschine mit Zähler, stellte den Spiegel vertical und gab ihm eine Drehung von 50 Umläufen in der Sekunde. In einer Entfernung von 10 Fuss vom Spiegel erregte er folgende elektrische Lichterscheinungen in verticaler Richtung: vier Zoll lange Funken aus dem ersten Conductor einer Elektrisirmaschine; Entladungen einer leydener Flasche; eine elektrische Schlangenlinie von 4 Fuss Höhe um eine sogenannte Blitzröhre; 6 Fuss lange Lichtströme durch eine luftleere Glasröhre hindurch; verschiedene durch den elektrischen Funken gebildete Figuren.

Alle diese Phänomene erschienen in dem rotirenden Spiegel vollkommen ungeändert, in eben der Art, wie man sie im ruhenden Spiegel sah. Dies war auch der Fall, als durch einen, später zu erwähnenden Drehungsapparat die Geschwindigkeit des Spiegels auf 800 Umläufe in der Sekunde gesteigert wurde. Da nun dem dicht vor dem Spiegel befindlichen Auge eine Verbreiterung der Leuchtpunkte um $\frac{1}{2}$ Grad so gross erscheinen musste, wie ein Zoll in der Entfernung von 10 Fuss gesehen, diese Grösse aber der Beobachtung nicht hätte entgehen können, so lässt sich aus der Unveränderlichkeit der genannten elektrischen Licht-Erscheinungen schliessen, dass dieselben nicht $\frac{\frac{1}{2}}{720.\ 800} = 0{,}00000087$ einer Sekunde gedauert haben. Wheatstone benutzt diese ausserordentlich geringe Dauer des elektrischen Lichts, andere sehr kurze Zeit dauernde Erscheinungen dem Auge bemerklich zu machen. Im finstern Zimmer durch die Entladung einer elektrischen Flasche beleuchtet, erschienen gemalte Züge auf sehr schnell rotirenden Scheiben in ruhender Lage, schwingende Saiten in abgelenkter Richtung, der aus einer engen Röhre ausfliessende Wasserstrahl als eine Folge von Tropfen. Physiologisch merkwürdig ist hierbei, dass das Auge im Stande ist, nach fast nur momentan wirkendem Lichteindrucke distinkt zu sehen.

Zur Entdeckung der Intermittenz des anscheinend continuirlich leuchtenden elektrischen Lichtes, neigte Wheatstone den kleinen Spiegel beinahe 90° gegen die verticale Drehungsaxe, so dass er fast horizontal stand. Das zu prüfende Licht brachte er oberhalb in der Verlängerung der Axe an, so dass es im rotirenden Spiegel einen Kreis bildete, dessen Umfang ganz übersehen werden konnte. Das Spiegelbild hat hier mit dem Spiegel dieselbe Winkelgeschwindigkeit und dreht sich in derselben Richtung. Bei einer Geschwindigkeit von 50 Umdrehungen in der Sekunde erschien der kleine Lichtstern zwischen zwei gegenüberstehenden Spitzen, die eine elektrische Leitung unterbrachen, als eine Folge einzelner Funken; das continuirliche Licht einer evacuirten, an den ersten Conductor gehaltenen Glasröhre als eine Folge einzelner Blitze. Ebenso wurde der Lichtpinsel an der Spitze eines gegen den geladenen Conductor der Maschine gehaltenen Drahtes als ein intermittirendes Phänomen erkannt; zugleich fanden sich die einzelnen Bilder des Pinsels in der Richtung der Rotation des Spiegels verlängert, wonach die einzelnen Ausströmungen, aus welchen der Pinsel besteht, eine geraume messbare Dauer haben müssen. Um die

Anwendung des Spiegelapparats bei nicht elektrischen Erscheinungen zu zeigen, diente eine Wasserstoffgassflamme in der Art, wie sie zur chemischen Harmonica gebraucht wird. So lange dieselbe frei brannte, gab sie im Spiegel einen vollkommenen Kreis, als sie aber mit einer Glasröhre bedeckt wurde, in der sie einen Ton hervorbrachte, erschien der Kreis regelmässig unterbrochen, nach Art einer Kette, und zeigte hierdurch die den Schwingungen der Luftsäule entsprechenden Contractionen der Flamme an.

Nachdem der Verfasser vergebens versucht hatte, die Geschwindigkeit der Elektricität, wenn sie in Gestalt eines Funkens eine kurze Luftschicht unterbricht, bemerklich zu machen, suchte er die Geschwindigkeit ihrer Fortpflanzung durch einen leitenden Draht, der eine geladene Flasche entladet, zu bestimmen. Die Entladung einer Flasche ist ein complicirtes, noch nicht gehörig aufgeklärtes Phänomen; die Geschwindigkeit, mit welcher der Entladungsfunke durch eine gewisse Länge des Schliessungsdrahtes geht, hängt muthmaasslich von der Substanz und den Dimensionen des ganzen Schliessungsdrahtes und von der Dichtigkeit der Elektricität in der Flasche ab. Ein Versuch über die Geschwindigkeit der Elektricität, bei dem diese Elemente ungeändert blieben, kann zwar nur für einen speciellen Fall gelten; er hat indess so merkwürdige Resultate geliefert, dass wir ihn seinem ganzen Verlaufe nach anführen müssen. Die Hauptbedingung bei der Aufstellung des Apparats ist schon oben angedeutet worden. Der Weg der Elektricität musste so geführt werden, dass wenigstens zwei Punkte desselben, an welchen die Elektricität leuchtend bemerklich wurde, in einer der Drehungsaxe des Spiegels parallelen Linie lagen und im Spiegel gesehen werden konnten. Es wurden deshalb von einem $\frac{1}{15}$ Zoll dicken Kupferdrahte zwanzig Längen, jede von 120 Fuss, isolirt neben einander ausgespannt und je zwei Enden derselben, mit Ausnahme der beiden mittelsten, mit einander verbunden, so dass die ganze Drahtstrecke ein Continuum bildete, das nur in der Mitte unterbrochen war. Auf einem kleinen Brette (Fig. 5.) befanden sich 6 Kugeln isolirt in eine Linie gestellt, je zwei $\frac{1}{10}$ Zoll von einander entfernt. Mit Kugel 2 wurde der Anfang, mit 5 das Ende des ganzen Drahtes verbunden, nach 3 und 4 gingen die frei gelassenen mittelsten Enden desselben, und an den Kugeln 1 und 6 waren die in Fig. 6. bezeichneten Drähte befestigt. Diese Figur zeigt zugleich die Zusammensetzung des vollständigen Apparats, von dem der Messapparat allein deutlicher in Fig. 7. abgebildet ist. M ist eine kleine leydener Flasche, die durch die Kette N von einer Elektrisirmaschine fortwährend mit Elektricität geladen wird; die innere Belegung derselben ist mit dem festen Entlader OP verbunden, dessen Kugeln durch ihre Entfernung von einander die Entladung der Flasche bestimmen. Diese kann indess nur eintreten, wenn der mit der Axe des Spiegels bewegliche Arm Q dem Knopfe des festen Entladers gegenübersteht. Zwischen Q und dem Knopfe ist ein Glimmerblatt S mit einer sehr schmalen horizontalen Spalte angebracht, um den Uebergang des Funkens auf eine möglichst kleine Stelle zu beschränken. Der Funke wird, nur von der innern Belegung ausgehend gedacht, folgenden Weg nehmen müssen. Er springt von den festen Conductoren OP nach dem Arme Q über, geht durch den Draht 6 nach der Kugel 6 des Funkenbrettes, springt nach Kugel 5 über, durchläuft $\frac{1}{4}$ engl. Meile Draht bis Kugel 4, springt nach Kugel 3 über, durchläuft $\frac{1}{4}$ Meile Draht bis Kugel 2, springt nach Kugel 1 über und geht endlich nach der äussern Belegung der Flasche fort. — Der Messapparat besteht aus einem metallenen Aufsatze HJ, in dessen Wangen die massive Axe FF sehr leicht beweglich ist; die Bewegung wird derselben durch eine Schnur von dem grossen Rade K mitgetheilt, das mit dem Rade L eine gemeinschaftliche Axe hat; letzteres wurde mit einer rotirenden Maschine in Verbindung gesetzt. In der Ebene der Axe FF ist der aus Stahl gefertigte runde Spiegel E von einem Zoll Durchmesser unverrückbar befestigt. Wenn der Arm Q die oben erwähnte zur Entladung nöthige Stellung hat, ist der Spiegel E 45° gegen die Horizontalebene geneigt; das Funkenbrett steht demselben in 10 Fuss Entfernung gegenüber, so dass, wenn man von oben in den Spiegel sieht, die 3 in einer Horizontallinie liegenden Funken zugleich gesehen werden. Die richtige Stellung des Auges ist durch das über dem Spiegel befindliche ebene oder concave Glas R gegeben. Die Winkelgeschwindigkeit des Spiegels konnte nicht direct bestimmt werden, sie ergab sich indess leicht aus dem Tone, den der Arm Q hervorbrachte, indem er auf ein davorgehaltenes Kartenblatt schlug. Dieser Ton gab 800 Schläge in der Sekunde an, welches zugleich die Anzahl der Umläufe des Spiegels ist. Die grösste Schwierigkeit bei dem Versuche besteht darin, die Entladung der Flasche in dem Augenblicke stattfinden zu lassen, wo der Spiegel die 3 Funken nach dem Auge reflektiren kann. Trotz des dazwischengestellten Glimmerblattes fing der Arm Q den Entladungsfunken nicht immer an derselben Stelle auf, wodurch die 3 Funken an verschiedenen Stellen des Spiegels und zuweilen gar nicht gesehen wurden. Der Verfasser schlägt deshalb vor, einen Spiegel mit 6 gleichgeneigten Flächen um die Axe zu legen, bei dem die Wahrscheinlichkeit, die Funken im Sehfelde zu erhalten, 6 Mal grösser sei.

Der Versuch wurde nun so angestellt, dass der Beobachter, während die Flasche fortwährend mit positiver oder negativer Elektricität versehen wurde, das Bild des Funkenbrettes in dem rotirenden Spiegel fixirte. Rotirte der Spiegel mit geringer Geschwindigkeit, so erschienen die 3 Funken im Spiegel vollkommen wie sie direkt gesehen wurden, scharf begränzt und in einer geraden Linie liegend; hatte er hingegen eine Geschwindigkeit von 800 Umläufen, so wurden sie zu drei Bogen verlängert, deren grösste Ausdehnung 24° betrug und eine Dauer der Entladung von 0,000042 Sekunde anzeigte. Das Merkwürdigste aber war, dass nur die Endpunkte der beiden äussern Bogen in derselben Horizontallinie lagen, der mittlere Bogen aber über sie hinausgerückt erschien. Rotirte der Spiegel nach der rechten Hand des Beobachters, so hatte das Bild der Funken das Ansehn –≡, rotirte er nach der linken, das Ansehn ≡–. Der vortretende Theil des mittlern Bogens war nicht über $\frac{1}{2}$ Grad lang. Der der innern Belegung der Flasche zunächst liegende Funke erschien also gleichzeitig mit dem der äussern Belegung nächsten, der in der Mitte des langen Drahtes überspringende Funke traf aber später ein um eine Zeit, in welcher der Spiegel $\frac{1}{4}$ Grad beschrieb. Der Entladungsfunke hat demnach in dem Versuche 0,000000868 Sekunde gebraucht, um $\frac{1}{4}$ engl. Meile Kupferdraht zu durchlaufen, was für ihn eine Geschwindigkeit von 288000 Meilen in der Sekunde giebt, in welcher Zeit das Licht der Jupiterstrabanten nur 191515 Meilen zurücklegt. Die unverrückte Stellung der beiden äussern Bogen gegen einander zeigt an, dass die Elektricität an beiden Enden des Schliessungsdrahtes gleichzeitig auftritt und von dort nach der Mitte fortschreitet. Der Versuch widerspricht demnach der Annahme, dass nur von der positiven Belegung aus das elektrische Fluidum durch den Draht ströme; er lässt sich mit der Franklinschen Theorie vereinigen, wenn man annimmt, dass das eine Ende des Drahtes die positive Belegung in demselben Augenblicke entleere, in welchem das andere Ende die negative anfüllt, wo also die gemessene Zeit sich auf die Wiederherstellung des gestörten elektrischen Gleichgewichts im Schliessungsdrahte beziehen würde. Mit der dualistischen Ansicht stimmt die Erscheinung überein, man mag nun die wirkliche Ueberführung der beiden elektrischen Fluida oder ihre gleichzeitig eintretende Neutralisirung anzunehmen geneigt sein.

Wheatstone beschliesst seine schöne Arbeit, die er selbst nicht für abgeschlossen ansieht, durch Hervorhebung der Hauptresultate:

1) Die Geschwindigkeit der Elektricität in einem Kupferdrahte übertrifft die des Lichts im Weltraume.
2) Die Störung des elektrischen Gleichgewichts im Schliessungsdrahte einer geladenen Flasche geht mit gleicher Geschwindigkeit von den Enden nach der Mitte fort.
3) Das Licht der Elektricität von grosser Dichtigkeit hat eine Dauer von weniger als 1 Milliontel Sekunde.
4) Das Auge kann Gegenstände deutlich sehen, die nur während dieser kurzen Zeit beleuchtet werden.

III. Leitung der Elektricität; Zerstreuung derselben durch die Luft.

Leitung der Elektricität, durch Temperatur bedingt. Es ist bekannt, dass Glas, bei gewöhnlicher Temperatur ein Isolator, in erhöhter Temperatur (nach Becquerel von 80° C. an) ein guter Leiter der Elektricität wird. Um so interessanter ist die Entdeckung von P. Erman [1]), dass mehrere glasartige Fossilien durch eine Temperaturerhöhung, und zwar durch die geringe von 15° R., aus Leitern zu Isolatoren der Elektricität werden. Er fand diese Erscheinung hauptsächlich bei den Marecaniten, bei den durchsichtigen sowohl als bei den nur durchscheinenden (den sogenannten Perlsteinen), ferner bei den meisten Obsidianen, bei vielen Laven und bei dem Dichroit. Alle diese Fossilien leiten unter 15° R. die Elektricität fast eben so gut wie Metall, über 15° schon schlechter, und sind bei 30° vollkommene Isolatoren. Dass an hygroscopische Feuchtigkeit und Verjagen derselben durch die Wärme nicht zu denken sei, bewies folgender Versuch. Marecanite und Dichroite wurden mehrere Tage in einem Gefässe über concentrirter Schwefelsäure aufbewahrt. Bei einer Temperatur von 9°,5 am Elektrometer geprüft, zeigten sie sich eben so gut leitend, wie die im Zimmer frei liegenden; über Schwefelsäure erwärmt, wurden sie, wie diese, vollkommen isolirend.

---

[1]) Denksch. d. berl. Ak. 1829. Pogg. Ann. B. 25. S. 607.

Elektrisches Leitungsvermögen gepülverter Körper. Munck af Rosenschöld [1]) hat zur Bestimmung des elektrischen Leitungsvermögens pulverförmiger oder gepülverter Körper eine Methode angegeben, die dazu dienen kann, bedeutende Unterschiede dieser Eigenschaft bemerklich zu machen. Er füllte eine lange an dem einen Ende mit Bleifolie verschlossene Glasröhre mit dem zu untersuchenden Pulver an und führte in dasselbe von dem offnen Ende aus einen langen Eisendraht ein. Dieser Draht war mit der äussern Belegung einer grossen leydener Flasche verbunden, die stets zu einem bestimmten Grade, den ein an den Knopf der Flasche gehaltenes Strohhalmelektrometer anzeigte, geladen war. Die Bleifolie der Glasröhre lag auf einer Kupferplatte, auf die der Experimentator den mit Wasser befeuchteten Finger der einen Hand setzte, während er mit der andern Hand den Knopf der Flasche berührte. Der erste Versuch durfte keine Empfindung geben. Dann wurde der Eisendraht bei folgenden Versuchen immer tiefer in das Pulver eingesenkt bis zu dem Punkte, bei dem der Schlag im Finger gefühlt wurde. Eine je grössere Länge der untersuchten Substanz hierbei im Entladungskreise befindlich war, desto grösser durfte das Leitungsvermögen derselben angenommen werden. Die Glasröhre war $1\frac{1}{2}'''$ weit, der Eisendraht $\frac{3}{5}'''$ dick, die Flasche wurde zu 25° des ersten volta'schen Strohhalmelektrometers geladen. [2]) Bei verschiedenen gepülverten Substanzen, die alle gleich dicht gepackt wurden, fanden sich folgende Längen:

bei Holzkohle, im offnen Feuer gebrannt	$54'''$
» im verschlossenen Tiegel geglüht .	252
Braunstein, erste Sorte	$16\frac{3}{4}$
» zweite Sorte	5
Schwarzes Schwefelquecks. geschmolz. u. gepülv.	5

Das schwarze Schwefelquecksilber, das der Verfasser als chemisch identisch mit dem Zinnober ansieht, würde hiernach das merkwürdigste Resultat geliefert haben, da der Zinnober ein Isolator der Elektricität ist und bei einem Versuche, selbst in einer Dicke von nur $\frac{1}{4}'''$, den Schlag nicht durchliess. Um das schwarze Schwefelquecksilber reiner als das oben angeführte zu erhalten, wurde es mit einer grossen Menge Kalilösung gekocht, wodurch sich der überflüssige Schwefel

[1]) Pogg. Annal. Bd. 34. S. 437.

[2]) Die Beschreibung der volta'schen Normalelektrometer siehe Gehl. Neues phys. Wörterb. III. S. 665.

ausschied. Getrocknet hatte es eine rein schwarze Farbe und leitete die Elektricität noch besser als das früher angewandte.

Am bessten leitend wurde aber die genannte Substanz gefunden, als sich der Verf. dieselbe durch fünfstündiges Zusammenreiben von 1 Theil Schwefel und 3 Theilen Quecksilber selbst bereitete. Das so erhaltene Pulver war rein schwarz und amalgamirte eine goldene Nadel nicht merklich. In die Glasröhre bis zu einer Länge von $31\frac{1}{3}$ Zoll gepackt, liess es den Schlag der Flasche hindurch, selbst als diese viel schwächer als früher (zur Divergenz von 7^{0} des Strohhalmelektrometers) geladen war. Der Verf. schliesst hieraus, dass das reine schwarze Schwefelquecksilber in Bezug auf Leitung der Elektricität den Metallen nicht viel nachstehe.

Dies dürfte indess noch in Frage zu stellen sein. Nach der Pharmac. boruss. wird nämlich der Aethiops mineralis durch Zusammenreiben von gleichen Theilen Schwefel und Quecksilber bereitet. Die erhaltene Masse besteht nun zwar nach C. G. Mitscherlichs Untersuchung [1]) aus 1,42 Theilen einer chemischen Verbindung, die identisch der im Zinnober ist, und aus 1 Theil beigemengtem Schwefel; man darf aber nicht sogleich annehmen, dass durch ein mechanisches Verfahren der überschüssige Schwefel direct mit Quecksilber verbunden werden kann. Die Probe mit der Goldnadel ist nicht sicher genug, um freies Quecksilber anzuzeigen, und steht der von Mitscherlich angewandten nach, nämlich mit Salpetersäure zu untersuchen, ob aus der Masse Quecksilber aufgelöst werde. Es bleibt daher eine Wiederholung des Rosenschöldschen Versuchs zu erwarten, dessen Bestätigung einen interessanten Beitrag zu der Kenntniss der isomerischen Körper geben würde.

Das braune Superoxyd des Bleies (1 At. Blei 2 At. Sauerst.) fand Rosenschöld noch besser leitend als das Schwefelquecksilber; 21 Zoll dieser Substanz liessen noch den Schlag der Flasche, die nur zu 3^{0} geladen war, hindurch. Das Bleisuperoxydul, Mennige (2 At. Blei 3 At. Sauerst.) erwies sich hingegen sehr wenig leitend.

Diese Resultate erinnern an die nicht sehr bekannt gewordene Inaugural-Dissertation Pelletiers über den Werth der physicalischen Kennzeichen der Mineralien (Paris 1812). In dem Abschnitte über das elektrische Leitungsvermögen der Mineralien [2]) wird bemerkt,

---

[1]) Poggend. Ann. Bd. 16, S. 354.

[2]) Gilb. Ann. Bd. 46. S. 200.

dass weder Sauerstoff noch Schwefel das elektrische Leitungsvermögen der Metalle im bestimmten Sinne verändere. So leite Schwefelsilber die Elektricität gar nicht, Schwefelquecksilber nur sehr wenig, indess Schwefelblei und Schwefelzink vortreffliche Leiter sind. Der Braunstein leite sehr gut, obgleich er ein Superoxyd sei; die Mennige hingegen sehr wenig, die Bleierde (ein unreines Bleioxyd) aber sehr gut. Der Anthracit findet sich als sehr guter, die Steinkohle nur als schwacher Leiter aufgeführt. Pelletier beurtheilte das Leitungsvermögen nach der Zeit, in welcher die untersuchten Substanzen eine geladene leydener Flasche entluden; ein Mittel, das, mit Vorsicht gebraucht, dem von Rosenschöld angegebenen nicht nachsteht.

Ueberblickt man diese Arbeiten und bedenkt, dass nach Ermans oben erwähnter Entdeckung, bisher nicht berücksichtigte Temperaturänderungen auf das elektrische Leitungsvermögen einen so bedeutenden Einfluss üben, so wird man eine neue Bearbeitung des Gegenstandes durch einen umsichtigen Mineralogen und Chemiker als ein wünschenswerthes, gewiss nicht unergiebiges Unternehmen betrachten müssen.

Veränderung der Leitungsfähigkeit pulverförmiger Massen durch elektrische Entladungen.[1]) Rosenschöld füllte eine Glasröhre bis zu einer gewissen Länge mit unreinem schwarzen Schwefelquecksilber an und fand, dass der Schlag einer bis zu 25° des Strohhalmelektrometers geladenen leydener Flasche nicht hindurchging. Als aber stärkere Schläge hindurchgeleitet worden, leitete die Masse jenen Schlag und sogar noch geringere Ladungen. Wurde das Pulver aus der Röhre genommen und wieder hineingefüllt, so hatte sein Leitungsvermögen wieder abgenommen. Auch ein festes Stück von geschmolzenem Schwefelquecksilber wurde durch einen starken Schlag besser leitend. Am Braunstein fand diese Veränderung des Leitungsvermögens nicht statt. Fein gekörntes Zinn, etwas dunkel von Farbe, verhielt sich wie das Schwefelquecksilber. Starke elektrische Entladungen machten es besser leitend, aber Veränderung der Lage der Körner durch Umpacken oder Schütteln brachte es auf den anfänglichen Zustand zurück. — Ein entgegengesetztes Verhalten zeigte das Kienmayersche Amalgam (Quecks. 2, Zink 1, Zinn 1). Starke Entladungen durch dasselbe hindurch geleitet, verminderten seine Leitungsfähigkeit bedeutend, die durch Umpacken wieder hergestellt wurde.

---

[1]) Pogg. Ann. Bd. 34. p. 450.

Die Art des Einlegens des Amalgams in die Röhre war indess von Einfluss auf die Erscheinung. Lag das Amalgam nur sehr locker, so vermehrten schwache Schläge sein Leitungsvermögen, starke Schläge verminderten es; war es hingegen so fest als möglich eingestampft, so hatten auch starke Schläge keinen Einfluss auf dasselbe. Ausgeglühtes Kohlenpulver wurde durch starke elektrische Entladungen besser leitend (obgleich in geringerem Grade als die Metallpulver), es mochte lose oder fest in die Glasröhre gepackt sein. Das Leitungsvermögen eines kleinen Cylinders, aus 1 Theil Kohlenpulver und 6 Theilen Schwefel zusammengeschmolzen, wurde durch sehr starke Entladungen vermehrt; ein Cylinder hingegen aus 1 Theil Kohle und 7 Theilen Schwefel leitete zwar weniger als der vorige, erlitt aber durch starke Schläge keine Aenderung.

Leitungsvermögen der Metalle mit anderen Eigenschaften derselben übereinstimmend. Forbes [1]) macht auf die Uebereinstimmung aufmerksam, welche man erhält, wenn die Metalle nach ihrer Leitungsfähigkeit für Elektricität und Wärme, und nach ihrer Eigenschaft geordnet werden, erhitzt auf eine Bleiplatte gelegt, tönend zu vibriren. Die Wärmeleitung untersuchte derselbe mit einem Fourierschen Contactthermometer, die Elektricitätsleitung schloss er aus den Versuchen von Harris, Pouillet und Becquerel (Rep. I. S. 323).

Leiter d. El.	Leit. d. Wärme.	Vibratoren.
Silber	Gold	Silber
Kupfer	Silber	Kupfer
Gold	Kupfer	Gold
Zink	Messing	Zink
Messing	Eisen	Messing
Eisen	Zink	Platin
Platin	Platin	Eisen
Zinn	Zinn	Zinn
Blei	Blei	Blei
Antimon	Antimon	Antimon
Wismuth	Wismuth	Wismuth

Wäre die Reihe der Vibratoren wirklich eine so bestimmte, wie sie hier erscheint, so müsste man schliessen, dass ein erhitztes Metall auf eine kalte Bleiplatte gelegt, desto leichter vibrire, je besser es die Elektricität leitet.

---

[1]) Transact of th. r. s. of Edinb. vol. 12. p. 444. Edinb. phil. journ. Apr. 1833.

Leitungsvermögen der Luft für beide Elektricitätsarten. Belli[1]) behauptet, dass ein isolirter Conductor, zu solchem Grade elektrisirt, um Funken von 1—2 Linien zu geben, seine Elektricität viel schneller an die Luft verliere, wenn er negativ, als wenn er positiv geladen ist. Es fiel nämlich ein auf dem Conductor befindliches Quadrantelektrometer von 20° auf 10°

bei positiver Ladung durchschnittlich in 10,7 Minuten
bei negativer » » » 4,6 »

Auf gleiche Weise fand derselbe, dass eine Spitze die negative Elektricität in grösserem Maasse ausströmen lässt, als die positive, und schliesst hieraus, dass die Luft für die beiden Elektricitäten ein verschiedenes Leitungsvermögen besitze. — So rohe Versuche sollten gegen Biot, der bekanntlich die Zerstreuung durch die Luft bei der positiven und negativen Elektricität durchaus gleich gefunden hat[2]), von gar keinem Gewichte sein. Peltier hat es indess unternommen, sie direct zu widerlegen[3]), und giebt als Grund des Irrthums an, dass, wenn die Luft früher positiv elektrisirt sei, ein negativ geladener Conductor begreiflicherweise seine Elektricität schneller verliere, als ein positiv geladener.

Zerstreuung der Elektricität in feuchter Luft. Coulomb schreibt die schnelle Zerstreuung, welche die Elektricität in feuchter Luft erfährt, theils dem grössern Leitungsvermögen zu, das die Luft durch das beigemengte Wassergas erhält, theils dem wirklich condensirten Wasser an den isolirenden Stützen des elektrisirten Leiters. Munck af Rosenschöld schliesst dagegen aus seinen in grosser Breite mitgetheilten Versuchen[4]), dass die feuchte Luft ein eben so guter Isolator sei, wie die trockene, dass sie aber die Eigenschaft der Spitzen, Elektricität auszuströmen, nach Verhältniss ihrer Feuchtigkeit vergrössere. Dies sei bei Spitzen organischer Stoffe (Hanf-, Seidenfäden, Staub) noch mehr der Fall, als bei metallischen Spitzen, da jene Stoffe in feuchter Luft zugleich leitender werden. Seidene Schnüre isoliren daher weniger gut, als erwärmtes Glas. Eine sehr feine Spitze an einem Goldblatte fing in mässig feuchter Luft bei 25° des volta'schen Normalelektrometers, eine sehr feine Staubspitze dagegen bei 5° an, Elektricität auszuströmen. Werden (was nicht

[1]) Biblioth. univ. de Genève V. p. 154. Pogg. Ann. Bd. 40. p. 73.
[2]) Traité II. p. 258.
[3]) Annal. de Chimie vol. 62. p. 429.
[4]) Poggend. Ann. Bd. 31. S. 433—465.

leicht möglich ist) entweder alle Spitzen vermieden, oder wird die Dichtigkeit der Elektricität so weit vermindert, dass die vorhandenen Spitzen nicht mehr wirken, so behält ein Conductor seine Elektricität in feuchter Luft eben so gut, wie in trockner. Die Form des Versuches, bei welcher der Verfasser endlich stehen blieb, ist folgende:

Zwei sehr dünne Messingdrähte, 2″ 8‴ lang, in einer, über ein Gefäss mit Schwefelsäure gestülpten, Glocke leicht beweglich an einem Eisendrahte aufgehängt bilden das Elektrometer. Der Eisendraht ging luftdicht durch die Decke der Glocke, dann $4\frac{1}{2}$ Zoll horizontal fort; an seinem Ende wurde ein Draht mit der zu untersuchenden Spitze so aufgehängt, dass dieselbe in einen engen feucht gehaltenen Glascylinder hinab reichte. Der Apparat wurde durch Berührung mit einer leydener Flasche geladen, die Feuchtigkeit mit einem Federkielhygrometer gemessen. Einmal, als ein feiner Silberdraht im feuchten Cylinder hing, wurde der Apparat zur Divergenz der Messingdrähte von $2\frac{3}{4}$‴ elektrisirt, nach 3 Stunden fand sich diese noch $1\frac{2}{3}$‴. Ein anderes Mal divergirte das Elektrometer $1\frac{1}{2}$‴, als eine Goldblattspitze im feuchten Cylinder hing, und zeigte nach Verlauf einer Nacht noch $\frac{3}{4}$‴ Divergenz.

Keiner der übrigen 33 Versuche unterstützt die Annahme des Verfassers, die ausserdem das Verhalten der feuchten Luft gegen Elektricität sehr räthselhaft erscheinen lässt. Die feuchte Luft soll die Elektricität isoliren, aber die Spitzen befähigen, dieselbe besser zu leiten, als früher. Da nun eine metallene Spitze in feuchter Luft keine nachweisbare Veränderung erleidet, so ist jene Annahme eine willkührliche Umschreibung des Phänomens selbst, der weder eine Analogie, noch eine klare Vorstellung zu Grunde liegt.

Noch unklarer ist der Verfasser in einer andern Abhandlung [1]) über die Ursache der schnellen Wirkungsabnahme einer Elektrisirmaschine in feuchter Luft. Er fand, dass eine elektrische Zeugmaschine (gefirnisster Atlas mit Katzenfell gerieben) in feuchter Luft wenig wirkte, und eine bessere Wirkung nur dadurch erhielt, dass man sie durch Kohlenfeuer oder Sonnenstrahlen erwärmen liess. Der Kraftverlust fand sich weder durch Feuchtigkeit des Reibers noch durch unvollkommene Isolirung der Stützen hinlänglich erklärt. Eine Erwärmung des Reibers von innen (durch heisse Luft oder Bolzen) war von keinem Erfolge; ein feuchter Reiber wirkte bei trockener Luft besser, als ein trockener bei feuchter. Wurde der

---

[1]) Poggend. Ann. Bd. 32. S. 362.

Reiber abgenommen und über ein Kohlenfeuer gehalten oder über Schwefelsäure getrocknet, so hatte er an Wirksamkeit gewonnen. Die Wirkung einer Scheibenmaschine nahm zwar auch in feuchter Luft ab, aber nicht so schnell als die der Zeugmaschine, sie nahm wieder zu, als der Reiber (ein mit Stanniol überzogenes Kissen) erwärmt wurde. Aus diesen und ähnlichen Versuchen schliesst der Verfasser, dass feuchte Luft die Elektricitäts-Erregung durch Reiben schwäche, aber weder in Folge abgesetzter Feuchtigkeit, noch durch das ihr beigemengte Wassergas, sondern durch ein inponderables unbekanntes Etwas, das, ein beständiger Begleiter des Wassergases, mit demselben aus der Atmosphäre in das Reibzeug eindringe.

Maassstab für das Gelingen elektrischer Versuche. Johnson[1]) nimmt zum Maassstabe für das Gelingen elektrischer Versuche die Grösse eines Quotients, dessen Divisor das Gewicht des Wasserdampfes in einem Volumen Luft, und dessen Dividend die Differenz der Lufttemperatur und der Temperatur des Thaupunktes ist. Es ist dies im Allgemeinen zu rechtfertigen, da mit dem Dividend das Isolationsvermögen der Stützen der Maschine, mit dem Divisor die Leitungsfähigkeit der Luft zunimmt. Johnson giebt diesen Quotient nach zweijährigen mittleren Temperaturen und Thaupunkten in Philadelphia an:

	Temperatur.	Thaupunkt Diff.	el. Quot.
Sommer	72,17 F.	11,07	32
Herbst	55	8,54	39
Winter	30,75	7,00	68
Frühling	51,66	12,25	70
geheizt. Zimm. Winter	70	46,25	417

Man lernt hieraus, dass in temperirten Klimaten der geeignetste Ort für elektrische Versuche das geheizte Zimmer im Winter ist, was man freilich sonst schon gewusst hat.

IV. Eigenschaften der gebundenen Elektricität.

Aus dem in der Vorerinnerung Gesagten ergiebt sich, dass wir von Eigenschaften der gebundenen Elektricität nicht eigentlich reden können. Die gebundene Elektricität hat dieselben Eigenschaften, wie die Elektricität überhaupt; aber Versuche mit ihr werden abweichende Resultate geben, weil dabei stets die gleichzeitigen Wirkungen zweier

---

[1]) Sillim. amer. journ. vol. 25. p. 57.

entgegengesetzten Elektricitätsarten im Spiele sind. Wenn wir im Allgemeinen bei der freien Elektricität rund herum im Raume mit gleichem Erfolge experimentiren können, so müssen wir bei der gebundenen stets eine Linie im Auge behalten, welche die beiden mit entgegengesetzter Elektricitätsart geladenen Leiter verbindet. Der Erfolg eines Versuchs kann sehr verschieden ausfallen, je nach der Stellung, den der accessorische Apparat gegen diese Linie erhält. Die hierdurch verwickelten Experimente mit gebundener Elektricität erhalten nur dadurch Interesse, dass sie auf die Grundwirkungen der Elektricität überhaupt zurückgeführt werden. Dies ist neuerdings einmal nicht der Fall gewesen; ein einzelnes Experiment ist falsch gedeutet worden und hat, indem diese Deutung einen der wichtigsten Fundamentalsätze der Elektricitätslehre verwirrte, selbst eine Wichtigkeit erlangt, die es zum Gegenstande weitläufiger Diskussionen machte. Ich darf wohl, um die Streitfrage deutlicher herauszustellen, an einiges Frühere erinnern.

Canton[1]) liess 1753 ein Paar Metallkugeln an feinen Silberdrähten von der Decke seines Zimmers herabhängen und hielt eine geriebene Glasröhre unter dieselben. Er bemerkte, dass die Kugeln divergirten, und zwar mit negativer Elektricität, so lange er die Glasröhre darunter hielt, mit positiver aber, wenn er an ihrer Statt eine geriebene Siegellackstange nahm. Aepinus[2]) stellte eine geriebene Glasröhre vor das eine Ende eines isolirten Metallcylinders; er berührte beide Enden desselben mit einem an einem Seidenfaden hängenden Metallstücke, und schloss aus der Untersuchung des wieder entfernten Metallstückes, dass das der Glasröhre zugewandte Ende des Cylinders negativ, das abgewandte positiv elektrisch sei. Auf gleiche Weise verfuhr Coulomb, nur dass er statt des Metallstücks ein kleines Probescheibchen nahm.

Als Biot die Elektricitätserregung durch Vertheilung in seinem klassischen Lehrbuche bearbeitete, ging er aus guten Gründen, um das Physikalische der Erscheinung zu zeigen, zuerst von der Coulombschen Untersuchungsweise ab. Diese Methode, obgleich sehr anwendbar zu Maassbestimmungen, sagt von dem Experimente zu wenig aus. Wenn die beiden Enden des Cylinders nach Entfernung des elektrischen Körpers ihre Elektricitäten behalten könnten, so würden diese

[1]) Franklin. Exper. and observ. 5th. edit p. 151.
[2]) Tentamen theor. electr. 1759. p. 127.

als ungleichnamige freiwirkende erkannt werden. Es soll aber mehr gezeigt werden. Die beiden Enden des durch Vertheilung erregten Cylinders sind freiwirkend elektrisch, während der Anwesenheit des erregenden Körpers. Biot versah deshalb die Enden eines isolirten Metallcylinders mit Elektrometerpendeln, und beschrieb die Divergenz beider Pendelpaare durch ungleichnamige Elektricität, nach Annäherung eines elektrischen Körpers an das eine Ende. Es mag seine Schwierigkeit haben, den Versuch in der Lage und so rein darzustellen, wie ihn Biot gezeichnet hat, naturwahr ist er dennoch und ebenso die Behauptung, dass durch die Induction beide Elektricitätsarten frei werden, wenn wir den im Deutschen hervortretenden lexicographischen Widerspruch übersehen, dass eine frei gewordene Elektricität auch gebunden sein kann. Gegen Biots Versuch und Behauptung trat Pfaff auf[1]) hauptsächlich von dem theoretischen Standpunkte aus. Er suchte zu beweisen, dass die im isolirten Cylinder zu dem elektrischen Körper hingezogene Elektricität durchaus nicht freier sein könne, als vor dessen Annäherung (wo sie als Bestandtheil des elektrischen Null gedacht wird) und daher eben so wenig, wie früher, nach Aussen wirken könne. In freier Wirksamkeit sei nur die von der Elektricität des induzirenden Körpers fortgestossene Elektricität, die mit derselben gleichnamig ist, und sich denn auch im Versuche auf dem durch Vertheilung elektrisirten Cylinder von vorn (dem elektr. Körper zunächst) nach hinten zunehmend finden lasse. Die Versuche selbst sind nur im Allgemeinen beschrieben, es soll aber weiter unten gezeigt werden, dass wirklich bei einer gewissen Anordnung des Vertheilungsversuchs ein für die letzterwähnte Angabe scheinbar sprechendes Resultat erhalten werden kann. Hiernach wäre es nur die falsche Deutung eines richtigen Versuchs, die Pfaff zu seiner irrigen Ansicht der inducirten gebundenen Elektricität verleitet hat. Wir gehen nun zu den Widerlegungen dieser Ansicht fort, deren Bericht uns eigentlich nur oblag.

Ohm[2]) führt Versuche aus de Luc's neuen Ideen zur Meteorologie (§. 336 folg.) an, nach welchen die gebundenen Elektricitäten eben so gut, wie die freien, anziehend und abstossend auf einander wirken sollen. Der Widerspruch dieser Angabe mit Pfaffs Behauptung veranlasste ihn, eigene Versuche anzustellen, aber auf eine an-

---

[1]) Schweigger Journ. Bd. 61. S. 393. Gehl. N. Wörterb. III. S. 301.
[2]) Ebend. Bd. 65. S. 129.

dere, als die von Biot angegebene Weise, da er mit dieser zu keinem Resultate kommen konnte. Von drei gleichen, sphärisch auslaufenden Messingcylindern von $3\frac{1}{2}''$ Länge wurden A und B (Taf. I. Fig. 3.) auf Glasfüsse gestellt. An den dritten Cylinder C, der an einem Seidenfaden aufgehängt wurde, war eine gebogene Glasröhre mit einem kleinen verschiebbaren Gegengewicht c angekittet, um den Cylinder horizontal stellen zu können. Nachdem der schwebende Cylinder eine bestimmte Lage angenommen hatte, die durch eine Linie auf dem Tische bezeichnet wurde, näherte ihm Ohm den vorher elektrisirten Cylinder A in der Verlängerung seiner Axe. Der Cylinder C gerieth in Schwingungen, die immer schneller wurden, je näher ihm A kam, aber mit gleicher Amplitude zu beiden Seiten der Richtlinie fortdauerten. Jetzt wurde der unelektrisirt gebliebene Cylinder B dem schwebenden Cylinder von der Seite genähert, parallel mit der Richtlinie, und zwar so weit, dass er beinahe über dieser Linie stand. Bei der Annäherung von B wich der Cylinder C nach der andern Seite aus, kam nicht mehr zur Richtlinie zurück und machte zuletzt Schwingungen um eine Linie, die mit jener einen Winkel von ungefähr 20^0 bildete. Bei dem Entfernen des Cylinders B kehrte C wieder in seine anfängliche Stellung zurück. Berührte man, während B dicht neben C stand, beide Cylinder mit dem Finger, so nahm der Winkel, den sie bildeten, zu. Wurde jetzt der elektrisirte Cylinder A langsam fortgezogen, so wurde die Divergenz von B und C fortwährend vermehrt. War B nicht isolirt gewesen und C an einem Metalldraht aufgehängt, so konnte die anfängliche Divergenz dieser Cylinder durch Berührung derselben nicht weiter vermehrt werden. Ohm schliesst hieraus, dass de Luc's Satz ausser allem Zweifel gesetzt sei, demzufolge die Elektricität durch den Bindungsakt zwar ihr Propagationsvermögen, aber nicht ihre übrigen Eigenschaften verliere, nach welchen sie, zwar selbst bewegungslos, doch andere Körper zur Bewegung bestimme. Einige Modificationen der beschriebenen Versuche finden eine leichte Erklärung. Steht der elektrisirte Cylinder A den isolirt gebliebenen Cylindern B und C sehr nahe, so nimmt, wenn derselbe langsam fortgezogen wird, die Divergenz von B und C anfänglich zu, erreicht ein Maximum und nimmt erst dann ab. Diese Divergenz nämlich, durch die von A in B und C erregten Elektricitäten erzeugt, wird durch die von A gegen C ausgeübte Anziehung vermindert; das Entfernen von A vermindert die Elektricitätserregung in C und B, aber auch jene Anziehung, und zwar letztere anfänglich in stärkerm Grade als erstere. — Nähert man den nicht isolirten Cylinder B dem schwebenden Cylinder C, während der elektrisirte Cylinder A unverrückt bleibt, so wird der Cylinder C abgestossen; hindert man aber sein Ausweichen durch einen Glasstab, so kommt ein Punkt der Annäherung des Cylinders B, wo dieser den schwebenden Cylinder heftig anzieht und nach der Berührung eben so heftig abstösst. Hier nämlich ist B und C durch Vertheilung elektrisch, aber der Cylinder B, weil er nicht isolirt ist, in stärkerm Maasse, daher er selbst vertheilend auf C wirken kann. Hat diese Vertheilung durch grössere Nähe des Cylinders B, die von A erzeugte Vertheilung überwunden, so werden die nächsten Enden von B und C ungleichnamig elektrisirt sein, und sich anziehen; kommen endlich C und B in Berührung, so ist C nicht mehr isolirt, und es tritt das Maximum der Abstossung ein, wie schon oben bemerkt worden ist.

Diese gründliche Widerlegung der Pfaffschen Annahme scheint nicht sehr bekannt geworden zu sein, da drei Jahre nach ihrem Erscheinen Mohr mit einer neuen Widerlegung auftrat[1]), die nur durch die Grösse der angewandten Apparate ausgezeichnet ist. Wenn Ohm's Versuche mit der Elektricität angestellt sind, die eine geriebene Eau de Cologne-Flasche liefert, so braucht Mohr eine Elektrisirmaschine mit 24zölliger Scheibe, um einen 4 Fuss langen Metallcylinder zu laden. Diesem Cylinder stand ein gleicher neutraler gegenüber, dessen elektrischen Zustand er mit einer kleinen isolirten Kugel prüfte, die an verschiedene Stellen des Cylinders und dann an ein Bohnenbergersches Elektroscop angelegt wurde. Es fand sich der neutrale Leiter an seinem dem positiv elektrisirten Cylinder zugewandten Ende negativ, an seinem abgewandten Ende positiv elektrisch; der Indifferenzpunkt ausserhalb der Mitte liegend, und zwar von der Mitte desto mehr entfernt, je kleiner der Zwischenraum zwischen beiden Cylindern war. Man sieht, es sind hier die bekannten Vertheilungsversuche mit dem Probescheibchen, die weder Pfaff noch sonst Jemand geleugnet hat, wiederholt worden. Auf gleiche Weise streitet der Verf. gegen die Annahme, dass der Indifferenzpunkt in der Mitte des durch Vertheilung elektrisirten Cylinders läge, eine Annahme, die bisher Niemand gemacht hat, am wenigsten aber Biot, der sie, wie der Verf. sagt, ersonnen haben soll. Pfaffs Versuche werden auf

---

[1]) Poggend. Annal. Bd. 36 p. 221.

die Weise erklärt, dass von dem elektrisirten Cylinder auf den neutralen durch Mittheilung Elektricität übergegangen wäre, welche übersehen worden sei. Wir wollen diese Widerlegung, wie eine jede, die uns verfehlt erscheint, ihrer Intention nach nicht weiter tadeln; die Sprache aber, die in derselben gegen Biot und Pfaff gebraucht wird, würden wir nicht entschuldigen können, selbst wenn der Verf. Bedeutenderes geleistet hätte, als er hier gegeben hat.

Sehr wahrscheinlich würde der Streit über die Eigenschaften der gebundenen Elektricität gar nicht Statt gefunden haben, wenn sich Biots Vertheilungsversuch Jedem leicht und unzweideutig ergeben hätte. Das Missliche dieses Versuchs entsteht dadurch, dass die Elektricität des vertheilenden Körpers winkelrecht gegen die elektroscopischen Pendel wirkt und sie von ihrer perpendikulären Stellung ablenkt; ein Uebelstand, der vermieden wird, wenn man die Linie der Vertheilung mit der Richtung der Pendel zusammenfallen lässt. Ich habe diese Art, den streitigen Versuch anzustellen, in einer kurzen Notiz bekannt gemacht [1]), in der ich zugleich die Bedeutung anderer Vertheilungsversuche klar zu machen suchte.

Ein ungefähr 5'' langer $2\frac{3}{4}$''' dicker Draht wurde an einem Handgriff aus Schellack perpendikulär befestigt und an seinen rund gefeilten Enden mit Leinfäden und Hollundermarkkugeln versehn (Taf. I. Fig. 4.); unter demselben stand eine isolirte Kugel A, die von dem Knopfe einer leydener Flasche Elektricität erhielt. War A negativ geladen und von dem Drahte in passende Entfernung gestellt worden (die sich leicht durch Versuche ermitteln lässt), so divergirten beide Pendel, das bei a stärker als das bei b; eine geriebene Siegellack- oder Glasstange zeigte unzweideutig, dass a positiv, b negativ elektrisch war. Wurde an dem schräg gestellten Draht eine an einem Seidenfaden hängende kleine Hollundermarkkugel, der man positive Elektricität mitgetheilt hatte, hinaufgeführt, so stiess sie der Draht bei a entschieden ab, zog sie aber an, ehe man die Mitte desselben erreicht hatte. War die kleine Kugel nicht elektrisirt, so wurde sie von a zuerst angezogen und dann abgestossen. Hiermit ist der Vertheilungsversuch ausser allem Zweifel gesetzt; es lassen sich aber mit dem einfachen Apparate andere und complicirtere Versuche anstellen, von denen ich einige heraushebe. Man entferne die Kugel A, entlade sie und theile dem Drahte positive Elektricität mit, so dass

[1]) Poggend. Ann. Bd. 37. p. 642.

beide Pendel gleichmässig divergiren. Wird nun die Kugel A im neutralen Zustande, oder, um die Erscheinung bemerkbarer zu machen, nachdem ihr ein wenig negative Elektricität mitgetheilt worden, wieder an ihren Platz gestellt, so findet man die positive Divergenz des Pendels b vermindert, die positive des Pendels a hingegen vermehrt. Die Wirkung des mit freier Elektricität geladenen Drahtes auf eine anliegende Kugel ist daher durch sogenannte theilweise Bindung an verschiedenen Stellen im entgegengesetzten Sinne verändert worden. — Man stelle den Versuch wieder wie zu Anfange an, so dass a positiv, b negativ elektrisch erscheint. Ein langer isolirter Draht, der Hollundermarkkugel a genähert, wird diese nicht unbedingt anziehen; es kommt auf seine Dimensionen und auf seine Stellung gegen die Verticale an, ob er die Kugel abstösst oder anzieht. Ist derselbe nicht isolirt, so zieht er die Kugel heftig an, um sie nach der Berührung eben so heftig abzustossen. Es wäre unnöthig, auf diese Versuche näher einzugehn; interessant schien es mir aber, an dem Apparate den Versuch mit dem Probescheibchen zu verfolgen, da wir hier, der gewöhnlichen Weise entgegen, den elektrischen Zustand des Scheibchens ohne Elektroscop, aus dem sichtbaren Zustande des durch Vertheilung elektrisirten Leiters schliessen können. Der von der negativ geladenen Kugel A durch Vertheilung elektrisirte Draht wurde an dem Punkte a mit einer kleinen isolirten Scheibe oder Kugel berührt. Nach Entfernung der Scheibe fiel das Pendel bei a, das bei b stieg; die Scheibe muss daher positiv elektrisch geworden sein. Auf gleiche Weise fiel das Pendel b durch Berührung des Punktes b mit dem Probescheibchen, und das bei a stieg; die Scheibe muss in diesem Falle negativ geworden sein.

Dies ganz analoge Verhalten der beiden Pendel gegen die Berührung des Leiters mit dem Scheibchen führt uns wieder zu der schon oben ausgesprochenen Bemerkung, dass uns diese Untersuchungsart keine richtige Vorstellung von der physikalischen Seite des Experiments gebe, da sie keinen Unterschied zwischen der gebundenen Elektricität bei a und der freien bei b finden lässt. Offenbar wirken aber auf das bei a angelegte Scheibchen beide Elektricitätsarten wesentlich ein, auf das bei b angelegte nur eine. Dies zeigt sich sehr deutlich, wenn wir das Scheibchen vergrössern. Die Berührung bei b behält stets ihren Charakter, die Divergenz des Pendels b zu vermindern, nach der Berührung bei a aber wird das zunächst liegende Pendel sinken oder steigen, je nach der Ausdehnung des Scheibchens und der Richtung desselben gegen die Verticale bei der Anlegung an den Leiter. Ich nahm statt des Scheibchens einen isolirten horizontalen Draht, um damit den Leiter ab zu berühren, und untersuchte den Einfluss seiner Länge auf die Bewegung der beiden Pendel. Für jeden Punkt des Leiters ab gab es eine kleinste Länge des berührenden Drahtes, welche das Pendel a steigen, das Pendel b gänzlich zusammenfallen machte. Diese Länge war für die Berührung am Punkte b die kleinste, für die Berührung bei a die grösste. Nimmt man den berührenden Draht nur so lang, wie er dem obern Ende b zukommt, und berührt man mit ihm den Leiter in einzelnen Versuchen an verschiedenen Punkten, von oben nach unten gehend, so fällt nur bei der Berührung an b das negative Pendel bei b zusammen, bei der Berührung an tieferen Stellen bleibt diesem Pendel immer mehr Divergenz. Der horizontale Draht hat hiernach durch die Berührung immer weniger negative Elektricität erhalten, er würde einem Elektroscope immer weniger negative Elektricität mittheilen können, und es erschiene aus diesen Anzeigen so, als ob der Leiter ab durch den vertheilenden Einfluss der negativ elektrischen Kugel A nur mit negativer und zwar von b nach a abnehmender Elektricität geladen worden wäre. — Dies ist sehr wahrscheinlich der specielle Versuch, dessen unrichtige Deutung den nur zu fruchtbaren Irrthum Pfaffs verursachte. Da hiernach dieser Versuch den ganzen Streit über die Eigenschaften der gebundenen Elektricität hervorgerufen hat, so muss er auch, zuletzt gestellt, die Entschuldigung dieses allzulang gewordenen Artikels übernehmen.

V. Allgemeine Wirkungen der in der Batterie angehäuften Elektricität.

Die Abhängigkeit der allgemeinen Wirkungen der Elektricität (wie die Abstossung, Anziehung und Schlagweite genannt werden können) von der Quantität der Elektricität ist bekannt, insofern wir die Elektricität auf einfachen isolirten Leitern verbreitet denken. Viele elektrische Wirkungen sind aber nicht mit der geringen Elektricitätsmenge bemerklich zu machen, die auf einfachen Leitern angehäuft werden kann, sie verlangen die Anwendung eines zusammengesetzten Apparates, der elektrischen Batterie. — Die besondern, durch die Batterie erzielten, Wirkungen der Elektricität können nur dann für die Elektricitätslehre wichtig werden, wenn sie mit den allgemeinen Wirkungen in Zusammenhang gebracht worden sind. Es ist dies öfters versucht worden, aber, da die allgemeinen Wirkungen an der Batterie nicht untersucht, sondern theoretisch abgeleitet worden sind, auf eine weder genügende noch unter sich übereinstimmende Weise. Ich habe es daher zu dem erwähnten Zwecke für dienlich gehalten, die allgemeinen el. Wirkungen und ihre Abhängigkeit von der elektrischen Anhäufung an der Batterie selbst zu untersuchen.[1]) Ehe ich die erhaltenen Resultate anführe, möge es mir erlaubt sein, einige Worte über die Batterie selbst zu sagen, um klar zu machen, was bei diesem complicirten, sich auf die Bindung der Elektricität gründenden Apparate, unter allgemeinen elektrischen Wirkungen verstanden werden kann.

Man denke sich eine isolirte leitende Fläche A von der Grösse s mit der Elektricitätsmenge q geladen; für einen bestimmten Punkt a dieser Fläche wird es eine grösste Entfernung geben, in welche gestellt, ein neutraler Körper von bestimmter Form die Fläche entladet. Diese Entfernung, die Schlagweite der Elektricität am Punkte a, ist mit der elektrischen Dichtigkeit auf der Fläche veränderlich, und kann daher allgemein durch $\varphi(\frac{q}{s})$ bezeichnet werden. Hat diese Schlagweite eine bestimmte Grösse erreicht, die nach der Form und Lage der Fläche, der Stellung des Punkts a, dem Zustande der Luft u. s. w. verschieden ist, so ist eine jede fernere Ansammlung der Elektricität auf der Fläche unmöglich. Es werde nun der betrachteten Fläche eine ähnliche, parallele, leitende aber nicht isolirte Fläche nahe gebracht und durch eine dichte isolirende Substanz von ihr getrennt gehalten. Der Versuch zeigt, dass die Elektricitätsmenge auf der Hauptfläche nicht verändert, die Schlagweite des Punktes a hingegen vermindert worden ist. Wir wollen diese Schlagweite hypothetisch mit $\varphi(\frac{q(1-c)}{s})$ bezeichnen, wo c einen positiven echten Bruch bedeutet, dessen Variabilität dahingestellt bleiben soll. Der Hauptzweck der Batterie ist hiermit erfüllt. Hatte nämlich die Schlagweite des Punkts a bei der einzeln stehenden Fläche schon ihr Maximum erreicht, so ist sie jetzt so weit verringert worden, dass eine neue Ansammlung von Elektricität möglich geworden ist. — Die Anwendung der Batterie macht einen accessorischen Apparat nöthig, einen einfachen isolirten, in die Länge ausgedehnten Leiter B von beliebiger Form und Grösse, der mit einem Ende b die Hauptfläche in dem Punkte a berührt und ausserdem so entfernt als möglich von

---

[1]) Pogg. Ann. Bd. 40. pag. 323—335.

ihr verläuft. Da die Batterie durch diesen accessorischen Leiter geladen worden ist, so müssen wir ihn selbst so elektrisirt annehmen, dass durch seine Berührung mit dem Punkte a die Elektricitätsmenge der Hauptfläche unverändert bleibt; derselbe wird daher eine Elektricitätsmenge besitzen, die wesentlich von der Schlagweite des Punktes a, von $\varphi(\frac{q(1-c)}{s})$ abhängt. Was wir nun allgemeine Wirkungen der Batterie nennen, sind Wirkungen dieses einfachen accessorischen Leiters, an einer bestimmten zugänglichen Stelle desselben geprüft; sie hängen unmittelbar von der unbekannten Elektricitätsmenge des Leiters und mittelbar von der bekannten Dichtigkeit der in der Batterie befindlichen Elektricität ab. Die letztere Abhängigkeit ist durch die nun anzuführenden Versuche bestimmt worden.

Maass der Quantität der Elektricität in der Batterie. Um die Menge der in die Batterie geführten Elektricität zu messen, habe ich weder die von Harris angegebene Methode (pag. 6.), noch die gebräuchliche, diese Quantität der Anzahl der gebrauchten Scheibenumdrehungen proportional zu nehmen, angewandt, da sie sich beide nicht theoretisch rechtfertigen lassen. Dagegen fand ich den von Haldane[1]) zu Anfang des Jahrhunderts gemachten Vorschlag zweckdienlich, nämlich durch Isolirung der äussern Belegung der Batterie und durch successive Fortschaffung der daselbst frei werdenden Elektricität ein Maass für die el. Quantität zu gewinnen. Diese Methode setzt nur voraus, dass durch jedes in die Batterie geführte Quantum Elektricität ein entsprechendes Quantum auf der äussern Belegung frei werde, ohne Rücksicht auf die Elektricitätsmenge, die schon in der Batterie enthalten ist; eine Annahme, die, schon an sich wahrscheinlich, durch die Gesetze der allgemeinen Wirkungen der Batterie bestätigt wird. Die Anordnung des Apparats ist sehr einfach. Von der äussern Belegung der isolirten Batterie wurde ein 22″ langer Draht nach dem Innern einer Laneschen Entladungsflasche geführt, deren Kugeln für jede Versuchsreihe auf eine bestimmte Entfernung ($\frac{1}{2}$ oder 1 Linie) gestellt waren. Ist die Entfernung der Kugeln sehr genau messbar, so lassen sich auch Versuche, die nicht bei derselben Entfernung gemacht worden, mit einander vergleichen. Die äussere Belegung der Maassflasche muss mit einer sehr guten Ableitung versehen sein, am besten durch Verbindung mit einer grossen Metallmasse. Hierdurch bewirkt man, dass dieselbe Anzahl von

---

[1]) Nicholson. journ. I. p. 156. Gilb. Annal. III. pag. 23.

Entladungen der Maassflasche in derselben Zeit Statt findet, unabhängig von der Ausdehnung der Batterie. Ich bemerkte keinen Unterschied in dieser Zeit, die Batterie mochte aus einer oder aus 25 Flaschen bestehen. — Die Innenseite der Batterie wurde unmittelbar mit dem ersten Conductor der Elektrisirmaschine verbunden; die Anzahl der Entladungen der Maassflasche, (q), wurde der elektrischen Quantität, die Anzahl (s) der benutzten Batterieflaschen (jede von nahe $1\frac{1}{2}$ □′ Belegung), der Ausdehnung der Batterie proportional genommen. — Soll die Elektricität der Batterie, nachdem ihre Menge bei der Ladung gemessen worden, zu einem erst bei der Entladung eintretenden Effecte benutzt werden, so muss man die isolirte äussere Batteriebelegung mit dem Schliessungsbogen verbinden. Ich bewirkte dies einfach durch einen 11‴ breiten, $\frac{1}{8}$‴ dicken und daher biegsamen Kupferstreifen, welcher über dem, von der Batterie nach der Maassflasche gehenden Draht, an einem isolirten Metallhaken befestigt war, so dass er, frei herabhängend, diesen Draht mit seiner ganzen Breite berührte. Während der Ladung der Batterie wurde der Streifen durch einen seitlich stehenden Arm von dem Drahte entfernt gehalten, vor der Entladung aber abgehoben, und hierdurch die äussere Belegung der Batterie mit dem Haken und der von ihm abgehenden Leitung verbunden. Die Verbindung zwischen dieser Leitung und der innern Belegung der Batterie wurde bei allen Versuchen durch einen später zu beschreibenden Entladungsapparat auf völlig gleiche Weise bewerkstelligt. Der erwähnte Kupferstreifen diente zugleich in seinem weitern Verlaufe als Ableitung für die Maassflasche; er ging unter die Kupferplatte, auf welcher sie stand, bis zu einem Drahte fort, dessen Ende an dem Zinkdache des Hauses festgelöthet war.

Abstossung einer anliegenden Kugel von der Innenseite der Batterie. $p = a(\frac{q}{s})^2$. Diese Abstossung ist dem Quadrate der Dichtigkeit der in der Batterie angehäuften Elektricität proportional. — Die Versuche wurden an einem gläsernen Wagebalken, 12″ lang 1,5‴ dick, angestellt, der mit Stahlzapfen auf den Kanten zweier Agatplatten auflag. An dem einen Ende des Balkens war eine hohle Messingkugel, 7,5‴ im Durchmesser, an dem andern eine Wagschale befestigt. Von der Kugel der ersten Batterieflasche ging ein Draht schräg hinab und endigte in einer Kugel von 9,5‴ Durchmesser, unter welche die Kugel der Wage, jene so eben berührend, gestellt wurde. Indem die Schale mit 1 bis 4 Gran (p) beschwert war, und 1 bis 5 (s) Flaschen der Batterie benutzt wurden, zählte ich die Entladungen der Maassflasche (q), bis eine Abstossung der beweglichen Kugel stattfand. Die Entfernung der Kugeln der Maassflasche war $\frac{1}{2}'''$ genommen, um die Abstossung während der einzelnen Entladungen nicht zu stark werden zu lassen.

Abstossung einer entfernten elektrisirten Kugel von der Innenseite der Batterie. $p' = a'(\frac{q}{s})$. Die Abstossung ist der Dichtigkeit der in der Batterie angehäuften Elektricität proportional. Ich fand es unnöthig, diese Formel durch Versuche zu bestätigen.

Anziehung einer entfernten nicht isolirten Kugel durch die Innenseite der Batterie. $p'' = a''(\frac{q}{s})^2$. Die Anziehung ist dem Quadrate der Dichtigkeit der in der Batterie angehäuften Elektricität proportional. Die Versuche wurden absichtlich in einer complicirteren Form angestellt. Man wendet nämlich, um den Grad der Ladung einer Batterie zu bestimmen, häufig die Cuthbertsonsche Wage an, durch welche die Kraft gemessen wird, mit der eine anliegende Kugel von der Innenseite der Batterie abgestossen und zugleich von einer neutralen Kugel angezogen wird. Um für diesen Fall eine Formel zu gewinnen, die bei der Kenntniss des Gesetzes der Abstossung, zugleich einen Ausdruck für die Anziehung der entfernten neutralen Kugel gab, stellte ich Versuche an folgendem Apparate an. An den herabgehenden Draht der ersten Batterieflasche wurde ein horizontaler metallener Arm von 6'' Länge angesetzt, dessen freies nach unten gekrümmtes Ende aufgeschnitten war, und in seinen hierdurch entstandenen Seitentheilen zwei Einschnitte hatte, um die Stahlzapfen eines Wagebalkens aufzunehmen. Der Balken, 11'' 9''' lang, bestand zur Hälfte aus einer $1\frac{1}{5}'''$ dicken Messingröhre, die sich in einer Kugel von $9\frac{3}{4}'''$ Durchmesser endigte, zur Hälfte aus einem gleich dicken Glasstabe, an dem die Wagschale hing. Bei horizontalem Stande des Balkens lag seine Kugel an der des festen Armes an; unter derselben, 1'' von ihr entfernt, befand sich eine ähnliche Messingkugel, die mit der äussern Belegung der Batterie verbunden war. Wurde nun ein Gewicht (p'') in die Schale gelegt, und die Batterie, aus s Flaschen bestehend, geladen, so schlug bei einer gewissen Anzahl (q) Entladungen der Maassflasche der Wagebalken auf die neutrale Kugel und entlud die Batterie. Die obige Formel gilt auch für diese zusammengesetzte Wirkung der elektrischen Abstossung und Anziehung.

Schlagweite der Batterie. $d = b\left(\frac{q}{s}\right)$ Die Schlagweite der Batterie ist der Dichtigkeit der daselbst angehäuften Elektricität proportional. Zwei kleine Messingkugeln von 5,7''' und 4,4''' Durchmesser, auf Glasstäben isolirt und durch einen Schlitten mit Mikrometerschraube einander messbar zu nähern, waren durch besponnene Kupferdrähte mit den beiden Belegungen der Batterie verbunden. Es wurden die Schläge der Maassflasche (q) gezählt, die bei der Ladung einer Batterie von s Flaschen die Entladung derselben durch eine Luftstrecke von d Linien hindurch veranlasste. Dieselben Versuche wurden wiederholt, als eine, und später als jede der beiden Kugeln durch eine eben geschliffene $\frac{3}{4}$''' dicke Messingscheibe von 10,4''' Durchmesser ersetzt worden war. Die Formel wurde durch jeden Versuch bestätigt, nur fand sich der Werth b bei Anwendung der beiden Kugeln am kleinsten, bei zwei Scheiben am grössten. Bei einer Kugel und einer Scheibe, gleichgültig, welche von beiden mit der innern Belegung der Batterie verbunden war, ergab sich diese Constante zwischen jenen beiden Werthen liegend. —

Die allgemeinen elektrischen Wirkungen der Batterie lassen sich leicht aus den bekannten Wirkungen der auf dem einfachen Leiter befindlichen Elektricität ableiten, wenn wir die Schlagweite des Punktes a auf der Hauptfläche der Batterie, die wir oben (pag. 37.) $\varphi\left(\frac{q\,(1-c)}{s}\right)$ gesetzt haben, der Dichtigkeit der Elektricität in der Batterie $\left(\frac{q}{s}\right)$ proportional annehmen. Der Werth des Bruches c erscheint hierdurch für dieselbe Batterie constant, unabhängig von der Grösse ihrer Oberfläche und der ihrer Ladung.

B. Besondere Wirkungen der Elektricität.

I. Elektrische Lichterscheinungen.

Das elektrische Licht könnte zu den allgemeinen Eigenschaften der Elektricität gezählt werden, da fast überall, wo der an sich vorübergehende elektrische Zustand eines Körpers plötzlich aufgehoben wird, eine Lichtentwickelung eintritt. Die grosse Wandelbarkeit dieser Erscheinung hat aber den hierher gehörigen Versuchen nur eine sehr spezielle Bedeutung gegeben und trotz der angewandten Mühe, aus ihnen noch kein für die Elektricitätslehre selbst wichtiges Resultat gewinnen lassen.

Der elektrische Funke. Die Theorieen des elektrischen Funkens weichen darin von einander ab, dass sie denselben entweder als ein der Elektricität eigenthümliches, oder als ein durch ihre Entladung bedingtes, sekundäres Phänomen betrachten. Nicholson präsumirte, Fusinieri schloss aus eigenthümlichen Versuchen, dass das elektrische Licht durch glühende fortgeführte Theilchen des Leiters, aus dem es hervorbricht, entstehe, und Wheatstone scheint aus Versuchen anderer Art dieselbe Folgerung zu ziehen. Ich kenne die Abhandlung des letztern, die er 1835 in der Versammlung brittischer Naturforscher vortrug, nur in einem Auszuge.[1]) Frauenhofer hatte bei seiner berühmten Untersuchung der Spectra verschiedener Lichtquellen gefunden, dass das Spectrum des elektrischen Funkens sieben eigenthümliche sehr helle Querlinien zeigt, von welchen die Linie im Grünen besonders glänzend ist.[2]) Wheatstone fand, dass diese Linien an Lage und Zahl je nach den Metallen verschieden sind, zwischen welchen die Elektricität überspringt. Als er den Funken zwischen Kugeln von verschiedenem Metalle übergehen liess, erblickte er gleichzeitig die Linien beider Metalle. Mir scheinen hieraus nur die optisch interessanten Modificationen des elektrischen Lichts zu folgen, wenn es durch glühenden Metalldampf hindurch gesehn wird, und die Versuche daher eine Erweiterung der bekannten Erfahrung zu sein, dass die el. Funken nach den Metallen, aus welchen sie gezogen werden und nach den Mitteln, die sie durchbrechen, verschieden gefärbt sind.

Unterbrechung im elektrischen Funken. Knoch hat schon früher angegeben,[3]) dass sich in jedem, aus dem Conductor einer Elektrisirmaschine gezogenen Funken eine violette Stelle finde, die dunkler als der übrige Theil desselben ist. Johnson[4]) sah die dunkele Stelle desto deutlicher, je länger die Funken waren, und je schneller sie auf einander folgten. Sprang der Funke zwischen zwei ungleich grossen Kugeln über, so stand die dunkle Stelle gewöhnlich der grössern Kugel am nächsten.

Positive und negative Funken. R. Hare[5]) erklärt die Erscheinung, dass man aus dem positiv elektrisirten Conductor einer Elektrisirmaschine lange und gezackte, aus dem negativ elektrisirten kurze und gerade Funken erhält, durch die verschieden grosse Flächen, von welchen in beiden Fällen die positive Elektricität ausgeht.

---

[1]) Pogg. Annal. Bd. 36. S. 148.
[2]) Gilb. Ann. Bd. 56. S. 311.
[3]) Ibid. Bd. 24. S. 108.
[4]) Sillim. am. journ. 25. p. 57.
[5]) Ibid. 24. p. 253.

Springe die positive Elektricität von einer kleinern Kugel auf eine grössere, so entstehe der sogenannte positive, springe sie von einer grössern auf eine kleinere über, der negative Funke. Richte man daher die Kugel des Conductors und die des Leiters, der den Funken erhält, hiernach ein, so, könne man mit jeder Elekrisirung des Conductors beide Arten des Funkens erhalten.

Johnson[1]) versah jeden von zwei gleichen Conductoren, von welchen der eine mit dem Reibzeug, der andere mit dem Einsauger einer isolirten Elektrisirmaschine verbunden war, mit ungleich grossen Endkugeln von 2½ und 6½ Zoll Durchmesser. Als der Funke zwischen den beiden kleinen Kugeln oder zwischen der kleinen positiven und der grossen negativen Kugel überging, hatte er eine Länge von 9,8″. Zwischen den beiden grossen oder zwischen der grossen positiven und kleinen negativen Kugel konnte er nur in einer Länge von 5½″ erhalten werden.

Nach Hare's Bemerkung würde man, um aus einem positiv und einem negativ elektrisirten Conductor respectiv die längsten Funken zu ziehen, die Kugeln, zwischen welchen sie überspringen, vertauschen müssen. Dagegen spricht ein Versuch von Pfaff[2]), der bei beliebiger Elektrisirung des Conductors seiner Maschine die längsten Funken erhielt, wenn er dieselben von der 4zölligen Kugel des Conductors auf eine 8zöllige Auffangkugel überspringen liess. Bei positiver Elektrisirung war der Funke 18 Zoll lang und geschlängelt, bei negativer 6—7 Zoll lang und nicht geschlängelt.

Ich selbst habe für beide Fälle der Elektrisirung die längsten Funken erhalten, wenn ich der 2½zölligen Endkugel des Conductors der Maschine die Fläche einer 9zölligen Kupferscheibe gegenüberstellte. Unter den noch nicht günstigsten Bedingungen schlug der Funke bei positiver Ladung über, wenn die Scheibe 10 Zoll, bei negativer, wenn sie 5½ Zoll von der Kugel entfernt war. Die geringere Schlagweite der negativen Elektricität erklärt sich aus der bekannten Einrichtung der Elektrisirmaschine, die der Ansammlung der positiven Elektricität günstiger ist, als der der negativen. Bei einer Länge von 5½ Zoll war der Funke ganz auf dieselbe Weise geschlängelt, der Conductor mochte positiv oder negativ elektrisirt worden sein, nur schien mir sein hellster Theil stets der negativen Fläche am nächsten zu liegen.

---

[1]) Sillim. am. journal. 25. p. 57.

[2]) Gehl. N. Wörterb. III. p. 464.

El. Licht in einer luftleeren Röhre. Harris[1]) verschloss eine 6 Fuss lange 4'' weite Glasröhre mit Messingplatten, von welchen Spitzen in die Röhre hineinragten. Als die Luft in der Röhre verdünnt worden und die Messingplatten respectiv mit dem positiven Conductor und dem Reibzeug einer Elektrisirmaschine verbunden worden, ging beim Drehen der Maschine ein elektrischer Lichtstrom durch die ganze Röhre. Die Verästelungen dieses Lichtes waren stets gegen die mit dem positiven Conductor verbundene Schlussplatte gerichtet.

Leuchtdauer der Blitze. Wheatstone's Versuche über die Dauer einiger elektrischen Lichterscheinungen sind schon oben (p. 18.) mitgetheilt worden. Durch dieselben veranlasst, hat Dove[2]) die Dauer der Blitze untersucht, die bei einem heftigen Gewitter eine längere Zeit hindurch scheinbar ununterbrochen leuchteten. Er legte auf die Axe eines Busoltschen Kreisels zwei schmale farbige Flügel, die bei schnellster Drehung des Kreisels, durch Kerzenlicht beleuchtet, die bekannte Erscheinung einer farbigen Scheibe gaben. Als dieser Kreisel im dunkeln Zimmer durch Blitze beleuchtet wurde, erschienen die Flügel einzeln mit bestimmten Umrissen, in grösster Schnelligkeit auf dem dunkeln Grunde hin und her schwankend. Dies war der Fall, die Flügel mochten einen rechten oder einen möglichst spitzen Winkel mit einander bilden. Es lässt sich hieraus schliessen, dass die anhaltenden Blitze aus einzelnen unterschiedenen Entladungen bestehen, und dass die Dauer einer Entladung zu der Zeit, in welcher der Kreisel eine Umdrehung vollendet (unter günstigen Umständen nach Busolt 1 Terzie) in keinem merklichen Verhältnisse stehe.

II. Chemische Wirkungen der Elektricität.

Unter den durch Elektricität bewirkten chemischen Zersetzungen hat man die eigentlich elektrische Zersetzung sorgfältig von der zu unterscheiden, die es nicht ist. Bei der ersten werden die Producte der Zersetzung an zwei verschiedenen beliebig entfernten Stellen der zersetzten Substanz gesondert erhalten, während bei der letzten an jedem Punkte der Einwirkung der Elektricität der ganze Prozess der Zersetzung vollständig, unabhängig von dem an einem andern Punkte erfolgenden, ausgeführt wird. Diese letzte, nicht eigentlich elektrische Zersetzung ist von geringerem Interesse, hauptsächlich dann, wenn

---

[1]) Philos. transact. f. 1834. pag. 243.

[2]) Pogg. Ann. Bd. 35. pag. 379.

sie durch eine sichtbare gewaltsame Einwirkung der Elektricität erzeugt wird. Erfahren wir, dass Aether, Alkohol, Oel, Wasser, Messing, Zinnober u. s. w. von durchschlagenden elektrischen Funken zersetzt werden,[1]) so stehen wir an, ob wir diesen Effekt der Elektricität selbst, oder der durch sie erzeugten ausserordentlichen Hitze zuschreiben sollen. Wir werden daher von der problematischen el. Zersetzung ausführlicher nur den unmittelbar folgenden Fall anführen, der durch den Eifer, mit welchem er zu verschiedenen Zeiten verfolgt wurde, interessant geworden ist.

Zersetzung des Wassers. Diese ist bekanntlich von Troostwyk und Deimann, später von Pearson durch Entladungen einer leydener Flasche, die fortwährend durch das Wasser schlugen, bewirkt worden. Wollaston vermied zwar die explosive Durchführung der Elektricität, indem er microscopische Leitungsdrähte anwandte, die mit Conductor und Reibezeug der Maschine verbunden waren, konnte indess die eigentlich elektrische Zersetzung des Wassers nicht zu Wege bringen. Davy[2]) erwähnt zwar in einer Anmerkung, bei Wiederholung des Wollastonschen Versuchs, an den beiden Drähten die Bestandtheile des Wassers gesondert erhalten zu haben, die Beschreibung der Versuche spricht aber nicht für diese Angabe. Faraday[3]) hat diesen Gegenstand aufs neue untersucht, ohne zu einem bestimmten Resultate kommen zu können. Liess er Funken auf den Draht des Zersetzungsapparats schlagen, so wurde an jeder Drahtspitze Wasser- und Sauerstoffgas zugleich erhalten, vermied er die Funken, indem er den zuleitenden Draht unmittelbar an den Conductor der Maschine befestigte, so waren die Gasmengen an beiden Spitzen nach halbstündiger Einwirkung der Elektricität so gering, dass sie nicht untersucht werden konnten. Faraday glaubt, dass in dem letzten Falle eine wirklich elektrische Zersetzung stattgefunden habe, da der Gasstrom der einen Spitze stärker als der der andern war, und nach Umlegung der Drähte die stärkere Gasentwickelung ihre Lage gegen die Maschine beibehielt.

Bonijol[4]) in Genf giebt an, mit der Elektricität einer Maschine und mit atmosphärischer Elektricität das Wasser zersetzt zu haben.

---

[1]) Becquerel traité de l'électric. tome III. p. 259.
[2]) Philos. transact. f. 1807. pag. 31. Gilb. Ann. 28. p. 158.
[3]) Exper. Unters. §. 330. Pogg. Ann. 29. p. 298.
[4]) Biblioth. univers. Octob. 1831. p. 213.

Da er zugleich die Zersetzung des Kali, und zwar bis zur Selbstentzündung des Kalium, durch überspringende elektrische Funken erhalten haben will, so scheint auch jene Zersetzung keine eigentlich elektrische gewesen zu sein.

Barry[1]) leitete die von einem elektrischen Drachen gesammelte Elektricität in einen gewöhnlichen galvanischen Wasserzersetzungsapparat. Die beiden zum Auffangen der Gase bestimmten Glasröhren waren an ihrem obern verschlossenen Ende mit eingeschmelzten Platindrähten versehn und wurden, wie das Gefäss, durch welches sie communicirten, mit Glaubersalzlösung, die durch Veilchensyrup blau gefärbt war, angefüllt. Der Platindraht der einen Röhre wurde mit der isolirten Drachenschnur, der der andern mit der Erde verbunden; innerhalb 10 Minuten färbte sich die Flüssigkeit in jener Röhre grün und entwickelte Wasserstoffgas, in dieser roth und entwickelte Sauerstoffgas. Faraday sieht diesen Versuch noch als problematisch an und räth dessen Wiederholung. (Exp. Unters. §. 339.) Da er selbst durch die Elektricität, welche 700 Scheibenumdrehungen seiner grossen Maschine lieferten, keine merkbare Zersetzung in der beschriebenen Weise erhalten konnte, so glaubt er, dass wenn die Barrysche Angabe bestätigt werden sollte, sie eine eigenthümliche Zersetzung des Wassers, verschieden von der durch die volta'sche Säule wie von der durch die Elektrisirmaschine zu bewirkenden, beweisen würde.

Aus dem hier Angeführten ergiebt sich, dass die wirklich elektrische Zersetzung des Wassers, wie sie die kleinste volta'sche Säule zeigt, durch Elektricität noch nicht unbezweifelt dargestellt worden ist.

Zersetzung von Neutralsalzen durch Elektricität. Die elektrische Zersetzung von Neutralsalzen, die Wollaston unzweifelhaft gezeigt hat, ist neuerdings von Faraday[2]) und zwar auf eine höchst einfache, leicht auszuführende Weise bewirkt worden. Zwei Stücke Zinnfolie wurden auf eine Glasplatte gelegt; von jedem derselben ragte ein Platindraht auf das Glas hinaus, so dass ein Raum zwischen den Drähten blieb, der durch einen dicken Strich des aufgelösten zu zersetzenden Salzes ausgefüllt wurde. Die eine Zinnfolie und der davon ausgehende Platindraht, den wir den positiven nennen wollen, wurde mit dem Conductor, die andere (nega-

---

1) Phil. transact. 1831. p. 195. Pogg. Ann. 27. p. 478.

2) Exper. Unters. §. 312—326. §. 455 u. 456. Pogg. Ann. B. 29. p. 290. B. 32. p. 463.

tive) mit dem nicht isolirten Reibzeuge einer Elektrisirmaschine verbunden. Als eine Kupfervitriollösung zwischen die Drähte gebracht war, schied sich nach einigen Drehungen der Maschine am negativen Drahte metallisches Kupfer aus. Salzsäure, mit Indigo gefärbt, erlitt durch Einwirkung der Elektricität am positiven Drahte eine Entfärbung; aus Jodkaliumlösung wurde an demselben Drahte Jod ausgeschieden. Noch leichter ergaben sich die Zersetzungen, wenn statt der Flüssigkeiten damit getränktes Fliess- oder Reactionspapier zwischen die Platindrähte gelegt wurde. Ein Stück Curcumäpapier, mit Glaubersalzlösung befeuchtet, bräunte sich nach wenigen Umdrehungen unter dem negativen Drahte, der Fleck verschwand wieder, als er unter dem positiven Drahte der el. Einwirkung ausgesetzt wurde. Als Curcumäpapier in Berührung mit Lackmuspapier, beide mit Glaubersalzlösung befeuchtet, so auf die Glasplatte gelegt waren, dass der negative Draht auf dem ersten, der positive auf dem andern Papier stand, hatte die durchgehende Elektricität die den Papieren eigenthümlichen Reactionen zur Folge. Eine grössere Entfernung beider Papiere von einander verhinderte weder die Zersetzung, noch hatte sie merkbaren Einfluss auf die Stärke derselben. Als nämlich jedes Papier mit seinem Drahte auf ein besonderes Glas gelegt, und die Verbindung zwischen beiden durch eine 70 Fuss lange mit Glaubersalzlösung befeuchtete Schnur hergestellt worden war, erschien durch die Wirkung der Maschine die Reaction der Säure und des Alcali unter den Drähten in eben der Stärke, wie früher. Der Versuch wurde ferner in der Art complicirt, dass 3 combinirte Lackmus- und Curcumäpapiere in Zwischenräumen auf eine Glasplatte, die gleichgefärbten Papiere nach derselben Richtung, gelegt, und je zwei getrennte Papiere durch Platindrähte verbunden wurden. Als der Draht der negativen Zinnfolie das erste Curcumä-, der der positiven das letzte Lackmuspapier berührte, und die Maschine in Bewegung gesetzt war, erschienen an allen 6 Papieren die gehörigen Färbungen. Ueberall, wo die positive Elektricität in das feuchte Papier eintrat, entstand die saure, wo sie austrat, die alkalische Reaction. Eine weitere Veränderung, bei welcher die Reactionspapiere ohne direkte Verbindung mit dem Conductor und der Ableitung der Maschine blieben, und dieselben die Elektricität durch entgegenstehende Spitzen erhielten, ist bereits Rep. I. S. 233 angeführt worden.

Alle diese Versuche gelingen nach Faraday's Bemerkung auf gleiche Weise, sie mögen mit der Elektricität des positiven oder negativen Conductors angestellt sein und die Elektricität mag der Zinnfolie durch Funken oder unmittelbar vom Conductor durch Draht oder feuchte Schnur zugeführt werden. Es ist aber darauf zu achten, dass auf dem Probepapiere selbst kein Funke entstehe, weil sich an derselben Stelle ohne Rücksicht auf ihre Lage gegen die Maschine, sogleich die sauere Reaction zeigt. Diese entsteht durch Bildung von Salpetersäure aus der Luft, wie sich Faraday durch folgenden Versuch überzeugte, der eine Wiederholung des bekannten Cavendish-schen Versuches im Kleinen ist. Er liess über einem mit Aetzkalilösung befeuchteten Streifen Lackmuspapier elektrische Funken durch die Luft überschlagen; das Papier wurde geröthet und zeigte sich, nachdem es getrocknet war, so mit Salpeter durchzogen, dass es als Zunder (touch-paper) gebraucht werden konnte.

Auf die von Faraday angegebene Weise sind wir im Stande, wirklich elektrische Zersetzungen durch die geringste Elektricitätsmenge hervorzubringen. Wenn früher Pearson eine 4tägige ununterbrochene Drehung seiner Maschine (wozu er künftig eine Windmühle oder ein Pferdegetriebe anzuwenden räth) nöthig hatte, um die problematisch elektrische Zersetzung des Wassers zu zeigen, so ist jetzt eine kaum merkliche Drehung der Scheibe mehr als hinreichend, wirklich el. Zersetzungen unzweifelhaft zu bewirken. Ich habe mit einer alten trockenen Säule aus 300 einzölligen Scheiben von unächtem Gold- und Silberpapier, die das Goldblattelektrometer nur wenige Linien divergiren machte, unter dem positiven Poldraht die Jodfärbung auf Fliesspapier in einigen Minuten erhalten. Kräftigere Säulen aus 2230 Scheibenpaaren von 13‴ Durchmesser zeigten die sauern und alkalischen Färbungen auf Reactionspapieren, die mit einer Lösung von Glaubersalz oder salpetersaurem Baryt befeuchtet, zwischen die Poldrähte gelegt waren. Ich führe diese Versuche absichtlich hier auf, weil ich mit diesen Säulen, die ich mir selbst sehr sorgfältig aus früher im Ofen getrockneten Scheiben verfertigt hatte, sonst nur die allgemeinen elektrischen Wirkungen habe hervorbringen können.

III. Magnetische Wirkungen der Elektricität.

Die magnetische Wirkung eines Drahtes, durch welchen Elektricität fortgeleitet wird, zeigt sich auf zwiefache Weise; entweder durch Magnetisirung von Stahl- oder Eisendrähten, die winkelrecht gegen den Draht nahe über oder unter ihm gelegt sind, oder durch Ablenkung einer nahestehenden beweglichen ihm parallelen Magnetnadel.

Die erste Wirkung ist bisher unzweideutig nur durch explosive Durchführung der Elektricität durch den Draht, die zweite nur durch stille langsame Durchführung bewirkt worden.

Magnetisirung durch den Schliessungsdraht der Maschine. Grohmann[1]) setzte den um ein Hufeisen aus weichem Eisen spiralförmig gewundenen Kupferdraht mit Conductor und Reibzeug einer isolirten Elektrisirmaschine (Scheibe von 26″ Durchmesser) in Verbindung, so dass die Elektricität vom Conductor um das Hufeisen zum Reibzeug ging. Nach einigen Umdrehungen hatte das Hufeisen so viel Magnetismus erhalten, dass es ein Pfund trug, verlor ihn aber bei dem Aufhören des Elektrisirens wieder. Eine Stahllamelle von 7″ Länge, mit Kupferdraht umwickelt und auf gleiche Weise behandelt, erhielt durch 56 Umdrehungen der Maschine eine Tragkraft von 2 Loth.

Diese Angabe steht mit den Versuchen von Arago und Seebeck in directem Widerspruch. Als der Letztere[2]) durch eine Drahtspirale, in welcher eine kleine Stahlnadel lag, eine Batterie entlud, wurde die Nadel nur bei der Entladung mit Explosion magnetisch, nicht aber, als die Entladung zwar vollständig, jedoch langsam durch Elfenbein oder eine Metallspitze bewirkt wurde.

Magnetisirung durch den Schliessungsdraht einer leydener Flasche. Zur Untersuchung, ob im weichen Eisen bleibender Magnetismus durch elektrische Entladungen bewirkt werden könne, umwand Dove[3]) ein Hufeisen, das durch seinen Anker geschlossen war, mit 25 Windungen eines $1\frac{1}{2}'''$ dicken Kupferdrahts. Durch den galvanischen Strom erregt, behielt dies geschlossene Hufeisen noch Tage lang Magnetismus, der durch Abziehen des Ankers fast vollkommen vernichtet wurde. Dove liess durch die Spirale des Hufeisens kräftige Entladungen von leydener Flaschen hindurchgehen, ohne eine merkliche Wirkung auf das Eisen zu erhalten.

Llambias hat der Pariser Akademie eine weitläufige Abhandlung über Magnetisirung durch Elektricität, mit vielfachen Abbildungen, eingereicht, deren Hauptresultate im Institut 1834. No. 82 und daraus in Poggendorffs Annalen Bd. 34. S. 83 folgendermaassen angegeben sind:

---

[1]) Baumgartner, Zeitschr. f. Phys. Bd. 2. S. 189.

[2]) Denksch. d. berl. Ak. 1820. S. 333.

[3]) Pogg. Ann. B. 29. S. 462.

In dem Schliessungsdraht einer leydener Flasche treten bei der Entladung zwei elektrische Ströme von entgegengesetzter Richtung ein. Diese Ströme können gesondert werden, wenn man den Draht in zwei oder mehrere Arme theilt und wenigstens in einem dieser Arme eine Unterbrechung anbringt, die einen Funken veranlasst. In jedem Theile des Bogens, der von beiden Strömen durchlaufen wird, ist es im Allgemeinen der positive Strom, welcher den Sinn der Magnetisirung durch den Draht bedingt. Jeder Strom magnetisirt desto stärker, je vollkommener er von dem entgegengesetzten getrennt ist. — Die Magnetisirung durch den ungetheilten Schliessungsdraht einer leydener Flasche ist das Resultat der gleichzeitigen Wirkung zweier entgegengesetzten, mehr oder weniger ungleich magnetisirenden Kräfte. Dasselbe gilt von der Magnetisirung durch den einfachen elektrischen Funken.

Zur Prüfung dieser Abhandlung wurden von der Akademie zwei Berichterstatter ernannt, von welchen aber seit jener Zeit nichts darüber veröffentlicht worden ist. Wir vermuthen, dass die Versuche zur Klasse der Erscheinungen gehören, die Savary zuerst beobachtet und vielfach abgeändert hat [1]), deren Causalverbindung aber bisher noch ziemlich dunkel geblieben ist.

Ablenkung einer Magnetnadel durch den Schliessungsdraht einer elektrischen Maschine oder Batterie. Colladons Versuch, durch den Draht, der mittelst einer Spitze eine elektrische Batterie oder den Conductor einer Elektrisirmaschine langsam entladet, eine Magnetnadel abzulenken, ist vor kurzem von Faraday [2]) wieder aufgenommen worden. Derselbe bediente sich einer Elektrisirmaschine mit einer 50zölligen Scheibe und zwei Reibzeugen, ferner einer Batterie von 15 Flaschen, jede von mehr als $1\frac{1}{2}\square'$ einseitiger Belegung. Als Ableitung für die Maschine und Batterie diente ein dicker Draht, der mit den Gasröhren Londons verbunden war. Auf den Multiplicator wurde keine besondere Sorgfalt verwendet, aber die Glasglocke, die denselben bedeckte, war seitlich in- und auswendig mit Zinnfolie, oben mit einem Drahtgeflechte belegt, das mit vielen scharfen Spitzen versehen war. Diese Metalltheile der Multiplicatorglocke waren mit der erwähnten Ableitung verbunden, um die Nadeln gegen jede elektrische Attraktion zu schützen. Das Reib-

[1]) Annal. de Chim. vol. 34. p. 5. Pogg, Ann. 9. p. 443.
[2]) Exp. Unters. §. 289—307. Pogg. Ann. B. 29. S. 284.

zeug der Maschine und das eine Ende des Multiplicatordrahtes wurden mit der Ableitung verbunden, von dem andern Ende aber des Multiplicatordrahtes wurde entweder ein Kupferdraht, oder eine feuchte Schnur, oder ein durch eine luftleere Glasglocke unterbrochener Draht, nach dem Conductor der Maschine geführt, oder endlich ein Draht mit 4 Spitzen in die Nähe des Conductors gebracht. In allen diesen Fällen wich die Nadel des Multiplicators, als die Maschine in Bewegung gesetzt wurde, nach einer bestimmten Richtung ab, und konnte durch intermittirendes Drehen der Scheibe zu einer Abweichung von 40° gebracht werden. In einer andern Versuchsreihe wurde die äussere Belegung der Batterie mit der Ableitung in Verbindung gesetzt, der Draht des Multiplicators von dem ersten Conductor entfernt und durch einen genässten Faden mit einem Entladungsstab verbunden. Indessen die Batterie fortwährend von der Maschine Elektricität erhielt, wurde der Entladungsstab an die Innenseite der Batterie gebracht; die Nadel des Multiplicators wich sogleich ab. Auch hier konnte durch wiederholte zeitgemässe Entladung die Ablenkung der Nadel auf 40° gesteigert werden; überall war die Richtung der Ablenkung von der Art, als ob der Einsauger der Maschine oder die positive Belegung der Batterie eine Kupferplatte, das Reibzeug oder die negative Belegung eine Zinkplatte, und das dazwischen liegende Glas eine Säure gewesen wäre.

Ich habe mich eine längere Zeit hindurch mit ähnlichen Versuchen beschäftigt, und fand folgenden Apparat am zweckdienlichsten.[1]) Der Rahmen des Multiplicators bestand aus zwei hölzernen Seitentheilen, 3″ lang, 9‴ hoch, die durch dicke Glasstäbe von 1″ 11‴ Länge verbunden waren; in den einspringenden Ecken waren kleine Glasstücke eingefügt, um den Draht vom Holze abzuhalten. Der Kupferdraht, $\frac{1}{6}$‴ dick, dreifach mit Seide besponnen, mit Schellackfirniss bestrichen, wurde noch feucht um die Glasstäbe des Rahmens gewickelt, und jede Lage Windungen von der folgenden durch Wachstaft getrennt. Es wurden 105 Fuss Draht in 260 Windungen, die 5 Lagen bildeten, angewandt; die Magnetnadeln, 22,5‴ lang 0,4‴ im Durchmesser, waren aus stark gehärtetem Stahl gefertigt; die Glasglocke des Multiplicators hatte einen Ausschnitt, durch den die Enden des Drahtes frei heraustraten. Das eine dieser Enden wurde an der Kugel eines gewöhnlichen Strohhalmelektrometers befestigt, dessen Sei-

[1]) Pogg. Ann. Bd. 40. p. 349.

tenbelegungen und Boden mit der allgemeinen Ableitung communicirten (einem $1\frac{1}{2}'''$ dicken Messingdraht, der nach dem Zinkdache des Hauses ging); das andere Ende war an einem isolirten Haken befestigt. Diesen Haken verband ich mit der Ableitung der Elektrisirmaschine, die mit der allgemeinen Ableitung in Verbindung stand, und führte von dem Knopfe des Elektrometers einen 5′ langen Draht nach dem Conductor der Maschine. Obgleich die Maschine bei einer 24zölligen Scheibe nur ein Reibzeug besass und die Doppelnadel des Multiplicators bedeutende Richtkraft hatte, so erhielt ich gesetzmässige Ablenkungen von 10—20° in einem oder dem andern Sinne, je nachdem der Conductor positiv oder negativ elektrisirt wurde. Gewöhnlich blieb das Elektrometer unbewegt; war aber die Leitung nicht rein metallisch, befand sich z. B. die dünnste Firnissschicht an einer Verbindungsstelle der Drähte, so schlugen die Strohhalme an die Seitenbelegungen an und führten die Elektricität zum Zinkdache. Die Nadel des Multiplicators gerieth dann in eine kleine schwankende Bewegung, indem sie wiederholentlich die Theilung berührte, eine Bewegung, die durchaus nicht mit der normalen Ablenkung verwechselt werden kann. — Bei Anwendung der Batterie wurde in 5′ Entfernung von dem Multiplicator ein Henleyscher Auslader gestellt, ein Arm desselben mit der Kugel des Elektrometers, der andere mit der äussern Kugel eines Entladungsapparats verbunden, den ich weiter unten beschreiben werde; zwischen beiden Armen lagen die Halbleiter zur Verlangsamung der Entladung. Von dem freien Ende des Multiplicatordrahtes wurde ein Draht bis zu dem Haken des ableitenden Kupferstreifens (p. 39) geführt, welcher letzterer auf die beschriebene Weise mit der allgemeinen Ableitung, und nach der Ladung der Batterie mit der äussern Belegung derselben in Verbindung stand.

Abhängigkeit der Ablenkungen der Magnetnadel durch den Schliessungsdraht von der in der Batterie angehäuften Elektricitätsmenge. Faraday[1]) lud eine aus 8 Flaschen (von $1\frac{1}{2}$ □′ Belegung) bestehende Batterie mit 30 Umdrehungen seiner Maschine und liess den Entladungsschlag, nachdem er durch Einschaltung einer 10″ langen feuchten Schnur in den Schliessungsbogen verlangsamt war, durch die Windungen des Multiplicators gehen. Die Nadel wich 22° ab; dieselbe Ablenkung wurde erhalten, als die Batterie aus 15 ähnlichen Flaschen bestand, die gleichfalls mit 30

[1]) Exper. Unters. §. 363—368. Pogg. Ann. Bd. 29. S. 373.

Scheibenumdrehungen geladen waren. Wurde aber die letztere Batterie mit 60 Umdrehungen geladen, so war die Ablenkung fast doppelt so gross, wie früher. Ob die Dauer der Entladung Einfluss auf die Ablenkung habe, versuchte Faraday auf folgende Weise. Er lud eine Batterie zu verschiedenen Malen mit 50 Umdrehungen der Maschine und leitete die Entladung durch den Multiplicator, aber entweder mit Einschaltung eines feuchten Fadens, oder einer mit destillirtem Wasser angefeuchteten Schnur von 38″ Länge, oder einer 12 Mal dickeren Schnur von 12″ Länge, die mit verdünnter Säure getränkt war. Mit der dicken Schnur ging die Ladung auf einmal hindurch, mit der dünnen gebrauchte sie eine wahrnehmbare Zeit, die bei dem Faden bis 2 Sekunden betrug. Dennoch war in allen diesen Fällen die Ablenkung der Magnetnadel fast gleich, und nur bei Anwendung der dünnen Schnur und des Fadens etwas grösser. Faraday schliesst hieraus, dass, wenn die Elektricität in gleicher absoluter Menge durch den Multiplicator geleitet wird, wie gross auch ihre Intensität sein mag, die ablenkende Kraft auf die Magnetnadel dieselbe sei; und findet es wahrscheinlich, dass die ablenkende Kraft eines Schliessungsdrahtes direkt proportional ist der absoluten Menge der durchgegangenen Elektricität, wie gross ihre Intensität übrigens auch sei.

Wir bemerken, dass hier in beiden Sätzen unter Intensität die Dauer der Entladung verstanden werden kann, das erste Mal von der Substanz des Schliessungsbogens, das zweite Mal von der Dichtigkeit der Elektricität in der Batterie abhängig gedacht.

Ich schreibe es der Sorgfalt zu, mit der mein Multiplicator eigens zu diesem Zwecke verfertigt war, dass ich constant andere und, wie es mir scheint, richtigere Resultate, als die eben beschriebenen, erhalten habe.[1]) Es wurden in den Schliessungsbogen einer Batterie, die aus s Flaschen bestand und mit der Quantität q geladen war, successiv verschiedene Halbleiter eingeschaltet: ein kleiner Cylinder aus feuchtem Lindenholz; eine 13″ lange baumwollene Schnur mit verd. Schwefelsäure befeuchtet; eine 9″ lange 2,2‴ weite Glasröhre mit Salmiaklösung oder dest. Wasser angefüllt. Niemals konnte ich mit diesen verschiedenen Zwischenleitern, wenn auch s und q dieselben Werthe hatten, gleiche Ablenkungen am Multiplicator erhalten. Am grössten war der Unterschied der Ablenkung bei ganz heterogenen

[1]) Poggend. Ann. Bd. 40. S. 351.

Zwischenleitern, z. B. bei der baumwollenen Schnur und dem Holzcylinder, aber auch bei Anwendung derselben Glasröhre, das eine Mal mit Salmiaklösung, das andere Mal mit Wasser gefüllt, traten sehr verschiedene Ablenkungen ein, wie aus den folgenden Vertical-Reihen ersichtlich ist.

el. Dichtigkeit $\frac{q}{s}$	$\frac{4}{10}$	$\frac{4}{15}$	$\frac{4}{20}$	$\frac{4}{25}$
Salmiaklösung	11,°5	7	6	4,5
Wasser	5	3,5	2	0

Wie man ferner aus den Horizontalreihen ersieht, waren die Ablenkungen bei derselben Zwischenleitung keinesweges gleich, wenn auch die absolute Quantität der Elektricität, die durch den Multiplicator ging, dieselbe blieb. Von den ausgedehnteren Versuchsreihen, in welchen die elektrische Dichtigkeit in der Batterie auch durch die Elektricitätsmenge geändert wurde, führe ich nur die folgende an, da ich sie am häufigsten, und zwar mit nur wenig verschiedenen Resultaten wiederholt habe. Als Zwischenleitung diente eine 9″ lange 1‴ weite Glasröhre, die mit dest. Wasser gefüllt war, die Ablenkungen (e) sind Mittel aus vier Beobachtungen. Kugeln der Maassflasche 1‴.

s	5	10	15	20	25
q	e	e	e	e	e
4	9	5	3		
8	20	16	11,5	8	6
12		26	20	17,5	12

Ich habe an der angezogenen Stelle die Gründe angegeben, nach welchen ich Anstand nahm, aus diesen Versuchen ein Gesetz für die Stärke der Magnetisirung des Schliessungsdrahtes durch die elektrische Entladung abzuleiteu. Es ist deshalb nicht die Absicht gewesen, ganz genaue Werthe der Ablenkungen zu erhalten, wozu längere Nadeln und eine feinere Theilung hätten benutzt werden müssen. Dennoch ist nach dieser Tabelle der Quotient $\frac{es}{q^2}$ nahe constant, und es scheint, als ob präcisere Versuche sich durch die Formel $f(e) = \lambda \frac{q^2}{s}$ würden darstellen lassen, in welcher f(e) eine Funktion des Ablenkungswinkels und λ eine von der Zwischenleitung abhängige Constante bezeichnet. Folgendes möchte sich aus diesen Versuchen unzweifelhaft ergeben:

Die Ablenkungen der Magnetnadel durch den Draht, der eine elektrische Batterie langsam entladet, sind abhängig von der Dauer der Entladung und daher von der Substanz der angewandten Zwischenleitung. Bei demselben Schliessungsbogen werden sie durch zunehmende Oberfläche der Batterie vermindert, und nehmen mit steigender Elektricitätsmenge zu, aber mit letzterer in einem grössern als dem einfachen Verhältnisse.

IV. Wärmeerregung durch Elektricität.

Das von Harris angegebene sogenannte Elektrothermometer ist zur genauen Messung der Wärme, die in einem Drahte durch die elektrische Entladung entwickelt wird, nicht anwendbar. Der Hals der Glaskugel, durch welche der Draht gezogen wird, hat eine konische Fassung, welche in die Fassung eines kleinen Glasgefässes passt. Von diesem Gefässe geht die Thermometerröhre aus, zuerst nach unten vertical, dann horizontal und endlich vertical in die Höhe; die Scale steht daher ebenfalls vertical, wodurch die Empfindlichkeit des Instruments sehr verringert wird. Ich habe mich eines Thermometers von einfacherer Form, der bei dem gewöhnlichen Luftthermometer gebräuchlichen ähnlich, bedient und werde seine Einrichtung an passender Stelle weiter unten angeben. Die Scale konnte beliebig geneigt werden; sie stand bei allen folgenden Versuchen in einem Winkel von $6\frac{1}{2}^0$ gegen den Horizont.

Abhängigkeit der Erwärmung im Schliessungsdraht von der Quantität der in der Batterie angehäuften Elektricität.[1]) Ein in der Thermometerkugel ausgespannter Platindraht wurde einerseits mit der äussern Kugel des Entladungsapparats der Batterie, andrerseits mit dem Haken des ableitenden Kupferstreifens (Seite 39) in Verbindung gesetzt. Nachdem die Luft in der Kugel Temperatur und Spannung der äussern Luft angenommen hatte, wurde die Kugel verschlossen. Die Batterie, aus s Flaschen bestehend, erhielt von dem mit ihr verbundenen ersten Conductor der Elektrisirmaschine verschiedene Elektricitätsmengen, die durch q Entladungen der Maassflasche (deren Kugeln auf 1''' Entfernung standen) angezeigt wurden. Die Entladung der Batterie brachte ein Sinken der Flüssigkeit in der Thermometerröhre um ϑ Linien hervor. Alle von mir angestellten Versuche werden genügend durch die Formel $\vartheta = \alpha \frac{q^2}{s} \ldots (1)$ dargestellt, in welcher α für dieselbe Zusammensetzung des Schliessungsbogens constant ist. Die folgende Tabelle mag die Uebereinstimmung

[1]) Poggend. Ann. Bd. 40, S. 340.

stimmung mit der Formel zeigen, die sich durch Mittel aus 3 Beobachtungen erreichen lässt

$$\vartheta = 0,88\frac{q^2}{s}$$

s	3		4		5		6	
q	beob. ϑ	ber.	beob. ϑ	ber.	beob. ϑ	ber.	beob. ϑ	ber.
3	3	2,6	2	2,0	1,5	1,6		
4	4,5	4,7	3,2	3,5	3,0	2,8	2,6	2,3
5	7,0	7,3	5,2	5,5	4,5	4,4	3,8	3,7
6	9,7	10,6	7,3	7,9	6,5	6,3	5,5	5,3
7	15	14,4	11,0	10,8	8,8	8,6	7,3	7,2
8	17,5	18,8	14,1	14,1	11,3	11,3	9,3	9,4
9			17,8	17,8	14,3	14,3	11,7	11,9
10					16,7	17,6	14,3	14,7

Ich habe absichtlich die Versuche mit einer und zwei Flaschen nicht mitgetheilt und die übrigen Flaschen mit keiner grössern Elektricitätsmenge geladen als hier angegeben ist. Wir dürfen nämlich nicht vergessen, dass wir die Wirkung der Entladung der auf den Belegungen der Batterie angehäuften Elektricität bestimmen wollen, den Einfluss aber nicht ganz ausschliessen können, welchen die Elektricität des accessorischen Theils der Batterie auf die Entladung äussert. Dieser accessorische Theil, aus Drähten und Kugeln bestehend, zu welchen in unsern Versuchen der ganze erste Conductor der Maschine hinzukommt, enthält desto mehr Elektricität, je grösser $\frac{q}{s}$ ist, und die Schlagweite dieser Elektricitätsmenge wird proportional der Grösse dieses Bruches sein. Um den Einfluss der absoluten Elektricitätsmenge des Leiters sowohl, als den ihrer Schlagweite vernachlässigen zu können, müssen wir also $\frac{q}{s}$ in gewissen Gränzen halten und daher weder zu starke Ladungen, noch zu wenig Flaschen bei diesen Versuchen gebrauchen. — Ich prüfte obige Formel noch auf folgende Weise mit Zuziehung aller Flaschen der Batterie. Setzt man $\vartheta = 10$, so wird $q = 3,37\sqrt{s}$, und man kann die Elektricitätsmengen berechnen, mit welchen eine beliebige Anzahl Flaschen geladen werden muss, um bei der Entladung im Thermometer ein Sinken der Flüssigkeit um 10^0 zu veranlassen. Der Versuch ergab folgende Werthe von ϑ im Mittel aus zwei Beobachtungen.

s	5	10	15	20	25
q	7,5	10,7	13	15	17
beob. ϑ	10	10	9,5	8,5	8

Die Uebereinstimmung mit der Formel ist genügend, da die Flaschen von sehr verschiedenem Alter und nur die ersten sechs so sorgfältig gearbeitet waren, dass sie als gänzlich gleich angesehen werden konnten.

Um aus Versuchen dieser Art ein Gesetz über die Erwärmungen des Platindrahts abzuleiten, musste erst die Abhängigkeit untersucht werden, in welcher diese zu den beobachteten Anzeigen des Thermometers stehen. Bezeichnet T die Erwärmung des Drahtes, M seine Masse, C seine Wärmecapacität, m die Masse der Luft in der Kugel, c ihre Wärmecapacität bei wenig geändertem Volumen, A eine für den angewandten Apparat constante Grösse, so findet man $T = \vartheta A(\frac{mc}{MC} + 1) \ldots (2)$. Die eingeklammerte Grösse bleibt bei Anwendung eines und desselben Drahtes constant, man darf daher in diesem Falle die Anzeigen des Thermometers den Temperaturerhöhungen des Drahtes proportional nehmen. Es folgt demnach aus den Versuchen $T = \gamma \frac{q^2}{s} \ldots (3)$, wo γ für dieselbe Zusammensetzung des Schliessungsdrahtes constant bleibt.

Die Temperaturerhöhung, welche durch die Entladung einer elektrischen Batterie im Schliessungsdrahte hervorgebracht wird, ist proportional dem Produkte der Quantität in die Dichtigkeit der angehäuften Elektricität.

Abhängigkeit der Erwärmung eines Drahtes durch el. Entladung von seiner Dicke. Bei den angeführten Versuchen war der Platindraht im Thermometer 35''' lang, ungefähr 0,1''' dick. Es wurden nun gleich lange aber verschieden dicke Platindrähte in das Thermometer eingezogen und ähnliche Versuchsreihen, wie die oben mitgetheilte, angestellt. Für jede Versuchsreihe ergab sich ein Mittelwerth α in Gleichung (1), der nach der Dicke des angewandten Drahtes verschieden war. Die Durchmesser (2 r) der Drähte waren mittelst eines in einem Mikroskope befindlichen Fadenmikrometers gemessen worden, das $\frac{1}{7187}$ einer par. Linie angab.

Draht	1.	2.	3.	4.
Radius r	0,119	0,078	0,0547	0,050
α	0,18	0,45	0,88	1,02

Führt man in die oben angegebene Gleichung (2), α als speciellen Werth von ϑ ein und ändert M nach r, so erhält man die Erwärmungen, welche dieselbe elektrische Entladung in Platindrähten von gleicher Länge und verschiedener Dicke hervorbringt. Diese Erwärmungen zeigten sich im Verhältnisse von $\frac{1}{r^4}$ veränderlich, wonach

Gleichung (3) für verschieden dicke Drähte die Form $T = \frac{\beta'}{r^4} \cdot \frac{q^2}{s} \ldots . (4)$ erhält.

Die Temperaturerhöhungen verschiedener gleich langer Drähte desselben Metalls, durch welche dieselbe elektrische Entladung gegangen ist, verhalten sich umgekehrt, wie die Biquadrate ihrer Halbmesser.

Will man dieses Gesetz für Wärmemengen W ausdrücken, die durch dieselbe el. Entladung in den Drähten frei werden, so hat man Gleichung (4) mit MC (Masse und Wärmecapacität des Drahtes) zu multipliciren, wodurch man erhält $W = \frac{\delta}{r^2} \cdot \frac{q^2}{s} \ldots . (5)$. Die in jenen Drähten frei gewordenen Wärmemengen sind den Querschnitten derselben umgekehrt proportional.

In allen diesen Versuchen sind nur r, q und s verändert worden, indem ich einer späteren Untersuchung aufbehielt, den Einfluss anderer Variablen auf die Wärmeentwickelung im Schliessungsdrahte zu bestimmen. Es muss indess bemerkt werden, dass β' und δ nicht ganz unabhängig von r erschienen. Bei dem dünnsten Drahte nämlich, den ich anwendete (rad = 0,0225''') ergab sich die beobachtete Erwärmung bedeutend geringer, als sie nach obiger Formel hätte sein sollen. Ich deutete dies so, dass mit Einschaltung dieses Drahtes der Schliessungsbogen im ersten Augenblicke die Batterie nicht vollständig entlud. Bei grösserer Dicke der Drähte war der Einfluss, den r auf die Dauer der Entladung hatte, so gering, dass er füglich vernachlässigt werden konnte.

Wünscht man eine Formel für die beobachteten Thermometeränderungen, die für das Phänomen selbst weiter von keinem Interesse ist, so lässt sich diese leicht durch Verbindung der Gleichungen (2) und (4) erhalten. Diese Formel ist $\vartheta = \frac{\beta}{r^2(\varkappa + r^2)} \cdot \frac{q^2}{s}$, wo $\varkappa$ eine bekannte, nach der Zusammensetzung des Thermometers leicht zu berechnende, β eine durch den Versuch zu bestimmende Constante ist. Für die mitgetheilten Versuche kann $\varkappa = 0{,}07495$ $\beta = 0{,}0002049$ gesetzt werden, wodurch der erste Faktor der Formel für die gebrauchten Drähte die Werthe von α finden lässt.

Draht	1.	2.	3.	4.
berechn. α	0,16	0,42	0,88	1,06

Diese Werthe geben für die Drähte die Aenderungen des angewandten Thermometers in Linien an, welche durch die auf der Oberfläche 1 angehäufte Elektricitätsmenge 1 verursacht werden, vorausgesetzt, dass die Entladungen durch jeden Draht gleich schnell und vollständig statt finden. Wie man sieht, stimmen diese Werthe mit den oben aufgeführten, aus jeder Versuchsreihe besonders abgeleiteten, nahe genug überein.

C. Erregung der Elektricität.

I. Elektricitätserregung durch Reibung.

a) Durch Reibung des Glases.

Die Elektricitätserregung, die bei dem Reiben des Glases stattfindet, hat als Zweck der gebräuchlichen Elektrisirmaschinen ein besonderes Interesse. Der Bau dieser Maschinen ist bisher so ziemlich auf das Copiren einzelner gelungenen Exemplare beschränkt geblieben, in deren Beschreibung man daher die wesentlichen wie die unwesentlichsten Theile mit gleicher scrupulöser Genauigkeit angegeben findet. Es ist aber theoretisch wie praktisch wichtig, die Bedingungen zu kennen, unter welchen eine Elektrisirmaschine am besten wirken kann. Der Einfluss der ersten Conductoren ist leicht aus den Gesetzen der elektrischen Wirkungen überhaupt zu entnehmen; die Abhängigkeit aber der Elektricitätserregung des Glases von verschiedenen Modificationen des Reibens konnte nur durch die Empirie bestimmt werden. Diese Bestimmung ist vor kurzem durch Peclet geschehen in einer sehr ausführlichen, mit grosser Ausdauer durchgeführten Arbeit.[1]) Wir werden uns aber nicht mit Anführung der Hauptresultate begnügen, die der Verfasser selbst in wenigen Zeilen aus seiner 61 Seiten langen Abhandlung zieht; uns scheinen die Abweichungen von den Regeln ein nicht geringeres Interesse zu haben und für die Construction und Benutzung der Elektrisirmaschine nicht minder wichtig zu sein, als die Regeln selbst.

Peclet gebrauchte zu seinen Versuchen einen geschliffenen Glascylinder, der um eine horizontale Axe gedreht wurde. Auf dem höchsten Punkte desselben lag ein sorgfältig nach der Krümmung des Cylinders gefeiltes Holzstück (aus dem Holze des Vogelbeerbaums, cormier) als Reibzeug; es wurde durch Fortsätze, die in verticalen Rinnen liefen, in seiner Lage gehalten und durch aufgelegte Gewichte an den Cylinder angedrückt. Ueber das Holz wurden die verschiedenen Stoffe, die als Reiber dienen sollten, glatt ausgespannt. Da der elektrische Zustand des Glascylinders untersucht werden sollte, so

---

[1]) Annal. de Chimie tom. 57. p. 337.

musste der erste Conductor, welcher, so lange er nicht mit dem Cylinder gleich stark elektrisch ist, diesen Zustand fortwährend ändert, so klein als möglich genommen werden. Derselbe bestand aus einem, unveränderlich gegen den Cylinder befestigten Metallkamm, einem dicken horizontalen, mit Wachstaft bedeckten Kupferdraht (11″ lang) und einem gleichfalls horizontalen, in einer Glasröhre befindlichen Draht von $2\frac{1}{3}'$ Länge, der als Träger des Elektrometers auf einem eigenen, mit Stellschrauben versehenen Fusse stand und mit dem ersten Drahte durch einen 1′ langen dünnen Draht verbunden war. Der erste Conductor hatte also nur die geringe Oberfläche eines mässig dicken, 4 Fuss langen Drahtes. An der Endkugel desselben war ein kleiner Stahlstift eingeschraubt, von dem zwei Strohhalme mit Hollundermarkkugeln (die nach den Versuchen verschieden schwer gewählt wurden) neben einander herabhingen. Das eine dieser Pendel war in verticaler Stellung befestigt, das andere in der auf dem Stifte winkelrechten Ebene beweglich. Die Divergenz der Pendel wurde von einer kleinen $4\frac{3}{4}'$ entfernten Oeffnung aus beobachtet und durch eine auf der Glasröhre des Drahtes befestigte verticale getheilte Scheibe gemessen. Dies einfache Elektrometer war zu allen nun folgenden Versuchen hinreichend, bei welchen es nicht auf ein Verhältniss der Elektricitätsmengen, sondern nur auf deren relative Grösse ankam.

Einfluss der Zeit des Reibens auf die Elektricitätserregung. Das Reibzeug wurde mit weissem Papier, mit verschiedenen Metallpapieren, mit Seiden-, Wollen- oder Leinen-Zeugen, mit Wachstaft oder Leder überzogen. Mit jedem dieser Stoffe gerieben, erhielt der Glascylinder eine Elektricitätsmenge, die anfangs zunahm, nach kurzer Zeit aber ein Maximum erreichte, das während der ganzen fernern Reibung constant blieb. Bei gut leitenden Reibern wurde dies Maximum in 1, bei schlecht leitenden in 7 Minuten erreicht. Die erste Zeit kann als die betrachtet werden, welche der Conductor gebraucht, den elektrischen Zustand des Cylinders anzunehmen, die letztgenannte wird durch den langsamen Abfluss erklärt, den die Elektricität des Reibers durch die schlecht leitende Masse desselben hindurch nach der Erde erhält. Oft auch findet das langsame Steigen der Elektricität eine Erklärung in der Aenderung der Oberfläche des Reibers (wenn diese faserig ist) die erst nach einiger Zeit eine constante Form erhält. Bei normalen Bedingungen kann die Stärke der Elektricität des Glases als unabhängig von der Zeit des Reibens betrachtet werden.

Einfluss der Geschwindigkeit des Reibens auf Elektricitätserregung. Der Cylinder wurde nach den Schlägen einer Uhr gleichmässig gedreht, und die Geschwindigkeit der Umdrehung von 1 bis zum 8fachen verändert. Bei trockenem Wetter und sehr glatten Reibern erschien die el. Erregung des Glases von der Geschwindigkeit des Reibens unabhängig. So z. B. fanden sich folgende Divergenzen des Elektrometers, als der Glascylinder fortwährend aber mit wechselnder Geschwindigkeit gedreht wurde.

Geschwindigkeit.	1.	2.	4.	8.	8.	4.	2.	1.
Reiber: Blei	72	72	72	72,5	72,5	72,5	72	72
„ Atlas	55	56	57	57	57	57	57	57

Diese Versuche zeigen zugleich, dass die constante Divergenz nicht etwa dadurch eintrat, dass der Cylinder oder der Conductor das Maximum von Elektricität, das sie zu halten vermochten, schon durch die kleinste der angewandten Geschwindigkeiten erhalten hätten, in welchem Falle bei der zweiten Reihe steigende Divergenzen hätten bemerkt werden müssen. Ist die Luft feucht, oder fängt man mit zu geringer Drehungsgeschwindigkeit an, so steigen die Divergenzen des Elektrometers mit der Geschwindigkeit, weil dann die Zerstreuung der Elektricität durch die Luft von Einfluss wird. Mit faserigen Reibern vermehrt, auch bei trockener Luft, die Geschwindigkeit des Reibens die Elektricitätserregung des Glases. Z. B.

Reiber:	Tuch.	Schaffell.	Molleton.	Kattun.	Leinwand.
Divergenz bei Geschw. 1	43	25	11	27,5	16
„ „ „ 8	45	40	20	43	24

Die übergreifenden Fasern der reibenden Stoffe, die dem Cylinder bei seinem Hervortreten unter denselben fortwährend Elektricität entziehen, erklären diese Unterschiede, die deshalb auch um so grösser sind, je länger die Fasern, und je besser leitend die Stoffe sind.

Bis hierher war der Glascylinder während des Drehens geladen geblieben; Peclet entlud ihn nun nach jeder Umdrehung durch einen Metallkamm, der dem Kamme des Conductors diametral gegenüberstand, das Elektrometer wurde dann nur mit der während einer Umdrehung erregten Elektricität geladen. Als der Reiber aus einem schlecht leitenden Stoffe bestand, nahmen die Divergenzen mit zunehmender Geschwindigkeit des Drehens ab. Z. B. mit Atlas gerieben, gab der Cylinder

bei Geschwindigkeit	1.	2.	4.	8.	8.	4.	2.	1.
die Divergenzen	34	31	28	25	25	28	31,5	34

Bei der schlechten Ableitung nämlich, die der Atlas der negativen Elektricität gewährte, konnte desto mehr positive Elektricität entwikkelt werden, je längere Zeit jene Ableitung währte. Mit gut leitenden Reibern würde auch hier die Geschwindigkeit keinen Einfluss auf die Divergenzen gehabt haben. Der Verf. überzeugte sich hiervon, indem er eine Kugel so nahe an den Conductor stellte, dass nach einer Umdrehung des Cylinders, der durch keine besondere Vorrichtung entladen wurde, ein Funke übersprang. Dies geschah ferner nach einer Umdrehung, dieselbe mochte in längerer oder kürzerer Zeit vollendet sein. —

Es folgt hieraus, dass, wenn eine grosse Batterie von einer Elektrisirmaschine durch eine bestimmte Anzahl Umdrehungen geladen werden soll, eine grosse Drehungsgeschwindigkeit der Scheibe dem beabsichtigten Effecte nicht förderlich ist, wenn die Reibkissen eine sehr gute Ableitung haben, dass sie demselben sogar nachtheilig wird, wenn die Ableitung nicht ganz vollkommen ist.

Einfluss des Druckes bei der Reibung auf die Elektricitätserregung. Bei den bisher erwähnten Versuchen war das Gewicht, mit dem das Reibzeug gegen den Cylinder gedrückt wurde, constant geblieben. Jetzt wurde es successiv vermehrt von 1,2 bis 10,2 Kilogrammes, ohne dass eine Aenderung in der Divergenz des Elektrometers eintrat. Es waren Metallpapiere, gewalztes Blei, seidene, wollene, baumwollene Zeuge, Kork, Schaffell, Maroquin als Reiber angewendet worden. Auch hier verwahrt sich der Verf. gegen den Einwurf, dass schon der kleinste Druck das Maximum von Elektricität, das der Conductor zu halten vermochte, erzeugt hätte. Denn sonst hätten alle Reiber zuletzt gleiche Divergenzen hervorbringen müssen. Er fand aber mit Molleton, Kattun, Gros de Naples, Atlas, Maroquin respectiv die Divergenzen: 33,5 — 50 — 55 — 61,5 — 66 — 64. Um grössere Unterschiede des Druckes anwenden zu können, wurde die Ausdehnung des Reibzeugs vermindert; es konnte dadurch der Druck von 8,33 bis 255 Grammes auf den Quadratcentimeter gesteigert werden, ohne den Cylinder zu gefährden. Auch von diesem Druckunterschiede (1 zu 30) fanden sich die beobachteten Divergenzen des Elektrometers unabhängig.

Peclet untersucht die Frage, die uns von geringerer Wichtigkeit scheint, ob durch Vermehrung des Druckes auf das Reibzeug die reibenden Punkte wirklich stärker gedrückt werden, oder ob der Contact des reibenden Stoffes mit dem Glase vermehrt werde, in welchem Falle der Totaldruck auf eine grössere Fläche wirke und daher, auf die Flächeneinheit bezogen, in geringerem Maasse zugenommen habe, als es den Anschein hatte. Bei vielen der angewandten Reiber ist indess die Vermehrung des Contacts sehr unbedeutend, wovon der Verf. sich bei den Metallpapieren überzeugte, indem er sie mit 8 und 260 Grammes Druck auf den Quadratcentimeter gegen die Basis eines dreiseitigen Glasprisma andrückte, und die Totalreflexion auf derselben untersuchte. Eine andere Frage betraf die Grösse des Unterschiedes des Drucks. Selbst mit Berücksichtigung des Luftdrucks fanden sich die angewandten Gewichte verschieden genug, um die Unabhängigkeit der Elektrisirung des Glases von dem Drucke auf den Reiber, wenn er nur in jedem Falle hinlänglich war, vollkommenen Contact zu bewirken, als bewiesen zu halten.

Es wurden indess zuweilen Ausnahmen von dieser Regel bemerkt und zwar bei den Metallpapieren in der Art, dass die Elektrisirung des Glases sich mit steigendem Drucke verminderte, bei Atlas, Taft, Pluche de soie, Tuch, Wachstaft aber mit demselben vermehrte. Die Differenzen waren sehr klein und betrugen höchstens einige Grade der Divergenz des Elektrometers. Um den Grund dieser Abweichungen zu bestimmen, wurde die Elektricität einer Glasstange untersucht, je nachdem sie mit verschiedenen Stoffen langsam oder heftig mit der Hand gerieben worden war. Das heftige Reiben, durch welches das Glas heiss wurde, verminderte die positive Elektricität desselben und konnte sie sogar in einigen Fällen (bei der Reibung mit gewalztem Blei, Kattun, Leinwand) in die negative umschlagen machen. Der Verf. fand, dass bei den Versuchen mit dem Glascylinder durch die Reibung unter starkem Drucke wirklich Wärme, wenn auch nur von wenigen Graden[1]), entwickelt wurde und leitete die bemerkten Anomalieen der Elektrisirung von der Wärme und ihrer ungleichen Vertheilung zwischen Reibzeug und Cylinder ab.

---

[1]) Diese wurden mit Hülfe einer thermo-elektrischen Säule beobachtet, die in 3,7″ Entfernung von dem Glascylinder aufgestellt war. In vorläufigen Versuchen war ein ähnlicher Cylinder, mit Wasser gefüllt, vor die Säule gestellt und die Ablenkung am Multiplicator nach verschiedener Erwärmung des Wassers beobachtet worden. Der thermometrische Apparat war ein vortrefflicher, von Gourjon in Paris gearbeiteter. Als Zeichen seiner Empfindlichkeit findet sich angegeben, dass eine Differenz von 0,°4 C. des Wassers über die Lufttemperatur am Multiplicator eine Ablenkung von 10° hervorbrachte.

Wird der Glascylinder fortwährend entladen, so dass dem Elektrometer nur die bei einer Umdrehung erregte Elektricität zugeführt wird, so nimmt die Divergenz des letztern bei weichen fibrösen Reibern mit steigendem Drucke zu, weil der Contact diese Stoffe dichter macht und dadurch der negativen Elektricität des Reibers eine bessere Ableitung verschafft.

Einfluss der Breite des Reibers auf die Elektricitätserregung. Es wurden nach einander zwei Reibzeuggestelle angewendet von gleicher Länge, das eine aber von der vierfachen Breite des andern. Mit den verschiedenen oft genannten Stoffen bekleidet, gaben diese Reibzeuge keinen merklichen Unterschied der Divergenz am Elektrometer. Oder auch, es wurde bei demselben Gestelle der bekleidende Stoff einmal straff aufgezogen, das andere Mal bauschig befestigt, so dass bei der Drehung des Cylinders die reibende Fläche über das Reibzeug hinaus, bis 1,4″ Entfernung von demselben, ausgedehnt wurde. Die Divergenz am Elektrometer war die frühere, wurde aber, wenn der reibende Stoff zu weit übergriff und dem Metallkamme zu nahe kam, vermindert. Nur bei dem Wachstaft blieb die Elektrisirung des Cylinders dieselbe, er mochte in noch so grosser Ausdehnung über das Reibzeug hinaustreten.

Einfluss der Krümmung des Reibers an der Gränze seines Contacts mit dem Cylinder auf die Elektricitätserregung. Das gewöhnliche Reibzeug wurde beibehalten, der Stoff, mit dem es bekleidet war, aber nur an der einen Seite straff aufgezogen, an der andern (die in der Richtung der Drehung des Cylinders lag) bauschig befestigt. In diesen bauschigen Theil wurden Blechcylinder verschiedener Krümmung, von der Länge des Glascylinders, gesteckt und die reibenden Flächen damit straff ausgespannt. Die Fläche des Blechcylinders bildete daher die Fläche des reibenden Stoffes an der Gränze seiner Berührung mit dem Glase. Peclet wandte 4 verschiedene Cylinder an von 2, 1, $\frac{1}{2}$ und $\frac{1}{4}$ Zoll Durchmesser; bei derselben Bekleidung des Reibzeuges mit Kupferpapier gaben diese Cylinder respectiv Divergenzen von 21,5 — 20 — 18 — 16,5 Graden am Elektrometer. Das Glas wird also durch Reibung desto stärker elektrisirt, je grösser der Krümmungshalbmesser der reibenden Fläche an der Gränze des Contacts ist. Die Entfernung dieser Gränze von dem Reibzeuge hat keinen Einfluss, wenn sie dem Metallkamme nicht zu nahe liegt.

Einfluss der Dicke der reibenden Substanz. Zinn, Blei, Papier, Fell, Atlas, Wachstaft wurden als Reiber in verschiedener Dicke angewendet, die erstgenannte Substanz als Zinnpapier und gewalztes Zinn (Dicke 1 und 40), die andern Stoffe in einzelnen und mehfach über einander geschichteten Lagen. Die Elektrisirung des Glases war von der Dicke der reibenden Substanz unabhängig. Nur bei Entladung des Cylinders nach jeder Umdrehung, verminderte die Dicke von schlecht leitenden Reibern diese Elektrisirung, weil die Ableitung der Elektricität des Reibers durch seine Dicke erschwert wurde.

Einfluss der Dicke des Glases auf die Elektricitätserregung. Hierüber finden sich in der Abhandlung nur wenige Versuche vor. Es wurde eine Glasröhre und ein Stab gleichen Durchmessers mit der Hand gerieben und an ein Elektroskop gebracht. Der Stab wurde stärker elektrisch, als die Röhre. Als jedoch letztere getrocknet und an beiden Enden zugeschmolzen war, glich sich der Unterschied aus. Hiernach würde die Dicke des Glases ohne Einfluss auf die Elektrisirung desselben sein.

Dieser Schluss ist indess nur für Glas von cylindrischer Form und für einseitige Reibung gültig. An der Scheibenmaschine, bei welcher beide Seiten des Glases gerieben werden, giebt bekanntlich das dünnere Glas den stärkeren Effekt.

Einfluss der Art der Reibung auf die Elektricitätserregung. Ein hohler Kupfercylinder von der Länge des Glascylinders wurde mit Leder überzogen und an die Stelle des Reibzeuges gesetzt; seine Axe konnte in den verticalen Rinnen beliebig festgestellt oder freigelassen werden. Im ersten Falle entstand bei Drehung des Glascylinders die (bisher angewandte) Reibung mit gleitender, im zweiten die Reibung mit rollender Bewegung. Der Kupfercylinder wurde mit der Hand an den Glascylinder angedrückt; mit Papier, Metallpapier, Schaffell bekleidet, zeigte sich seine elektrisirende Wirkung auf das Glas durchaus gleich, seine Axe mochte fest oder beweglich sein. Mit Anwendung von Atlas und Molleton als reibende Substanz gab der letztere Fall die stärkere Elektrisirung. Mit altem trockenen Wachstaft gaben beide Arten des Reibens dieselbe Stärke der (positiven) Elektrisirung des Glases, als aber neuer klebender Wachstaft gebraucht wurde, so war die erregte Elektricitätsart nach der Art des Reibens verschieden. Es wurden folgende Divergenzen am Elektrometer erhalten:

rollende Reibung	—45	—47	—46	—47	—46	—47
gleitende „	+63	+65	+63	+65	+62	+66

Die erste Art der Reibung bedingt nämlich ein fortwährendes Zusammendrücken des Wachstafts, das ihn nach Libes bekannten Versuchen positiv elektrisch macht, indess die gleitende Reibung denselben selbst gegen Metall negativ elektrisirt. Was den Einfluss der Wärme und der Rauhheit der Oberfläche betrifft, so bestätigte der Verfasser die bekannte Erfahrung, dass durch beide ein geriebener Körper die Tendenz erhält, negativ elektrisch zu werden.

Reibung der Luft gegen Glas. Marx[1]) hat die häufig gemachte Bemerkung, dass ein starker Luftstrom, der gegen eine Glasplatte getrieben wird, dieselbe elektrisch mache, ungegründet gefunden. Auch eine schnell rotirende Metallmasse zeigt nach ihm keine Elektricität, die der Reibung der Luft gegen dieselbe zugeschrieben werden kann.

b) Elektricitätserregung durch Reibung der Metalle.

Elektricitätserregung durch Reibung der Metalle mit Metallfeilicht. Becquerel[2]) schraubte eine Metallschale auf den Deckel eines Bohnenbergerschen Elektroskops, und hielt eine Metallplatte schräg über dieselbe. Als er nun Metallfeilicht auf die Platte und von derselben in die Schale fallen liess, konnte er die Elektricität prüfen, die dasselbe durch Reibung mit der Platte angenommen hatte. Es fand sich ganz allgemein, dass Metallfeilicht, Metalloxyd, gepülvertes Schwefelmetall, auf eine Platte des zugehörigen Metalls geworfen, negativ elektrisch wurde. Nur das Antimon machte hiervon eine Ausnahme, indem das Feilicht desselben durch Reibung gegen eine Antimonplatte positiv wurde. Singer hat bereits die Beobachtung gemacht, dass Kupferfeilicht, durch ein Zinksieb geschüttelt, negativ wird; Becquerel fand dasselbe negativ durch Reibung gegen Platten von Zink, Blei, Zinn, Eisen, Wismuth und Antimon; gegen Platten von Platin, Gold, Silber gerieben, zeigte es keine Elektricität. Zinkfeilicht wurde durch Reibung mit einigen Metallen positiv, mit andern negativ, Braunstein mit allen Metallen negativ. Die Wärme hatte auf die Elektricitätserregung durch Reibung grossen Einfluss, wie aus folgender Tabelle ersichtlich ist.

---

[1]) Erdmann u. Schweigg. Journ. f. prakt. Chem. III. 239.
[2]) Mém. de l'Acad. XII. p. 341. Ann. de Chim. 47. p. 116.

Feilicht	Platte	Feilicht,	Feilicht u. Platte,
bei gewöhnl. Temperatur.		zu 60° erw.	zu 60° erwärmt.
Zink + mit	Platin, Gold, Silber, Kupfer, Graphit	Feilicht —	Feil. noch stärker —
Zink — mit	Zink, Eisen, Wism. Antimon	Feilicht —	Feil. noch stärker —
Braunst. — mit	Gold, Platin, Kupfer, Zink, Braunstein	Feilicht —	Feil. noch stärker —

Die Wärme giebt hiernach den Mineralien, wie allen Substanzen, die Tendenz, bei der Reibung negativ elektrisch zu werden, aber dem Feilicht eine grössere als dem festen Metall, da sonst der Effect in der letzten Columne nicht hätte gesteigert werden können. Becquerel versuchte noch auf eine andere Weise, die Reibung des Feilichts mit einer Platte zu bewirken. Er stellte auf das Bohnenbergersche Elektroskop ein kleines Uhrwerk, welches eine darauf befestigte Platte in schnelle Rotation versetzte. Braunstein, Schwefeleisen, Silber in Pulverform, auf rotirende Platten von Zink, Zinn, Gold gestreut, wurden negativ elektrisch, Zinkfeilicht auf Zink geworfen, gab keine Spur von Elektricität.

Elektricitätserregung durch Reibung der Metalle mit Halbleitern. Wenn Metallplatten mit einander gerieben werden, so ist nach de la Rive die erregte Elektricität nicht nachweisbar, weil die Platten an der Trennungsfläche zu gut leitend sind. Durch Reibung mit Halbleitern aber kann in Metallen so viel Elektricität erregt werden, dass sie das Elektrometer bedeutend afficiren. Schon Hauy fand Metalle und Erze durch Reibung auf Tuch stark elektrisch, die meisten aber negativ; nur Zink, Silber, Wismuth, Kupfer, Blei, Eisenglanz gaben positive Elektricität. De la Rive hat die Elektricitätserregung untersucht, die durch Reibung von Metallen mit der Hand, mit Elfenbein, Horn, Kork, Kautschuck und verschiedenen Holzarten stattfindet. [1]) Er fand, dass alle Metalle durch die Reibung mit den genannten Stoffen negativ el. werden. Scheinbare Ausnahmen von dieser Regel werden dadurch erklärt, dass der Reiber eine auf dem Metalle gebildete Oxydschicht abgezogen habe, so dass nun das Metall, mit seinem Oxyde gerieben, positiv elektrisch werde. Ist keine Oxydschicht da, oder ist sie so fest, dass sie nicht

[1]) Biblioth. univ. tome 59. p. 13. Pogg. Ann. Bd. 37. p. 506.

abgerissen wird, so zeigt das Metall seine normale negative Elektricität. Stets negativ wurden: Rhodium, Platin, Palladium, Gold, Tellur, Kobalt, Nickel; meistentheils negativ: Silber, Kupfer, Messing; negativ und positiv: Antimon, Wismuth, Blei, Zink, Zinn, Eisen. Die letztgenannten, ungewiss elektrischen Metalle wurden in Form von Würfeln von 1 Zoll Seite, zum besondern Gegenstande der Untersuchung gemacht. Nach eben gereinigter Oberfläche, in trockener Luft gerieben, zeigten sie sich negativ, in feuchter Luft, bei Erwärmung auf ihrer ganzen Fläche gerieben, positiv elektrisch. Die anomale Elektricität tritt desto leichter ein, je mehr Gelegenheit zur Bildung einer leichten Oxydschicht und zum Uebergehen derselben auf den Reiber gegeben ist. So wurden die heissen Zink-, Zinn-, Eisen-Würfel, auf den Flächen gerieben, positiv, auf den Kanten gerieben, negativ. Antimon und Silber, sonst sehr constant negativ, können, durch anhaltendes Reiben mit Kork und Kautschuck auf ihren Flächen, positiv werden. Mit Ebenholz bringt man die negative Elektricität der Metalle leicht zu Wege; nur Blei und Wismuth werden sehr selten negativ. Der Verfasser schreibt dies der Leichtigkeit zu, mit der diese beiden Metalle eine Oxydschicht erhalten, welche durch die matte Farbe des Bleies und die irisirende des Wismuths angedeutet werde. Geschwindigkeit und Druck beim Reiben haben keinen Einfluss auf Intensität und Art der erzeugten Elektricität.

II. Elektricitätserregung durch merkliche chemische Einwirkung.

Es ist hier zuvörderst an einige frühere Versuche Becquerels[1]) zu erinnern, in welchen die Elektricitätserregung durch chemische Einwirkung von Flüssigkeiten auf Metalle auf einfache Weise dargethan wurde. Ein kleiner Tiegel aus Platin oder Kupfer, mit einer stark reagirenden Flüssigkeit gefüllt, war auf den Deckel eines Bohnenbergerschen Elektroskops gestellt worden, eine Metallplatte wurde mit der Hand in die Flüssigkeit getaucht, und die Elektricität, welche das Metall angenommen hatte, aus den Anzeigen des Instruments geschlossen. Die nachfolgende Tabelle giebt die Art der Elektricität des eingetauchten Metalles an.

---

[1]) Ann. de Chim. XXVII. p. 5. Traité de l'él. II. p. 245.

Tiegel.	Flüssigkeit.	eingetauchtes Metall. Platin.	Gold.	Silber.	Kupfer.	Eisen.	Blei.	Zink.
Platin	conc. Schwefels.		—	—	—	—	—	—
	s. verd. Schwefels.		—	—	—	—	—	—
	Aetzkalilösung		—	—	—	—	—	—
Kupfer	conc. Schwefels.	+	+	+		o	o	+
	s. verd. Schwefels.	+	+	+		—	+	—
	Aetzkalilösung	+	+	+		—	o	—

Becquerel schliesst hieraus, dass, wenn nur ein Metall von einer Flüssigkeit angegriffen wird, das Metall stets negativ, die Flüssigkeit positiv elektrisch ist; werden beide Metalle, die mit einer Flüssigkeit in Berührung stehn, angegriffen, so herrscht die Elektricität des am stärksten angegriffenen Metalles vor.

De la Rive hat diese Versuche neuerdings wiederholt[1]) und bestätigt; er bemerkt rücksichtlich der Stärke der erregten Elektricität, dass sie nicht immer mit der chemischen Einwirkung im Verhältnisse stehe. So gibt, wenn der Platintiegel auf dem Elektroskope mit concentrirter Schwefelsäure gefüllt ist, eine eingetauchte Zinklamelle stärkere Elektricität, als wenn die Säure sehr verdünnt ist, obgleich im letztern Falle die chemische Einwirkung auf das Zink viel kräftiger ist, als im erstern. Es rührt dies daher, dass die verdünnte Säure, als besserer Leiter, die Wiedervereinigung der beiden erregten Elektricitätsarten mehr begünstigt, als die concentrirte. Die chemische Einwirkung erregt auch in nicht metallischen Körpern Elektricität. Als de la Rive in den mit concentrirter Schwefelsäure gefüllten Platintiegel Holz, Kork, Wachs, Leim (colle forte), Zucker eintauchte, zeigte das Elektroskop positive Elektricität, wie bei einem eingetauchten angreifbaren Metalle, an. In allen diesen Versuchen ist die Elektricität aber sehr schwach, weil die Vereinigung der beiden Elektricitäten in der Flüssigkeit selbst so leicht ist. Lässt man hingegen die Flüssigkeit gleich nach der Einwirkung auf das Metall in Dampfform entweichen, indem man dieselbe auf erhitzte Metallplatten tropft, so kann die negative Elektricität des angegriffenen Metalls bis zum Funkengeben angesammelt werden. Aus demselben Grunde erhält man starke Elektricität durch chemische Einwirkung, wenn der angreifende Körper von Natur gasförmig ist. Chlor und Luft durch

[1]) Recherches sur etc. p. 96. Bibl. univ. de Genève. III. p. 375.

eine isolirte dünne Kupferröhre getrieben, machen dieselbe stark elektrisch, nur muss man die Vorsicht gebrauchen, dem Chlor die positive Elektricität, die ihm durch seine Entwickelung gegeben ist, dadurch zu entziehen, dass man es durch eine nicht isolirte Platinröhre streichen lässt. Dass die Elektricität des Kupfers nicht durch Reibung der Gasart gegen die Wände der Röhre entstanden war, bewies der ausbleibende Erfolg, als Wasserstoffgas oder Kohlensäure durch die Röhre getrieben wurden.

Alle diese Erfahrungen lassen sich in dem sehr einfachen Ausdrucke zusammenfassen, dass jedes Metall, welches von einer Flüssigkeit angegriffen wird (dies Angreifen freilich im weitesten Sinne genommen), negativ, die angreifende Flüssigkeit positiv elektrisch wird. Stehen zwei Metalle in derselben Flüssigkeit, so wird jedes von ihnen negativ, die Flüssigkeit um so stärker positiv sein; erhält aber eins der Metalle oder jedes eine Ableitung, so wird die Elektricität der Flüssigkeit an das weniger angegriffene Metall übergehn und es positiv erscheinen lassen. Einige organische Substanzen verhalten sich wie die Metalle.

Der Satz, dass alle Metalle, mit einer beliebigen Flüssigkeit in Berührung, negativ elektrisch werden, ist bekanntlich schon von Volta aufgestellt, seltsamer Weise aber gerade von denen am spätesten eingeräumt worden, die seine Ansicht über die Elektricitätserregung durch Contact theilen. Pohl glaubte, das Zerfallen der Metalle in zwei Klassen bewiesen zu haben, von welchen die eine mit allen Flüssigkeiten positiv, die andere negativ elektrisch werde; Pfaff beschränkte diese Annahme, indem er die Art der Elektrisirung der Metalle zugleich von der Natur der erregenden Flüssigkeit abhängig darstellte.[1]) Dass die Elektricität eines Metalles durch ein ihm in derselben Flüssigkeit gegenüberstehendes Metall modificirt werde, war beiden Physikern nicht unbekannt; aber diese Thatsache wurde nur als Verstärkung oder Schwächung der jedem Metalle eigenthümlichen Elektricität gefasst. Pohl z. B. bemerkte die positive Elektricität einer Kupferplatte, die durch eine befeuchtete Pappscheibe von einer Zinkplatte getrennt wird, aber er wich darin von den jetzt constatirten Angaben ab, dass er nach Fortnahme der Zinkscheibe das Kupfer ebenfalls positiv, nur schwächer elektrisch gefunden haben wollte.[2])

---

1) Gehl. N. phys. Wörterb. IV. S. 639.

2) Process d. galv. Kette. Leipz. 1826. S. 15.

Karsten hat einige hierher gehörige Versuche angestellt[1]), welche die zu Anfang aufgeführten bestätigen. Er füllte ein kleines Gläschen oder eine zweischenklige Glasröhre mit verdünnter Schwefel-, Salpeter- oder Salzsäure, oder auch mit schwacher Lauge oder Salzlösung. Die Art der Elektricität wurde durch die beiden zuletzt genannten Flüssigkeiten nicht geändert, die Stärke derselben aber sehr vermindert. In die Flüssigkeit wurden Drähte von $\frac{1}{2}'''$ Dicke mit dem einen Ende, das spiralförmig aufgerollt war, eingetaucht, das andere vorragende Ende wurde an einem Condensator geprüft. Die Collectorplatte war in den folgenden Versuchen mit dem sie berührenden Metalle gleichartig und befand sich auf einem Bohnenbergerschen Elektroskope. Zink in der Flüssigkeit zeigte sich entschieden negativ elektrisch, Kupfer ebenfalls nur schwächer. Silber und Platin gaben keine entschiedenen Resultate. Als zwei Metalle sehr nahe, aber ohne sich zu berühren, in der Flüssigkeit standen, wurden folgende Elektricitäten beobachtet.

In der Flüssigkeit						
Zink und Kupfer	Z	entschieden	negativ	K	entschieden	positiv
» » Silber	Z	»	»	S	»	»
» » Platin	Z	»	»	P	»	»
Kupfer und Silber	K	»	»	S	»	»
» » Platin	K	»	»	P	»	»

Diese Resultate sind, wie man sieht, durchaus der oben ausgesprochenen Regel gemäss. Die einzeln angewandten Metalle wurden in der Flüssigkeit negativ, bei zwei gegenüberstehenden Metallen leitete das weniger angegriffene Metall die positive Elektricität der Flüssigkeit über.

Pfaff hat in Folge dieser Versuche die Elektricitätserregung durch Eintauchen von Metallen in verschiedene Flüssigkeiten aufs neue geprüft und die früher von ihm angegebenen Resultate wesentlich modificirt.[2]) Er bediente sich zweier Condensatoren mit Platten von 8'' und 2'' Durchmesser. Das zu prüfende Metall wurde mit der Collectorplatte des grössern Condensators in Berührung gebracht und die Elektricität dieser Platte auf den kleinen Condensator, der auf einem Goldblattelektrometer stand, übertragen. Bei Zink, Zinn, Kupfer, Silber waren alle während des Versuchs sich berührende Metallflächen

[1]) Ueber Contact-Electr. Berl. 1836. S. 4 u. 7.

[2]) Revision des Galv. Volt. p. 49 folg.

gleichartig, bei den übrigen Metallen wurde die Berührung ungleichartiger Metalle durch Zwischenbringung eines mit destillirtem Wasser befeuchteten Papiers vermieden. Die reagirenden Flüssigkeiten wurden in eine helmförmige Glasröhre gefüllt, in deren weitem Schenkel ein Metall, in Draht-, Stangen- oder Plattenform, stand, während in den engen ein Holz- oder Metallstab mit der Hand gehalten wurde. Der Verfasser nimmt keine Rücksicht auf die Elektricitätserregung an dem Holzstäbchen, wie sie doch durch Einwirkung der Flüssigkeit nach de la Rive stattfinden muss; wo daher in einem Versuche das Metall in der Flüssigkeit alleinstehend angegeben wird, muss ein ihm gegenüberstehender ableitend berührter Holzstab mitverstanden werden. Die folgenden Hauptresultate der Pfaffschen Untersuchung lassen sich mit Becquerels und de la Rive's Versuchen vereinigen.

Jedes Metall mit jeder Flüssigkeit in Berührung, — diese mochte nun reines Wasser, verdünnte Säure, Alkalilösung oder Lösung eines Schwefelalkali's sein — wurde negativ, die Flüssigkeit positiv elektrisch. Die Stärke der Elektricität war nach der Natur des Metalls und der Flüssigkeit verschieden, einige Metalle wurden durch die Lösungen der ätzenden Alkalien und der Schwefellebern am stärksten elektrisch. Mit den meisten Flüssigkeiten wurden die positiven Metalle am stärksten negativ, nur mit den Schwefelleberlösungen wurden einige negative Metalle am stärksten negativ. Standen zwei Metalle in einer Flüssigkeit, und berührte man das Metall, das allein stehend am stärksten negativ geworden wäre, so erschien das andere Metall positiv elektrisch, berührte man das schwächer negative, so war das andere zwar noch negativ, aber im geringern Grade, als wenn es allein gestanden hätte. Die Stärke der positiven und negativen Elektrisirung ist unabhängig von der Tiefe, zu welcher das Metall eingetaucht wird. In den nun folgenden Versuchen sind die Metalle nach abnehmender negativer Elektricität geordnet, die sie durch Berührung mit den einzeln genannten Flüssigkeiten erhalten, wenn ihnen ein Holzstäbchen in der Flüssigkeit gegenübersteht.

Aetzkali- und Aetznatrum-Lösung. Es wurden negativ elektrisch: Zinn, Zink, Silber, Blei, Antimon, Kupfer, Platin. Das Zinn zeigte sich auch dadurch stärker elektrisch als Zink, dass es, als beide Metalle in der Flüssigkeit standen und das Zink ableitend berührt wurde, noch negativ erschien.

Aetzammoniakflüssigkeit. Sp. G. 0,923. Kupfer, Zink, Gold, Silber, Zinn, Blei. Das Kupfer fand sich schwächer negativ, wenn ihm in der Flüssigkeit Zink, stärker negativ, wenn ihm Zinn gegenüberstand, als wenn es allein stand (mit gegenüberstehendem Holzstabe).

Salpetersäure. Zink, Zinn, Blei, Kupfer, Silber, Platin. In der concentrirten Säure wurden die Metalle schwächer negativ, als in der verdünnten.

Verdünnte Schwefelsäure. Sp. G. 1,32. Salzsäure, Lösung von schwefelsaurem Zink. Dieselbe Ordnung, wie bei der Salpetersäure: Zink, Zinn, Blei, Kupfer, Silber, Platin.

Jodkaliumlösung. Zink, Zinn, Blei, Antimon, Wismuth, Kupfer wurde negativ; Silber und Platin hingegen positiv. Diese Anomalie fällt fort, wenn man annimmt, dass Holz durch diese Flüssigkeit stärker, als Silber und Platin, negativ wird.

Salmiak, Salpeter, schwefels. Kali und Natrum, Kochsalz, salpetersaurer Kalk zeigten mit Zink nur schwache Elektricität (kann ebenfalls von der Elektricität des Holzes herrühren).

Lösung von Schwefelkali. Silber, Kupfer; Blei, Eisen, Zinn, Zink. Hier sind es die negativen Metalle, und zwar die beiden ersten, in bei Weitem stärksten Grade, welche durch die Flüssigkeit am stärksten negativ wurden. Daher wurde Zink, wenn ihm Silber oder Kupfer, ableitend berührt, gegenüberstand, positiv elektrisch.

Schwefelnatrum-, Schwefelbaryt-, Schwefelkalk-Lösung verhielten sich wie Schwefelkali, nur wirkten sie schwächer.

III. Elektricitätserregung durch Contact oder unmerkliche chemische Einwirkung.

Es ist durch diese Doppel-Ueberschrift angedeutet, dass von unserm Standpunkte aus die Frage, ob der Contact heterogener Substanzen zur Elektricitätserregung hinreichend sei, oder ob dabei ein versteckter chemischer Prozess angenommen werden müsse, füglich dahingestellt bleiben kann. Diese Frage ist nur wichtig für die Theorie der volta'schen Säule und, nach meiner Meinung, selbst für diese nicht so wichtig, als man aus der Mühe und dem Eifer, die bisher an ihre Erledigung gesetzt worden sind, schliessen müsste. Dem Leser, der sich für die Sachlage des Streites über die Contactelektricität in neuester Zeit interessirt, können wir die beiden unten angegebenen Abhandlungen empfehlen [1]), die sich durch starres Festhalten an den

[1]) de la Rive: Recherches sur la cause de l'électricité voltaique. Genève 1836. 174 p. 4to. (chem. Theor.) Pfaff: Revision der Lehre vom Galvano-Voltaismus. Altona 1837. 227 S. 8vo. (Contact Theorie.)

entgegengesetzten Meinungen, und in Folge davon durch präcise Darstellung vor andern Schriften gleicher Tendenz auszeichnen.

Wir haben hier nur die neueren, im vorigen Artikel nicht enthaltenen, Versuche beizubringen, nach welchen durch erfolgte Berührung heterogener Substanzen, die keine chemische Wirkung auf einander ausüben, Elektricität, am Elektrometer nachweisbar, erregt wird.

Volta's Fundamental-Versuch. Dass Zink und Kupfer in Berührung, entgegengesetzt elektrisch werden, hat Peltier auf folgende Weise gezeigt, in welcher beide Elektricitäten gleichzeitig zur Divergenz des Elektrometers beitragen. [1]) Eine zusammengelöthete Kupfer-Zinkplatte wurde mit einer ähnlichen Doppelplatte durch einen Kupferstab verbunden; der Kupferstab stand durch einen Draht mit der Erde in Verbindung. Dieser Apparat wurde auf die Collectorplatte A (Taf. I. Fig. 10.) eines Elektrometers gestellt und mit der Condensatorplatte B bedeckt; an beiden Platten waren die übergreifenden Platinstifte a und b gelöthet. Als die Kupferplatte c des combinirten Doppelplattenpaars auf der Collectorplatte auflag und a mit b durch einen isolirten Platindraht verbunden worden war, zeigte das Elektrometer, nach Abhebung des aufgesetzten Apparats, positive Elektricität an, woraus geschlossen wird, dass c negativ, z positiv elektrisch war. Wurde die Zinkplatte z auf die Collectorplatte gelegt, so gingen die Blättchen des Elektrometers nach ähnlicher Manipulation, wie früher, mit negativer Elektricität aus einander.

Es wird bei diesem Versuche besondres Gewicht darauf gelegt, dass die Metalle, deren Berührung El. entwickelt haben soll, gefirnisst waren. Aus de la Rive's Versuchen scheint aber zu folgen, dass die Firnissschicht nur sehr dünn gewesen sei. Als derselbe nämlich [2]) eine überall gefirnisste Zinkscheibe mit angelöthetem Messingstift auf die Condensatorplatte eines Elektrometers legte, zeigte sich das Zink, nachdem der Messingstift ableitend berührt worden, positiv, aber schwächer elektrisch, als wenn die obere Seite der Scheibe nicht gefirnisst war. Er überzog nun die obere, nicht auf der Condensatorplatte ruhende, Zinkfläche mit mehreren Schichten Firniss und sah zuletzt, bei Wiederholung des vorigen Versuches, jede Spur von Elektricität verschwinden. Diese passive Zinkscheibe verhielt sich jetzt völlig wie eine Messingscheibe; als nämlich der Messingstift derselben mit dem Kupfer eines

---

[1]) L'institut 3ème année (1835). p. 378.

[2]) Recherches sur etc. p. 69. Bibl. univ. de Genèv. III. p. 375. suiv.

Zink-Kupferpaars, dessen Zink auf der Hand des Beobachters lag, berührt wurde, erschien die Scheibe negativ elektrisch. Pfaff[3]) hat diesen Versuch wiederholt, aber mit entgegengesetztem Erfolge. Die Zinkplatte zeigte positive Elektricität, unabhängig von der Dicke des sie bedeckenden Firniss, und keine Spur von Elektricität, als das Kupfer des Plattenpaares an ihren Messingstift gebracht wurde.

Elektricitätserregung bei dem Contact unveränderlicher Fossilien. Zu den Versuchen über die Elektricitätserregung bei dem Contacte werden gewöhnlich bearbeitete Metallflächen genommen, die leicht eine nicht gewünschte Einwirkung von Luft und Feuchtigkeit erleiden. Becquerel[1]) wendet zu gleichem Zwecke Fossilien mit ihren natürlichen Flächen an, die Jahrhunderte lang der Witterung ausgesetzt, jetzt als unveränderlich durch dieselbe anzunehmen sind. Er benutzte einen Condensator mit vergoldeten Platten; auf die obere Platte legte er ein Stück mit Wasser befeuchtetes Papier und auf dieses das zu untersuchende Fossil; er berührte dasselbe mit einem andern, in der Hand gehaltenen Fossile, während er der untern Condensatorplatte eine Ableitung gab, und hob sodann die obere Platte ab. Platin und Gold in Berührung wurden nicht elektrisch, beide aber wurden positiv bei der Berührung mit Graubraunsteinerz oder Graphit. Die beiden letztgenannten Mineralien wurden negativ bei Berührung mit Rothkupfererz, Schwefelkies und Eisenglanz. Das Graubraunsteinerz zeigte sich negativ in Berührung mit allen untersuchten Körpern. Glanzkobalt mit Gold oder mit Eisenoxyd berührt, das durch Wasserdampf bereitet war, wurde negativ elektrisch.

Elektricität des Zinks bei der Berührung desselben mit verschiedenen Mineralien. Pfaff[2]) hat aufs neue die Stärke der (positiven) Elektricität untersucht, die das Zink erhält, wenn es mit verschiedenen Fossilien in Berührung ist. Er ordnet hiernach die Fossilien in folgende Reihe nach zunehmender Wirksamkeit: Blei (Zinn, Cadmium), Eisen, Wismuth, Arsenik, Spiessglanz, Kupfer, Palladium, Platin, Silber, Gold, Kohle, Graphit, Graubraunsteinerz. Pfaff gebrauchte Condensatoren von 8, 6 und 3 Zoll Durchmesser und prüfte die angesammelte Elektricität an einem Bennetschen (Goldblatt) Elektrometer. Dass er, ebenso wie de la Rive, dies letztere überall, wo es auf Genauigkeit ankommt, dem

[1]) Revision des Galv. S. 22.
[2]) Traité de l'él. II. p. 137.
[3]) Revision des Galv. p. 25.

Bohnenbergerschen Elektrometer vorzieht, finde ich durch meine Erfahrung vollkommen gerechtfertigt.

Munk af Rosenschöld[1]) hat gleichfalls die Elektricität untersucht, welche das Zink bei der Berührung mit verschiedenen Mineralien erhält. Er fand, dass der Braunstein in seiner Eigenschaft, das Zink am stärksten elektrisch erscheinen zu lassen, von dem braunen Bleisuperoxyd noch übertroffen werde. Er stellte die Versuche auf die Weise an, dass ein Messingstativ mit einer mit dest. Wasser befeuchteten Pappscheibe, und diese mit einer Zinkscheibe bedeckt wurde, auf welche er die zu untersuchende Substanz legte. Die Collectorplatte eines Condensators hatte einen mit feuchtem Papier umwickelten Kupferstift, mit dem die Substanz durch Erhöhung des Messingstativs in kurze Berührung gebracht wurde. Der Condensator befand sich auf einem Volta'schen Strohhalmelektrometer und bestand aus Kupferscheiben von 3'' 7''' Durchmesser, die durch sehr kleine Schellackkörner von einander getrennt waren. Diese Art der Trennung erscheint, nach Pfaffs Bemerkung, nicht zweckmässig und steht jedenfalls der gebräuchlichen Trennung durch Firniss nach. Als der Kupferstift der Collectorplatte mit den folgenden Substanzen, als sie auf der Zinkplatte lagen, eine kurze Zeit in Berührung war, zeigte das Elektrometer nach Abhebung der Condensatorplatte die nebenstehenden Divergenzen mit negativer Elektricität. Kupfer 4^{0}, Silber $4\frac{1}{2}$, Kohle $4\frac{2}{3}$, Gold 5, schwarzes Schwefelquecksilber $5\frac{1}{2}$, Schwefelkies 6, Braunstein $6\frac{1}{2}$, braunes Bleisuperoxyd $9\frac{1}{2}$. Das braune Bleisuperoxyd giebt also mit Zink in Berührung bei weitem die stärkste Elektricität; mit Braunstein in Berührung wurde es gleichfalls negativ elektrisch. Es war bei diesen Versuchen in eine Patrone geschlagen, so dass es einen festen Cylinder bildete; als loses Pulver angewendet, gab es nicht immer dieselben Resultate. War es nämlich stark getrocknet auf eine Kupferplatte gelegt worden, so zeigte es sich nicht elektrisch, wohl aber, und zwar negativ, wenn seine obere Fläche, die der Draht des Condensators berührte, angehaucht worden war.

De la Rive[2]) hebt diesen Versuch hervor und zeigt, dass die unter dem Superoxyde liegende Kupfer- oder Platinplatte nichts zum Erfolge beiträgt. Als er nämlich auf seinen Condensator eine Holz-

---

[1]) Pogg. Ann. Bd. 35. pag. 46.

[2]) Biblioth. univers. de Genève. I. p. 161

platte und auf diese das braune Bleisuperoxyd legte, das er einen Augenblick mit der feuchten Hand berührte, zeigte das Elektrometer, dass die trockene Schicht des Oxyds positiv, die feuchte also negativ geworden war.

Zink in Berührung mit Halbleitern. Rosenschöld[1]) behauptet, dass Quecksilberoxydul, ein schlechter Leiter der Elektricität, in eine Patrone geschlagen und mit Zink in Berührung gebracht, schwach negativ elektrisch werde. Der hierüber mitgetheilte Versuch berechtigt aber nicht zu diesem Schlusse. Ebenso muss die Richtigkeit seiner Angabe, dass der Feuerstein, mit Zink in Berührung, elektrisch werde, dahingestellt bleiben.

IV. Elektricitätserregung durch die Volta'sche Säule.

Eine isolirte Volta'sche Säule zeigt an ihren beiden Enden (Polen) entgegengesetzte Elektricitäten, deren Stärke, im Allgemeinen sehr gering, mit der Anzahl der Abwechselungen der Säule zunimmt. Die Elektricität jedes Pols wird in bedeutendem Grade verstärkt, wenn man den andern Pol ableitend berührt. Durch Verbindung beider Pole mittelst eines guten Leiters verschwindet jede Spur von Elektricität, die erst nach der Fortnahme desselben (dem Oeffnen der Säule) wieder merkbar wird.

Einfluss der Schliessungsdauer auf die Elektricitätserregung der Säule. Marianini hat die Elektricität der Säule, gleich nachdem dieselbe eine gewisse Zeit geschlossen war, untersucht; Becquerel[2]) theilt die hauptsächlichsten Versuche mit. Ein Tassenapparat mit 8 Zinkkupferpaaren wurde theils mit destillirtem, theils mit Seewasser gefüllt; die Elektricität eines Pols desselben wurde an einem Condensator und Strohhalmelektrometer geprüft, unmittelbar nachdem der Metallstreifen, der die Säule geschlossen hielt, fortgenommen war. Nach der Füllung des Apparats mit Seewasser gab ein Pol dem Elektrometer (mit Hülfe des Condensators) eine Divergenz von 12°; diese wurde durch Schliessung des Apparats während 1 und während 15 Minuten respectiv auf 7 und $3\frac{1}{2}$° vermindert; nach Schliessung während einer Stunde zeigten sich noch 3 Grad Divergenz. Nach der Füllung des Apparats mit destill. Wasser zeigte das Elektrometer wieder 12°, nach Schliessung während 1 und 12

[1]) Poggend. Ann. Bd. 35. S. 57.
[2]) Traité de l'él. III. p. 127.

Minuten 10 und 7°; diese letzte Divergenz wurde durch Schliessung während einer Stunde nicht weiter vermindert. — War die Säule mit Seewasser geladen und 1, 5 oder 7 Minuten geschlossen gewesen, so musste sie $2\frac{1}{2}$, $5\frac{1}{2}$ und 7 Minuten geöffnet bleiben, um eben so starke Elektricität, wie vor der Schliessung zu zeigen. Enthielt die Säule eine grössere Anzahl Plattenpaare (16 und 24), so war die Schwächung der Elektricitätserregung derselben durch vorhergegangene Schliessung viel bedeutender. Es lässt sich aus diesen Versuchen schwerlich mehr folgern, als dass die Theile der Volta'schen Säule durch die Schliessung eine Aenderung erleiden, die der nachfolgenden Elektricitätserregung ungünstig ist, und dass diese Aenderung nach dem Oeffnen der Säule wieder beseitigt wird. Ich habe nicht angegeben gefunden, ob, wie es wahrscheinlich ist, bei der Untersuchung des einen Pols der andere Pol eine Ableitung hatte, und ob auf die Dauer der Berührung der Polplatte mit dem Condensator Rücksicht genommen wurde. Beide Umstände sind für die Elektricitätserregung der Säule wichtig, wie der folgende Artikel zeigt.

Umstände, welche die Elektricitätserregung der Säule modificiren. De la Rive[1]) isolirte einen Trogapparat mit 10 Zink-Kupferpaaren von 4□″ Oberfläche auf das Sorgfältigste, indem er die einzelnen Gläser mit Harz umkleidete und auf einen Harzkuchen stellte. Er untersuchte den einen Pol des Apparats an einem Condensator mit 10zölligen vergoldeten Platten, der auf einem Bennetschen Elektrometer stand. Das Maximum der Divergenz des letztern wurde zwar an jedem Pole erhalten, wenn der andere ableitend berührt war, aber dies Maximum wurde in verschiedenen Zeiten erreicht, je nach der Flüssigkeit, mit der die Gläser des Apparats gefüllt waren. Bei Anwendung der Salpetersäure war eine augenblickliche Berührung des Condensators mit der Polplatte hinreichend, die grösste Divergenz am Elektrometer hervorzubringen, bei Glaubersalzlösung musste die Berührung schon eine wahrnehmbare Zeit, und bei reinem Flusswasser 30″ dauern. Auch um die Elektricität nach den einzelnen Entladungen wieder auf ihre frühere Stärke zu bringen, musste man eine Zeit verstreichen lassen, die desto grösser war, je schlechter die angewandte Flüssigkeit die Elektricität leitete. Liess man dem Condensator Zeit, sich zu laden, so erhielt er von der Säule, mit welcher der genannten Flüssigkeiten sie auch gefüllt sein mochte,

---

[1]) Recherches sur etc. p. 142.

beinahe dieselbe Elektricitätsmenge. Anders ist es, wenn beide Pole der Säule isolirt sind. Alsdann gab der Apparat die stärkste Elektricität, wenn er mit Wasser, eine geringere, wenn er mit Glaubersalzlösung, die schwächste, wenn er mit Salpetersäure gefüllt war. Bei Anwendung der letztern konnte das Elektrometer nur zur Divergenz von 2° gebracht werden. Die Dauer der Berührung der Polplatte mit dem Condensator zeigte sich hier von demselben Einfluss, den sie früher gehabt hatte, als der eine Pol eine Ableitung hatte. Bei der Salpetersäure reichte eine augenblickliche Berührung des Condensators hin, ihn mit dem Maximum zu laden, bei Wasser hingegen fanden sich die Divergenzen des Elektrometers nach der Berührungsdauer folgendermaassen verschieden.

Dauer der Berührung	2″	15″	30‴	60″
Divergenz des Elektrometers	0	2	6	max.

Die bekannte Angabe, dass bei einer isolirten, an den Polen mit Elektrometern versehenen Säule die Divergenz jedes Elektrometers durch Berührung des andern verdoppelt wird, ist nach diesen Versuchen zu berichtigen. Die Berührung eines Pols bringt nämlich eine desto grössere Verstärkung der Elektricität des andern Pols hervor, je besser leitend der Körper der Säule selbst ist, und diese Verstärkung muss daher, nach Zahl der Abwechselungen der Säule und nach dem Leitungsvermögen der Flüssigkeit, mit der sie construirt ist, verschieden sein.

V. Elektricitätserregung durch die Magneto-elektrische Maschine.

Im ersten Theile des Repertoriums, S. 312, ist angeführt worden, dass die Divergenz des Elektrometers durch die Wirkung einer magneto-elektrischen Maschine noch nicht unzweifelhaft constatirt sei. Wir haben seit der Zeit keine Aufklärung über diesen Punkt erhalten. Es befindet sich zwar auf dem Umschlage des zweiten Heftes von Sturgeon Annals of Electricity (Januar 1837.) bei der Anpreisung der Clarke'schen Maschine die Bemerkung, dass dieselbe das Goldblattelektrometer zum Divergiren bringe und eine leydener Flasche lade; aber im Hefte selbst, wo S. 145 die Maschine und ihre Wirkungen von dem Verfertiger sehr umständlich abgebildet und beschrieben worden sind, wird die fragliche Wirkung nicht erwähnt. Die genannte Maschine ist übrigens der von Saxton angegebenen, mit einigen Abänderungen, nachgebildet.

VI. Elektricitätserregung durch Temperaturänderung.

a) Durch Erwärmung unkrystallinischer Substanzen.

Elektricität bei Erwärmung von Metallen. De la Rive[1]) löthete einen Platinstab an eine Condensatorplatte aus Zink. Die Platte war auf der obern Fläche so stark gefirnisst, dass, als sie auf die Condensatorplatte des Elektrometers gesetzt und nach Berührung des Platinstabs mit der Hand abgehoben wurde, das Elektrometer unbewegt blieb. Als aber der Platinstab durch die heisse Hand oder eine schnell vorübergeführte Spiritusflamme erwärmt wurde, zeigte sich die Zinkplatte positiv elektrisch geworden. Wurde der Platinstab in seiner ganzen Länge gleichförmig erwärmt, so wurde keine Elektricität erregt. Uns scheint dieser Versuch nicht prägnant genug, um einzelnstehend die Elektricitätserregung durch Erwärmung eines Metalls zu beweisen.

Elektricität bei Erwärmung des Glases. Becquerel[2]) hat Versuche angestellt, die von keiner Bedeutung für den fraglichen Gegenstand sind. Eine 3'' lange $\frac{1}{2}$''' dicke Röhre aus hartem Glase wurde am Coconfaden in einem Glascylinder aufgehängt. Bei sehr trockener Luft wurde die Röhre von einer ausserhalb genäherten geriebenen Siegellackstange angezogen, nicht aber, wenn die Luft feucht war. Wurde nun der unten offene Glascylinder auf eine Metallplatte gestellt und diese durch eine Spiritusflamme erwärmt, so traten wieder Anziehungen der schwebenden Glasröhre durch die Lackstange ein, und zwar am entschiedensten gleich nach dem Auslöschen der Flamme. Die Luft in dem Cylinder war zu 25, 30, auch zu 150° C. erwärmt. Der Verfasser verwahrt sich gegen die Annahme, dass Luftströme die Erscheinung bedingten, scheint aber kein grosses Gewicht auf diese Versuche zu legen, da er keine bestimmten Folgerungen aus ihnen zieht.

Muncke hat in mehreren Abhandlungen zu beweisen gesucht, dass das Glas durch eine sehr geringe Temperaturänderung (2—3°) elektrisch werde. In der Hauptabhandlung[3]) hat er diese Eigenschaft auch andern Substanzen zugeschrieben und angegeben, dass die Elektricitätserregung durch Wärme sich annähernd für das Glas durch 10, für Thon durch 4, für Eis durch 3, für Pappe durch 1 ausdrücken

---

[1]) Recherches sur etc. p. 15 suiv.
[2]) Traité de l'él. II. p. 71.
[3]) Pogg. Ann. Bd. 20. pag. 417.

lasse. Den positiven Beweis für seine Ansicht sieht Muncke in der schon früher durch Watt, Pouillet, Pfaff u. A. bekannten Erscheinung, dass ein leichter Wagebalken in einem Glascylinder am Coconfaden aufgehängt, sich einer von aussen angebrachten Wärmequelle zudreht, so dass die der Wärme nächste Stelle des Cylinders den Wagebalken anzuziehen scheint. Die übrigen Beweise sind nur negative, gegen die Annahme, dass die Erscheinung von Luftströmen herrühre. Schon diesem zufolge würden die erwähnten Versuche nicht in die Elektricitätslehre gehören, da wir einen Körper aus dem Umstande allein, dass er einen andern anzieht, nicht für elektrisirt halten. Lenz [1]) hat überdiess auf sehr gründliche Weise gezeigt, dass bei jenem Phänomen keine Elektricität, sondern Luftströmung wirke. Muncke [2]) hat auf diese Widerlegung geantwortet und dadurch wieder einen Aufsatz von Lenz [3]) veranlasst, in welchem die Elektricitätserregung des Glases, auch durch bedeutende Erwärmung, widerlegt wird. Da sich Muncke auf Becquerels Versuche beruft, so sind diese hier aufgenommen worden, obgleich sie schon vor längerer Zeit angestellt worden sind.

b) Elektricitätserregung durch Temperaturänderung in krystallisirten Fossilien.

Elektricität des erwärmten Turmalins, Boracits u. s. w. Forbes [4]) gebrauchte zur Untersuchung der Elektricität abkühlender Krystalle ein Coulombsches Torsionselektrometer [5]) mit einer seitlich angebrachten Tubulatur zur Aufnahme des Krystalls. Er fand, dass bei dem Turmaline die Elektricität nicht im Verhältnisse zur Geschwindigkeit der Abkühlung steht, indem das Maximum der Abstossung des vorher elektrisirten Metallscheibchens erst einige Zeit nach dem Annähern des erhitzten Krystalles eintrat. Die Stärke der Elektrisirung des Turmalins ergab sich nach den Exemplaren verschieden, aber nicht wie Becquerel (und auch später Erman) gefunden hat, mit der Länge des Krystalls abnehmend. So war ein Krystall von 3,25'' Länge stark elektrisch, und ein anderer, $1\frac{1}{4}''$ lang, stiess das Scheibchen des Elektrometers um 45° ab. Als der letztgenannte Kry-

[1]) Poggend. Ann. Bd. 25. S. 241.
[2]) Ibid. B. 29. S. 381.
[3]) Ibid. B. 35. S. 72.
[4]) Transact. of. r. s. of Edinb. XIII. p. 25. Lond. et Edinb. journ. V. p. 133.
[5]) Genaue Anleitung zur Verfertigung desselb. Biot traité. II. p. 349.

stall in seinem Viertel durchgebrochen wurde, gab das längere Stück 47°, das kleinere 43° Abstossung. Boracit, Topas, Mesotyp wurden durch Erwärmung elektrisch, aber nur die beiden ersten waren, wie der Turmalin, am stärksten elektrisch bei schon verlangsamter Abkühlung, während der dritte Krystall gleich bei dem Einbringen in das Elektrometer die stärkste Elektricität zeigte, die er aber sehr bald verlor.

Elektricität des durch Reibung erwärmten Turmalins. Erman[1]) fand die Angabe, dass der Turmalin durch Reibung auf Tuch positiv elektrisch werde, in der Erscheinung nur bedingterweise richtig. Da nämlich die Reibung Elektricität und Wärme entwickelt, diese aber die Enden des Turmalins entgegengesetzt elektrisch macht, so kommt es darauf an, welches Ende gerieben und geprüft wird. Bei schwachem Reiben auf Tuch wird ein normaler Turmalin an einem Ende positive, an dem andern keine Elektricität, durch Reiben auf Pelzwerk nur negative Elektricität an einem Ende zeigen. Stärkere Reibung erzeugt stets beide Arten von Elektricität, aber nach der Natur des reibenden Stoffes, die eine derselben in höherm Grade. Eine rein thermische Elektricitätserregung am Turmalin brachte Erman hervor, indem er den Krystall mit seinen äussersten Enden auf zwei feine Goldblattelektrometer legte, und concentrirte Sonnenstrahlen auf seine Mitte fallen liess. Die Elektrometer divergirten gleich stark mit entgegengesetzter Elektricität.

Elektricität des erwärmten brasilianischen Topases. In derselben Abhandlung giebt Erman von dem Topase an, dass derselbe durch Temperaturänderung an den Endflächen negativ, an den Seiten-(Säulen-)Flächen positiv elektrisch werde. Nach der angegebenen Art der Prüfung tritt diese Elektrisirung bei dem Erkalten ein. Es wurde nämlich auf ein Bohnenbergersches Elektroscop ein möglichst kleiner Teller aufgesetzt und auf diesen der erwärmte Krystall mit einer Seitenfläche gelegt. Die positive Elektricität dieser Fläche zeigte sich nicht eher, als bis eine der Endflächen des Krystalles mit einer Spitze ableitend berührt worden war. Wurde der Krystall mit einer Endfläche auf das Elektrometer gestellt, so kam die negative Elektricität derselben erst bei Berührung einer Seitenfläche zum Vorschein. — Auf ähnliche Weise, durch Berührung der elektrisch entgegengesetzten Fläche, konnte die Elektricität eines

[1]) Poggend. Annal. Bd. 25. p. 612.

sehr kleinen Boracitkrystalles am Elektrometer mit Bestimmtheit nachgewiesen werden. — Beim sächsischen Topase konnte Erman durchaus keine Elektricitätserregung durch Wärme, bei dem sibirischen nur Spuren derselben erlangen.

Elektricität des schwefelsauren Chinins. Becquerel[1]) führt an, dass schwefelsaures Chinin, welches zu 60° erwärmt, stark phosphorescirt, zugleich bei dieser Temperatur das Elektrometer ladet. Ich habe in den neuesten chemischen Werken keine Bestätigung dieser Angabe gefunden. Dumas[2]) spricht sich sehr unbestimmt und zwar folgendermaassen aus: »Das basisch schwefelsaure Chinin wird nach Callaud d'Annecy's Bemerkung bei 100° leuchtend. Die Reibung vermehrt diese Phosphorescenz in hohem Grade, und der geriebene Körper zeigt am Elektroscope starke positive Elektricität.« — (Krystallisirtes Chinin wird durch Reibung stark negativ elektrisch.)

Zusammenhang zwischen der Krystallform und Elektricität des Turmalins. Es ist sehr merkwürdig, dass die Krystalle, welche durch Temperaturänderung in bedeutendem Grade elektrisch werden, an ihrer äussern Gestaltung ein charakteristisches Merkmal haben. Sind sie nämlich nach der Richtung, in der die beiden Elektricitätsarten beim Temperaturwechsel hervortreten, vollständig auskrystallisirt, so sind die beiden Endigungen des Krystalls nicht symmetrisch, es finden sich an dem einen Ende Flächen, die an dem andern fehlen. Die Frage, ob und wie das Hervortreten gewisser Flächen mit der Elektricität, welche dieselben bei einer Temperaturänderung zeigen, in Verbindung stehe, ist von grossem Interesse und bereits von Hauy angeregt. Gustav Rose hat diese Frage in Bezug auf den Turmalin in einer sehr ausführlichen Arbeit erledigt.[3])

Der Verfasser führt in einer Einleitung einige Sätze der Krystallographie an, nach welchen alle Krystallformen in solche zerfallen, welche die volle Zahl ihrer Flächen besitzen (homoëdrische), und in solche, die man sich aus jenen dadurch entstanden denkt, dass die Hälfte der Flächen fortgefallen ist (hemiëdrische). Die hemiëdrischen Formen sind wieder unter einander so verschieden, dass sie entweder parallele Flächen haben, oder nicht. Die ersten Formen nennt Rose

[1]) Annal. de Chimie tom. 47. p. 133.

[2]) Traité de Chim. appl. tom. V. p. 748.

[3]) Poggend. Ann. Bd. 39. S. 285.

parallelflächig-hemiëdrische, die letztern polarisch-hemiëdrische, mit Hindeutung darauf, dass alle hemiëdrischen Krystalle, die pyro-elektrisch sind, dieser Klasse zugehören. Der Turmalin ist ausgezeichnet polarisch-hemiëdrisch; wir müssen, was die Einzelnheiten seiner Krystallform betrifft, auf die Abhandlung verweisen, und können nur auf die Bildung aufmerksam machen, deren Kenntniss in den meisten Fällen hinreicht, die Elektricität jedes Endes ohne Versuch zu bestimmen. Die Hauptform des Turmalins ist eine neunseitige Säule, die als Combination einer sechs- und einer dreiseitigen Säule zu betrachten ist. Durch das Vorherrschen der bezüglichen Flächen hat es nämlich entweder das Ansehen, als ob eine dreiseitige Säule an den Kanten durch zwei Flächen zugeschärft, oder als ob eine sechsseitige Säule an den abwechselnden Kanten durch eine Fläche abgestumpft worden wäre. Fixiren wir die Flächen der dreiseitigen Säule, so verhalten sich die beiden Endigungen des Krystalls verschieden gegen dieselben. Die normalen Endigungen (die oft durch hinzutretende Flächen complicirt werden) sind dreiflächige Zuspitzungen, deren Flächen an dem einen Krystallende auf den Flächen, an dem andern auf den Kanten der dreiseitigen Säule aufgesetzt erscheinen. Rose bezeichnet das erste Ende mit A, das zweite mit B, und hat gefunden, dass bei abnehmender Temperatur das Ende A negativ, das Ende B positiv elektrisch wird, und bei zunehmender Temperatur die entgegengesetzte Elektricität zeigt. Unter 25 untersuchten Varietäten des Turmalins wich nur eine (von Penig in Sachsen) von diesem Verhalten ab, das also als das normale zu betrachten ist. Fasslicher für das Gedächtniss sprechen wir die Regel so aus: An dem Ende des Turmalins, wo eine Fläche der dreiseitigen Zuspitzung einer Fläche der dreiseitigen Säule folgt, entspricht auch das algebraische Zeichen des Temperaturzuwachses dem Zeichen der dadurch erregten Elektricität. (An dem andern Ende des Krystalls, wo Kanten der Zuspitzung und Flächen der Säule einander folgen, discordiren auch die Zeichen des Temperaturzuwachses und der Elektricität.)

Was die Stärke der durch Temperaturwechsel erregten Elektricität betrifft, so fand Rose die heller gefärbten durchsichtigen Exemplare stärker elektrisch als die schwarzen. Von dem bestimmteren Hervortreten der Hemiëdrie und der dadurch bedingten grössern Verschiedenheit beider Enden schien die Stärke der elektrischen Erregung nicht abzuhangen.

Zusammenhang der Krystallform und Elektricität des Boracits und Rhodicits. Köhler hat schon früher [1]) den Bezug der Krystallform zu der durch Erwärmung erregten Elektricität an einigen Exemplaren des Turmalins, Kieselzinkerzes und Boracits bestimmt. Das letztgenannte Fossil kommt gewöhnlich in Würfeln mit abgestumpften Kanten vor. Die Hemiëdrie erscheint an den Würfelecken, die abwechselnd abgestumpft oder doch abwechselnd rauh und glatt abgestumpft sind. Der Krystall hat 4 elektrische Axen, die bei Temperaturwechsel gleichzeitig hervortreten und den Diagonalen entsprechen, deren jede eine vollkommene (oder doch nur rauh abgestumpfte) Ecke mit einer abgestumpften verbindet. Es gilt die Regel, dass an den intacten Würfelecken das Zeichen des Temperaturzuwachses auch das Zeichen der dadurch erregten Elektricität ist.

Ein ganz ähnliches Verhalten hat Gustav Rose [2]) neuerdings am Rhodicit nachgewiesen, einem seltenen, mit dem rothen Turmaline vorkommenden Fossil. Es krystallisirt in Dodekaëdern (Würfeln mit abgestumpften Kanten), deren Würfelecken abwechselnd abgestumpft sind. Die 4 elektrischen Axen gehen, wie bei dem Boracit durch diametrale Würfelecken; bei den unveränderten Ecken entspricht, wie dort, das Zeichen des Temperaturzuwachses dem Zeichen der erregten Elektricität.

VII. Elektricitätserregung durch animalischen Prozess.

Der Pater Santi Linari hat am 3ten April 1837 der Pariser Akademie eine Notiz mitgetheilt, nach welcher der Zitterroche an einem Strohhalmelektrometer eine Divergenz hervorbringt. [3]) Der Fisch wurde durch einen Draht mit der Collectorplatte eines Condensators verbunden, und die Verbindung in dem Augenblicke unterbrochen, in dem man den Fisch reizte. Nach Abhebung der Condensatorplatte divergirten die Strohhalme des Elektrometers um mehrere Grade, und zwar mit positiver Elektricität, wenn der Draht mit dem Rücken, mit negativer, wenn er mit dem Bauch des Fisches in Berührung gestanden hatte. Linari hat ferner durch den Zitterrochen Funken, die er früher nur durch Anwendung einer Spirale von 1700 Fuss Draht erhalten hatte [4]), auch mit einem sehr kurzen Drahte hervor-

[1]) Pogg. Ann. Bd. 17. p. 146.
[2]) Ibid. Bd. 39. p. 321.
[3]) l'Institut. No. 208. Pogg. Ann. Bd. 40. p. 642.
[4]) Pogg. Ann. B. 38. p. 291.

gebracht. Er liess zu diesem Zwecke von Bauch und Rücken des Fisches einen Draht in eine U förmige Glasröhre, in welcher etwas Quecksilber stand, hinabgehen. Während der Fisch gereizt wurde, brachte er durch Schütteln der Röhre Unterbrechungen zwischen Draht und Quecksilber hervor, in welchen kleine Funken übersprangen.

Colladon hat in einer am 24. Oct. 1836 in der Pariser Akademie gelesenen Abhandlung [1]) ausdrücklich angegeben, mit einem sorgfältig gearbeiteten Condensator und Goldblattelektrometer am Zitterrochen keine Spur von Elektricität erhalten zu haben. Die folgenden sehr interessanten Resultate, die sich ihm am Multiplicator ergaben, gehören daher nicht in die Elektricitätslehre; wir führen sie an als neuern Beitrag zu den bereits Repert. I. S. 248 mitgetheilten Erfahrungen über den Zitterrochen.

Man denke sich durch den platt aufliegenden Fisch eine horizontale und eine verticale Ebene gelegt, so dass an demselben eine Bauch- und eine Rückenseite zu unterscheiden ist, von denen jede durch eine Mittellinie in Hälften getheilt wird. Colladon fand nun folgendes: Jeder Punkt des Rückens ist positiv (verhält sich gegen die Magnetnadel, wie Kupfer in der Kette: Kupfer, Flüssigkeit, Zink), wenn man ihn durch den Multiplicatordraht mit einem beliebigen Punkte der Bauchseite verbindet. Die Ablenkung der Magnetnadel ist desto geringer, je entfernter die berührten Punkte von den elektrischen Organen liegen; am Schwanze des Fisches ist sie beinahe Null. Setzt man die Enden des Multiplicatordrahtes nur auf eine Seite des Fisches auf, so erhält man dennoch Ablenkungen, wenn die berührten Punkte unsymmetrisch gegen die Mittellinie liegen. Auf der Rückenseite ist der der Mittellinie näher liegende Punkt positiv, auf der Bauchseite negativ, gegen den entfernter liegenden. Werden auf Bauch- oder Rückenseite zwei gegen die Mittellinie symmetrisch liegende Punkte mit den Drahtenden berührt, so erfolgt keine Ablenkung der Magnetnadel.

Ein in die Physiologie gehöriger Aufsatz Matteucci's über den Zitterrochen siehe Poggendorffs Annalen, Bd. 39. S. 485.

VIII. Elektricitätserregung durch atmosphärischen Prozess.

Tägliche Periode der atmosphärischen Elektricität. Arago hat in einer längern Beobachtungsreihe das von Saussure

---

[1]) l'Institut. No. 181. Pogg. Ann. B. 39. S. 411.

entdeckte, von Schübler und Andern bestätigte Gesetz, dass die bei heiterm Wetter stets positive Luftelektricität in 24 Stunden zwei Maxima und zwei Minima habe, von welchen die ersten einige Stunden nach Aufgang und Untergang der Sonne eintreten, aufs neue bestätigt. Gesetze eines so veränderlichen Phänomens, wie die Luftelektricität ist, können nur in dem gezogenen Mittel vieler Beobachtungen ersichtlich sein; den wenigen von Becquerel[1]) mitgetheilten Beobachtungen Arago's lässt sich daher kaum mehr entnehmen, als dass die Elektricität der Luft in den Morgenstunden am stärksen ist und mit grossen Differenzen steigt und fällt. Wie die daselbst in Hunderttheilen angegebenen elektrischen Intensitäten aus den beobachteten Divergenzen des Strohhalmelektrometers abgeleitet sind, findet sich nicht angeführt.

Elektricität der Luft in verschiedenen Höhen. Saussure hat bekanntlich gefunden, dass die Elektricität der Luft bei heiterm Wetter mit der Höhe zunimmt; er bediente sich zu seinen Versuchen einer Bleikugel, welche mit einem Elektrometer durch eine biegsame, 50—60 Fuss lange Drahtschnur zusammenhing und mit der Hand in die Luft geschleudert wurde.[2]) Becquerel hat diese Untersuchungsweise vervollkommnet, indem er eine längere Schnur an einen Pfeil band und diesen mit einem Bogen abschoss. Mit Breschet vereint, machte er auf dem grossen St. Bernhard bei vollkommen heiterem Wetter folgende Versuche.[3]) Ein Stück Wachstaft von 57 □' Oberfläche wurde auf die Erde gelegt und ein 246' langer lioner Goldlahnfaden darauf ausgebreitet. Das eine Ende des Fadens war an der eisernen Spitze eines Pfeiles befestigt, das andere lose um den Zuleitungsdraht eines Strohhalmelektrometers geschlungen, von dem es bei dem leisesten Zuge abglitt. Als der Pfeil unter einem grossen Winkel gegen den Horizont abgeschossen wurde, gingen die Strohhalme mit zunehmender Divergenz aus einander, bis sie zuletzt gegen die Seitenbelegungen des Elektrometers schlugen. Als der Pfeil 3' über dem Boden in horizontaler Richtung abgeschossen wurde, zeigte sich keine Spur von Elektricität. Schwach gehärtete Stahlnadeln wurden, in eine Drahtspirale gelegt, von deren einem Ende der Faden ausging, durch die vom fliegenden Pfeile aufgefangene Elektricität magnetisch.

[1]) Traité de l'él. IV. p. 93.
[2]) Voyage dans les Alpes. II. p. 197.
[3]) Traité de l'él. IV. p. 110.

Dieser letzte sehr interessante Versuch verdient eine Wiederholung; die Bestätigung desselben würde indess die oben (pg. 49.) gemachte Bemerkung über Magnetisirung durch Elektricität nicht umstossen.

Sturgeon [1]) hat eine grosse Menge (angeblich 400) Versuche mit dem elektrischen Drachen angestellt, ohne indess unsere Erfahrungen über die Elektricität der Luft zu erweitern. Er fand, dass im ruhigen Zustande die Luft nur positiv elektrisch ist, und zwar in höhern Schichten stärker als in niedern. In 20 Versuchen liess er gleichzeitig 3 Drachen, und zwar zu verschiedenen Höhen, steigen. Der schiefe Ausdruck, dass der am höchsten stehende Drache positiv gegen die andern beiden Drachen, der mittlere negativ gegen jenen und positiv gegen den am tiefsten stehenden, letzterer endlich negativ gegen die beiden höhern Drachen und positiv gegen die Erde gewesen sei, soll wol nur sagen, dass die Drachen desto stärkere Elektricität lieferten, je höher sie standen. Auch das letzte im Detail beschriebene Aufsteigen eines Drachen bei einem Gewitter (14. Juni 1834) hat nichts Neues geliefert.

Elektrisches Leuchten nahe an der Erde. Matteucci [2]) will in warmen Sommernächten nahe an der Erde ein elektrisches Leuchten, ja sogar elektrische Stösse wahrgenommen haben. Er erklärt diese Erscheinung dadurch, dass der Boden durch Verdunstung des mit Salzen, Säuren, Alcalien geschwängerten Wassers elektrisirt und zugleich so trocken geworden sei, dass er die Elektricität eine Zeit lang behalte, die sich dann durch periodische Entladungen weiter verbreite. Um diese Meinung zu unterstützen, brachte der Verfasser eine isolirte Metallplatte von 28□' Oberfläche mit einem Goldblattelektrometer in Verbindung, und setzte sie, mit Erde bedeckt, die mit Seewasser befeuchtet war, den Sonnenstrahlen aus. Ein Thermometer stand dabei auf 26—30° R. Die Verdampfung hatte kaum begonnen, so zeigte das Elektrometer Divergenz mit negativer Elektricität, welche fortwährend stieg, bis die Erde durchaus trocken war. Jeder Windstoss hatte ein Steigen des Elektrometers zur Folge; der Versuch gelang gleichfalls, als die Erde auf der Platte mit Seifensiederlauge befeuchtet war. Rasen, so viel als möglich von Erde entblösst, auf die Platte gelegt und mit Wasser begossen, lud das Elektrometer mit positiver Elektricität. Der Verf. gesteht, dass diese Versuche einer Wiederholung bedürfen, worin wir ihm vollkommen beistimmen.

[1]) Lond. and Edinb. phil. mag. V. p. 418.

[2]) Biblioth. univers. vol. 56. p. 328.

St. Elms-Feuer. Mohr hat einen interessanten Fall des St. Elms-Feuers mitgetheilt.[1]) Dr. G. ritt in einer dunkeln Winternacht bei abwechselndem Schnee, Regen und Hagelschauer von Jülich nach Düren. Zu mehreren Malen sah er Ohren, Kopf und Hals seines Pferdes in hellem bläulichem Lichte stehen, das von einzelnen Funken auf den Spitzen der Haare herzurühren schien. Das Licht hielt einmal 8 Minuten lang an.

Ein ähnliches Phänomen, ebenfalls bei Schnee und Regenfall beobachtet, findet sich in Gilberts Annalen, B. 70. S. 119. beschrieben.

Blitz ohne Donner. Blitze im Zenith ohne bemerkbaren Donner sind vor langer Zeit von Humboldt und neuerdings von Reichenbach[2]) beobachtet worden. Letzterer bemerkte im Juni 1831 zu Blansko in Mähren über sich dunkle Haufenwolken, die, ohne zu regnen, starke, das ganze Thal erhellende, Blitze ausschickten, die von keinem Donner begleitet waren. Die Blitze zeigten keinen Zickzack, sondern bestanden in einem Leuchtendwerden der untern Wolkenschichten; sie entstanden und endigten durchaus über dem Horizonte des Beobachters.

Fortführung wägbarer Materien durch den Blitz. Fusinieri hat dem Blitze nicht nur Fortführung von Substanzen, die er auf seinem Wege trifft, sondern auch Fortführung von Substanzen zugeschrieben, die sich in den Wolken finden sollen.[3]) Diese aus der Luft herabgebrachten Körper sind hauptsächlich Schwefel und Eisen. Für eine gewagte Hypothese dürfen wir, wenn nicht unbestreitbare, doch plausible Gründe erwarten. Ich gestehe, diese in dem ausführlichen Auszuge, den ich von Fusinieri's Arbeit kenne[4]), nicht gefunden, ja sogar Beweise für die Fortführung irdischer Substanzen durch den Blitz vergebens gesucht zu haben. — Es wird in vielen Beispielen gezeigt, dass der Blitz an Mauerwerk und Bäumen gelbe oder braune Spuren zurücklasse, an welchen ein Geruch nach Schwefelwasserstoffgas oder ein acider Geruch bemerkt werde, und dass in einigen Fällen die getroffene Stein- oder Holzmasse, mit Salzsäure gekocht, einen Niederschlag durch blausaures Kali gegeben habe. Der unter andern angeführte Versuch, dass eine Magnetnadel an der vom Blitze verletzten Wurzel einer Pappel grosse Mengen von Eisen ange-

[1]) Pogg. Ann. Bd. 34. pag. 370.
[2]) Baumgart. u. Ettinghaus. Journ. Bd. 10. S. 74.
[3]) Ann. delle scienze del regno Lomb-Veneto juli 1831.
[4]) Biblioth. univ. tome 48. p. 371. tome 49. p. 1.

zeigt, und dass die verbrannte Wurzelmasse an der Magnetnadel wie Eisenfeilicht gehaftet habe, beruht wol auf einem Irrthum. Spuren von Eisen in verbranntem Holze sind nicht auffallend, da nach Berthier in der Asche jeder Pflanze Eisenoxyd (in der von Tannenholz bis 11 Procent) gefunden wird. So erscheint denn die Abhandlung nur als eine Aufforderung an geübte Chemiker, wenn sich ihnen die Gelegenheit bietet, die Blitzspuren einer gründlichen Untersuchung zu unterwerfen.

Blitzschläge. Die Verheerungen, die der Blitz verursacht, sind von jeher häufig und sorgfältig aufgezeichnet worden, ohne dass der Elektricitätslehre ein erheblicher Vortheil aus diesen Beschreibungen geworden wäre. Die nachfolgenden Fälle sind daher mehr zufällig gefunden, als absichtlich aufgesucht worden. Hinterberger[1]) führt zwei Fälle an, in welchen das Einschlagen des Blitzes in ein Haus bei den darin befindlichen Personen Nervenzufälle und temporäre Blindheit veranlasste. Alle diese Personen gaben an, bei dem Ereigniss Schwefelgeruch gespürt zu haben. Boddington[2]) beschreibt einen merkwürdigen Blitzschlag, der auf eine Postkutsche fiel, ein Pferd vor derselben tödtete, 2 Personen auf dem Bedientensitze hinter derselben stark beschädigte, die in dem Wagen sitzenden aber unverletzt liess. Stahlgegenstände an dem Körper der Getroffenen waren magnetisch geworden. Auch hier ist ein Schwefelgeruch bemerkt worden. Naumann[3]) hat den Gang sehr genau untersucht und beschrieben, den ein Blitz durch ein Haus hindurch genommen hat; es geht daraus hervor, dass der Blitz stets den metallischen Theilen folgt und von einem schwächern Leiter auf einen mit grösserer Oberfläche überspringt. Oswald[4]) beschreibt einen Blitzschlag, der auf das Zinkdach eines Hauses fiel[5]), sich dort in viele einzelne Strahlen theilte und an den Wänden und Fenstern nach der Erde ging. Diese Strahlen bezeichneten ihren Weg an den Fensterrahmen und dem Mauer-

[1]) Baumgartner. Zeitschr. III. S. 177 u. 212.
[2]) Lond. and Edinb. phil. magaz. I. p. 191.
[3]) Poggend. Ann. Bd. 35. S. 519.
[4]) Ibid. Bd. 38. p. 543.

[5]) Das Haus hatte, wie ausdrücklich angegeben wird, keinen Blitzableiter, und wie es scheint, keine Wasser-Abflussröhre. Eine Bemerkung über das Vorhandensein uud die Lage von Metalltheilen an der Aussenseite des getroffenen Hauses sollte in keiner Beschreibung eines Blitzschlages fehlen.

werk durch schwarzgraue Streifen. Oswald rieb diese an einigen Stellen mit Fliesspapier ab und unterwarf dasselbe einer chemischen Prüfung, ohne indess zu einem bemerkenswerthen Resultate zu kommen. Nach Fusinieri's Annahme hätten bedeutende Zinkmengen gefunden werden müssen; es ergab sich aber nur in dem von den Fensterbeschlägen (Messing?) gesammelten Niederschlage ein unbedeutender Zinkgehalt.

Anmerk. zu V. p. 79. In dem so eben erschienenen 5ten Hefte von Sturgeon Ann. of Electr. (July 1837.) p. 407 hat Clarke in Folge einer Anfrage die Ladung einer leydener Flasche durch seine magneto-elektrische Maschine beschrieben. Die Drähte des vor dem Magnete rotirenden Ankers waren so geordnet, dass nur gleichnamige Ströme übergeleitet wurden, wie diess zur Wasserzersetzung geschieht. Als die bei der Drehung momentan isolirte Stahlfeder mit dem Knopfe, die zweite Leitung mit der äussern Belegung der Flasche in Verbindung gesetzt und die Maschine mässig geschwind gedreht wurde, fand sich die Flasche geladen. Die Berührung mit dem Knopfe durfte indess nur eine möglichst kurze Zeit dauern. Die Flasche brachte ein Goldblattelektrometer sehr oft zum Divergiren, ehe sie ganz entladen war. (Beschr. der Maschine s. Pogg. Ann. B. 39. p. 404 mit Zuziehung der Fig. 6 auf der 2ten Kupfertafel des 40sten Bandes.)

D. Elektrische Instrumente und Apparate.

Elektrisirmaschine.

Elektrisirmaschine im kleinsten Raume. Page[1]) hat eine solche in Form einer gläsernen Spritze angegeben, wie sie Taf. 1. Fig. 2. abgebildet ist. Die äusserlich gefirnisste Glasröhre ist 6″ lang $\frac{3}{4}$″ weit, der reibende Metallstempel b ist mit amalgamirtem Leder umwunden und durch eine $1\frac{1}{4}$″ lange Glasröhre mit dem einsaugenden Stern d verbunden. Von diesem Sterne geht eine lange feine Drahtkette nach dem undicht aufgeschraubten Conductor e, in welchem ihr Ende eingeklemmt ist. Herr Mechanikus Kleiner in Berlin hat sehr zweckmässig unter dem Sterne eine Glimmerscheibe angebracht, um das Verwickeln der Kette in den Spitzen zu verhindern. Der Erfinder giebt an, zuweilen nach wenigen Stempelzügen von dem Conductor Funken von 1″ Länge erhalten zu haben; ich habe an mei-

[1]) Sillim. amer. journ. vol. 26. p. 110.

nem Exemplare dieselben höchstens in einer Länge von 2—3‴ hervorbringen können. Dennoch ist das Instrument bei vielen Versuchen im Kleinen anwendbar und besonders bequem, wenn man ein Elektrometer zu einer bestimmten Divergenz zu laden wünscht. Vorsichtiges Herausziehen des Stempels giebt immer den gewünschten Erfolg, der auf andere Weise nicht so leicht zu erhalten ist.

Reibzeug. Herr Mechanikus Oertling in Berlin befestigt die Reibzeuge der Van-Marumschen Elektrisirmaschine auf folgende sehr zweckmässige Weise. Eine starke gekrümmte Messingfeder ist in ihrer Mitte an einer Standkugel angeschraubt und an beiden freien Enden ungefähr 1″ lang eingeschnitten. Aus der Rückenplatte jedes Reibkissens tritt eine männliche Schraube hervor, die in jenen Einschnitt eingeführt und an die Feder mittelst einer Kugel festgeklemmt wird. Damit das Reibkissen in seiner Lage bleibe, hat es an seinem Ende 2 Stifte, welche den durchgehenden Stab umfassen, mittelst dessen die Feder auf gewöhnliche Weise zusammengedrückt wird.

Reibkissen. Es kommt bei der Wirkung einer Elektrisirmaschine darauf an, dass die Elektricität des Reibers eine möglichst gute Ableitung habe. Hare[1]) füllte die Reibkissen statt mit Haaren mit Eisen-Drehspänen und verdreifachte dadurch die Länge der Funken, welche die Maschine gab. Zur Bekleidung der reibenden Fläche empfiehlt er das Musivgold (Schwefelzinn), das die Scheibe nur wenig beschmutze. Johnson[2]) nahm zu gleichem Zwecke geschabten Graphit, durch den er eben so starke Wirkung, wie mit dem gewöhnlichen Amalgam erhalten haben will.

Elektrophor.

Hummel[3]) findet, dass die recht dichten (gepressten), glatten Pechkuchen zu Elektrophoren am dienlichsten sein müssen. John Phillips[4]) giebt mehrere Mittel an, den Deckel des Elektrophors sich entladen zu lassen. Das einzige neue, wol aber nicht praktische Mittel besteht darin, Metallstifte auf der Form zu befestigen, die durch den Kuchen hindurchgehen.

---

[1]) Sill. am. journ. t. 24. p. 256.

[2]) Ibid. t, 25. p. 68.

[3]) Baumgartn. Journ. f. Phys. B. 2. S. 213.

[4]) Lond. and Edinb. phil. mag. II. p. 363.

D r e h w a g e.

Snow Harris[1]) hat an der Coulombschen Torsionswage eine grosse Menge von Aenderungen angebracht, oder eigentlich derselben ein neues Instrument, das er Zwei-Fäden-Wage (bifile balance) nennt, nachgebildet. Er benutzt nämlich zur Messung der elektrischen Abstossung nicht die Torsion eines Metallfadens, sondern die Kraft, mit welcher zwei verticale Seidenfäden, welche die Nadel tragen, nach einer Drehung in ihre parallele Lage zurückstreben. Die Fäden sind an Hülsen, die sich auf der Nadel verschieben lassen, befestigt, und werden bis zu ihrer obern Befestigung durch mehrere Korkstege aus einander gehalten.

Wir wollen diese, keinen Vortheil gewährende Einrichtung bei Seite lassen und die Abänderungen kürzlich angeben, die, unabhängig von derselben, die gewöhnliche Torsionswage betreffen. Wir nehmen an, dass dem Leser die einfache Construction dieses Instruments, wie sie in allen Lehrbüchern angegeben ist, erinnerlich sei. Harris nimmt den schwebenden Balken aus Glas 10″ lang und befestigt an dem einen Ende eine kleine Goldplatte, 0,″4 im Durchmesser 0,″05 dick, an dem andern aber eine Glasscheibe, die auf beiden Seiten mit Goldpapierscheiben von 0,″4 Durchmesser belegt war. Unter dem Balken, mit ihm durch einen verticalen Draht fest verbunden, befindet sich ein 9zölliger Index, der auf der Eintheilung der Bodenplatte spielt; derselbe hat unterwärts in der Mitte eine kleine Pfanne, die auf einer festen, in den Boden eingeschraubten, Spitze ruht. Durch Veränderung der Höhe dieser Spitze kann die Bewegung des Balkens freier oder beschränkter erhalten werden. Durch die Bodenplatte gehen ausserdem noch vier verschieden gebogene Drähte, von welchen zwei beim Erhöhen den Balken tragen, die andern beiden zur Beschränkung seiner Schwingungen gebraucht werden. Die feste Scheibe der Torsionswage ist durch einen verticalen Glasstab an einem getheilten drehbaren Kreise von 1′ Durchmesser befestigt, der sich auf der Deckplatte des Glaskastens befindet. Die Scheibe erhält von aussen durch eine in der Glaswand angebrachten Oeffnung die zu untersuchende Elektricität, und kann durch Drehung des Kreises ohne Anwendung der Torsion des Drahtes von der Scheibe des Balkens entfernt werden. Von dem Rahmen der Deckplatte geht ein fester Ansatz aus, der einen getheilten drehbaren Kreis von 6″ Durch-

[1]) Philos. transact. f. 1836. pag. 417.

messer (zur Messung der Torsion des Drahtes) und auf diesem eine lange Röhre zur Aufnahme des Drahtes trägt. In dieser Röhre stehen 2 Stäbe, an welchen eine mit Hülsen versehene Platte verschiebbar ist. Der Draht, an welchem der Balken der Wage aufgehängt ist, wird an der Deckplatte der Röhre befestigt und von der erwähnten verschiebbaren Platte an einer beliebigen Stelle geklemmt, so dass die Länge desselben, welche durch die Torsion afficirt werden soll, von 1—3′ verändert werden kann. Das ganze Instrument steht auf 4 Säulen, die in einer mit Stellschrauben versehenen Platte eingefügt sind; der Experimentator hat hierdurch unter der Bodenplatte der Wage freie Hand zur Ajustirung der Spitze und Arretirung des Balkens.

Die von Harris mitgetheilten Versuche zeigen, dass die Abstossungen der Scheiben nicht immer nach dem reciproken Quadrate ihrer Entfernung veränderlich sind. Giebt man den Scheibchen zu schwache Ladungen, oder Ladungen von sehr verschiedener Stärke, so können die Abstossungen proportional den reciproken einfachen Entfernungen erscheinen. Ein gleiches tritt ein, wenn man einen abstossenden Leiter mit grosser Oberfläche nimmt, indem man z. B. das feste Scheibchen durch einen Draht mit einer Kugel von 3 Zoll Durchmesser verbindet.

Das Probescheibchen.

In derselben Abhandlung [1]) sucht Harris die Anwendung des Probescheibchens, in der Art, wie Coulomb dasselbe gebraucht hat, zu verdächtigen. Er geht von der schon oben (p. 10.) angeführten Behauptung aus, dass auf der innern Seite einer hohlen Kugel Elektricität frei sei, obgleich ein hineingebrachtes kleines Scheibchen von geringer Dicke dieselbe nicht aufnehme. Dies soll durch die Annahme erklärlich sein, dass in der Höhlung die Empfänglichkeit (inductive susceptibility) des Scheibchens für Elektricität beinah Null sei. Werde diese Empfänglichkeit vermehrt, indem man an das Scheibchen einen Draht bringt, der länger als der Durchmesser der Kugel ist, oder indem man ihm ein auf beiden Seiten belegtes Glasscheibchen substituirt, so komme die Elektricität des Innern zum Vor-

[1]) Diese Abhandlung hat den Titel: Ueber die Grundgesetze der Elektricität, zweite Reihe. Der Umstand, dass wir die erste Reihe (p. 4 flg.) ausführlich durchgenommen haben, erlaubt uns, über die zweite schnell hinwegzugehn.

schein. Der Verf. geht in seinen Schlüssen noch weiter. Konnte die Empfänglichkeit des Scheibchens bei der hohlen Kugel gänzlich abgestumpft werden, so kann sie in andern Fällen eine theilweise Schwächung erleiden, und die Anzeigen desselben werden Unterschiede von Elektricitätsmengen vermuthen lassen, die in der That nicht vorhanden sind. So ist es möglich, dass an dem Ende eines elektrisirten Cylinders das Scheibchen sich in einer günstigern Lage befindet, Elektricität aufzunehmen, als in der Mitte des Cylinders. Der Verfasser stellte Versuche an einem Metallcylinder von 4′ Länge, $2\frac{1}{2}''$ Dicke an, der durch Planscheiben geschlossen war. Er isolirte kleine Metallscheiben von $\frac{1}{2}''$ Durchmesser, aber verschiedener Dicke (0,005″ bis 2″), ferner ein Scheibchen von geringer Dicke mit einem Drahtfortsatz und endlich ein Glasscheibchen, das auf beiden Seiten mit Goldpapierscheiben von 0,4″ Durchmesser belegt war. Mit jedem dieser verschiedenen Probescheibchen wurde in einzelnen Versuchen Ende und Mitte des grossen Cylinders berührt, der stets mit derselben Elektricitätsmenge geladen war. Das benutzte Scheibchen, an die Stelle der festen Scheibe in der Torsionswage gesetzt, gab desto stärkere Abstossungen, je dicker es war, aber zugleich nahm der Unterschied der Abstossungen ab, die sich nach seiner Berührung mit der Mitte und dem Ende des Cylinders zeigten. Mit dem Doppelscheibchen war die Abstossung die stärkste, aber jener Unterschied gänzlich Null; dasselbe hatte daher von der Mitte und von dem Ende des Cylinders eine gleiche Menge Elektricität aufgenommen. Dennoch war dies Doppelscheibchen das einzige unter den angewandten Probescheibchen, welches an der Torsionswage das richtige Verhältniss der Elektricitätsmengen (1 und 2), mit denen der Cylinder successiv geladen worden war, angab.

Uns scheinen diese Versuche bemerkenswerth als ein Beispiel, wie vorsichtig man mit dem Probescheibchen und der Torsionswage umgehen müsse, um richtige Resultate zu erhalten. So vortrefflich beide Instrumente auch in Coulombs Hand waren, so unsicher sind sie in der Hand eines weniger umsichtigen Beobachters; sie können sehr nachtheilig für die Wissenschaft werden, indem sie falsche Voraussetzungen scheinbar unterstützen.

Elektrometer.

Peltier stellt in dem Bennetschen Elektrometer den Goldblättchen, um ihre Empfindlichkeit zu erhöhen, ein paar verticale Messingplatten parallel gegenüber. [1]) Wahrscheinlich sind die Platten den Blättchen mehr oder weniger zu nähern; eine Einrichtung, die schon Nicholson angegeben und Parrot benutzt hat. Zu feinen elektrischen Versuchen construirt Peltier [2]) ein eigenes Elektrometer, bei welchem ihm, wie er angiebt, Rousseau's Diagometer als Vorbild diente. Ueber einer horizontalen, mit einer Theilung versehenen Holzscheibe steht isolirt ein fester Arm aus Kupfer als Radius und trägt im Mittelpunkte eine kleine Stahlpfanne. Auf diese wird eine leichte Kupfernadel mit einem Stifte aufgesetzt und durch ein Gegengewicht horizontal balancirt. Die Nadel ist von der Länge des festen Armes. In dem Hütchen, wo der Stift eingefügt ist, liegt ein kleiner Magnet der Nadel parallel. Ist daher das Instrument so gestellt, dass der feste Arm sich im Meridiane befindet, so liegt die Nadel an ihm an; giebt man dem festen Arm Elektricität, zu welchem Zwecke er ein durch den Fuss des Instruments gehenden Fortsatz hat, so theilt sich diese durch den Stift der beweglichen Nadel mit, deren Abstossung durch die Richtkraft des an ihr befestigten Magnets bestimmt und durch den getheilten Kreis der Bodenplatte gemessen wird. Die Empfindlichkeit der Nadel kann dadurch gesteigert werden, dass ihr ein zu diesem Zwecke angebrachter, beweglicher nicht isolirter Metallstab genähert wird. Der Vortheil dieses Instruments besteht darin, dass ein jeder Verlust an Elektricität, er mag den abstossenden oder den abgestossenen Leiter betreffen, die Elektricitätsmengen beider auf gleiche Weise ändert. Dies ist freilich bei der Coulombschen Drehwage nicht der Fall, aber der Vorwurf, welcher derselben zu Anfange der Abhandlung wiederholentlich gemacht wird, dass sie bei ungleichen Ladungen der festen und der beweglichen Kugel stets zu geringe Abstossungen zeige, ist völlig ungegründet.

Als Elektrometer für atmosphärische Elektricität ist, nach Colladons Versuchen, der Multiplicator öfters in Vorschlag gebracht worden. Es ist hierzu eine hohe isolirte Auffangstange, die mit Spitzen in die Luft hinausragt, erforderlich, mit welcher das eine Ende des Multiplicatordrahtes in Verbindung gebracht ist, während das andere nach der Erde abgeleitet wird. Ein Ungenannter in Liverpool [3]), Arago [4]), Peltier [5]) haben Beobachtungen der Luft-

---

[1]) Becquerel traité de l'électric. tome II. p. 510.
[2]) Ann. de Chim. tome 62. p. 422.
[3]) Pogg. Ann. Bd. 34. p. 502.
[4]) Becquer. traité. IV. p. 92.
[5]) Ibid. p. 107.

elektricität am Multiplicator angestellt, deren numerische Ergebnisse noch nicht mitgetheilt worden sind.

Ich glaube nicht, dass diese Beobachtungsart Vortheile vor der gebräuchlichen am Strohhalmelektrometer hat. Ablenkungen am Multiplicator sind von mehr Bedingungen abhängig, und auf noch precärere Weise auf die Elektricitätsmengen der Luft zurückzuführen, als die Divergenzen der Strohhalme. Schwerlich lassen sich mit dem Multiplicator längere Zeit hindurch vergleichbare Resultate erhalten, da die Magnetnadeln, die nicht gegen starke elektrische Entladungen geschützt werden können, bedeutende Aenderungen erfahren müssen.

Entladungsapparat.

Zu Versuchen mit der elektrischen Batterie, bei welchen man constante Effecte verlangt, oder die vergleichbar sein sollen, ist die Entladung durch einen in der Hand gehaltenen Stab nicht genügend. Man bedarf einer Art der Entladung, die sich stets gleichbleibt, und wendet am besten einen fallenden Körper dazu an. Ich habe mich bei meinen Versuchen eines Apparats von der folgenden Einrichtung bedient. Auf einem starken Brette stehen in einer Vertical-Ebene 3 gefirnisste Glasstäbe von 2′, 21″ und 15″ Höhe, von welchen die beiden äussersten mit aufgekitteten massiven Messingkugeln versehen sind. Die Kugel des ersten (längsten) Stabes steht mit dem Innern der Batterie in fester Verbindung, die des letzten Stabes wird mit der nach der äussern Belegung fortgeführten Leitung verbunden. Auf dem mittlern Stabe befindet sich eine horizontale Messingplatte mit 3 Paaren von Pfannen; das erste Paar nimmt die Zapfen eines beweglichen Balkens auf, die andern beiden Paare dienen als Stützpunkte zweier kleinen Hebel. Der Balken ist ein 12″ 3‴ langer, $2\frac{1}{4}$‴ dicker Messingstab mit zwei Endkugeln, seine Zapfen stehen ausserhalb der Mitte, so dass er, frei gelassen, sich um seine Zapfen dreht und die Verbindung zwischen den Kugeln der erstgenannten Glasstäbe bewirkt. Um die Berührung inniger zu machen, sind die Kugeln des Balkens sphärisch ausgeschliffen. Der Balken wird in schräger Lage gehalten, indem ein neben seinen Zapfen angebrachter kleiner Stift gegen den kürzern Arm eines kleinen Hebels stösst, dessen anderer Arm durch ein verschiebbares Gewicht beschwert wird. Unter den letztgenannten Arm fasst das Ende eines zweiten Hebels, an dessen freien Arm eine Schnur befestigt ist, die über eine an dem Fussbrette befindliche Rolle läuft, deren Gabel um eine verticale

Axe drehbar ist. Mittelst dieser Schnur kann man von jeder Stelle des Zimmers aus die Hebel bewegen und dadurch den Balken lösen, der bei der Ladung der Batterie in schräger Lage, von den festen Kugeln 2'' 9''' entfernt, gehalten wird. Beim Zurückführen des Balkens in seine schräge Lage bleibt er in derselben stehn, da unmittelbar nach dem Zuge der Schnur das Gewicht auf dem ersten Hebel die anfängliche Lage der beiden Hebel hergestellt hat.

Luftthermometer.

Um die Erwärmung eines Drahts durch elektrische Entladung zu beobachten, kann man sich eines Luftthermometers von der folgenden Einrichtung bedienen. Eine Glaskugel A (Taf. 1. Fig. 8.) von wenigstens 3'' Durchmesser, wird an drei Stellen geöffnet und zwar so, dass zwei Oeffnungen a, a' diametral gegenüberliegen. Auf diese sind ungefähr 1'' lange durchbohrte Messingaufsätze gekittet, die äusserlich einen Schraubenzug haben und mit Hülsen nach dazwischen gelegter Lederscheibe luftdicht verschlossen werden können. Die dritte Oeffnung b ist mit einer durchbohrten Fassung versehn, und durch einen eingeschliffenen Stöpsel luftdicht zu verschliessen. An das eine Ende einer 200''' langen, 0,45''' weiten Glasröhre wird die Kugel A, an das andere ein 2,5'' hohes, 6,3''' weites Glasgefäss B angesetzt und das Ganze auf einem Brette über einer in Linien getheilten Scale befestigt. Dies Brett ist auf die in der Figur ersichtliche Weise, mittelst eines Metallbogens und einer Klemmschraube, gegen ein mit ihm durch ein Charnier verbundenes horizontales Brett unter einem beliebigen Winkel festzustellen. Um den Draht in der Kugel straff auszuspannen, werden 2 Exemplare der in Fig. 9 abgebildeten Klemme gebraucht. Das Drahtstück a (2''' dick) geht ohne Reibung in die Oeffnung der Metallansätze; es hat an der einen Seite eine männliche Schraube d, an der andern eine conische Vertiefung, die sich in einer weiblichen Schraube endigt. In diese Vertiefung passt ein kleiner Kegel b, der vorn eingeschnitten ist, und beim Einschrauben den in die Spalte gelegten Draht fest einklemmt.[1]) Das Einbringen des Drahts in die Kugel ist sehr leicht zu bewerkstelligen. Nachdem der Draht in gehöriger Länge in den beiden Kegelklemmen befestigt ist,

---

[1]) Diese Kegelklemme (auch bei andern Apparaten nützlich) ist mir von Herrn Kleiner angegeben worden, der das Thermometer, wie den oben beschriebenen Entladungsapparat auf das Vollkommenste verfertigt.

wird an der einen Klemme die Schraube c abgenommen und statt ihrer ein Metallstab von der Länge des Diameters der Kugel aufgeschraubt, den man mit Draht und Klemme leicht durch die Kugel zieht. Wenn der Hülfsstab abgenommen worden, dient die Schraube c, den Draht festzuspannen, wobei man aber das Ende d mit einer Zange festhalten muss, um das Drehen der Klemme und des Drahtes zu verhüten. Diese Vorsicht würde überflüssig sein, wenn die Oeffnungen a a' an der Kugel und das Drahtstück a nicht rund, sondern eckig angefertigt worden wären. [1])

---

[1]) Geschlossen am 11. Juli 1837. (R.)

Achter Abschnitt.

Magnetismus und einige Nachträge zum Galvanismus und zum induzirten Magnetismus

von Ludwig Moser.

Zusätze zum ersten Bande des Repertoriums.

a. Ueber die sogenannte Becquerel'sche Kette aus Säure und Alkali und über die Theorie des Galvanismus.

Repert. Bd. I, pag. 194.

Ueber diesen Gegenstand ist bereits am angeführten Orte das damals Bekannte mitgetheilt worden; wir haben uns jedoch für diese schöne Entdeckung Becquerel's keine Erklärung gegeben, weil es zweckmässiger erschien, die weitere Entwicklung der entdeckten Thatsachen abzuwarten. Wie zu vermuthen stand, haben sich seit der Zeit mehrere Gelehrte, nehmlich Mohr in Coblenz [1]), und C. H. Pfaff in seinem jüngst erschienenen Werke [2]) mit dieser Art Kette beschäftigt, jedoch eigentlich keine neuen Thatsachen hinzugefügt. Die Behandlung von Mohr hat uns, wir müssen es gestehen, etwas befremdet. Er schreibt, Becquerel hätte vorsichtiger sein müssen, ein Experiment mitzutheilen, welches Faraday nicht gelungen ist (dieser letztere hat bekanntlich durch die Einwirkung von Säure und Alkali keinen Strom erhalten können, obgleich er ein empfindliches Galvanometer anwandte, ihn zu entdecken). In Folge dieser Versuche

---

[1]) Poggendorff. Annal. Bd. 39, pag. 129.

[2]) Revision der Lehre des Galvano-Voltaismus, Altona 1837.

Faraday's, meint ferner Mohr, müssten alle rationellen Physiker annehmen, dass durch Säure und Alkali kein Strom zu bewirken sei, und endlich häuft er auf Becquerel, der das Gegentheil behauptet und thatsächlich nachgewiesen hat, den Tadel der Eilfertigkeit und Ungründlichkeit im Experimentiren. Das ist sicherlich hart, und vollends, wenn Becquerel in der Hauptsache vollkommen Recht hat, und er der letzte ist, der sich übereilt hat? So schön auch die Faraday'sche Theorie der galvanischen Erscheinungen ist, so werden doch jedem Physiker die Thatsachen, besonders solche wichtige wie die Becquerel'schen noch schöner erscheinen. Sollte auch dadurch in unserm Wissen ein Zustand des Zweifels und der Unsicherheit eintreten, so hat Mohr doch auch darin nicht Recht, der durch einen solchen Zustand die Fortbildung der Wissenschaft gehemmt sieht; die umgekehrte Behauptung, scheint uns, würde viel eher richtig sein.

Ich habe am angeführten Orte bereits angegeben, dass es mit der Entwicklung von Sauerstoff in einer Kette aus Salpetersäure und Aetzkali seine volle Richtigkeit habe, dass dergleichen Ketten, und selbst wenn Schwefelsäure oder Chlorwasserstoff angewendet wird, das Jodkalium zersetzen. Ich kann nicht angeben, woher es gekommen, dass selbst Pfaff die eigentliche Sauerstoff-Entwicklung nicht gesehen hat; so oft ich den Versuch angestellt, so ist sie nie ausgeblieben. In Zweifel kann man sie nur so lange ziehen, bis man sie wahrgenommen, dann ist der Zweifel unmöglich, da das Gas sich vollkommen so, wie an den Electroden einer Batterie entwickelt, und dem Anscheine nach aus der Platte kommt. Im Verlauf wird auch ein Versuch mit einer Becquerel'schen Kette in grossem Maasstabe beschrieben werden, wo der Sauerstoff sich so reichlich wie bei Anwendung einer beträchtlichen galvanischen Batterie entwickelt.

Von einer theoretischen Ansicht geleitet, stellte ich in Bezug auf den in Rede stehenden Gegenstand folgende Versuche an. Eine Glasröhre wurde am untern Ende durch Thon oder thierische Blase geschlossen, auch in Sand gesteckt (dies alles ist einerlei) und in ein grösseres Gefäss getaucht. In der Röhre, wie im Gefässe, befanden sich die Platinplättchen, die mit dem Galvanometer in leitender Verbindung waren. Wurde nun in die Röhre eine Säure gegossen, in das Gefäss reines Flusswasser, so zeigte sich ein schwacher Strom, der die Nadel 3 bis 5 Grad ablenkte (für einen mit dem Gegenstand Bekannten, darf es nicht bemerkt werden, dass, da dergleichen

Angaben über die Stärke der Ablenkung nichts über die Intensität des Stromes lehren, sie nur bestimmt sind, den Leser zu vergewissern, dass keine Täuschung über die wirkliche Bewegung der Nadel stattgefunden habe). Der Strom ging von der Säure durchs Galvanometer zum Wasser, oder die Platinplatte in der Säure vertrat die Stelle des Kupfers, die Platte im Wasser die des Zinks der gewöhnlichen einfachen Kette. Es schien ziemlich gleichgültig, ob dem Wasser zum Behuf besserer Leitungsfähigkeit Salze hinzugefügt wurden, oder nicht; nemlich Salpeter, wenn Salpetersäure, Glaubersalz, wenn Schwefelsäure, Kochsalz, wenn Salzsäure sich in der Röhre befand. Andere Säuren sind nicht versucht worden. Dass diese Salze den Strom nicht verstärkten stimmt, mit der Angabe Faraday's[1]), dass solche schwache Ströme, die nicht zersetzen, eben so leicht durch reines Wasser gehen, als durch Wasser, welches Stoffe aufgelöset enthält, die seine Leitungsfähigkeit für stärkere Ströme beträchtlich vermehren. Es ist jedoch auch möglich, dass bei der Einwirkung von Säure und Wasser die Strom erregende Kraft durch Salze verringert, die Leitungsfähigkeit vermehrt wird, und dass beide Effecte sich beinahe aufheben. Die Ablenkung der Nadel konnte immer wieder erreicht werden, wenn die Platinplatten herausgenommen und von Neuem hineingesetzt wurden, selbst noch nach 12 und mehreren Stunden. Es wurde sorgfältig untersucht, ob nicht schon die Platinplättchen für sich in einer und derselben Flüssigkeit einen Strom hervorbringen, welches jedoch nicht der Fall war; ferner wurde bald die eine, bald die andere, in die Säure getaucht, und endlich wurde bald die eine Platte zuerst in die Säure, hierauf die andere ins Wasser, bald in umgekehrter Reihenfolge eingetaucht. Alles dieses war eines wie das andere, und veränderten den Strom gar nicht. Nur ist bei diesen Versuchen sehr darauf zu sehen, dass die Löthstelle der Platten wohl geschützt sei; denn selbst wenn sie sich ausserhalb der Flüssigkeit befindet, kann sie doch durch einen Hauch von Flüssigkeit mit dem Wasser oder der Säure in Verbindung kommen, wodurch dann ein fremdartiger Strom erhalten werden würde. Nachdem bei diesen Versuchen alle Vorsichtsmaassregeln beobachtet worden, so geben sie den Satz:

es findet ein Strom statt, wenn reines Wasser und Säure auf einander wirken.

Jetzt wurde eine Lösung von Aetzkali statt der Säure angewandt; es

---

[1]) Repertor. Bd. I, pag. 228.

entstand wiederum ein Strom, von ziemlich derselben Stärke, wie der frühere, allein entgegengesetzt gerichtet; die Platinplatte im Aetzkali vertrat die Stelle des Zinks der gewöhnlichen Kette, oder der Strom ging von reinem Wasser durchs Galvanometer zum Aetzkali.

Es entsteht daher ein Strom, wenn Aetzkalilösung und Wasser aufeinander wirken.

Zwischen zwei Säuren konnte kein Strom entdeckt werden.

Diese angeführten Versuche sind nicht neu; berühmte Experimentatoren wie Nobili, Pohl, Fechner u. A. haben sie bereits angestellt: da man jedoch jetzt die Autorität Faraday's benutzt, um den stattfindenden Strom sogar zwischen Säure und Alkalien in Zweifel zu ziehen, der, wie man zugeben wird, ungleich stärker ausfallen muss, als bei Anwendung reinen Wassers; so war es rathsam, diese Versuche mit solcher Vorsicht zu wiederholen, dass über das Resultat derselben kein Zweifel bleiben kann. Ich füge noch hinzu, dass nach Peltier [1]) Salzsäure und Wasser den entgegengesetzten Strom geben sollen, als Schwefelsäure oder Salpetersäure mit Wasser, dass jedoch diese Angabe nicht richtig ist, vielmehr Salzsäure sich den anderen Säuren durchaus adäquat zeigt. Ich glaubte Anfangs, der Strom, der sich unter den angegebenen Umständen bildet, würde erklärt werden, wenn man zugesteht, dass das Platinplättchen in der Säure eine sehr kleine Veränderung an der Oberfläche, eine unendlich geringe Oxydation, erführe; allein diess ist schon durch den Versuch mit dem Aetzkali sehr unwahrscheinlich. Da hierbei der Strom umgekehrt gerichtet ist, so hätte man annehmen müssen, diese Oxydirung fände nunmehr in reinem Wasser, nicht in der Lauge statt. Vollkommen widerlegt wird jedoch diese Ansicht durch folgenden Versuch von Nobili und Becquerel [2]). In zwei Gefässe, welche eine Auflösung von salpetersaurem Kali enthalten, werden die Platinenden des Galvanometerdrahtes geführt; ein drittes Gefäss, welches Salpetersäure enthält, wird mit diesen beiden Gefässen, mittelst zweier befeuchteten Stücke Asbest oder Baumwolle, verbunden. Befindet sich nun an einem dieser Stücke ein wenig Aetzkali, so entsteht ein Strom, und doch tauchen hier die Platinenden in eine und dieselbe Flüssigkeit (Auflösung von Salpeter), und sind daher keiner Heterogenität unterworfen. Durch diesen Versnch wird auch die Ansicht Pfaff's wi-

---

[1]) L'Institut. 17. Mai 1837.

[2]) Ann. de Ch. et de Ph. 1827.

derlegt, dass bei den Ketten aus Säure und Kali der Strom bewirkt werde durch die ungleiche electromotorische Kraft, welche Platin mit Säuren, Platin mit Alkali hervorbringen. Wäre diese Ansicht richtig, so hätte der so eben angeführte Versuch erfolglos bleiben, d. h. keinen Strom zeigen sollen.

Um nach diesen vorläufigen Versuchen den eigentlichen Gegenstand mehr aufzuklären, habe ich ferner mit Dulk eine Reihe von Experimenten angestellt, deren Resultate einer Mittheilung werth genug erscheinen. Wir suchten zuerst zu ermitteln, ob nicht unter den fremden Körpern, welche durch Hitze flüssig gemacht, leitend werden, sich welche befänden, welche ähnlich wie Aetzkali und Salpetersäure wirkten. In eine V förmige Röhre wurde zu dem Ende Bleioxyd in den einen Schenkel und glasige Phosphorsäure, von Wasser möglichst frei, in den andern gebracht, und beide Substanzen durch Platindrähte mit dem Galvanometer verbunden. Als beide Substanzen in Fluss kamen, entstand ein Strom, stärker als in der gewöhnlichen Becquerel'schen Kette. Die Nadel ging über 90° heraus, und Jodkalium wurde zersetzt. Nach Beendigung des Versuchs zeigte der Platindraht im Bleioxyd eine Bleifarbe, bewirkte auch mit dem andern Platindraht in verdünnte Schwefelsäure getaucht, einen kleinen Strom von etwa 5°; allein dieser war zu schwach, um den eigentlich beobachteten auf Rechnung der geringen Heterogeneität beider Drähte zu schreiben. Die Drähte wurden hierauf mit andern homogenen vertauscht, und ein ähnlicher Versuch mit glasiger Phosphorsäure und Aetzkali angestellt. Als die glasige Phosphorsäure in Fluss kam, entstand ein noch stärkerer Strom; die Nadel wurde im Kreise herumgeschleudert.

Es entsteht daher ein Strom bei der Verbindung eines Oxyds eben so gut wie bei der Verbindung eines Alkali mit einer Säure, vorausgesetzt, dass das Oxyd leite, oder durch Hitze leitend gemacht werde.

Wir hatten diese Versuche hauptsächlich in der Absicht angestellt, um einen stärkern Strom zu erhalten, als denjenigen, den Salpetersäure und Aetzkali liefert, und um dann im Stande zu sein, die anderweitigen, sehr seltsamen Erscheinungen, welche Becquerel an seiner Kette beobachtet hat, prüfen zu können. Becquerel nemlich giebt an[1]), 1) dass wenn man in den Verbindungsdraht seiner Kette ein Stück Platindraht einschalte, die Dicke desselben ganz

---

[1]) Repertor. Bd. I, pag. 194.

gleichgültig sei. Er habe desshalb Versuche mit Platindraht von $\frac{1}{80}$ bis von einigen Millimeter im Durchmesser angestellt, und die Grösse der Ablenkung sich dabei gar nicht ändern sehen,

2) dass der Strom seiner Kette keine erwärmende Kraft besitze, und dass ein eingeschalteter dünner Platindraht keine Spur von Erwärmung gezeigt habe, obgleich er sich vor einem sehr empfindlichen thermomagnetischen Apparat befand, welcher Wärmeänderungen von $\frac{1}{100}$ Grad C. nachgewiesen haben würde. Derselbe Draht, setzt Becquerel hinzu, würde durch den kleinen Wollaston'schen Fingerhutapparat ins Glühen gekommen sein.

Als Becquerel diese sonderbaren Erscheinungen der Pariser Akademie mittheilte, gab Biot für die zweite derselben eine Erklärung. Er sagt[1]: Man nehme an, dass eine bestimmte Menge von Electrizität = E in der Zeit T von zwei Substanzen entwickelt werde, die mit einander im Contact sind; man theile diese Zeit in 12 Intervalle, und setze voraus, dass während eines solchen Intervalls ein proportionaler Antheil von Electrizität = e entwickelt werde. Indem jede dieser kleinen Entladungen den Leitungsdraht durchströmt, nimmt sie die erwärmenden und chemischen Eigenschaften mit, die ihr je nach ihrer Quantität und Geschwindigkeit zustehen. Je kürzer diese Intervalle, desto kleiner werden die Entladungen e sein; ja jene können so kurz und diese daher so klein gedacht werden, dass gar keine Erwärmung statt finde, obgleich in der Zeit T die Totalentladung noch immer E beträgt. Wendet man andere Substanzen zur Hervorbringung des electrischen Stromes an, so können umgekehrt die Zeitintervalle der kleinen Entladungen länger von einander getrennt sein; diese kleinen Entladungen e fallen dann stärker aus, und bei demselben Totaleffect, der Entladung von E in der Zeit T, wird dieser zweite Strom den Leitungsdraht merklich erwärmen. Dies sind so ziemlich die eigenen Worte Biot's, und er glaubt also, der Mangel an Erwärmung, welcher der Be querel'schen Kette eigenthümlich ist, rühre davon her, dass der Strom in ihr gleichmässiger fliesse; bei den anderen galvanischen Ketten jedoch, die eine Erwärmung bewirken, mehr stossweise, in einzelnen aber kräftigen Stössen, wenn man so sagen darf. Wir werden sehen, dass es dieser Ansicht nicht bedarf, weil dasjenige, was durch sie erklärt werden soll, nicht stattfindet. —

---

[1]) L'Institut 6. Janvier 1836.

Pfaff hat vollkommen Recht, wenn er angiebt [1]), dass durch diese Erscheinungen der Becquerel'schen Kette die Ansicht de la Rive's sehr unterstützt würde, der in neuerer Zeit behauptet hat, die Ströme verschiedenen Ursprungs hätten auch verschiedene Eigenschaften, und seien in dieser Beziehung den Wärmestrahlen vergleichbar, welche ebenfalls, nach der Entdeckung Mellonis, je nach ihrer Abkunft gewisse Verschiedenheiten besitzen. De la Rive soll für diese Behauptung noch den Beweis liefern, aber den könnte eben die Becquerel'sche Kette mit den ad 1 und 2 angeführten Erscheinungen abgeben. Es war daher wichtig, diese Erscheinungen gründlicher zu untersuchen, und dazu bedurfte es eines starken Stromes. Ketten aus Phosphorsäure und Aetzkali liefern ihn freilich, jedoch nur für eine kurze Zeit, und daher schien es rathsamer, lieber die Dimensionen der Becquerel'schen Kette stark zu vergrössern. Es wurde zu dem Ende eine Glasglocke, $4\frac{1}{4}$ Zoll im Durchmesser und 10 Zoll hoch mit ihrer Oeffnung nach oben gestellt; ihr unterer Theil wurde mit Thon angefüllt. In den Thon wurde ein an beiden Seiten offener Glascylinder gesetzt, dessen Höhe 8 Zoll, dessen Durchmesser $3\frac{1}{4}$ Zoll betrug; seine obere Oeffnung wurde durch Kork luftdicht geschlossen, durch welchen der Platindraht mit einer Platinplatte und einer Gasröhre gesteckt war, um das sich entwickelnde Gas in passende Röhren zu führen, worin dessen Natur und Menge bestimmt werden konnte. Die äussere Glocke wurde nun mit starker Salpetersäure von dem spez. Gewicht 1,3, der innenstehende Cylinder mit einer Lösung von Aetzkali. spez. Gewicht 1,280 gefüllt. Zwei Platinptatten von 6 und 7 Quadratzoll Oberfläche, an welchen Platindräthe gelöthet waren, tauchten in beide Flüssigkeiten. Die Wirkungen dieser Kette waren sehr stark; von der Platinplatte im Aetzkali ging das Gas senkrecht in die Höhe, und bildete eine weisse Schicht, von denselben Dimensionen wie die Platte, und einen Zoll darüber hinausragend; von dieser Höhe ab, die übrigens nur anfangs 1'' betrug und mit der Wirksamkeit des Apparats abnahm, ging das Gas in einzelnen gekrümmten Strömen in den obern Theil des Cylinders und in die Auffangeröhre. Die gleichmässige Entwicklung des Gases an allen Theilen der Platte rührt wohl davon her, dass dieselbe vorher sehr gut gereinigt worden war [2]). Nachdem diese Kette schon drei Stunden gewirkt hatte, lieferte sie in einer Minute

[1]) Revision u. s. w. pag. 174.

[2]) Repert. Bd. I, pag. 80.

38 Cubiklinien Gas (Resultat einer mehrstündigen Messung), während die grösseste Gasquantität, welche Becquerel erhalten hat, nur 10 Cubikcentimeter in 24 Stunden, d. h. nur den $\frac{1}{58}$ Theil der unsrigen betrug. Das aufgefangene Gas zeigte keine rothe Dämpfe, röthete die Lackmustinctur nicht, und war reiner Sauerstoff. Wurde die Verbindung der Kette unterbrochen, so hörte auch die Gasentwicklung auf; sie ist durchaus galvanischer Art, und ganz gleich derjenigen, an den Electroden einer starken Batterie. Auch aus dem Thon entwickelten sich Gasblasen, die aber nicht mit dem auf galvanischem Wege erzeugten Gase verwechselt werden können. An der Platinplatte in der Salpetersäure erschienen einige Blasen, sie stiegen jedoch nicht auf, sondern klebten anscheinend fest. Das Ausbleiben des andern Bestandtheils des Wassers erklärt sich, weil bekanntlich der hier frei werdende Wasserstoff einen secundären Prozess mit der Salpetersäure eingeht.

Da der Strom dieser Kette während vieler Stunden absolut constant war, so liessen sich häufige Versuche über dessen erwärmende Kraft anstellen. Es wurde zu dem Ende ein Peltier'sches Kreuz aus Wismuth und Antimon genommen[1]). Ich versuchte, ob es nicht möglich sei, dasselbe in Wasser zu erhalten, wobei man vor äusseren Temperaturänderungen besser gesichert wäre. Eine kleine galvanische Kette aus Zink und Kupfer wurde mit dem Kreuze geschlossen, welches sich in einem Kasten, aber in Luft befand; war die Zinkplatte mit dem Wissmuth, die Kupferplatte mit dem Antimon verbunden gewesen, so zeigte sich, nach dem die Wirkung eine Minute gedauert hatte, dass die Löthstelle des Kreuzes erwärmt worden war. Die Doppelnadel des Galvanometers, mit welchem hierauf das Kreuz geschlossen wurde, entfernte sich um 82°. Oft wiederholte Versuche ergaben genau dasselbe, so dass diese Art Wirkung eines Stromes sehr constant zu sein scheint. Wurde das Kreuz umgekehrt mit der Kette geschlossen, so trat nach der merkwürdigen Entdeckung Peltier's eine Erkaltung ein; die Galvanometernadel ging nach der entgegengesetzten Seite, aber nur um 23 Grad. Bei Gelegenheit dieser Versuche ist im Repertorium am angeführten Ort bemerkt worden, dass sowohl die Erwärmung als Erkaltung von der Zeit abhänge; es war begreiflich, dass, wenn sie beide bei längerer Einwirkung eines und desselben Stromes stärker ausfallen, dies eine Gränze

---

[1]) Repert. Bd. I, pag. 352.

haben werde, die je nach der angewandten galvanischen Kette verschieden sein wird. Dort wurde das Maximum erst erreicht, als die Kette 5 Minuten auf das Kreuz gewirkt hatte; in den jetzt beschriebenen Versuchen trat es schon früher ein. Eine Minute Einwirkung lieferte bereits die grösseste Erwärmung und Erkaltung, und eine länger fortgesetzte Wirkung der Kette verminderte sogar die Ablenkung der Nadel. Vielleicht rührt diess davon her, dass die Flüssigkeit hier concentrirter war; jedenfalls scheint dieser Gegenstand einer nähern Prüfung werth.

Hierauf wurde nun Wasser in den Kasten gegossen, so dass das Kreuz ganz darin eingetaucht war. Die Erwärmung betrug jedoch unter denselben Umständen, wo sie früher 82° gewesen, nur 13°, die Erkaltung statt 23° nur 9 Grad. Somit musste die Anwendung von Wasser bei der schwachen Wirkung, die wir zu erwarten hatten, ausgesetzt bleiben. Ich versuchte endlich noch, ob es nicht gerathener wäre, die galvanische Kette stossweise auf das Kreuz wirken zu lassen, indem man sie abwechselnd öffnet und schliesst. Jedoch als diess in einer Minute 60mal geschehen war, zeigte die Nadel nur eine Erwärmung von 45°, also eine viel schwächere, als bei ununterbrochener Einwirkung.

Diese vorläufigen Versuche waren nöthig, um die vortheilhafteste Art kennen zu lernen, die Becquerel'sche Kette in Bezug auf ihre wärmende Kraft zu untersuchen, wenn sie überhaupt eine solche besitzt. Allein nicht bloss eine Erwärmung haben wir erhalten, sondern auch eine Erkaltung. Die Platte im Aetzkali wurde mit dem Wismuth des Kreuzes verbunden, diejenige in der Säure mit dem Antimon; die Verbindung dauerte eine Minute, worauf sie unterbrochen, und das Kreuz mit dem Galvanometer geschlossen wurde. Die Nadel wich um + 9° ab, und ihre Bewegung zeigte eine Erwärmung. Hatte die Verbindung eine Minute gedauert, so war die nachherige Ablenkung 15°, und wenn sie drei Minuten dauerte, 16°.

Hierauf wurde umgekehrt geschlossen, die Platinplatte im Aetzkali mit dem Antimon, die andere in der Säure mit dem Wismuth. Nach einer Minute ging die Nadel nach — 6° und zeigte eine Erkaltung an,
zwei - - - - - - — 9° - - - - - -
Längere Zeit hernach betrug
die Erwärmung während 2 Minuten 9° Ablenkung der Galvanometnadel,
die Erkaltung - - - - $4\frac{1}{2}$ - - -

Die Versuche wurden oft und mit demselben Erfolge wiederholt, und das Resultat derselben ist in vollkommener Uebereinstimmung mit dem, was jede andere galvanische Kette zeigt. Sorge wurde natürlich dafür getragen, dass, bevor ein neuer Versuch angestellt wurde, das Kreuz für sich auf die Galvanometernadel nicht wirkte. Nachdem der Apparat 43 Stunden theils geschlossen, theils ungeschlossen gelassen war, wurde eine Erwärmung von $6\frac{1}{2}$ Grad durch eine Wirkung von 2 Minuten erhalten.

Wenn auch diese Versuche keinen Zweifel über die erwärmende Kraft dieser Art Ketten übrig lassen, so war doch Becquerel's Angabe über den Mangel dieser Kraft sehr positiv, und wenn wir auch nachgewiesen haben, dass sie unrichtig sei, so hätte man doch meinen können, die Erwärmung sei hier mindestens schwächer, als durch einen gleich intensiven Strom einer gewöhnlichen galvanischen Kette. Diess voraussehend, hatten wir in den Leitungsdraht, welcher die Becquerel'sche Kette mit dem Kreuze verband, ein zweites Galvanometer, jedoch nur mit einer einfachen Nadel, eingeschaltet. Die Ablenkung dieser Nadel sollte die Intensität des Stromes angeben, wenn derselbe das Kreuz aus Wismuth und Antimon durchläuft. Als der Strom der Becquerel'schen Kette eine Erwärmung von 9^{0} und eine Erkaltung von $4\frac{1}{2}{}^{0}$ anzeigte, stand die einfache Nadel um 12^{0} abgelenkt. Diese Kette wurde nun entfernt und durch eine kleine galvanische Kette, aus Zink, Kupfer und verdünnter Schwefelsäure bestehend, ersetzt, deren Dimensionen so lange verändert wurden, bis sie die Nadel ebenfalls um 12^{0} ablenkte. Als diese Kette nunmehr zwei Minuten auf das Kreuz gewirkt hatte, zeigte dasselbe eine Erwärmung von 9^{0} und eine Erkaltung von 4^{0}, das heisst ganz dasselbe, wie die Becquerel'sche Kette.

Die neue Art von Kette zeigt also in den Erscheinungen der Erwärmung und Erkaltung nicht den kleinsten, weder qualitativen, noch quantitativen Unterschied von jeder andern galvanischen Kette.

Ich will bei dieser Gelegenheit noch bemerken, dass auch die thermomagnetische Kette, wie ich durch Versuche gefunden habe, ganz dieselben Erscheinungen der Erkaltung und Erwärmung hervorbringt, als der Strom jeder andern Kette. Ich wandte zu den Versuchen einen einfachen Bogen aus Wismuth und Antimon an, dessen Löthstelle einer Spiritusflamme möglichst genähert wurde. War das Antimon des Bogens mit dem Wismuth des Kreuzes verbunden, so trat eine Erkaltung von beiläufig 6^{0} ein; beim umgekehrten Schliessen eine Erwärmung von 10^{0}. — Wir kommen nunmehr zu dem zweiten

Punkt, welcher den Ketten aus Säure und Alkali eigenthümlich sein soll; dass es nemlich für die Ablenkung der Magnetnadel, welche sie bewirken, gleichgültig sei, ob man sie durch einen dicken oder dünnen Draht schliesse. Wir wollen hier zuerst eine theoretische Betrachtung vorausschicken, die auch sonst von Nutzen sein wird; sie ist nicht neu, sondern das einfache Resultat der Theorie von Ohm, die man leider in Frankreich wenig zu kennen scheint, und ohne welche man Vieles für eigenthümlich halten kann, das im Grunde nichts als Folgerung aus einfachen quantitativen Gesetzen ist.

Wenn man zwei Ströme verschiedeneu Ursprungs hat, die an einem und demselben Galvanometer eine gleiche Ablenkung bewirken, so heisst das nicht, diese Ströme seien gleich. Sie sind es bloss in dem einen Falle, wo dieser Multiplicatordraht sie schliesst; in jedem andern, wo man durch einen andern Draht oder durch Flüssigkeit schliesst, wird die Intensität dieser Ströme im Allgemeinen verschieden sein. Nichts ist leichter zu beweisen. Denn bezeichnet man die Intensität des Stromes mit I, so ist $I=\frac{E}{L}$, wo E die electromotorische Kraft, L den Leitungswiderstand aller Theile, welche der Strom durchfliesst, bedeutet. Hat nun ein anderer Strom dieselbe Intensität, so sind beide Quotienten einander gleich, allein daraus folgt nicht, dass der Zähler dem Zähler, der Nenner dem Nenner gleich sein müsse; vielmehr wird für den zweiten Strom I ausgedrückt werden durch $\frac{mE}{mL}$. Bringt man nun in die Bahn beider Ströme noch andere Substanzen, die er zu durchlaufen hat, und deren Leitungswiderstand mit l bezeichnet werden soll, so ist die Intensität beider Ströme $\frac{E}{L+l}$ und $\frac{mE}{mL+l}$ und daher keinesweges mehr gleich. Denn ist m irgend beträchtlich, so wird l gegen mL unbedeutend sein, das heisst, die eingeschobenen Substanzen werden auf die Intensität des zweiten Stromes einen geringeren Einfluss ausüben, als auf die des ersteren. Aus dieser Betrachtung ergiebt sich der Unterschied einer einfachen Kette und einer vielplattigen galvanischen Batterie. Gesetzt auch, sie beide lenkten eine Magnetnadel um gleich viel ab, so wird auch, wenn man Wasser in den Kreis beider bringt, die Wirkung des ersteren Apparats beträchtlich vermindert werden, die Wirkung der Säule jedoch viel weniger; denn für die vielplattige Säule ist eben m eine beträchtliche Zahl. Dabei zersetzt der eine Apparat dieses eingeschüttete Wasser nicht, aber wohl der andere. In noch höherem Grade gilt dies für die Thermokette, welche ganz aus Metallen besteht; der Leitungswiderstand, den ihr Strom zu überwinden hat, ist sehr unbedeutend, und wenn Substanzen eingeschoben werden, für welche l nur irgend beträchtlich ist, so wird der thermomagnetische Strom beinahe auf 0 herabkommen. Ganz dasselbe gilt für den magneto-elektrischen Strom einer in Gegenwart eines Magneten rotirenden Kupferscheibe, der nicht im Stande ist Zersetzungen zu bewirken, trotz dem, dass er die Galvanometernadel beträchtlich ablenkt. — Was hier für Wasser gesagt worden, gilt auch, wenn man einen dünnen, langen Drath statt eines dicken kurzen anwendet; auf den Strom, der von einer Säule herrührt, wird diess unbedeutender einwirken, als auf den Strom einer einfachen galvanischen Kette, und auf beide unbedeutender, als auf solche Ströme, zu deren Erzeugung keine Flüssigkeit gehört. Diese letzteren (Thermo- und im Allgemeinen magneto-electrischen Ströme) werden an Intensität durch einen dünneren Drath beträchtlich einbüssen. Es ist bereits bemerkt worden, dass die grosse Becquerel'sche Kette nach längerer Zeit eine einfache Nadel um 12° ablenkte. Da ich nun fand, dass ein einfacher Bogen aus Wismuth und Antimon, mittelst einer Spiritusflamme eine beinah eben so starke Ablenkung hervorgebracht, so war kein Zweifel, dass der letztere ungefähr dieselben Resultate in Bezug auf Erwärmung und Erkaltung geben müsse, als die Becquerel'sche Kette, obgleich man bis jetzt durch einen thermomagnetischen Strom dergleichen Wirkungen noch nicht hervorgebracht hat. Die Erfahrung bestätigte diesen Schluss, wie so eben angegeben worden ist. Würde man jedoch die Thermokette nicht metallisch, sondern durch eine zersetzbare Flüssigkeit wie die Jodkaliumlösung geschlossen haben, so würde durch sie keine Zersetzung bewirkt worden sein, während die Becquerelsche Kette eine äusserst starke hervorbrachte. Die Gleichheit der Intensität beider Ströme gilt nur für die metallische Schliessung, und beide werden völlig ungleich, wenn eine Flüssigkeit in ihre Bahn eingeschaltet wird.

Es war also die Frage, ob die Becquerel'sche Kette in dieser letztern Beziehung einen Unterschied von allen übrigen zeige, vorausgesetzt, dass man die Versuche so einrichtet, um sich gegen die Theorie der Sache rechtfertigen zu können. Die Ablenkung der einfachen Nadel mittelst der Kette aus Säure und Alkali betrug 12°; als ein dickes Stück Kupferdraht aus dem Verbindungsdraht herausgenommen, und durch ein langes Stück sehr dünnen Kupferdrahtes ersetzt wurde, betrug die Wirkung nur noch 6°. Gleichgültig ist also der Strom dieser Kette gegen den Leitungswiderstand der Theile, die man ihm zu durchlaufen giebt, schon nicht; jedoch muss man ein dünnes und und zugleich sehr langes Stück Draht anwenden, um beträchtliche Unterschiede in der Intensität des Stromes wahrnehmen zu können, weil der Leitungswiderstand der Theile, aus welchem diese Kette zusammengesetzt ist, schon an sich sehr gross ist, und folglich von kleinen Veränderungen dieses Widerstandes nicht affizirt werden würde. Jetzt wurde die oben erwähnte kleine galvanische Kette, welche dieselbe Ablenkung von 12° bewirkte, genommen, und mit ihr eben so verfahren. Die Nadel stellte sich auf $5\frac{1}{2}$ Grad. Der kleine Unterschied von $\frac{1}{2}$ Grad ist bei dergleichen Versuchen zu übersehen, und daher zeigt sich auch in dieser Beziehung die Becquerel'sche Kette mit jeder andern identisch. Es war übrigens ein glücklicher Zufall, dass die elektromotorische Kraft der kleinen galvanischen Kette und ihr Leitungswiderstand, denen der Becquerel'schen ganz gleich gewesen ist. Ich vermuthe, dass Becquerel, als er die Behauptung über die Gleichgültigkeit der Dicke des Drahtes aufstellte, seine neue Kette mit einer Thermokette verglichen hat; allerdings wird bei der letzteren der Einfluss eines vergrösserten Leitungswiderstandes viel beträchtlicher ausfallen, als in einem Apparat, wozu Wasser gehört, und ein eingeschalteter, etwas langer und dünner Kupferdrath wird die Intensität eines Thermostromes leicht auf 0 herabdrücken, während er den Strom einer Kette mit Flüssigkeit wenig affizirt.

Es wurde noch versucht, ob unsere Kette eine Lösung von schwefelsaurem Natron zersetzen würde. Diess war nicht der Fall; allein es wurde dabei die Entdeckung Faraday's bestätigt [1]), dass ein schwacher Strom durch einen Electrolyten gehen könne, ohne ihn zu zersetzen. Denn als ausser dem schwefelsauren Natron noch Jodkalium in die Verbindung gebracht wurde, ging der Strom durch die erstere Lösung, indem er das Jodkalium schwach, aber unzweifelhaft zersetzte.

Interessant ist es, dass unsere Becquerel'sche Kette einen Funken beim Oeffnen gegeben hat. Wir haben diesen Versuch erst, nachdem die Kette bereits $10\frac{1}{2}$ Stunden in Thätigkeit gewesen war, angestellt und mit dem vollkommensten Erfolg. Sie wurde zuerst mittelst des Drahtes eines ziemlich starken electromagnetischen Hufeisens geschlossen; das Hufeisen wurde nicht magnetisch, mindestens haftete der Anker mit keiner wahrnehmbaren Kraft (die oben er-

---

1) Repert. I, p. 227.

wähnte kleine galvanische Kette aus Zink und Kupfer vermochte dies eben so wenig). Als aber die Verbindung aufgehoben wurde, zeigte sich ein schöner, heller Funke, und blieb bei oft wiederholten Versuchen niemals aus. Hierauf wurde der Electromagnet entfernt und eine Spirale von 64 Fuss, dicken Kupferdrahts zur Schliessung benutzt, jedoch ohne alles Eisen. Auch hier zeigte sich beim Oeffnen der Kette stets ein Funke, in der Form eines Lichtschimmers, dem vorigen an Intensität sehr nachstehend.

Ich will bei dieser Gelegenheit noch eine einfache Vorrichtung zur Darstellung der Funken beschreiben. Auf einem Brette ist ein kleines Stück einer V förmig gebogenen Glasröhre vertical befestigt, und in deren Schenkel Kupferdrähte gesetzt. Füllt man ihren untern Theil mit Quecksilber, so erhält man mittelst dieses Apparats den Funken, welcher nach Faraday's Endeckung beim Schliessen einer einfachen galvanischen Kette stattfindet. Wenn auch dieser leichte Versuch keinem Physiker misslungen sein wird, so gelingt er doch auf die gewöhnliche Weise schwerlich so sicher. Nur muss der Kupferdraht, an welchem der Schliessungsfunke nachgewiesen werden soll, nicht amalgamirt sein, und man thut wohl, ihn durch Glühen vom Quecksilber zu befreien und blank gefeilt anzuwenden. Eine kleine galvanische Kette ist bei Anwendung dieses Apparats vollkommen hinreichend, man erhält einen schallenden Funken beim Schliessen der Kette, beim Oeffnen aber keinen. Mittelst dieses Funkenapparats habe ich auch den thermomagnetischen Funken durch ein einzelnes Paar Wismuth und Antimon unter Anwendung eines Electromagneten erhalten. Eine Spiritusflamme wurde der Löthstelle so nahe gebracht, als es ohne Schmelzung möglich war.

Die Vortheile des angegebenen Apparats bestehen darin, dass eine Glasröhre leichter rein bleibt, als ein anderes Gefäss, dass das Quecksilber hier zwei getrennte Oberflächen darbietet, wodurch die Verunreinigung des Quecksilbers durch den andern Drath, die eigentliche Oberfläche, an der der Funken entsteht, nicht trifft, und endlich darin, dass im Moment, wo der Funke entsteht, die Schliessung durch die ganze Quecksilbermasse bewirkt wird, während dieselbe, wenn beide Drähte in ein gewöhnliches Gefäss tauchen, in diesem Moment bloss längs der Oberfläche geschieht. Wie ich sehe, hat übrigens Linari schon eine solche Vorrichtung angewandt.

Ueber unsere Becquerel'sche Kette ist noch hinzuzufügen, dass sie nach acht Tagen vollkommen wirksam war; sie schleuderte die

Galvanometernadel (eine doppelte) im Kreise herum, lieferte Sauerstoffgas; allein eine vergleichende Bestimmung über ihre anfängliche und nunmehrige Intensität wurde dadurch verhindert, dass durch ein Versehen der innere Cylinder etwas aus dem Thon gehoben, und dadurch eine ungestörte Vermischung beider Flüssigkeiten unter starkem Aufbrausen und Ueberfliessen bewirkt wurde, welches die Kette auseinander zu nehmen zwang. Sie ist übrigens allen denen zu empfehlen, welche eines constanten Stromes zu messenden Versuchen bedürfen. Während 24 Stunden stand die einfache Nadel unabänderlich um 12° abgelenkt, am dritten Tage, so oft sie beobachtet worden, eben so unabänderlich auf 11°. Die Gasmenge, welche in einer bestimmten Zeit zu erhalten war, zeigte sich viel weniger constant.

Nachdem nunmehr die Existenz eines gewöhnlich galvanischen Stromes bei der gegenseitigen Einwirkung von Säure und Alkali nachgewiesen, so entsteht die Frage, wie das Entstehen desselben zu erklären sei? Nach der Contacttheorie ist der Strom in der Ordnung, und es giebt hier nichts zu erklären. Im ersten Bande des Repert. habe ich einen Versuch mittelst Zink und Kupfer mitgetheilt, der zufolge dieser Theorie ganz dasselbe beweiset, als die Becquerel'sche Kette. Pfaff will die Wirksamkeit der Letztern durch den Contact des Platins mit den verschiedenen Flüssigkeiten erklären; diese Art, die Contacttheorie unserm Fall anzupassen, ist jedoch dem Obigen nach nicht zulässig, und sonach bliebe allein die Berührung von Säure und Alkali und die Electricität, welche dabei frei wird, das Bedingende — falls man es überhaupt bei Volta's Ansicht bewenden lassen will. Inzwischen kann man es nicht verhehlen, dass die Contacttheorie nach den neuern Endeckungen, und namentlich nach der grossen Faraday'schen, in Bezug auf die Abhängigkeit der Menge zersetzter Substanzen von ihren Aequivalenten, dem jetzigen Zustand wohl nicht mehr entspricht. Eben so wenig scheinen das die sogenannten Oxydationstheorien, in sofern auch nach diesen Alles von der Electricität bedingt werden soll. Dies mag mich entschuldigen, wenn ich in diese electrischen Theorieen hier nicht weiter eingehe, und lieber nachzuweisen versuche, welche Modificationen durch die mitgetheilten Thatsachen in der Ansicht Faraday's über den galvanischen Prozess nöthig gemacht werden.

Nach Faraday ist eine blosse chemische Verbindung zur Hervorbringung eines Stromes nicht ausreichend; es ist nothwendig, dass einer der sich verbindenden Korper aus einer Verbindung scheide, wie z. B. der Sauerstoff aus dem Wasser bei der gewöhnlichen Z K Kette. Dieser Gelehrte hat es sich angelegen sein lassen, zu beweisen, dass eine blosse Verbindung keinen Strom hervorbringe. Man könnte versuchen, auch bei der Becquerel'schen Kette eine solche Trennung nachzuweisen; Säure und Alkali trennen sich vom Wasser, indem sie sich verbinden. Nun ist bereits im vorigen Bande dieses Werkes angeführt worden [1]), dass es scheine, Wasser sei ein Anion (negativ electrischer Körper) gegen Alkalien, und eine Kation (positiv electrischer) gegen Säuren, obgleich die Versuche darüber nicht ganz entscheidend waren. Nimmt man sie jedoch einen Augenblick dafür an, so kann der Strom bei der Vereinigung von Säure und Alkali durch diese Trennung vom Wasser entstehen, und dies war auch die erste Ansicht, die ich mir über die Wirksamkeit dieser Ketten bildete. Allein sie ist nicht richtig; sie wird zum Theil schon durch die oben mitgetheilten Versuche widerlegt, dass Säuren und Alkalien mit reinem Wasser einen Strom geben. Würde diese Art den Strom zu erklären auch hier geltend gemacht, dann müsste man annehmen, dass während die verdünnte Schwefelsäure sich durch den Thon hindurch mit dem Wasser verbindet, die Säure sich aus dem Wasser, mit dem sie bereits verbunden, lossreisse, um sich mit dem Wasser im andern Gefässe jenseits der Thonschicht zu verbinden. Und dies wäre doch etwas unwahrscheinlich.

Inzwischen wenn man eine so gewichtige Theorie, wie die Faraday's, nicht gleich wegen irgend einer Unwahrscheinlichkeit aufgiebt, so wäre diese Erklärung noch beizubehalten gewesen, wenn ich nicht Versuche anführen könnte, die ich mit Dulk angestellt, welche sie ganz unmöglich machen und überhaupt der Sache eine andere Wendung zu geben scheinen. Wir versuchten nemlich, ob es nicht möglich sei, bei der Vereinigung völlig wasserfreier Substanzen, einen Strom zu erhalten. In die Schenkel einer V förmigen Glasröhre wurde Bleioxyd und Wismuthoxyd geschüttet, und ein Platindraht in jede Substanz gebracht; die Platindrähte waren mit dem Galvanometer in Verbindung. Als jedoch eine starke Spiritusflamme mit doppeltem Luftzug angewandt wurde, kam das Wismuthoxyd nicht in Fluss und es bildete sich auch kein Strom.

Hierauf wurde Bleioxyd und Antimonoxyd unter denselben Umständen und mit frischen Platindrähten versucht. Als beide Kör-

[1]) Repert. Bd. I, pag. 243.

per in Fluss kamen, verbanden sie sich, die Galvanometernadel wurde etwa um 30° abgelenkt und stand bei 20° fest; Antimonoxyd vertrat die Stelle der Säure. Die beiden Platindrähte wurden hierauf in ein viel Schwefelsäure enthaltendes Wasser gestellt, gaben aber für sich kaum eine Ablenkung.

Eben so wurde mit Chlorblei und Chlorkalium verfahren; die Nadel wurde um 16° abgelenkt, und Chlorblei vertrat die Stelle der Säure.

Ferner gaben einen Strom:
Chlorquecksilber (Sublimat) u. Chlorkalium, d. Ablenk. betrug 48°,
Chlorsilber und Chlorkalium, - - - - - - 44°.

In den beiden letzten Fällen vertraten Quecksilberchlorid und Chlorsilber die Stelle der Säure, Chlorkalium die Stelle des Aetzkali, wenn man diese Art Ketten mit der Becquerel'schen parallelisirt. In allen diesen Körpern war kein Wasser vorhanden, und somit ergeben sie den merkwürdigen Satz:

> Wenn zwei Körper sich chemisch verbinden, so entsteht ein Strom, vorausgesetzt, dass den Bedingungen der Leitungsfähigkeit genügt sei. Eine Trennung ist zur Hervorbringung eines Stromes nicht nöthig.

Schon zu Anfang des Galvanismus liessen einige den Strom der gewöhnlichen galvanischen Batterie aus der Verbindung des Sauerstoffs mit dem Zink entstehen; auch jetzt ist das die Ansicht Becquerel's und De la Rive's. Allein da in allen frühern und bisherigen Versuchen Wasser oder wasserhaltige Substanzen angewandt worden sind, so war ausser der Verbindung zweier Stoffe auch immer eine Trennung vorhanden, und es war daher eine blosse Vermuthung, wenn der Strom auf Rechnung der Verbindung gesetzt wurde. So wenig bewiesen war diese Vermuthung, dass Faraday sie sogar gänzlich verwarf und die entgegengesetzte Behauptung aufstellte. Die so eben mitgetheilten Versuche sind daher die ersten, die einen Strom bei der blossen Verbindung zweier Körper nachweisen.

Aus dem Vorhergehenden folgt noch nebenbei, dass die gebildeten binären Verbindungen Leiter des Stromes sind, wenn sie durch Hitze flüssig gemacht worden, und sie sind daher den von Faraday entdeckten Körpern noch hinzuzufügen.

Inzwischen war zu untersuchen, ob diese Art von Versuchen nicht auf andere Weise anzustellen wäre, durch Anwendung bloss einfacher Körper. Dergleichen Versuche sind schwer; denn unter den einfachen Körpern, welche bei der gewöhnlichen Temperatur ihren Verwandschaften folgen und Verbindungen eingehen, ist der grösseste Theil ohne Leitungsfähigkeit. Faraday, welcher beweisen wollte, dass eine blosse Verbindung keinen Strom bewirke, sah sich daher genöthigt, fliessendes Zinn anzuwenden, welches sich bekanntlich mit Platin verbindet. Er erhielt während der Vereinigung keinen galvanischen Strom, allein der Versuch war auch unter zu ungünstigen Umständen angestellt, als dass ein solcher klar hätte hervortreten können. Faraday giebt an, wie es auch natürlich ist, dass ein starker thermomagnetischer Strom entstand, als er zwei Platindrähte in Zinn setzte und die eine Verbindungsstelle stark erhitzte. Dadurch aber kam die Nadel in eine zu unvortheilhafte Stellung gegen die Drathwindungen des Multiplicators, und als nun das Zinn floss und sich mit dem Platin verband, konnte der eintretende galvanische Strom sich nicht zeigen, wurde auch vielleicht durch die unvermeidlichen Schwankungen der Temperatur und die dadurch bewirkten Veränderungen in der Intensität des Thermostromes verdeckt. Viel Gewicht und Aufmerksamkeit scheint übrigens Faraday auf diese Art Versuche nicht gelegt zu haben; er war zu sehr überzeugt, dass kein Strom bei der blossen Vereinigung zweier Substanzen entstehen konne.

Es ist mir jedoch gelungen, den Strom bei der Vereinigung zweier einfachen Körper auf eine entscheidende Weise darzuthun. In ziemlich reines Quecksilber wurde ein Platinplättchen getaucht, welches mit dem einen Ende des Galvanometerdrahtes in leitender Verbindung stand; mit dem andern Ende war eine blank gefeilte Zinkplatte verbunden. Wurde nunmehr die Zinkplatte ins Quecksilber getaucht, so entstand in der That ein Strom, aber naturlich ein sehr schwacher, herrührend von der Vereinigung des Quecksilbers mit dem Zink. Das Quecksilber vertrat die Stelle des Kupfers der gewöhnlichen galvanischen Kette. Durch a tempo Oeffnen und Schliessen des Bogens konnte die Bewegung der Nadel verstärkt werden. Um vor thermomagnetischen Strömen sicher zu sein, wurden die Metalle lange genug in derselben Temperatur gelassen, und keines von ihnen mit der Hand berührt. Ferner wurde bald die eine, bald die andere Platte zuerst eingetaucht, auch das Quecksilber erst später zugegossen. Dies brachte keine Veränderung in der Ablenkung der Nadel hervor, welche in der Regel anfangs nur 1° betrug. Wurde eine Kupferplatte statt der Zinkplatte eingetaucht, so zeigte sich nichts; selbst nicht, als sie mit Schwefelsäure befeuchtet worden, wodurch das Quecksilber daran haftete. Im letztern Falle mag wohl ein galvanischer Strom durch die Kette aus Kupfer, Säure and Quecksilber bewirkt worden sein, der aber dann sich in sich selbst entladen hat, weil er am Galvanometer nicht erschien. Wurde ein blank gefeilter Zinkcylinder angewandt, so stieg die erste Ablenkung der Nadel bis auf $2\frac{1}{2}$ Grad. Aehnliches zeigten Legirungen von Zink, Zinn und Blei. Hier hat man also die einfachste Art von Kette, eine Kette, die bloss aus sogenannten Leitern erster Klasse besteht, ohne Anwendung von Wärme noch einer andern Kraft.

Nachdem diese Versuche oft wiederholt waren, fand sich das Zink stark amalgamirt und das Quecksilber sehr verunreinigt. Hier zeigte sich kein deutlicher Strom mehr. Wurde das Eintauchen fortgesetzt, und das Quecksilber immer mehr mit Zink verunreinigt, so dass es keine runde Tropfen mehr bildete, so entstand ein dem früherenentgegengesetzter Strom, indem jetzt das Queksilber positiv war, das eingetauchte Zink negativ. Diese Versuche sind mir nie misslungen, erfordern jedoch einen empfindlichen Galvanometer.

Da hier ein Strom schon bei der Vereinigung von Zink und Quecksilber stattfand, so ist der Satz, dass jede chemische Verbindung einen galvanischen Strom veranlasse, hinlänglich erwiesen; der Satz ist allgemein und gilt selbst für so schwache chemische Prozesse als die Amalgamation. Nur findet er durch den Mangel an Leitungsfähigkeit, woran so viele Körper leiden, seine Beschränkung. Dieser Mangel an Leitung scheint jedoch nur relativ zu sein: einmal mit Bezug auf die galvanischen Ströme, welche wir anwenden und die zu schwach sind; dann aber mit Bezug auf unsere Galvanometer, die wohl noch sehr roh und unvollkommen sein mögen. Absolut könnte dieser Mangel erscheinen und wäre dann sehr merkwürdig, wenn es mit Faraday's Satze seine Richtigkeit hätte, dass ausser den Metallen, Kohle u. s. w. nur die electrolytischen Substanzen leiten, d. h. nur solche, die primär durch den galvanischen Strom zersetzbar sind. Träfe dieser Satz zu, dann würde ein unmittelbarer Zusammenhang zwischen Leitungsfähigkeit und Zersetzbarkeit stattfinden, und man wäre in Folge dessen genöthigt, den meisten Körpern die Leitungsfähigkeit abzusprechen, insofern sie nicht zersetzbar sind. Da trotz dem viele dieser Körper starke chemische Verbindungen eingehen, so würde daraus folgen, dass es chemische Vereinigungen gäbe, welche nicht von einem galvanischen Strome begleitet sind. Inzwischen hat Faraday selbst seinen Satz modifizirt, indem er gefunden, dass die Electrolyten einen schwachen Strom ohne Zersetzung leiten, so dass also beides, Leitung und Zersetzung, nicht nothwendig zusammen gehört. Ausserdem hat er, wie Davy, gefunden, dass, wenn gewisse Körper im starren Zustand nicht leiten, dies nur für schwache Ströme der Fall sei, dass sie aber leiten, wenn der Strom stark ist. Und endlich lehren die Erscheinungen der Abnahme der Amplituden einer Magnetnadel, dass unsere Galvanometer in der That unempfindliche Instrumente sind, und dass vielen Körpern ein Leitungsvermögen zustehe, denen es die Galvanometer absprechen. Ja nach den schönen Beobachtungen des Snow Harris über diese Abnahme der Amplituden (siehe im Folgenden) wird man die Intensität berechnen können, welche man einem Strom zu geben hat, damit er im Stande sei, eine gegebene Schicht Glas, Holz u. s. w., die ihm entgegengestellt wird, zu überwinden, und falls man über eine solche Intensität disponiren kann, den so unterbrochenen Strom selbst am Galvanometer nachzuweisen.

Ist dies der Fall, sind alle Körper mit Leitungsfähigkeit für den galvanischen Strom begabt, nur, wie für die Wärme, in verschiedenem Grade, so kann man nach den obigen Erfahrungen ohne zu grosse Kühnheit behaupten, dass, wo zwei Körper sich verbinden, ein Strom vorhanden sei, der für gewöhnlich sich zwischen ihnen entladet, wie wenn man Zink in verdünnte Schwefelsäure taucht, der aber einer Bahn folgt, die ihm geöffnet wird und dann nachweisbar ist. So ist es bei der Vereinigung von Säuren und Alkalien; der Strom wird dann, wenn man Salpetersäure anwendet, stark genug, das Wasser zu zersetzen, hauptsächlich wohl deshalb, weil der Wasserstoff geneigt ist, mit dieser Säure secundäre Prozesse einzugehen, wodurch die Zersetzung erleichtert wird. Aber ganz ungewöhnlich ist es, soviel ich einzusehen vermag, bei dem jetzigen Standpunkte der Sache anzugeben, in welcher Beziehung der galvanische und chemische Prozess stehe, und welcher von beiden den andern hervorrufe.

Man kann bis jetzt nur sagen, sie fallen beide zusammen, und wenn die Chemie für ihre Prozesse einen Grund verlangt, und ihn in dem galvanischen Strome findet, dann würde umgekehrt die Physik einen Grund für den galvanischen Strom fordern und ihn in dem chemischen Prozess suchen.

Es leuchtet ein, dass die in diesem Abschnitt mitgetheilten Thatsachen auf unsere Ansicht über das, was innerhalb der Zellen eines gewöhnlichen galvanischen Prozesses vorgeht, von Einfluss sein müssen. Dort findet ein doppelter chemischer Prozess statt, eine Trennung und Verbindung. Faraday sah den erstern als den bedingenden an, und dies schien in so fern richtig, als die chemische Wirksamkeit der Säule ebenfalls darin besteht, Körper zu trennen. So wie dann die Zersetzung des Wassers zwischen den erregenden Platten die Ursache des Stromes ist, so würde derselbe zwischen den Electroden eine gleiche Zersetzung, sei es von Wasser oder andern Substanzen und zwar in aequivalenten Mengen, bewirken. Diese Homogenität zwischen Ursache und Wirkung ist in der That sehr anlockend, allein sie ist doch nicht richtig. Schon von einer Seite her wird sie etwas getrübt, durch die erwärmende Kraft nemlich, welche jeder Strom besitzt. Obgleich diese Erwärmung für jetzt noch sehr räthselhaft ist, und daher in keinen grossen Betracht kommen kann, so muss es doch auffallen, dass ein Strom so starke Temperaturerhöhungen bewirke, während er selbst einer Trennung von Sauerstoff und Wasserstoff sein Enstehen verdankt, wobei eher von Kälte als von Wärme die Rede sein kann. Hier ist also schon zwischen Ursache und Wirkung nichts homogenes mehr.

Nachdem jedoch im Obigen bewiesen worden ist, dass jede chemische Verbindung von einem Strom begleitet sei, so leidet es wohl keinen Zweifel, dass der Strom in den Zellen nicht mit der Zersetzung des Wassers, sondern mit der Vereinigung des Sauerstoffs und Zinks zusammenfalle. Dass Sauerstoff aus einer Verbindung dabei tritt, scheint den Strom bloss zu verstärken, aus Ursachen, die im ersten Bande des Repertor. pag. 237 angegeben, aber mit seiner Erzeugung nicht zusammen zu gehoren. Und so gelangen wir wieder zu der alten Ansicht über den galvanischen Prozess, welche von Volta, Humphry Davy, und zuletzt noch von Faraday bekämpft, doch für den jetzigen Standpunkt die einzig richtige sein wird.

6. Erzeugung eines magneto-electrischen Stromes durch einen magneto-electrischen.

Repertor. Bd. I, pag. 292.

Am angeführten Orte habe ich angegeben, es sei mir nicht gelungen, durch einen induzirten Strom einen andern induzirten zu erlangen, dass jedoch über die Möglichkeit einer solchen Erregung kein

Zweifel sein könne. Der Versuch gelang mir seitdem in der That, und das Resultat desselben ist eine sehr eigenthümliche Erscheinung, eine Bewegung der Magnetnadel, welche mit dem momentanen Zucken des Frosches grosse Aehnlichkeit hat. Zu den Versuchen wurden electromagnetische Hufeisen genommen, von denen das eine etwa 150, das andere einige hundert Pfunde zu tragen vermochte. Auf einem cylinderischen eisernen Anker wurde eine Kupferspirale (63 F. lang) geschoben, und ihre Enden mit einer zweiten Kupferspirale geschlossen. Diese zweite Spirale war aus zwei Stücken (a und b) 32 F. langen und 1,5''' dicken Kupferdrath gewunden, die wohl von einander isolirt waren. Der eine Schraubendrath (a) communizirte mit der ersten Spirale auf dem Anker, der zweite (b) mit einem Galvanometer. Wurde das Hufeisen magnetisch gemacht 'und der Anker daran gelegt, so entstand ein so starker magneto-electrischer Strom, dass eine gewöhnliche Boussolennadel, um welche Kupferdraht in dreifacher Windung lag, im Kreise herumgeworfen wurde. Dieser Strom fand in dem Drahte (a) statt, und musste also in dem neben ihm liegenden Drahte (b) einen Strom bewirken, den die Doppelnadel des Galvanometers anzuzeigen hatte. An dieser fand nun folgende interessante Erscheinung statt. Sie erhielt anscheinend einen kräftigen Stoss, durch welchen sie gewiss sehr weit abgelenkt worden wäre; sie ging jedoch nur $\frac{1}{2}$ bis $\frac{3}{4}$ Grad vorwärts, stand hierauf einen Augenblick still und kehrte dann in ihre Ruhelinie zurück. Beim Abziehen des Ankers, welches ein Gehülfe mittelst eines Hebels bewirkte, fand dasselbe, nur in umgekehrter Richtung statt. Diese Art von Erscheinung wäre eigentlich vorher zu sehen gewesen. Denn da der Strom im Drathe (a) nur einen Moment dauert und dann verschwindet, so wird durch den Eintritt des Stromes ein solcher im Drathe (b) erzeugt, und durch das Verschwinden desselben ein entgegengesetzter. Dieser letztere Drath leitet also zwei entgegengesetzte Ströme, die nur einen Zeitmoment von einander entfernt sind. Daher die Bewegung der Nadel und ihr plötzliches Stillstehen. Es schien, dass man der Doppelnadel hier entbehren könne, und dass eine einfache Nadel mit starker Richtkraft ganz dasselbe zeigen müsse, und so war es auch. Diese letztere, welche eine Schwingung in $2\frac{3}{4}$ Secunden machte, während die Doppelnadel dazu 58 Secunden brauchte, wurde ebenfalls und noch nicht einen Grad kräftig fortgestossen, stand dann still und ging zurück.

Um gewiss zu sein, dass diese kleinen Bewegungen nicht etwa

durch den sehr entfernt stehenden Electromagneten selbst bewirkt wurden, war ein Commutator in den Galvanometerdrath eingeschaltet worden, so dass man beim Anlegen des Ankers die Nadel bald nach der einen bald nach der andern Seite sich bewegen sehen konnte. Statt des Ankers wurde auch zuweilen der andere Schenkel des Hufeisens angewandt, und sein umliegender Drath mit der Spirale (a) verbunden; die Wirkung war dieselbe, nur schwächer. Stärker fiel sie aus, wenn in die zweite Kupferspirale ein Eisenkern gesteckt wurde. Der magneto-electrische Strom magnetisirte dieses Eisen beträchtlich; im Wesentlichen blieb jedoch die Bewegung der Nadel dieselbe, nur wie gesagt, schien der Stoss noch kräftiger zu sein.

c. Ueber die Gesetze bei der Wechselwirkung eines Magneten und einer Kupferscheibe.

Repertor. Bd. I, pag. 292.

Ueber diesen Gegenstand ist eine Abhandlung von William Snow Harris erschienen [1]), die, ungeachtet ihrer Wichtigkeit, doch nicht weiter bekannt worden ist. Wichtig ist sie deshalb, weil Harris hierin zum ersten Male einen Ausdruck giebt, um aus der beobachteten Anzahl von Schwingungen einer Magnetnadel vor einer Scheibe aus irgend welcher Substanz, die Kraft zu berechnen, mit welcher die Scheibe wirkt. Wegen dieses Ausdrucks habe ich einige Versuche angestellt, die ihn in der Art bestätigen, dass vorauszusetzen ist, er stelle entweder den vollen Werth, oder doch das bei weitem bedeutendste Glied dieser Wirkung dar. Wie wünschenswerth ein solcher Ausdruck sei, ergiebt sich daraus, dass die Abnahme der Amplituden das ungleich feinste Mittel ist, die Erregbarkeit der Ströme selbst in Holz, Glas u. s. w. zu entdecken, wo man sie bis jetzt noch auf keine andere Art hat nachweisen können; dass ferner nach den Untersuchungen von Faraday und Lenz die Erregbarkeit in den verschiedensten Substanzen sogar gleich sei, und die Intensität des beobachteten Stromes daher bloss abhänge von der verschiedenen Leitungsfähigkeit, so dass also, wenn man z. B. eine Holzscheibe mit einer ganz gleichen aus Kupfer in ihrer Wirkung auf die Abnahme der Amplituden beobachtet, man mittelst eines solchen Ausdrucks die Leitungsfähigkeit beider Substanzen vergleichen kann, welches unsern Kenntnissen eine grosse Bereicherung liefern wird.

---

[1]) Ph. trans. London for 1831 Part. I.

Harris stellte seine Versuche unter dem Recipienten einer Luftpumpe an, worin die Luft eine Spannkraft von 0,4″ bis 0,5″ hatte. Auch bei dieser Verdünnung fanden noch Luftströmungen statt, wenn Kupfer rotirte und eine Magnetnadel ablenkte (dies ward dadurch ermittelt, dass statt einer Magnetnadel Nadeln von unmagnetischen Substanzen genommen wurden). Vor diesen Strömungen sicherte er sich jedoch durch Schirme von Glas oder geöltem Papier. Seine ersten Versuche bezogen sich auf die Abhängigkeit des Ablenkungswinkels der Nadel zur Geschwindigkeit des rotirenden Kupfers. Das letztere bestand aus einem ebenen, sehr dünnen Ringe, von 5″ äusserem und 3″ innerem Durchmesser, und eine Dicke von nur 0,05″. Die angewandte Magnetnadel scheint 3 Zoll lang gewesen zu sein, so dass sie in dem Ringe sich bewegen konnte. Wegen des übrigen grossen Details über die Art, wie die Versuche angestellt, verweisen wir auf das Original.

Betrug die Geschwindigkeit des Ringes in einer Minute 357 Umdrehungen, so wurde die Nadel abgelenkt 24°; betrug sie aber 714 so wurde die Nadel abgelenkt 56°.

Hieraus schliesst Harris, dass der Sinus der Ablenkungswinkel den Geschwindigkeiten proportional ist, $\left(\frac{\text{Sin. } 56}{\text{Sin. } 24} = 2,038\right)$.

Hierauf suchte er die Abnahme der Wirkung mit der Entfernung zu ermitteln. Die an einem Faden bewegliche Magnetnadel wurde zu dem Ende mit dem Ring in Berührung gebracht, und dann mittelst einer Mikrometerschraube zu verschiedener Höhe gehoben; die Anzahl der Umgänge der Schraube bestimmen die Höhe.

Höhe der Nadel in Schraubengängen	Geschwindigkeit 178,5 Umdrehg.	Geschwindigkeit 357 Umdrehungen.	Geschwindigkeit 714 Umdrehungen.
4	Ablenk. 18°	Ablenk. 38°	—
5	12°	24	Ablenk. 56°
6	—	16	—
8	4°,5	9	—
10	3°	6	12°

Nimmt man hiervon die beiden Beobachtungen bei einer und derselben Geschwindigkeit: 4 Schraubengänge 38° Ablenkung.
8 - - 9° -
so sieht man, dass die Sinusse der Ablenkungswinkel, durch welche die Kraft gemessen wird, sich umgekehrt wie die Quadrate der Entfernung verhalten, $\left(\frac{\text{Sin. } 38}{\text{Sin. } 9} = 3,936\right)$. Der Kupferring ist desshalb

so dünn genommen worden, um bei der Bestimmung der Entfernung seine Dicke übersehen zu können.

Um die Abnahme der Amplituden zu beobachten, liess Harris eine Magnetnadel in cylinderischen Ringen aus verschiedenen Substanzen schwingen. Diese Ringe, welche 1 Zoll hoch waren, von einem solchen Durchmesser, dass jeder Pol der Nadel $\frac{1}{40}$ Zoll von dem Ring abstand und welche verschiedentliche Dicke besassen, wurden wahrscheinlich desshalb gewählt, weil ein kleiner Fehler beim Aufstellen eines solchen gegen die Nadel von keinem erheblichen Einflusse ist; während nemlich die eine Hälfte der Nadel dem Ringe näher ist, ist die andere entfernter, vorausgesetzt, dass ein Durchmesser des Ringes in dem Meridian der Nadel liegt.

Zahl der Oscillationen von 45° bis 10° in Ringen aus verschiedener Substanz, im Rezipienten beobachtet.

Substanz des Ringes		entsprechende Kraft
frei, in der Luft	232	—
frei, im Rezipienten	420	0
Mahagoni	308	0,36
Marmor	306	0,37
Sandstein	308	0,36
gekühltes Glas ($\frac{1}{18}$ Zoll dick)	310	0,35
destillirtes Wasser bei 20° F.	330	0,27

Die Zahl der Substanzen in ihrem Einflusse auf die Abnahme der Amplituden, ist nach folgender einfacher Formel berechnet. Es bezeiche N die Zahl der Oscillationen der freien Nadel (hier 420), n die Zahl derselben, wenn sie vor irgend einer Substanz schwingt, so ist die Kraft dieser Substanz $= C\left(\frac{N}{n} - 1\right)$. C ist eine Constante, abhängig von der angewandten Nadel, nach Harris die retardirende Kraft, mit welcher die Nadel in Ruhe zu bleiben strebt, wenn sie sich selbst überlassen. Das heisst wahrscheinlich, C ist gleich dem Product der Erdkraft in die Summe der magnetischen Momente. Hier und im Verlauf der Untersuchungen von Harris genügt es zu wissen, dass C von der angewandten Substanz, vor welcher die Schwingungen ausgeführt werden, unabhängig ist; die eigentliche Bedeutung dieser Grösse hat er durch keinen Versuch ermittelt.

Harris giebt an, dass Holzarten von verschiedenem Gewicht sich alle wie das Mahagoniholz verhielten und genau dieselbe Kraft ergaben. Schwefelsäure und eine Auflösung von schwefelsaurem Eisen schienen keine Verminderung der Schwingungszahl zu bewirken.

Die für das Mahagoniholz und den Marmor angegebenen Kräfte beziehen sich auf Ringe, deren Dicke $\frac{1}{3}$ Zoll betrug; waren sie stärker, $1\frac{3}{4}$ Zoll dick, so brachte das erstere die Zahl der Schwingungen auf 280, der zweite auf 265 herab, welchen die Kräfte 0,50 und 0,59 entsprechen.

Harris nahm nun zwölf concentrische Ringe von Kupfer, dem Holz ganz ähnlich, wovon aber jeder 0,025″ dick war. Sie waren so gearbeitet, dass, wenn man sie in einander setzte, sie sehr gut schlossen (they fitted very fair and close one within the other).

Folgende Tafel giebt die Wirkung jedes einzelnen Ringes:

Ring.	Anzahl v Schw.	Kraft.	berechnete Kraft
No. 1	44	8,54	—
„ 2	76	4,52	4,5
„ 3	94	3,45	3,05
„ 4	124	2,38	2,19
„ 5	148	1,83	1,65
„ 6	166	1,53	1,28
„ 7	186	1,25	1,04
„ 8	210	1,00	0,84

Die erste Columne „Kraft“ ist nach der obigen Formel berechnet, die zweite nach der Voraussetzung, dass die Kraft direct proportional sei der Masse, und umgekehrt sich verhalte, wie das Quadrat der Entfernung. Unter Entfernung versteht Harris diejenige zwischen dem Ringe und dem Pol der schwingenden Nadel, weil daselbst die grössere magnetische Kraft residirt, und weil, wie er angiebt, die übrigen magnetischen Theilchen durch die Stahlmasse der Nadel hindurch induzirend wirken müssten, welches der Stahl nicht erlaubt. Sind die beiden Columnen „Kraft“ einander gleich, so folgt, dass für eine bestimmte Substanz die Kräfte sich verhalten müssten, wie ihre Dichte, weil sie den Massen proportional sind, und obgleich verschiedentlich schwere Hölzer diess nicht bestätigt haben, so giebt doch Harris an, dass ein spezifisch schwereres Kupfer in der That eine grössere Kraft habe finden lassen. Er liess jetzt mehrere Ringe zusammen wirken; auch hier kann man die entsprechende Kraft auf zwei verschiedene Weisen berechnen, einmal nach der obigen Formel, und dann, indem man die für die einzelnen Ringe bereits angegebenen Kräfte addirt. Liefern beide Rechnungen dasselbe Resultat, wie man im Folgenden sieht, so folgt daraus, dass die induzirende Kraft der Magnetnadel frei durch Kupfer hindurch wirkt.

Anzahl der angewandten Ringe	Zahl der Schwingungen	Kraft nach der Formel	Summe d. Kräfte d. einzeln. Ringe
1	44	8,54	8,54
2	30	13,	13,06
3	24	16,5	16,51
4	21	19,	18,89
5	19	21,	20,72
6	17	23,	22,25
7	16	24,	23,50
8	16	25,	24,50

Diese letztern Beobachtungen enthalten eigentlich den einzigen Beweis, den Harris für seinen Ausdruck $\left(\frac{N}{n}-1\right)$ gegeben hat; da aber durch dieselben zugleich bewiesen werden soll, dass die induzirende Kraft frei durch Kupfer hindurch wirkt, so ist der Beweis nicht streng. Bei der Wichtigkeit dieses Ausdrucks habe ich versucht, eine Methode zu ersinnen, mittelst welcher nicht allein dieser, sondern jeder andere Ausdruck, den man aufstellen mag, scharf geprüft werden könnte, und dies ist mir auf folgende Weise gelungen. Es wurden vier ziemlich gleich grosse Kupferscheiben genommen; sie waren quadratisch, 1,9″ lang und wogen $4\frac{1}{2}$ bis $4\frac{3}{4}$ Loth; auf einem Gestell befestigt, konnten sie vertical vor die Nadel gebracht werden. Es wurde nun zuerst die Zahl der Schwingungen der freien Nadel beobachtet, hierauf die Scheibe No. 1 davor gestellt, und dieselbe Zahl beobachtet; dann wurde die Scheibe No. 2 daneben, oder vor den andern Pol gebracht, und die Schwingungszahl unter dem Einfluss der beiden Scheiben zusammen bestimmt. Endlich wurde No. 1 entfernt, und die Wirkung der Scheibe 2 allein ermittelt. Auf diese Weise wurden zwei einzelne Wirkungen und ihre Summe erhalten, und die richtige Berechnung dieser Wirkungen musste eine Gleichheit zwischen beiden ergeben. Die Versuche konnten auf mannichfache Weise abgeändert werden, indem bald 2 Platten, bald 3, 4 angewandt, entweder vertical oder horizontal unter der Nadel liegend; ihre Lage ist gleichgültig; nur wurde dafür Sorge getragen, dass sie sich nie berührten. Der Vortheil dieser Methode besteht darin, dass es auf die Scheibe, auf die Kenntniss ihrer Entfernung von der Nadel gar nicht ankommt, und dass das Verfahren innerhalb der Gränzen sicher ist, innerhalb welcher man die Zahl der Schwingungen von einer Amplitude zur andern bestimmen kann. Ein mit einem Spiegel versehenen Magnetstab habe ich zu den Versuchen, aus Mangel eines Chronometers nicht anwenden können, und ich kann daher über die Brauchbarkeit dieser grösseren Stäbe zu solcher Art von Versuchen nicht entscheiden. Mein Verfahren war folgendes: Auf eine Magnetnadel wurde ein kleines Stück Papier befestigt, um einen scharfen Rand zu erhalten; über der Nadel befand sich ein um 45 Grad geneigter Spiegel, in welchem sie mittelst eines Fernrohrs betrachtet wurde. In dem Fernrohre befanden sich vier verticale Spinnenfäden, die Nadel schwang nach und nach von dem einen zum andern, und es wurde die Zahl der Schwingungen beobachtet, welche sie dazu brauchte. Hier einige von den Beobachtungen.

Versuch I, Scheiben vertical stehend.

Kupferscheiben	Schwingungen		Kraft			
	v. 1ten z. 2ten	v. 2. z. 3. Fad.	v. 1ten z. 3ten	1ten zum 2ten	2. z. 3. Faden	
keine	98	158				
No. 2.	78	112	0,347	0,411	0,256	(a)
No. 2 u. 1.	44	60	1,462	1,633	1,227	(c)
No. 1.	51	75	1,032	1,107	0,922	(b)

Versuch II, wie der vorhergehende.

keine	98	156				
No. 1. u. 2.	48	68	1,190	1,294	1,042	(a)
No. 1, 2, 3, 4.	28	35	3,032	3,457	2,500	(c)
No. 3. u. 4.	38	48	1,953	2,250	1,579	(b)

Versuch III, Fernrohr anders gestellt.

Kupferscheibe	Schwingungen			Kraft					
	V 1. z. 2.	v. 2. z. 3.	v. 3. z. 4.	V. 1. z 4.	v. 1. z. 2.	v. 1. z. 3.	v 2. z. 3.	v 3. z 4.	
keine	36	59	63						
No. 3.	22	32	30	0,881	0,636	0,759	0,844	1,100	(a)
N. 3. u. 2	13	18	18	2,224	1,769	2,065	2,278	2,500	(c)
No. 2.	18	26	25	1,290	1,000	1,159	1,269	1,520	(b)

Versuch IV, Kupferscheiben liegen horizontal unter der Nadel.

keine	36	59	63						
No. 2.	11	16	18	2,511	2,272	—	2,631	2,5	(a)
N. 2. u. 3	5	10	10	5,320	6,2	—	5,9	5,3	(c)
No. 3.	8	14	16	3,158	4,5	—	3,214	2,937	(b)

Versuch V, wie der vorige, Fernrohr anders gestellt.

	Schwingungen		Kraft v. 1ten z. 3ten	Kraft v. 1ten z. 2ten	Kraft v 2ten z. 3ten	
keine	84	130				
No. 1. u. 3.	29,5	43	1,952	1,847	2,023	(a)
No. 1, 3. u. 2.	21	30	3,196	3,	3,333	(c)
No. 2.	37	58	1,305	1,270	1,241	(b)

Diese Versuche sind aus einer grösseren Zahl von Beobachtungen genommen. Da sie an verschiedenen Tagen mit sehr verschiedenem Stand des Fernrohrs angestellt, so können sie miteinander nicht verglichen werden; auch standen die Scheiben bei den Versuchen ganz beliebig, näher oder entfernter, je nachdem eine stärkere oder schwächere Wirkung beabsichtigt wurde. Vor Erschütterungen war die Nadel nicht ganz sicher, auch ist die Bestimmung der Zahl der Schwingungen höchstens bis auf eine sicher, eine Unsicherheit, welche, wenn die Zahl derselben gering ist, einen starken Einfluss auf die bezeichnete Kraft ausübt. Die Kraft ist nach der Formel von Harris berechnet, und ist diese Formel richtig, dann muss in den vorhergehenden Werthen überall $a+b=c$ sein. Das trifft so nahe zu, dass die Formel wohl als richtig anzusehen ist, wie man aus folgender Zusammenstellung der Versuche ersicht.

	(a+b)	(c)
Versuch I.	1,379	1,462
	1,518	1,633
	1,178	1,227
Versuch II.	3,143	3,032
	3,544	3,457
	2,621	2,500
Versuch V.	3,257	3,196
	3,117	3,
	3,264	3,333
Vers. III.	2,171	2,224
	1,636	1,769
	1,918	2,065
	2,113	2,278
	2,620	2,5
Vers. IV.	5,669	5,320
	6,772	6,2
	5,845	5,9
	5,437	5,3

Magnetismus.

I. Zur Geschichte der Entdeckungen im Magnetismus.

Der wahre Entdecker der Inclination, des Magnetismus der Lage und der vertheilenden Wirkung des Magneten.

Georg Hartmann war Vicar der St. Sebalduskirche zu Nürnberg, und hat sich viel mit der Verfertigung der damaligen, zur Wissenschaft gehörigen Instrumente, Astrolabien, Horologien u. s. w. beschäftigt. Ueber seine wissenschaftliche Bildung weiss ich nichts anzuführen, aber von seinem Talent zur Beobachtung wird man sogleich ein starkes Beispiel in einem Briefe sehen, in welchem er mit eins drei wahrhaft grosse magnetische Entdeckungen mittheilt. Hartmann stand mit dem Herzog Albrecht von Preussen, einem jener erleuchteten Geister, welcher die Bedeutung der Wissenschaften zu einer Zeit schon erkannte, wo sie noch in der Kindheit waren, und der zu ihrer Erweiterung nicht allein unsere Universität gründete, sondern Gelehrte in allen Fächern und in vielen seiner Herrschaft nicht unterworfenen Ländern unterstützte, seit dem Jahre 1541 in einem Briefwechsel, der sich mitunter auf die politischen Neuigkeiten des Tages erstreckt, grösstentheils aber wissenschaftlichen Inhalts ist. Der Brief, der uns vor allen interessirt, ist derjenige vom 4. März 1544, und enthält die nähere Beschreibung von magnetischen Entdeckungen, welche Hartmann ein Jahr vorher dem König Ferdinand von Böhmen, dem Bruder Karl des Fünften, zu Nürnberg gezeigt hatte. Er befindet sich im Original in dem hiesigen geheimen Archiv, und in der Abschrift, die mir zu nehmen gestattet worden, habe ich bloss die Orthographie geändert; sonst ist sie wörtlich. Sie wird, wie sie hier folgt, die Ueberschrift dieses Artikels vollkommen rechtfertigen.

„Ew. fürstlich Gnaden zeigen an in ihrem Schreiben zu wissen die „Kraft und Tugend des Magneten, so ich konigliche Majestät den letzteren gehaltenen Reichstag zu Nürnberg gewiesen habe, welche Tugend auch von ganzem Herzen Ew. fürstliche Gnaden wollte mittheilen, wo ich nur das im Schriftlichen könnte verfassen. Denn „solche Dinge sind viel leichter zu verständigen, so man solche mit „der Handarbeit anzeiget, denn mit der Schrift. Jedoch will ich das

„Beste verwenden, so mir möglich, solches Ew. fürstliche Gnaden in „Schriften zu weisen.

„Und zum Ersten also: ein jeglicher Magnet hat in ihm diese „Kraft und Tugend, dass er an einem Ort das Eisen zu sich zieht, „und an dem andern Ort gegenüber an dem Magneten, da treibt „und schiebt er das Eisen von sich. Das ist klärlich zu erweisen, „so man nimmt eine Nadel hängend an einem Faden, wenn man den „Magneten dazu hält; und der Ort, welcher die Nadel zu sich zieht, „derselbige ist am Magneten der mittägliche Ort, und wenn man die „Gäbele an dem Züngele in den Compassen damit anstreicht, so lau„fen dieselbigen Zungeln mit dem Gäbele nicht dem Mittag zu, son„dern der Mitternacht zu. Das ist zu verwundern an diesem Ma„gneten. So ich aber die Nadel halte zu dem Magneten an dem „Ort, welcher dem vorigen Ort gerade entgegengesetzt ist, so zieht „der Magnet die Nadel daselbst nicht mehr zu sich, sondern treibt's „und bläst's von sich, und derselbige Ort, der die Nadel also von „sich treibt, derselbige Ort ist der mitternächtliche Theil an dem „Magneten, und wenn man die Gäbele an dem Zungele mit dem„selbigen Ort verstreicht, so laufen die Gäbele nicht gegen die Mit„ternacht, sondern gegen den Mittag. — Noch ist an dem Magnet„stein dieses gross sich zu verwundern, dass die Zungeln damit ver„strichen nicht gerade laufen der Mitternacht zu, sondern wenden sich „ab von der rechten Mittag- oder Mitternachtslinie, und kehren sich „gegen den Aufgang zu; in etlichen Ländern um 6 Grad, wie ich „solches selbst gefunden und gesucht habe, zu der Zeit zu Rom, da „Ew. fürstliche Gnaden Markgraf Gumbrecht und seine fürstliche „Gnaden Bruder bei einander zn Rom waren. Aber hier zu Nürn„berg finde ich, dass solcher Ausschlag ist 10 Grade, und an ande„ren Orten mehr oder minder. Solches wird auch alle Zeit mit einem „schwarzen Striche unter dem Glase in den Compassen angezeigt, „welcher Strich, wie man sieht, allewegens nicht gerade auf die Mit„ternacht zeigt, sondern lenket sich herum gegen den Aufgang.

Zu dem Anderen, so finde ich auch diess an dem Magneten, dass „er sich nicht allein wendet von der Mitternacht und lenket sich „gegen den Aufgang, um 9 Grad mehr oder minder, wie ich es ge„meldet habe; sondern er zeigt auch unter sich. Diess ist also zu „beweisen. Ich mache ein Zungele, ein Finger lang, das nur fleissig „wagerecht oder wasserwagerecht auf einem spitzigen Stift steht, also „dass solches nirgends sich zu der Erde neige, sondern an beiden

„Orten gleich in der Wage stehe. So ich aber der Oerter eins be„streiche, sei gleich, welches Ort sei, so bleibt das Zungele nicht „mehr wagerecht stehen, sondern fällt unter sich etwa um 9 Grad „mehr oder minder. Ursach, warum dies geschicht, habe ich Königl. „Majestät nicht wissen anzuzeigen."

„Zu dem dritten habe ich Königl. Majestät angezeigt zu finden, „welcher Ort an den Magneten sei der Ort gegen die Mitternacht, „und welcher Ort gegen Mittag. Das habe ich Königl. Majestät ge„zeigt. Ich liess mir herbringen eine grosse Schüssel voller Wassers; „nun hatte ich ein feines kleines Schüsselchen, das liess ich inmit„ten auf dem Wasser schwimmen, und legte den Magneten fein ge„mach hinein in das Schüsselchen. Da ich aber nun nicht wusste, „welcher Ort an dem Magneten mitternächtlich war, da kehret sich „das Schüsselchen gerade um auf dem Wasser, und schwimmt also „mit dem Ort, welcher ist mitternächtlich am Stein, bis er kam an „den Port der Schüssel, da das Wasser in war, und so oft ich das „Schüsselchen wieder in die Mitte des Wassers stellte, und kehrte „den Ort, den ich gefunden hatte, gegen die Mitternacht, so blieb „doch also das Schüssele nicht still stehen, sondern wendet sich wie„der um und schwamm gegen die Mitternacht. Da ich aber nun „den Magneten herausnahm und bestrich mit demselbigen Ort (welches immerdar gegen die Mitternacht zueilte und schwamm) das Gä„bele am Zungele, da kehrt sich das Zungele nicht gegen die Mitter„nacht, wie Königl. Majestät vermeinten, sollte thun haben; sondern „kehret sich gegen den Mittag (kann nicht schreiben wie sehr Kö„nigl. Majestät an dieser Probe sich verwunderte.)"

„Zu dem Vierten habe ich vor Königl. Majestät genommen ein „Zungele, ein Finger lang, und gestellt auf einen spitzigen Stift, und „habe mit meinen beiden Händen solches zugedeckt, dass doch die „Hände solches nicht anrührten. Da ist das Zungele für und für „gelaufen und sich bewegt vom Aufgang durch den Mittag bis wie„der im Aufgang, für und für so lange, bis ich die Hände wieder „davon thun habe. Ist auch selten zu sehen. Ich habe ein altes „Pergamentbuch in dem Bauernkriege überkommen, in welchem ich „auch finde die Kraft des Magneten; wie zu machen sei ein Instru„ment durch den Magneten, welches sich für und für bewege in glei„cher Form, Zeit und Weil, wie sich der Himmel beweget; also „dass wie der Himmel sich in 24 Stunden einmal um das Erdreich „sich beweget, dass auch alles dies Instrument mit dem Magneten

„zugerichtet, auch gleicher Maass Zeit und in 24 Stunden sich her-„umbeweg, davon ich nicht viel wollte halten.“

„Da ich nun vor Königl. Majestät mit diesen Proben bestand, „da gab ich Königl. Majestät diese Antwort. Ich habe Ew. Königl. „Majestät zu dem dritten Male diesen Stein wollen schenken, haben „mir Ew. Königl. Majestät allwegen zu Antwort gegeben, Ew. Kö-„nigl. Majestät wolle mich dess, so ich zu meiner Arbeit täglich „muss gebrauchen, nicht berauben, und nun begehren, solchen von „mir zu haben. Also sprach königl. Majestät zu mir lachend; ich „wusste dazumal nicht, dass ihr zwei Magnete hättet, denn allererst „bis ich's jetzt gewahr bin worden. Also schenkte ich königl. Ma-„jestät den Magneten, dagegen mich Ihre Majestät ehrlich begabt „hat, und wieder Brief empfangen von Prag, da königl. Majestät „begehret zu wissen, was ich Weiteres der Zeit hernach gefunden „hätte.“

„Solche Proben alle kann Ew. fürstl. Gnaden auch machen; wo „Ew. fürstl. Gnaden etwa ein gutes Stück Magnet hat, das da gut „ist, alles leichtlich zuwege zu bringen.“

Obgleich aus diesem Briefe klar genug erhellt, dass Hartmann die Inclination, die vertheilende Wirkung des Magneten, und den Magnetismus entdeckt hat, welchen Eisen durch seine Lage annimmt, so behauptet er selbst das im Grunde doch nur von der Inclination ausdrücklich. Allein, wenn man eine bestimmtere Angabe von seiner Seite, namentlich über die Entdeckung der vertheilenden Wirkungen des Magneten wünschen sollte, so findet sie sich in einem seiner früheren Briefe vom Jahre 1543, von denen der angeführte nur die Fortsetzung ist, und in welcher es so lautet:

„Nachdem ich jetzt bei ihm (dem König Ferdinand) gewesen „bin, habe ich angezeigt, dass der Magnet an dem Orte, da er er-„achtet wird, dass er septentrionalis sei, nicht septentrionalis, sondern „meridionalis ist; dawider alle Schiffsleute mich würden strafen, als „wäre ich unrecht, so ich doch königl. Majestät das Widerspiel so „klar angezeigt habe, dass mir alle Welt, so sie meine Probe sieht, „muss recht und gewonnen geben. Darob königl. Majestät so grosses „Verwundern gehabt, und dieses Stück für ein so grosses Secret der „Natur gepriesen hat, dass ich's auch diesmal nicht Alles kann er-„zählen. Habe nicht allein dieses Stück ihrer Majestät angezeigt und „zu erkennen gegeben im Magneten, sondern noch zwei andere ar-

„tige Geheimnisse des Magnets, da ich alle durch mich selbst gesucht und gefunden habe, lustig und artig zu wissen und zu sehen.“

Die Entdeckung, dass Nordmagnetismus südliche Polarität beim Streichen hervorbringe, ist also die seinige, und die beiden anderen Geheimnisse beziehen sich auf die Inclination und auf jene ad 4 beschriebene Rotation der Nadel. Die Entdeckung der Inclination schreibt er sich nicht zu, sie ist auch wohl älter, allein dem obigen Briefe verdanken wir die älteste Angabe über die Abweichung zu Rom und Nürnberg. Hanstein (Magnetismus der Erde, pag. XXIX) führt eine Beobachtung Hartmanns an, wonach im Jahre 1536 die Abweichung zu Nürnberg $10\frac{1}{2}$ östlich betragen hat, ohne jedoch die Quelle dafür anzugeben.

Was nun die Inclination betrifft, so fand sie Hartmann zu Nürnberg 9° statt einiger 70 Grade, wie sie damals gewesen sein mag. Man kann also nicht sagen, dass er die Inclination gemessen habe, allein entdeckt hat er das Phänomen bestimmt. Der Engländer Gilbert und nach ihm Borough (siehe Musschenbroek de Magnete Exper. 98) schreiben diese grosse Entdeckung dem Robert Normann, ebenfalls einem Engländer zu, der sie 1576, also 33 Jahre später als Hartmann gemacht haben soll. Es ist wahr, Normann hat ein Inclinatiorium construirt, nur die Neigung hat er nicht entdeckt. Wollte man auf quantitative Bestimmungen dabei einen zu grossen Werth legen, dann steht es um das Anrecht Normanns auf diese Entdeckung ebenfalls nicht besonders; denn wie Hanstein gezeigt hat, war auch seine Messung sehr fehlerhaft. Ueberhaupt würde man mit dem Criterium zweckmässiger Apparate und genauer quantitativer Messungen die meisten Entdeckungen Männern entziehen, welche die gegründetesten Ansprüche darauf haben. Wegen der Entdeckung der Inclination namentlich müsste man wahrscheinlich bis auf Borda zurückgehen; denn Musschenbroek in seiner berühmten Dissertation de Magnete giebt noch an, dass die Grösse der Neigung abhänge von der Länge der Neigungsnadel (Experim. C.); dass er sie 59° gefunden habe, als die Nadel 2 Fuss lang war, und 72°, als sie eine Länge von $3\frac{1}{2}$ Fuss hatte. Daher sagt er, sind alle Neigungsbeobachtungen nicht sehr brauchbar, bei denen die Länge der Nadel nicht mit angemerkt worden ist.

Was die vorhin angeführte Stelle aus dem Briefe Hartmann's vom Jahre 1543 betrifft, so klingt sie anscheinend sehr wunderbar, die Schiffsleute würden ihn strafen, als wäre er unrecht.“ Sollten etwa die Schiffer nicht gewusst haben, welches Ende ihrer Nadeln nordpolar sei, d. h. nach Norden zeige, und das erst von Hartmann gelernt haben? Das wäre widersinnig; allein Hartmann sagt das auch nicht, die Stelle wird sogleich klar, wenn man weiss, dass damals unter Magnet, nicht wie heute wohl eine Magnetnadel, sondern immer nur der natürliche Magnet zu verstehen ist. Da man es in dieser Zeit nicht verstand, einen solchen natürlichen Magneten beweglich zu machen, um sein eigentliches Nordende zu erfahren, so verfuhr man auf folgende Weise. Man bestrich mit einem seiner Enden den einen Pol einer Nadel, bei Hartmann ein Züngele genannt, wandte sich dieser Pol nun nach Norden, so nahm man an, das streichende Ende des Magnets würde ebenfalls dahin weichen, und sei also Septentrionalis. Die wichtige Entdeckung Hartmann's bestand nun darin, dass dieses Ende vielmehr meridionalis sei. Der König Ferdinand hat sehr Recht gehabt, diess Widerspiel für ein grosses Secret der Natur zu halten; denn jetzt nach 300 Jahren ist dasselbe wohl geläufig, allein nicht minder räthselhaft. Begreiflich ist es auf diese Weise, dass Hartmann von Schiffern, die den natürlichen Magnet zum Bestreichen ihrer Compassnadel anwandten, sich eines grossen Widerspruchs versieht, indem er ihnen beweiset, dass sie die Pole ihrer natürlichen Magnete falsch bezeichnen.

Da dies der richtige Sinn der angeführten Stelle ist, so lässt sich daraus noch einiges mit hinreichender Sicherheit folgern.

1) Man muss in der damaligen Zeit kein anderes Mittel, die Beweglichkeit zu erreichen, gekannt haben, als eine Nadel mit einem Hütchen zu versehen, und auf eine Spitze zu setzen, und dann ist Hartmann derjenige, der die Methode erdacht hat, magnetische Körper auf Wasser zum Schwimmen zu bringen. Denn sonst wäre es bei der besonderen Achtung, welche man damals gerade für den natürlichen Magneten hatte, undenkbar, dass man ihn nicht auch auf die letztere Art beweglich gemacht hätte. Würde dies aber geschehen sein, so würde man unmittelbar gesehen haben, dass der Nordpol beim Streichen einen Südpol hervorbringe, so wie es Hartmann auf diese Weise auch gefunden und dem Könige bewiesen hat.

2) Muss man die Nadeln damals stets mit dem natürlichen Magnet und nie mit einer bereits magnetischen Nadel gestrichen haben. Denn n jener Zeit, wo man noch nicht übereingekommen war, den Nordpol einer Nadel allein zu bezeichnen, wählte man ein einfaches Mittel, jeden Zweifel über die Bedeutung der Pole der Nadel unmöglich

zu machen. Man gab dem Nordende eine Spitze, das Südende endete dagegen in Form einer Gabel, welche eine Bestimmung der Richtung nicht erlaubte; daher war man, wenn der Compass zum Orientiren gebraucht wurde, nothwendig auf den Nordpol gewiesen. Da nun also beide Hälften einer Nadel sehr verschiedentlich geformt waren, so hätte die Entdeckung der vertheilenden Kraft eines Magneten, nicht dem ersten Versuch, eine Nadel mit einer andern zu streichen, widerstehen können. Warum dies letztere nicht geschehen sei, sieht man auch leicht ein; die damaligen Nadeln waren so schwach, dass die eine der andern nichts zu ertheilen vermochte.

3) Muss Hartmann das Gesetz entdeckt haben, dass gleichnamige Polaritäten sich abstossen, ungleichnamige sich anziehen, vor ihm ist es gewiss nicht bekannt gewesen. Es lässt sich nemlich leicht zeigen, dass man früher nie die Anziehung oder Abstossung zwischen Magnetnadeln untersucht haben, denn zwischen einer Nadel und dem natürlichen Magneten hat man sie gewiss versucht, darin bestanden gerade die damaligen Versuche. Würde man aber statt des natürlichen Magneten nur eine Magnetnadel genommen haben, so wäre es wiederum unmöglich gewesen, sich über die Pole des natürlichen Magneten zu täuschen. Auch diese Unterlassung eines so einfachen Versuchs, als die Anziehung zwischen Magnetnadeln, kann für die damalige Zeit nicht auffallen; ihre Nadeln waren schwach und grösstentheils wenig beweglich, so dass höchstens nur die Anziehung, aber nicht die Abstossung hätte beobachtet werden können. Anziehung jedoch wurde durch jedes Stück Eisen eben so gut hervorgebracht, und daher war eine magnetische Nadel zu solchen Versuchen von keinem Nutzen, aber wohl der starke natürliche Magnet. Da man nun die Pole desselben unrichtig bezeichnete, so muss man damals geglaubt haben, ein Nordpol ziehe den Nordpol an, eine Meinung, die Hartmann dadurch widerlegt, dass er die Pole des natürlichen Magneten entgegengesetzt bezeichnete. Er erwähnt dieses Gesetzes nicht, allein es lag auch wohl nicht im Geschmack der damaligen Zeit, dergleichen Gesetze besonders hervorzuheben. Bei derjenigen Classe von Arbeitern, in deren Händen der Magnetismus sich so lange befand, bei Mechanikern, Uhrmachern, müssen Thatsachen mehr Gewicht haben, als der allgemeine Ausdruck derselben in Form eines Gesetzes. Ausserdem ist nicht zu übersehen, dass wir von Hartmann nur zwei Briefe vor uns haben, von seiner anderweitigen Correspondenz aber nichts. Unter solchen Umständen sind wir daher

vollkommen berechtigt, ihm Entdeckungen zuzuschreiben, deren er nicht ausdrücklich erwähnt, vorausgesetzt, es sei unmöglich, dass er sie nicht gemacht habe.

Es ist vorher bemerkt worden, dass man vor Hartmann die Kunst nicht verstanden habe, einen Magneten anders, als auf einer Spitze beweglich zu machen. Obgleich nun in dem angeführten Brief einer am Faden hängenden Nadel gedacht wird, so ist damit doch etwas ganz anders gemeint; offenbar ist die dort gemeinte Nadel eine von Eisen, vielleicht eine damalige, nicht gestählte Nähnadel gewesen, die aber jedenfalls nicht in der Mitte aufgehängt war, sondern am einen Ende. Denn nur von einer verticalherabhängenden Nadel konnte Hartmann sagen, dass sie getrieben und geschoben, oder getrieben und fortgeblasen wurde. Das Experiment ad 1) ist übrigens klar, die auf solche Weise hängende Nadel erhielt von der Erde an ihrem untern Ende einen Nordpol, eine Thatsache, welche Musschenbrock, wie es scheint, dem Grimaldi zuschreibt.

War es bisher leicht, dem Briefe Hartmann's zu folgen, so wird das bei der Entdeckung ad 4) etwas schwierig. Ich glaubte Anfangs, es seien mit der dort angegebenen Bewegung die gewöhnlichen Schwingungen der Nadel gemeint; allein dieser Sinn ist mit den Worten des Briefes völlig unverträglich, auch konnten die Schwingungen unmöglich zu einer Zeit unbekannt sein und Erstaunen erregen, wo man so viele Compasse besass. Auf eine Täuschung Anderer konnte es Hartmann nicht wohl abgesehen haben, denn erstens ist sein Versuch dafür zu einfach und daher zu leicht zu wiederholen, und dann gesteht er selbst in einem alten Buche etwas ähnliches gelesen zu haben, so dass er die Sache nicht einmal für seine Entdeckung ausgiebt. Eben so wenig ist eine Selbsttäuschung dabei anzunehmen, da man einem Verfertiger mechanischer Instrumente doch so viel zutrauen muss, um vor groben Irrthümern gesichert zu sein. Das einzig Annehmliche scheint zu sein, dass die Nadel, deren sich Hartmann bediente, zufällig gleiche Pole an beiden Enden hatte, wie dies nach dem damals üblichen Bestreichen selbst bei kleinen Nadeln möglich war, und dass durch die Wärme der Hand oder auf anderweitige Art erzeugte Luftströmen, die Nadel bewegten. Vielleicht machte er den Versuch auch so, dass er die Nadel anfangs nach Osten wandte, sie darauf sich selbst überliess, wobei sie durch den geringsten Stoss statt Schwingungen ganze Rotationen vollführt haben mag. —

II. Ueber die magnetische Kraft der Metalle Gold und Silber u. s. w.

Die mannigfachen Versuche, welche angestellt worden sind, magnetische Erregbarkeit auch bei andern Korpern als Eisen u. s. w. nachzuweisen, geschahen in der Absicht, die sonderbare Beschränkung aufzuheben, nach welcher so wenige Körper derselben theilhaftig sind, die noch dazu durch keine anderweitige, besonders hervortretende Eigenthümlichkeit sich auszeichnen. Behauptet wird diese Erregbarkeit ausser von Eisen und Stahl, auch noch von Nickel, Cobalt, Chrom und Mangan; vom letztern jedoch nur, wenn seine Temperatur 16 bis 20° R. Kälte beträgt [1]). In einem hierhin gehörigen Aufsatze Faraday's [2]) giebt dieser Gelehrte an, weder Cobalt noch Chrom, im reinen Zustande angewandt, magnetisch befunden zu haben, und später [3]) forderte er diejenigen, welche reines Mangan besitzen, zu erneuerten Versuchen auf. Sonach bleibt vorläufig nur das Nickel neben dem Eisen. Die Kluft zwischen diesen Körpern und den übrigen, namentlich den andern Metallen, sucht Faraday durch folgenden Schluss auszufüllen. Ein Stahlmagnet verliert bekanntlich durch Erwärmung an Kraft, in einem Versuche Faraday's sogar seine ganze in siedendem Mandelöl. Er wirkte jedoch noch wie weiches Eisen; wurde er aber bis zur Kirschrothhitze erwärmt, so verlor er auch diese Wirkung und zog eine astastische Nadel nicht weiter an. Wie der Stahl verhält sich auch das Eisen; nicht allein schmelzendes Eisen [4]), sondern schon hellroth glühendes, ist gegen die magnetische Kraft ganz indifferent. Geht man also von den hohen Wärmegraden aus, so kann man sagen, bei einer gewissen Temperatur sind Eisen und Stahl so unmagnetisch als Gold oder Kupfer; wird die Temperatur erniedrigt, so nehmen sie die Eigenschaften des weichen Eisens an, und geht die Temperaturerniedrigung noch weiter, so kann der eine dieser Körper sogar magnetische Kraft bewahren. Eben so ist es mit dem Nickel, wenn man von der Temperatur des siedenden Mandelöls (630 — 640 F.), bei welcher es keine Erregbarkeit (nach Faraday und Pouillet) besitzt, herabsteigt zu den niedrigern Graden. Es wäre nun möglich, dass das-

---

[1]) Pouillet Phys. Tome II.
[2]) Phil. Magaz. Ser. III. Vol. 8. pag. 177.
[3]) Ibid. Vol. 9. pag. 65.
[4]) Fox in bibl. univ. Fevrier 1836.

selbe auch für die übrigen Metalle gelte, nur bei ganz andern und zwar viel niedrigeren Temperaturen. Um dies zu versuchen, prüfte Faraday folgende Körper im chemisch reinen Zustand:

Arsen	Gold
Antimon	Blei
Wismuth	Quecksilber
Cadmium	Palladium
Cobalt	Platin
Chrom	Silber
Kupfer	Zink
Zinn	Graphit.

Es wurden Stücke davon, an dünnen Platindrähten befestigt, einer starken Erkaltung (60 bis 70° F.) mittelst Verdampfung von schwefeliger Säure ausgesetzt. Die Temperatur der äussern Luft war 25° F.

Nirgend jedoch zeigte die astastische Nadel eine Spur von Anziehung, und Faraday schliesst daraus, dass eine Temperaturerniedrigung wie die angegebene noch nicht ausreiche, die erwähnten Metalle magnetisch erregbar zu machen. Auf diese Weise würde das verneinende Resultat der Versuche die Argumentation nicht widerlegen, in Folge welcher dieselben angestellt worden sind. Inzwischen steht dieser doch das Factum entgegen, dass das weiche Eisen durch Erwärmung leichter erregbar wird, und dass der Magnetismus, den es von der Erde erhält, mit der Temperatur vielmehr zunimmt. —

III. Magnetisirung des Stahls.

a. Versuche über die Intensität, welche ein Stahlstab bei mehrfachem Streichen annimmt.

Hierüber hat Quetelet [1]) viele Versuche angestellt, deren hauptsächliche Resultate wir hier mittheilen. Ist ein Stahlstab xmal gestrichen worden, so giebt derselbe für dessen magnetische Intensität den Ausdruck

$$i = J\,(1 - m^{(x)})$$

i ist die gesuchte Intensität; J, wie man sieht, das Maximum, welchem die Intensität des Stabes sich für ein oft wiederholtes Streichen nähert, weil m eine Constante ist, kleiner ist als 1. Eben so

[1]) Ann. de Ch. et de Ph. Bd. 53, pag. 248.

ist α eine Constante und x^{α} eine Potenz, so dass für $m^{(x)^{\alpha}}$ nicht $m^{\alpha x}$ geschrieben werden kann. Diese Formel setzt voraus, dass für $x = o$ auch $i = o$ sei. Hatte aber der Stab schon vor dem Bestreichen eine magnetische Kraft. so gibt dann folgender Ausdruck

$$i = J\ (1 - m^{(x \pm c)^{\alpha}}).$$

Striche man entgegengesetzt, so ist x negativ zu nehmen.

Zu folgenden Beobachtungen wurde eine cylindrische Nadel gewählt, 64,5^{mm} lang und 5445 Milligrammen wiegend. Die streichenden Stäbe waren parallpeliipedisch 153^{mm} lang, der

eine wog 86175 Milligr. und brachte zu 10 Oscillationen 90″
andere - 85300 - - - - - - - 86″56

Zahl der Striche x	Intensität beobachtet	Intensität berechnet	Dauer v. 10 Ospilat. beobachtet	Dauer v. 10 Ospilat. berechnet	Differenz
1	2,665	2,477	61″,25	63,54	+ 2″,29
2	3,639	3,630	52,42	52,59	+ 0,07
3	4,430	4,457	47,51	47,37	— 0,14
4	5,086	5,105	44,34	44,26	— 0,08
5	5,472	5,632	42,75	42,14	— 0,61
6	5,745	6,074	41,72	40,58	— 1,14
8	6,504	6,775	39,21	38,42	— 0,79
10	7,433	7,308	36,68	36,99	+ 0,31
12	7,720	7,726	36,00	35,98	— 0,02
16	8,656	8,335	34,00	34,68	+ 0,68
20	8,895	8,748	33,53	33,81	+ 0,28
30	9,675	9,342	32,15	32,72	+ 0,59

Die Stäbe wurden in der Mitte aufgesetzt, und um 10° geneigt jeder nach einem Ende geführt; Eisen wurde dabei als Armatur nicht angewandt.

Die Berechnung von i ist nach der ersten der obigen Formeln geschehen. J ist = 10 angenommen, weil i nach dem 30. Strich 9,675 betrug; m findet sich aus mehreren Beobachtungen = 0,7523 und α = 0,663743; einen angenäherten Werth von m = 0,7335 erhält man, wenn x = 1 gesetzt wird, wodurch $i = J\ (1 - m)$. Ueberhaupt, giebt Quetelet an, wird $\alpha = \frac{2}{3}$ und J die Intensität nach dem 30ten Striche sein, wenn man Nadeln von der Dimension der seinigen wählt.

Quetelet nahm einen Stahlstab 150^{mm} lang, 15^{mm} breit, 7^{mm} dick; nach 24 Strichen auf den beiden breitern Seiten brauchte er zu 10 Schwingungen 145″,18, und nahm von da ab durch weiteres Bestreichen nicht zu. Gab man ihm aber noch 24 Striche auf den zwei andern Seiten, so kam diese Zeitdauer auf 127'',5 herab; die beiden Intensitäten verhalten sich wie 4,7445 : 6,1386. Daher wendet er Frictionen auf allen 6 (?) Seiten an, und nennt solche einen Strich.

Ist ein Stahlstab einmal magnetisirt, und kehrt man seine Pole um, so zeigt sich ein Bestreben die erste Polarität beizubehalten dadurch, dass die umgekehrte Intensität nicht so stark ausfällt, als die frühere. Quetelet hat auf solche Weise mit dem eben beschriebenen Stabe 17 vollständige Umkehrungen, jede mittelst 24 Striche auf allen vier Seiten bewirkt, untersucht, indem er den Stab nachher 100 Schwingungen ausführen liess. Das Resultat war folgendes:

Reihe	Intensität	Reihe	Intensität
1	6,139	2	4,724
3	5,463	4	—
5	4,973	6	4,547
7	4,995	8	4,234
9	4,535	10	4,109
11	4,403	12	4,109
13	4,233	14	4,031
15	4,334	16	4,146
17	4,272		

Er stellt diese Intensitäten dar durch die Formel

$$i = 4,38 \left(1 - 0,36^{\sqrt{x - 0,8236}}\right) \text{ für die ungeraden Reihen,}$$

$$i = 4,1 \left(1 - 0,36^{\sqrt{x - 0,933}}\right) \text{ für die geraden Reihen.}$$

Quetelet zieht aus diesen Beobachtungen folgende Schlüsse:

1) der ursprünglich ertheilte Magnetismus ist der kräftigste; eine Umkehrung seiner Polarität gewährt eine geringere Kraft. Ueberhaupt wird die magnetische Intensität durch Umkehren vermindert, jedoch nur bis zu einer bestimmten Grenze; denn in den obigen Versuchen scheint dieselbe nach dem 13ten Umstreichen nicht mehr schwächer geworden zu sein.

2) Das Wiederherstellen der anfänglichen Polarität giebt eine stärkere Kraft, als das der umgekehrten, wie man dies aus dem Vergleich der ungeraden mit den geraden Reihen ersieht. Dabei soll das erstere immer leichter, durch weniger Striche, zu bewirken sein, als das Ertheilen der umgekehrten Polarität.

3) Das Umkehren der Polarität wird immer schwieriger, je öfter es bereits an einem Stabe ausgeführt worden ist.

4) Sind die magnetisirenden Stäbe grösser als der zu magnetisirende, so erhält er, durch ein erstes vollständiges Bestreichen schon die halbe Kraft, die er überhaupt mittelst dieser Stäbe erhalten kann.

Anderes Unwesentliche übergehen wir, indem wir darauf aufmerksam machen, dass ad 1 wohl noch einer genauen Prüfung bedarf, bevor man das Behauptete zugeben kann. Es ist wohl sehr wahrscheinlich und auch sonst bekannt, dass ein Umkehren der anfänglichen Polarität die Intensität schwäche, wegen der Coercitivkraft des Stahles, durch welche Residua der früheren Polarität zurückbleiben. Dass aber diese Schwächung noch bei ferneren Umkehrungen eintrete, kann daraus nicht erklärt werden, und erscheint daher vorläufig sehr merkwürdig.

b. **Versuche über die Intensität, welche ein Stahlstab mittelst verschiedener Magnetisirungsmethoden erhält.**

Die Prüfung der verschiedenen Magnetisirungsmethoden, ein im vorigen Jahrhundert so wichtiger Gegenstand, ist erst jetzt wieder von Bedeutung geworden, wo es sich darum handelt, zu vielen wissenschaftlichen Zwecken und zur medicinischen Praxis, starke Magnete zu liefern. Da ich häufig in diesen Fall komme, so beschloss ich die üblichen Verfahren und die neuerdings empfohlenen zu untersuchen, und theile hier die gewonnenen Resultate mit. Bei solchen vergleichenden Beobachtungen muss man die streichenden Magnete nicht zu stark wählen, namentlich wenn der zu magnetisirende Körper von keinen beträchtlichen Dimensionen ist, weil dieser letztere sonst zu rasch saturirt wird, und die Nüancen der einzelnen Methoden verwischt werden. Zu folgenden Versuchen wandte ich daher zwei Stäbe von sehr gutem englischen Stahl an, die absichtlich verhältnissmässig schwach magnetisch gelassen wurden; jeder ihrer Pole trug nur einige wenige Loth, obgleich sie selbst $2\frac{2}{3}$ Pfund an Gewicht hatten. Die zu streichenden Stäbe, welche ich der Kürze wegen, Nadeln nennen werde, waren ebenfalls aus englischem Stahl (Huntsmann); sie waren gehärtet und dann strohgelb angelassen; ihre Gestalt war parallelipipedisch, 11″5,5‴ ihre Länge, 5,75‴ ihre Breite, 2,4‴ ihre Dicke. Das Gewicht jeder Nadel betrug etwa 12 Loth. Anfangs besassen sie kaum eine wahrnehmbare magnetische Kraft.

Zuerst wurde die Methode des Knight angewandt, jedoch so,

dass die streichenden Stäbe schräg auf die Mitte aufgesetzt wurden (Knight legte sie ganz auf die Nadel). Die Nothwendigkeit auf allen vier Seiten zu streichen, trat in diesen Versuchen sehr merklich hervor.

20 Striche auf Seite I, Nadel zu 10 Schwingungen	221,3″
20 - - II, - - - -	183,8
noch 60 - - II, - - - -	167,5
nachdem noch 20 bis 80 Striche [1]) auf Seite II,	167,5
hierauf 20 bis 80 Striche auf Seite I,	161,3
20 bis 40 Striche auf der einen kleinsten Seite	154,0
20 bis 40 - - - andern - - -	148,7

Dies war die höchste Intensität, welche auf diese Weise erlangt werden konnte. Es wurden hierauf zwei Eisenstücke unter die Enden der Nadel gelegt, die aber weder durch einen Magneten noch durch Eisen verbunden wurden. Nachdem wieder wie früher gestrichen worden war,

brauchte die - - Nadel zu 10 Schwingungen 146,3

Die beiden Eisenstücke wurden durch eine ähnliche bereits magnetisirte Nadel zu einem Magazin verbunden,

Nadel zu 10 Schwingungen 121,3″.

Die Nadel wurde nach dem Streichen immer so aus dem Magazin genommen, dass die unter ihren Polen liegenden Eisenstücke nach Aussen und von ihr fortgeschoben wurden. Schob man sie dagegen nach der Mitte, so war die Intensität der Nadel geschwächt.

Jetzt wurde die Methode des Mitchell in Anwendung gebracht (der sogenannte Doppelstrich, double touche; bei den Franzosen wird auch zuweilen das Verfahren von Knight Doppelstrich genannt, heisst dann aber double touche à contact separé). Die beiden streichenden Stäbe wurden so verbunden, dass sie einen kleinen Zwischenraum liessen, in die Mitte aufgelegt und nach den Enden hin- und zurückgeführt. Die Nadel bildete dabei einen Theil eines Magazins (Mitchell selbst hat nie ein Magazin angewandt, diese Anordnung rührt bekanntlich erst von Duhamel her).

Nach 20 Striche auf jeder Seite zu 10 Schwingungen 111,3.

Diese Intensität wurde nicht verändert, wenn statt der beiden Eisenstücke Magnete unter die Enden der Nadel gelegt wurden. Das

---

[1]) d. h. es wurden viermal 20 Striche ertheilt, und die Schwingungsdauer nach jeder Reihe beobachtet und = 167,5 gefunden.

Verfahren Knight's steht also dem des Mitchell beträchtlich nach. Um das letztere mit dem Kreisstrich zu vergleichen, wurde statt der bisherigen Stäbe ein stählernes Hufeisen angewandt, welches beiläufig 16 Pfund trug, und wie im letzten Versuch verfahren.

Im Maximum brauchte die Nadel 101,9″.

Hierauf wurde der Kreisstrich angewandt, das Hufeisen so in die Mitte aufgesetzt, dass sein Südpol auf der Nordhälfte der Nadel stand, und 20 mal im Kreise über alle Theile des Magazins geführt, endlich in der Mitte aufgehoben.

Nadel zu 10 Schwingungen 90″

Als dasselbe Verfahren auf der andern Seite der Nadel applizirt worden war

87,5″.

Der Kreisstrich ist somit der gewöhnlichen Methode des Doppelstrichs bei Weitem überlegen.

Ich versuchte nunmehr die Intensität der Nadel durch Anwendung eines Electromagneten zu steigern, der etwa 150 Pfund trug. Die Nadel wurde zuerst auf die beiden Pole desselben gelegt, und erhielt 20 Doppelstriche mit dem stählernen Hufeisen. Hierauf wurde die Nadel entweder abgerissen, wenn die galvanische Kette noch wirkte, oder fortgenommen, nachdem sie geöffnet worden war. Allein in beiden Fällen hatte die Nadel, statt zu gewinnen nur verloren, und brauchte

zu 10 Schwingungen 97,5″.

Es schien, dass diese Schwächung herrühre von der unvortheilhaften Art, wie die Nadel vom Electromagneten entfernt wurde, und diese Ansicht bestätigte sich. Unter beide Pole des electromagnetischen Hufeisens wurden nemlich zwei Stücke Eisens gelegt, und auf diese die Nadel; die letztere ward so entfernt, dass die beiden Eisenstücke von ihr fort nach Aussen geschoben wurden, während die Kette immer geschlossen blieb. Nach 20 Doppelstrichen brauchte sie

80,0″.

Dies ist die stärkste Kraft, welche überhaupt erreicht worden ist, und sie ist allerdings sehr beträchtlich. Denn obgleich die Nadel nur 12 Loth wog, so trug doch einer ihrer Pole, selbst nach oftmaligem Abreissen, ein Eisenstück von 16 Loth; und als neben diese Nadel eine andere ganz gleiche gelegt wurde, trug der Anker, welcher ihre beiden Pole schloss, mehr als 4 Pfund.

Die angegebene Art, den Electromagnetismus zu benutzen, ist

also von den untersuchten Methoden die vortheilhafteste. Zugleich ist sie die einfachste; denn bei andern ganz ähnlichen Nadeln, reichten schon 20 Doppelstriche auf jeder Seite aus, um ihnen das Maximum der Intensität zu ertheilen. Bei Gelegenheit dieser Versuche zeigte es sich, dass, wenn der Magnet, welcher zum Magazin angewandt wird, stark ist, die Polarität der Nadel gar nicht von dem streichenden Magnete bedingt werde. Man mag die Pole der letztern nach der einen Richtung oder der umgekehrten aufsetzen und mit ihnen streichen, immer wird die Polarität vom Electromagneten bestimmt. Ja selbst die Intensität leidet verhältnissmässig nicht stark, wenn entgegengesetzt (widersinnig) gestrichen wird; eine Nadel kam in diesem Falle auf 87,5″, während sie nach dem richtigen Streichen 82″ zu 10 Oscillationen brauchte.

Auf dieselbe Weise ertheile ich auch stählernen Hufeisen eine sehr starke Kraft. Wenn es anderen Experimentatoren nicht gelungen ist, mittelst der electromagnetischen Kraft stärkere Magnete zu erhalten, so lag dies einentheils wahrscheinlich in der ungünstigen Art, wie der Magnet vom electromagnetischen Hufeisen abgehoben wurde, anderntheils aber auch vielleicht darin, dass man sich über die Electromagnete häufig täuscht, und daher grösseres von ihnen erwartet, als sie zu leisten vermögen. Gesetzt, ein stählernes und ein electromagnetisches Hufeisen trügen mit einem Anker versehen ein gleiches Gewicht, so sind ohne den Anker beide Hufeisen an Intensität nicht für gleich zu achten; vielmehr wird das Hufeisen mit dauerndem Magnetismus, ungeschlossen eine bei weitem grössere besitzen. Man sieht dies schon an der verhältnissmässig geringen Quantität Eisenfeillicht, welche ein einzelner Pol der so überaus starken Electromagnete zu tragen vermag, in Vergleich mit derjenigen Menge, welche ebenfalls ein einzelner Pol eines ungleich schwächern Stahlmagneten an sich hält. Auf diesen Unterschied beider Arten von Magnete hat erst in neuerer Zeit Magnus [1]) aufmerksam gemacht; er führt an, dass ein einzelner Pol eines electromagnetischen Hufeisens von 140 Pfund Tragkraft, nur ein bis zwei Pfund zu tragen vermochte, während an einem einzelnen Pol eines Stahlmagneten von nur 10 Pfund Tragkraft, grössere Eisenmassen hafteten. Es kann daher keinem Zweifel unterliegen, dass die bedeutenden Gewichte, welche Electromagnete tragen, auf Rechnung der gegenseitigen Einwirkung

[1]) Poggend. Ann. Bd. 38, pag. 435.

des Magneten und des Ankers zu setzen sind. Ist dieser letztere nicht vortheilhaft angebracht, berührt er entweder nicht, oder schliesst man die Pole des Magneten, um nach dem angegebenen Verfahren zu magnetisiren, mit zwei einzelne Eisenstücken und einem Stahlstab, so wird die Anziehung grösstentheils gering ausfallen. Diejenigen, welche den Electromagnetismus als Triebkraft anwenden wollen, täuschen sich vielleicht über die Kraft ihrer Magnete; wenn auch diese einige Centner tragen mögen, so fällt doch diese grosse Entwicklung der magnetischen Kraft in ihrem Falle fort, wo sie genöthigt sind, die Hufeisen ungeschlossen zu lassen. Um den Magneten, welchen ich strich, die möglichste Kraft zu geben, versuchte ich den Electromagnetismus auch bei den streichenden Magneten in Anwendung zu bringen. Es wurden zwei Stäbe weichen Eisens, ganz gleich den Schenkeln eines electromagnetischen Hufeisens, angefertigt und mit eben so viel Kupferdrath umwickelt. Die Enden des letztern tauchten in sehr lange Rinnen mit Quecksilber, damit die Stäbe hin und her geführt werden konnten, ohne dass sie aufhörten mit der galvanischen Kette in Verbindung zu sein. Allein das Resultat war, dass diese Stäbe weniger noch leisteten, als schwach magnetisirte Stahlstäbe; selbst als ich auf die beiden Enden derselben Eisenstücke legte, war ihre Wirkung unbedeutend. Ich hätte mir diesen, etwas beschwerlichen Versuch ersparen können, wenn damals schon der schöne Aufsatz von Magnus [1]) bekannt gewesen wäre. Derselbe nahm zwei cylindrische Stäbe weichen Eisens, 7″ lang, 1,6″ im Durchmesser und umwand jeden derselben mit 9 Fuss, 3‴ dicken, Kupferdrahts, und hier fand sich das überraschende Resultat, dass zwei entgegengesetzte Pole der Stäbe kaum einen 3 Pfund schweren Anker zu tragen vermochten, während, wenn die anderen Pole durch ein flaches, wohl abgeschlossenes Stück Eisen verbunden wurden, dieser Anker mit etwa 140 Pfund haftete. Mit meinen Stäben ist dieser Versuch nicht so vollständig gelungen; sie trugen nemlich, selbst wenn sie an ihren beiden Enden durch Eisen geschlossen waren, nicht sehr beträchtlich, wahrscheinlich, weil die Eisenstücke nicht so vollkommen abgeschliffen worden sind, oder das Eisen kein ganz weiches gewesen ist. Magnus führt an, dass das schliessende Eisenstück die Polflächen gut berühren müsse, und dass eine blosse Kantenberührung wenig oder nichts leiste.

---

[1]) am angef. Ort.

Befremdend sind diese Erscheinungen nicht; denn

1) vermehrt ein Eisenstück dadurch, dass es zu einem Magneten wird, die Kraft desjenigen, an welchem es haftet, und hier, weil überall Eisen ist, vielmehr als in andern Fällen, wo es an einem stählernen Magneten applizirt ist; und
2) verlangt der galvanische Strom, dessen Kraft doch im Grunde immer unbedeutend ist, grosse Eisenmassen, um sie stark zu magnetisiren; sind dieselben gering, so ertheilt er ihnen nur eine schwache magnetische Kraft.

Ueber diesen Gegenstand hat sich ein fortgesetzter Streit zwischen George Rainey und W. Ritchie erhoben [1]), der damit anfing, dass der erstere die schwache Anziehung eines electromagnetischen Hufeisens, wenn der Anker dasselbe nicht berührt, sondern in einiger Entfernung gehalten wird, auf die eben angegebene, eben so richtige als einfache Weise erklärte. Ritchie wollte das nicht wahr haben, wegen des dritten Gesetzes von Newton: über die Gleichheit der Action und Reaction. Um dasselbe auf den vorliegenden Gegenstand in Ritchie's Sinne anzuwenden, müsste man es so aussprechen: Wenn eine Kraft wirkt, so kann durch das, was sie bewirkt, ihre Intensität nicht gesteigert werden. Der Anker könne also die Kraft des Magneten nicht verstärken, durch den er selbst erst zu einem Magneten wird.

Ritchie hat jedoch mit dem berühmten Newton'schen Gesetz kein Glück [2]); er wendet es bei physikalischen Kräften an, deren Charakter es ist, für gewöhnlich nicht vorhanden zu sein, vielmehr erst und zwar in verschiedenem Grade entwickelt werden zu können, während das Gesetz nur für solche Kräfte gilt, welche, wie die Schwere, den Körpern ursprünglich und in einem unveränderlichen Grade inwohnen. Ritchie würde das selbst zugeben müssen, wenn er die einfache Frage beantworten sollte, wie Gowin Knight trotz jenes Gesetzes sein grosses Magazin zu Stande gebracht hat.

Fr. Mohr hat über das Magnetisiren von Hufeisen einige interessante practische Regeln mitgetheilt [3]). Er streicht sie auf gewöhnliche Weise mit einem andern Hufeisen, das von der Biegung aus gegen die mit einem Anker geschlossenen Enden geführt wird. Statt jedoch das

---

[1]) London and Edinb. Phil. Mag. Series III, No. 51 bis 56.
[2]) Repert. Bd. I, pag. 285.
[3]) Poggend. Ann. Bd. 36. pag. 542.

streichende Hufeisen auf gewöhnliche Weise zu entfernen, verfährt er so: befindet sich dasselbe an dem Ende des gestrichenen, so legt er hinter dasselbe einen zweiten Anker, schliesst dadurch das gestrichene Hufeisen, und entfernt das streichende zusammen mit dem Anker, so dass stets beide Hufeisen geschlossen bleiben. Ein eigenthümliches Verfahren wendet Mohr an, um zu erfahren, ob fortgesetztes Streichen die Kraft noch vermehre. Setzt man nemlich das streichende Hufeisen auf das unmagnetische, so wird dessen Anker noch nicht angezogen; dies tritt jedoch ein, sobald man dasselbe nach den Enden hinführt. Hebt man hierauf das Hufeisen ab, und setzt es zum zweiten Male auf, so haftet nun der Anker, jedoch schwächer, wenn man streicht, und die Anziehung hört sogar ganz auf, wenn man mit dem Hufeisen bis in eine gewisse Entfernung von den Enden gekommen ist, tritt aber wieder ein, wenn man das Streichen gegen die Enden zu fortsetzt. Versucht man einen folgenden dritten Strich, so zeigen sich wiederum zwei Punkte, der Indifferenz und der erneuerten Anziehung des Ankers, aber sie liegen beide den Enden näher u. s. f., wie man aus folgendem Versuch, den Mohr angiebt, ersieht.

Zahl des Striches	Entfernung des Punktes der Indifferenz	Entfernung des Punktes der Anziehung
1	$6\frac{1}{3}$ Zoll	$3\frac{1}{2}$ Zoll
2	$5\frac{1}{2}$	$2\frac{3}{4}$
3	$4\frac{1}{4}$	$2\frac{1}{4}$
4	4	2
5	3	$1\frac{1}{3}$
6	$2\frac{1}{2}$	$1\frac{1}{4}$
7	2	1
8	$1\frac{1}{2}$	$\frac{1}{2}$
9	$1\frac{1}{2}$	$\frac{1}{2}$

Hieraus kann man schliessen, dass, da vom achten Striche ab beide Entfernungen sich nicht weiter änderten, der gestrichene Magnet das Maximum der Kraft erhalten hat. Ja in einem solchen Falle, wo es einen Punkt der erneuerten Anziehung giebt, und wo seine Entfernung von den Enden constant bleibt, soll nach Mohr ein solcher Magnet überhaupt saturirt sein, und durch keinen andern Magneten eine noch stärkere Intensität erhalten können. Bleibt aber der Punkt der erneuerten Anziehung beim Streichen aus, dann ist allerdings das Maximum der Intensität ebenfalls erreicht, aber nur mit

Bezug auf den streichenden Magneten. Wählt man einen stärkern, so wird er die Intensität noch steigern.

Das Verfahren, welches J. Hoffer beim Streichen der Hufeisen anwendet, besteht darin, die Pole des streichenden Hufeisens so auf das zu streichende aufzusetzen, dass der Nordpol auf dem gezeichneten, der Südpol auf dem ungezeichneten Ende steht, einen Anker anzulegen und dann gegen die Biegung hin zu streichen. Dies Verfahren ist also dem gewöhnlichen entgegengesetzt, wo der Nordpol auf dem ungezeichneten Schenkel von der Biegung nach dem Ende geführt wird. Nach vier- bis sechsmaliger Wiederholung will Hoffer sehr starke Wirkungen gesehen haben; Hufeisen welche 20 Loth schwer gewogen, sollen 8 bis 11 Wiener Pfund getragen haben; grössere, von 2 Pfund 6 Loth Gewicht, aber 13 bis 15 Pfd. Dasselbe Verfahren wendet er nun auch zum Bestreichen der Stäbe an, indem er ihrer zwei durch Eisenstücke nach Art eines Magazins verbindet, die Pole des Hufeisens auf zwei neben einander liegende Enden aufsetzt, und sie über die ganze Länge der Stäbe bis jenseits der andern Enden führt.

Ich habe über die beiden angegebenen Methoden einige Versuche angestellt, die den zu Anfang dieses Artikels beschriebenen ganz ähnlich waren. Zwei Stäbe wurden nach Art eines Magazins durch zwei Stücke Eisen verbunden, die Pole eines starken Hufeisens (des Obigen) in die Mitte aufgesetzt, nach den Enden geführt und dort nach Mohr's Anleitung entfernt. Eben so wurde mit den andern beiden Hälften der Stäbe und zwar auf allen vier Seiten verfahren, so oft, dass ich sicher war, keine weitere Verstärkung mehr erhalten zu können. Hier brauchte

Stab I.	zu 10 Schwingungen	107,4″
- II.	- - -	106,3.

Nun wurden nach Hoffer's Anleitung verfahren; dasselbe Hufeisen auf die einen Enden der Stäbe gesetzt und bis über die andern hinausgeführt, ebenfalls so oft, bis keine Verstärkung mehr eintrat, wozu mehr als 60 Striche nöthig waren.

Stab I.	zu 10 Schwingungen	96,3
- II.	- - -	93,2

Für Stäbe mindestens ist also das Verfahren Hoffer's zweckmässiger als das von Mohr, aber beide stehen der Methode des Doppelstrichs nach. Um das zu versuchen wurden die bereits oben erwähnten, nicht stark magnetischen Stäbe bloss durch einen

Streifen dünner Pappe getrennt, zusammengebunden auf die Mitte der Stäbe, welche ein Magazin bildeten, aufgesetzt und nach den Enden hin- und zurückgeführt. Nach 20 solcher Bestreichungen

Stab I. zu 10 Schwingungen 93,8″
- II. - - - 87,2.

Wurden hierauf mit denselben streichenden Stäben die Methoden von Mohr und Hoffer ausgeführt, so fiel die Intensität viel schwächer aus, und erst der Doppelstrich stellte die zuletzt angegebene Kraft wieder her, und zwar so constant, dass ich diesen Umstand benutzen konnte über eine sonderbare Erscheinung, die sich darbot, Versuche anzustellen. Es ist bereits angeführt, dass das stählerne Hufeisen 16 Pfund trug, die beiden streichenden Stäbe zusammen trugen noch nicht 1 Pfund; in den zu Anfang dieses Artikels beschriebenen Versuchen hatte auch das erstere stärker magnetisirt, als die letzteren. Hier jedoch war es umgekehrt; das Hufeisen wirkte so entschieden schwächer, dass der Stab No. II. mit ihm gestrichen zu 10 Schwingungen 127,5″ brauchte, dagegen mit den Stäben gestrichen nur 87,2″, und zwar, so oft auch die Versuche angestellt worden sind. Bei diesem Stab No. II. und mit dem Hufeisen wäre also Mohr's und Hoffer's Verfahren zweckmässiger, als der gewöhnliche Doppelstrich.

Dass das Hufeisen, ungeachtet seiner viel stärkeren Kraft, so schlecht magnetisirte, konnte nur von zwei Umständen herrühren: 1) weil bei ihm die Pole weiter auseinander standen ($1\frac{1}{2}$ Zoll), während die Pole der Magnetstäbe nur durch einen Streifen dünner Pappe getrennt waren; und 2) weil die Polflächen des Hufeisens kleiner waren, als die der Stäbe. Um das erstere zu prüfen, wurden die Stäbe $1\frac{3}{4}$ Zoll aus einander gehalten und mit ihnen gestrichen; sie zeigten sich in der That weniger wirksam; No. II. brauchte zu 10 Oscillationen 93″. Ferner wurde das Hufeisen mit einem Anker geschlossen, der kleiner war als die äusserste Entfernung der Schenkel; dadurch erhielten die Polflächen eine grössere Ausdehnung und traten auch näher aneinander. Jetzt war das Hufeisen wirksamer, denn der Stab No. II. brauchte nunmehr nur 97,5″. (Wenn man mit einem so geschlossenen Hufeisen streichen will, so muss man es auf die Mitte des Stabes umgekehrt aufsetzen, d. h. so, dass der Nordpol des Hufeisens auf der Nordhälfte des Stabes stehe.)

Wenn auch in den angeführten Versuchen das Hufeisen nie so stark magnetisirt hat, als die Stäbe, und diese letzteren nie so schwach als jenes, so geht doch aus ihnen hervor, dass die bei diesen Versuchen leitende Ansicht richtig war; und dass sowohl die grössere Entfernung der Schenkel, als ihre kleinern Endflächen nachtheilig gewirkt hatten. Die einzige Frage blieb nur noch, warum das Hufeisen beim Stabe No. II. gerade schwächer wirkte, bei den zu Anfang dieses Abschnitts beschriebenen Stäben aber viel stärker. Trotz dem, dass nach der Angabe des Arbeiters alle diese Stäbe gleich behandelt, gehärtet und Strohgelb angelassen worden waren, so konnte man doch vermuthen, die Anomalie beim Stabe No. II. rühre davon, dass er härter geblieben sei; denn bei härterem Stahl wäre es abzusehen, wie die grössere Entfernung der Pole einen Theil der Wirksamkeit des Doppelstrichs aufhebe. Auch diese Ansicht wurde durch Probiren mittelst der Feile, selbst zur Verwunderung des Arbeiters, bestätigt; mit Ausnahme einer einzigen Stelle widerstand No. II. der Feile überall viel mehr als alle übrigen Stäbe.

Aus den vorhergehenden Versuchen ergiebt sich nun:

1) dass keine Methode des Magnetisirens vortheilhafter ist, als die des Doppelstrichs, mit entgegengesetzten und verbunden bleibenden Polen;

2) dass aber diese Methode auf verschiedene Weise ausgeführt, verschiedene Intensitäten liefere, die stärkste, wenn mittelst eines andern Stabes und zweier Eisenstücke ein Magazin gebildet, und die verbundenen Pole im Kreise herum geführt werden;

3) dass es jedoch am vortheilhaftesten ist, falls man einen starken Electromagneten anwenden kann, den Kreisstrich zu opfern und den Electromagneten zu gebrauchen;

4) dass namentlich bei härteren Stahlsorten die beiden streichenden Pole nahe an einander stehen, und mit einer möglichst grossen Fläche den zu streichenden Stab berühren müssen.

IV. Ueber die magnetische Axe.

Früher, wo man bei theoretischen Untersuchungen über den Magnetismus, den Magnetnadeln nur eine Ausdehnung nach einer Dimension gab, war es nicht nöthig den Begriff und die Eigenschaften der magnetischen Axe näher zu kennen; denn diese Axe fiel mit der Längenausdehnung der Nadel zusammen, und es kam bei den Untersuchungen kein Moment der magnetischen Kraft mit Bezug auf eine andere Axe vor. Seitdem aber diese Untersuchungen durch die unvergleichlichen Arbeiten von **Gauss** einen andern Charakter angenommen, seitdem man in Praxi grössere Magnetstäbe anwendet und deren Dimensionen theoretisch nicht vernachlässigt, ist dies jedoch anders, und es wird nöthig, die Summe der magnetischen Momente mit Bezug auf andere Axen kennen zu lernen, namentlich mit Bezug auf solche, welche senkrecht auf den magnetischen stehen. Wir entlehnen hierüber das Folgende aus der Abhandlung von **Gauss**[1]).

Das Moment einer Kraft mit Bezug auf eine Axe heisst bekanntlich das Product aus der Kraft in die Entfernung, welche auf dieser Axe von einem bestimmten Anfangspunkte aus gemessen wird. Da nun in einem Magnetstabe beide Arten von Magnetismus, der nördliche wie der südliche, in gleicher Menge vorhanden sind, — ein Satz, der zufolge unserer jetzigen Ansichten über das Magnetisiren auch für jedes körperliche Atom eines Magneten gilt, und einestheils dadurch erläutert wird, dass keine Mittheilung von magnetischer Kraft, vielmehr nur eine Vertheilung möglich, anderntheils dadurch bewiesen wird, dass der Magnetismus der Erde einem Magneten nur eine Bewegung im Sinne der Rotation, aber nicht im Sinne der Translation zu ertheilen vermag — so folgt aus dieser Gleichheit, dass in jedem magnetischen Körper die Summe der Momente mit Bezug auf irgend welche Axe, unabhängig sei von dem Anfangspunkt, von welchem aus die Entfernungen gemessen werden. Denn bezeichnet dm das Element des freien Magnetismus irgend eines Punktes, so ist die Summe der Momente $\int x\,dm$, wo x die Entfernung des Punktes vom Anfangspunkte. Verschiebt man letzteren auf der Richtung der Axe um c, so wird die Entfernung nunmehr $x \pm c$, die Summe der Momente mit Bezug auf den einen Anfangspunkt wird $\int (x \pm c)\,dm$, welche wiederum $\int x\,dm$ gleich ist, weil $\int dm$ dem Gesagten zufolge stets $= 0$ ist.

Unter den unendlich vielen Axen, für welche die Momente genommen werden können, giebt es eine, in Bezug auf welche die Summe der magnetischen Momente ein Maximum wird, und diese nennt man die magnetische Axe. Wird die Nadel oder der Stab horizontal beweglich aufgehängt, so werden sie nach den Lehren der Mechanik in einer solchen Lage zur Ruhe kommen, in welcher die magnetische Axe parallel ist dem Durchschnitt der horizontalen Ebene

[1]) Intensitas vis magneticae terrestris ad mensuram absolutam revocata. Götting. 1833.

mit der Ebene des magnetischen Meridians. Uebrigens ist die magnetische Axe keine einzige, bestimmte Linie, vielmehr nur eine Richtung, und es giebt daher in einem magnetischen Körper deren unzählig viele, die jedoch alle unter sich parallel sind.

Wir wollen nunmehr die Summe der magnetischen Momente mit Bezug auf irgend eine Axe auf diejenige nach der magnetischen zurückführen. Seien x, y, z die rechtwinklichten Coordinaten eines Punktes im Magnetstabe, dm der freie Magnetismus daselbst. Man ziehe eine beliebige Linie, die mit den Coordinatenaxen die Winkel α, β, γ bilde, so ist die Entfernung des Punktes xyz von dem Anfangspunkt der Coordinaten nach dem elementaren Satze der Geometrie, $x \cos. \alpha + y \cos. \beta + z \cos. \gamma$, und daher die Summe der magnetischen Momente für diese Linie

$$X \cos. \alpha + Y \cos. \beta + Z \cos. \gamma \ldots . \quad (1)$$

wenn die Summe $\int x dm$ mit X

$\int y dm$ mit Y

$\int z dm$ mit Z bezeichnet wird.

Der Werth (1) giebt somit die Summe der Momente für jede beliebige Axe, wenn man α, β, γ entsprechend wählt. Man kann diesem Werthe eine noch zweckmässigere Form geben, indem man setzt:

$$X = M \cos \alpha_1$$
$$Y = M \cos \beta_1$$
$$Z = M \cos \gamma_1$$

und da man hier drei Gleichungen und vier Unbekannte hat, noch die Bedingung hinzufügt, dass $\cos^2 \alpha_1 + \cos^2 \beta_1 + \cos^2 \gamma_1 = 1$ sei. Damit findet sich dann $M = \sqrt{X^2 + Y^2 + Z^2}$ und der Werth (1) geht über in

$$M (\cos \alpha \cos \alpha_1 + \cos \beta \cos \beta_1 + \cos \gamma \cos \gamma_1) \ldots (2)$$

Da nun $\cos^2 \alpha + \cos^2 \beta + \cos^2 \gamma = 1$

$\cos^2 \alpha_1 + \cos^2 \beta_1 + \cos^2 \gamma_1 = 1$, so lehrt die Geometrie, dass der Factor von M einem Cosinus gleichgesetzt werden kann, $= \cos w$; daher wird (2) $= M \cos w$.

Dieser Werth wird ein Maximum für $w = 0$, und somit ergiebt sich die Summe der Momente für die magnetische Axe $= M$. Es ergiebt sich demnach

1) wenn man drei rechtwinklichte Coordinaten annimmt, die Summe das Momente nach diesen Axen mit X, Y, Z bezeichnet, dass das Moment für die magnetische Axe gleich sei $\sqrt{X^2 + Y^2 + Z^2}$ aus diesem Moment für die magnetische Axe erhält man das

für jede andere, wenn man es mit cos w multiplizirt, wo w der Winkel ist, den beide Axen mit einander bilden.

3) Die Summe der Momente mit Bezug auf alle Axen, welche senkrecht auf der magnetischen stehen, ist $= 0$. Fällt also die eine der rechtwinklichten Coordinatenaxen, z. B. die der x mit der magnetischen zusammen, so ist $\int ydm$ und $\int zdm = 0$.

Wir wollen bei dieser Gelegenheit noch über einen Aufsatz von Vorselman de Heer [1]) zu Deventer berichten, welcher von der Bestimmung der Inclination handelt. Der Verfasser sucht darin nachzuweisen, dass die Mayer'sche Methode, die Inclination aus vier beobachteten Werthen derselben zu berechnen, nicht ausreiche, da nicht vier, sondern sechs unbekannte Grössen zu eliminiren seien. Die bisherigen vier sind bekanntlich: die wahre Neigung, die Lage des Schwerpunkts der Nadel, und das Verhältniss des Drehungmoments der Schwere zu dem magnetischen, welches letztere sich mit dem Umstreichen der Nadel ändert, und also zwei Unbekannte liefert. Nach dem Verfasser aber hätte man sechs Unbekannte, weil er die magnetische Axe keine einfache Linie sein lässt, sondern sie aus zweien Graden bestehend annimmt, die sich in der Drehaxe der Nadel schneiden; jede Hälfte der Nadel erhält dadurch eine verschiedentlich gerichtete magnetische Axe, und man bekömmt sechs Unbekannte und nur vier Gleichungen zur Elimination derselben. Wie man sieht, ist jedoch diese Annahme unrichtig, und der Einwand des Verfassers gegen die bisherige Art, die Inclination zu berechnen, unhaltbar.

V. Bestimmung des Trägheitsmoments eines schwingenden Magnetstabes.

Zu den schönsten Resultaten, welche wir den Arbeiten von Gauss im Gebiete des Magnetismus verdanken, gehört die scharfe Bestimmung des Moments der Trägheit. Man versteht darunter bekanntlich die Summe der Producte aus den Massentheilchen eines schwingenden Körpers, in das Quadrat ihrer Entfernung von der Schwingungsaxe, wobei diese Entfernung in der Ebene der Schwingungen gemessen wird. Die Mechanik lehrt dieses Moment für gewisse, einfach gestaltete und homogene Körper finden, und dergleichen hat man denn bis jetzt auch angewandt. Allein bei der jetzigen Art, die magnetischen Beobachtungen anzustellen, wo ausser den grösseren Ma-

[1]) bibl. univ. Nov. 1835.

gnetstäben, bei denen es misslich wäre, eine genau gearbeitete Form und eine homogene Masse anzunehmen, noch andere Theile dazutreten, z. B. der Spiegel, deren Moment der Trägheit nicht zu berechnen ist, finden diese Lehren der Mechanik keine Anwendung. Diese Schwierigkeit hat Gauss durch ein scharfsinniges Verfahren überwunden. Wir wollen zuvörderst bemerken, dass, was die Art betrifft, wie man jetzt die Magnetnadeln beobachtet, sie so häufig beschrieben worden, und auch schon so vielfältig angewandt wird, um eine Erläuterung derselben hier überflüssig zu machen [1]).

Schwingt eine horizontale Nadel, so ist bekanntlich für eine Schwingung, die von der Amplitude unabhängig ist, $t^2 = \frac{\pi^2 M}{\varphi h}$, wo t die Zeit, φ die Intensität der Erdkraft nach dem Horizont zerlegt, h die Summe der magnetischen Momente mit Bezug auf die magnetische Axe, (siehe vorigen Abschnitt), und M das Moment der Trägheit ist. Im Folgenden wird es sehr nöthig sein, an die Zeit t alle Correctionen anzubringen; was jedoch diejenige für die Amplitude betrifft, so übergehen wir sie hier, weil sie hinlänglich bekannt, und jetzt sogar bei den kleinen Amplituden, in welchen die schweren Magnetstäbe schwingen, sehr viel unbedeutender ist, als früher, wo man wegen der Kleinheit der Nadeln genöthigt war, sie in grossen Bogen schwingen zu lassen. Dagegen wird nunmehr bei den bedeutenden magnetischen Massen, die Torsionskraft beträchtlicher, und ist genau in Rechnung zu ziehen, da sie die Dauer einer Schwingung verkürzt.

Es sei die Magnetnadel so aufgehängt, dass durch ihre Richtung der Faden, an welchem sie befestigt, nicht aus seiner Ruhelinie kommt. Dreht man hierauf den Faden v Grade um sich, und bildet die Nadel mit dem Meridian den Winkel u, so ist nach wohlbekannten Sätzen $\varphi h \sin u = \vartheta\,(v - u)$

oder, da u ein kleiner Winkel, $\varphi h . u = \vartheta\,(v - u)$.

Daher ist $\frac{\varphi h}{\vartheta}$ oder $\frac{v}{u} - 1$ durch Versuche zu finden; es werde diese Grösse mit n bezeichnet. Braucht nun der Magnetstab zu einer Schwingung, nach angebrachter Correction wegen der Amplitude, die

[1]) Ausserdem findet man das Nöthige in dem Werke von Gauss und Weber: Resultate der Beobachtungen des magnetischen Vereins. Göttingen 1837.

Zeit t, so hat man $t^2 = \frac{\pi^2 M}{\varphi h + \vartheta}$

Ohne hinzutretende Torsion, würde diese Zeit t_1 sein, und man würde haben $t_1{}^2 = \frac{\pi^2 M}{\varphi h}$

Den Werth von $t_1{}^2$, um den es sich handelt, erhält man daher aus dem beobachteten, wenn man t^2 mit $\frac{n+1}{n}$ multiplicirt, wodurch der Einfluss der Torsion herausgeschafft ist.

Die Grösse ϑ hängt, wie man weiss, von den Dimensionen und der Substanz der Fäden oder Dräthe ab. In der Regel wendet man ungedrehte Seidenfäden an, wie sie im Handel vorkommen, und von denen jeder gewöhnlich aus 4 einfachen Coconfäden besteht. Gauss giebt an, dass ein solcher beinahe 30 Grammen zu tragen vermag, wonach also die Zahl der Fäden ungefähr berechnet werden kann, die im Stande sind, einen Magnetstab von einem gegebenen Gewicht zu tragen. Die Torsion fällt bei Anwendung von Seidenfäden viel geringer aus, als wenn man einen gleich langen Metallfaden nehmen würde, der dasselbe Gewicht zu tragen vermag. Inzwischen bieten die Seidenfäden mehrere Unbequemlichkeiten dar; sie dehnen sich anfangs, wenn sie zu tragen bekommen, sehr aus, verändern ferner ihre Länge, je nach dem Zustand der Feuchtigkeit der Luft, und endlich ist ihre Torsionskraft, wie Gauss durch Versuche ermittelt, verschieden, je nach dem Gewichte, das sie spannt, und zwar ist sie grösser, wenn das Gewicht vermehrt wird. So wurde $\vartheta = 0{,}00167 . \varphi h$ gefunden, als die Seidenfäden nur die Nadel, d. h. ein Gewicht von 496,2 Grammen trugen, hingegen war $\vartheta = 0{,}0023542 . \varphi h$, als das Gewicht bis auf 710,8 Gr. vermehrt wurde. Bei Metallfäden aber lehren die Versuche Coulomb's, dass ihre Torsionskraft von dem Gewichte, das sie tragen, unabhängig ist. Es dürfte daher am zweckmässigsten sein, die Dimensionen der Magnetstäbe zu vergrössern und Metallfäden anzuwenden, wie dies auch bereits geschieht, da man Stäbe von 25 Pf. Gewicht gebraucht.

Folgendes Beispiel von Gauss wird der Methode, den Werth von n zu bestimmen, zur Erläuterung dienen.

	v	u
I	300°	+0° 4′ 19,5″
II	240°	−0 0 19,6
III	180°	−0 4 40,5

Während dieser Versuche wurde zugleich eine andere Nadel beobachtet, um die stattfindenden Variationen der Abweichung in Rechnung ziehen zu können. Diese letztere bewegte sich während dess nach der entgegengesetzten Seite und zwar um 34,4″ bei der Beobachtung II, und um 53,3″ bei der Beobachtung III. Diese Veränderungen sind also zu addiren, und es ergiebt sich.

	v	u
I	300°	+0° 4′ 19,5″
II	240	+0 0 14,8
III	180	−0 3 47,2

Hieraus findet sich nun $\frac{\varphi h}{\vartheta}$ oder n

aus I und II = 881,7
II und III = 891,5
I - III = 886,6.

Und dieser grosse Werth von n zeigt, dass in der That die angewandten Seidenfäden eine sehr geringe Torsionskraft besassen.

Um nun das Moment der Trägheit eines Stabes zu bestimmen, befestigt Gauss auf demselben eine schmale Leiste, und lässt von derselben zwei Gewichte (p), in der Entfernung (r_1) von der Aufhängeaxe, und in einer und derselben verticalen Ebene mit ihr, herabhängen, welche Gewichte mittelst feiner Spitze auf dem Holze stehen. Das Moment der Trägheit wird nunmehr $M + C + 2pr_1^2$, wo die Grösse C, welche mit Bezug auf r_1 eine Constante ist, einmal das Trägheitsmoment der hölzernen Leiste enthält, welches unveränderlich ist, und dann einen Theil des Trägheitsmoments derjenigen Theile des Gewichts, welche sich in einer verticalen Ebene befinden, die durch den Schwerpunkt der Gewichte und senkrecht auf der magnetischen Axe stehend, gelegt worden. Befindet das Gewicht sich unterhalb des Magnetstabes, und ist die Spitze, durch welche es auf derselben steht, mittelst eines unbiegsamen Drahtes mit dem Gewicht verbunden, so sind z. B. die Theilchen dieses Drahtes nicht in der Entfernung r_1 von der Schwingungsaxe; inzwischen kann das Quadrat ihrer eigentlichen Entfernung gleichgesetzt werden $r_1^2 + a_2^1$, wo a die Entfernung der Theilchen von der verticalen Linie bezeichnet, welche durch die Spitze und den Schwerpunkt des Gewichts geht, und sich mit r_1 nicht ändert. Für dergleichen Massentheile setzt sich das

Trägheitsmoment demnach aus einem constanten und einem von r_1 abhängenden Gliede zusammen.

Schwingt demnach eine so beschwerte Nadel, so hat man

$$t_1^2 = \frac{\pi^2}{\varphi h} (M + C + 2pr_1^2)$$

$$t_2^2 = \frac{^2}{\varphi h} (M + C + 2pr_2^2) \text{ u. s. f.}$$

Wird in diesen Gleichungen $\frac{M+C}{2p} = y$, $\frac{2p\pi^2}{\varphi h} = \frac{1}{x}$ gesetzt, so erhalten die Gleichungen die Form $t_1^2 = \frac{r_1^2 + y}{x}$

$$t_2^2 = \frac{r_2^2 + y}{x} \text{ u. s. w.,}$$

wo y und x, falls man mehrere Beobachtungen anstellt, nach der Methode der kleinsten Quadrate zu bestimmen sind. Mittelst des Werthes von x erhält man unmittelbar $\varphi h = 2p\pi^2 x$. und ist φh bekannt, dann ist es auch M. Man braucht zu dem Ende nur den Stab unbeschwert schwingen lassen. Ist endlich M bekannt, so erhält man C aus dem Werthe für y.

Soll man die Methode der kleinsten Quadrate zur Bestimmung von x und y anwenden, so muss man für die letztern angenäherte Werthe annehmen, und ihre Correctionen Δx und Δy berechnen. Bezeichnen x und y diese Annäherung, setzt man $\sqrt{\frac{r_1^2 + y}{x}} = A_1$, so erhält man nach dem Taylor'schen Satze

$$t_1 = A_1 + \frac{1}{2A_1 x} \cdot \Delta y - \frac{A_1}{2x} \Delta x$$

$$t_2 = A_2 + \frac{1}{2A_2 x} \cdot \Delta y - \frac{A_2}{2x} \Delta x \text{ u. s. f.,}$$ welche

Gleichungen in Bezug auf Δy und Δx nach der Methode der kleinsten Quadrate zu behandeln sind.

Gauss führt am angeführten Orte folgendes Beispiel an. Ein Magnetstab brauchte zu einer Schwingung

I		unbeschwert	15,24515″	$= t$
II	mit Gewichten	$r_1 = 180^{mm}$	24,65717	$= t_1$
III	- -	$r_2 = 130$	20,79228	$= t_2$
IV	- -	$r_3 = 80$	17,68610	$= t_3$
V	-	$r_4 = 30$	15,82958	$= t_4$

Jedes der beiden, genau gleich schwer zu wählenden Gewichte

betrug 103257,2 Milligrammen (der unbeschwerte Magnetstab wog 96,2 Grammen). Die angegebenen Zeiten sind bereits corrigirt 1) wegen der Veränderung der Intensität des Erdmagnetismus im Laufe des Versuchs, welche Veränderung durch die Schwingungsdauer einer andern Nadel ermittelt wurde, 2) wegen der Torsion, und zwar fand sich der Werth von n, wie bereits angegeben, für den beschwerten und unbeschwerten Stab verschieden, 3) wegen der Amplitude und 4) wegen der Retardation der Uhr gegen mittlere Zeit.

Aus den Beobachtungen II und IV ergiebt sich $x = 88,13646$
$y = 21184,85$
$\varphi h = 179641070$
aus der Beobachtung I $M = 4230282000.$

Mit diesen angenäherten Werthen ergiebt die Methode der kleinsten Quadrate $x = 88,10416$
$y = 21172,47$
$\varphi h = 179575250$
$M = 4228732400, \; C = 143686600.$

Wie genau sich diese Werthe den Beobachtungen anschliessen, ersieht man, wenn man mittelst derselben die Werthe t_1, t_2 u.s.w. berechnet. Es finden dann folgende Differenzen statt, II $+ 0,00167''$
III $- 0,00454$
IV $+ 0,00436$
V $- 0,00153.$

Ich hatte diese Bestimmung des Trägheitsmoments wiederholt, um hier über das practische Detail, welches in der ersten Abhandlung von Gauss nicht mitgetheilt worden, das Nöthige angeben zu können. Seit der Zeit jedoch, wo das angeführte Werk von Gauss und Weber erschienen, welches diesem Mangel abhilft, hat dies weiter kein Interesse, und ich begnüge mich hier auf jenes Werk zu verweisen.

Wir wollen noch darauf aufmerksam machen, dass sich das Trägheitsmoment eines Stabes auch bestimmen lassen wird, ohne dass derselbe zu schwingen braucht. Denn umgiebt man denselben mit Kupferdraht nach Art eines Galvanometers, und erregt in diesem einen magneto-elektrischen Strom, so wird, nach den bisherigen Versuchen, eine sehr constante Ablenkung erhalten. Die Kraft des Stromes ist dann proportional dem Sinus des halben Ablenkungswinkels (a) und der Quadratwurzel aus dem Moment der Trägheit des Stabes. Beschwert man den letzteren also mit Gewichten, so wird die

Ablenkung durch denselben Strom verringert, und man erhält für sin. ½a ähnliche Bedingungsgleichungen, wie die obigen für t sind.

VI. Ueber die Ablenkung einer horizontal beweglichen Nadel durch einen Magneten.

Dies Problem ist ein sehr altes, und von dessen Lösung hängen einige der wichtigsten Aufgaben im Gebiete des Magnetismus, die Abnahme der magnetischen Wirkung mit der Entfernung, und die Bestimmung der absoluten magnetischen Erdkraft ab. Vielfältige Versuche sind von jeher gemacht worden, dasselbe zu lösen, die aber jetzt wenig Interesse darbieten, seitdem Gauss das Problem in seiner Allgemeinheit aufgestellt und so gelöset hat, dass nichts zu wünschen übrig bleibt. Wir theilen im Folgenden diese schöne Untersuchung mit, indem wir noch einmal bemerken, dass wir von einer Magnetnadel nur der leichtern Verständigung wegen, und um den beweglichen Magneten vom ruhenden zu unterscheiden, reden.

Wenn ein Stab eine horizontal bewegliche Nadel ablenkt, so kommen drei Kräfte in Betracht, die sich das Gleichgewicht halten: die Richtkraft der Nadel, die Torsion ihres Fadens, und endlich die Anziehung und Abstossung des Magneten. Gauss bildet die Bedingungsgleichung des Gleichgewichts mittelst des Prinzips der virtuellen Geschwindigkeiten. Es bezeichne W die Summe der Producte aus den Kräften in die unendlich kleinen Bewegungen der Punkte, auf welche sie wirken, und zwar in der Richtung der Kräfte genommen: so ist die Bedingung des Gleichgewichts, wie sie jetzt ausgesprochen wird, diese: dass W für keine, mit den sonstigen Bedingungen des Systems verträgliche Bewegung einen positiven Werth annehmen dürfe. Da nun in dem Falle, der uns beschäftigt, die Bewegung einer am Faden aufgehängten Nadel betrachtet wird; da dieser Faden keine andere Bewegung verhindert, als diejenige, welche ihn zu verlängern strebt; da also die Bewegung der Nadel in der horizontalen Ebene, welche in einer Veränderung der Ablenkung oder des Azimuth u besteht, völlig frei ist, und daher sowohl nach der einen als nach der entgegengesetzten Seite hin gerichtet sein kann: so muss für diesen Fall $W = o$ sein.

Es seien x, y, z die rechtwinklichten Coordinaten eines Punktes der Nadel, gezählt von einem Punkte h in der Drehungsaxe; es bezeichne e den freien Magnetismus des Punktes. Liegen x und y horizontal, und x in der Richtung des magnetischen Meridians, so ist derjenige Theil von W, der durch die Richtkraft der Nadel entsteht φedx, mit φ die horizontale Intensität der Erdkraft bezeichnet.

Es seien ferner X, Y, Z die Coordinaten eines Punktes im Stabe, E sei freier Magnetismus; die Entfernung desselben von dem in der Nadel betrachteten Punkte wird sein $r = \sqrt{(X-x)^2 + (Y-y)^2 + (Z-z)^2}$ Nimmt man an, die magnetische Kraft wirke umgekehrt wie die n^{te} Potenz der Entfernung, so tritt zu W, wegen der Entfernung des Magneten, das Glied $\frac{Eedr}{r^n}$.

Endlich ist noch die Torsion zu betrachten. Wenn die Nadel im Zustand des Gleichgewichts um den Winkel u aus dem Meridian gelenkt ist, so wird der Faden im Allgemeinen bei einem Winkel N ohne Torsion sein. Die Drehungskraft, welche durch die Torsion bewirkt wird, ist also $\vartheta(N-u)$, und in die unendliche kleine Bewegung nach der Richtung der wirkenden Kraft multiplizirt $\vartheta(N-u)du$.

Somit ist $W = \varphi \sum edx + \sum \frac{Eedr}{r^n} + (N-u)\,du$,

wo das Summationszeichen des ersten Gliedes alle möglichen Punkte der Nadel, und das im zweiten Gliede die sämmtlichen Combinationen aller Punkt im Stabe und in der Nadel bezeichnet. Dieser Ausdruck muss $= 0$ sein, oder wenn man ihn integrirt, so lässt sich die Bedingung des stabilen Gleichgewichts dahin angeben, dass $\varphi \sum ex - \sum \frac{Ee}{(n-1)r^{(n-1)}} - \frac{1}{2}\vartheta(N-u)^2$ ein Maximum werde mit Bezug auf u; würde es ein Minimum, so wäre das Gleichgewicht von der Art, wie man es instantan nennt. Es macht jedoch keine Schwierigkeit, beide Fälle von einander zu unterscheiden.

Um den letzten Ausdruck nach u zu differentiren, und das Differentiale $= 0$ setzen zu können, müssen die Grössen x und r der ersten beiden Glieder in u ausgedrückt werden; das letzte enthält diesen Werth bereits.

Statt des Coordinatensystems sollen deren zwei angenommen werden, das eine in der Nadel von einem Punkte k ausgehend, und so gelegt, dass die horizontale Axe der a mit der magnetischen Axe zusammenfalle; die Axe der b steht darauf senkrecht und ist ebenfalls horizontal gerichtet; die Axe der c steht vertical. Das andere Coordinatensystem liegt in dem Stabe, der, wie vorausgesetzt wird, sich mit der Nadel in ungefähr derselben Höhe befindet. Der Anfangspunkt dieser Coordinaten ist der Punkt K, der mit dem entsprechenden Punkte k sich in derselben horizontalen Ebene befindet, die Axen A und B liegen horizontal, die erstere fällt mit der magnetischen Axe des Stabes zusammen; die Axe C steht vertikal.

Da hier zwei isolirte Coordinatensysteme angenommen, so muss die gegenseitige Lage beider gegeben sein. Zieht man zwischen k und K eine gerade Linie, so muss angegeben werden

1) die Grösse dieser Linie oder R,

2) der Winkel, den sie mit dem magnetischen Meridian bildet oder ψ. Durch R und ψ wäre allerdings der Punkt K mit Bezug auf das Coordinatensystem der Nadel gegeben, allein die Lage des Stabes wäre noch in so fern beliebig, als man den Stab um diesen Punkt drehen könnte. Um diese Lage völlig zu bestimmen, muss

3) noch der Winkel gegeben sein, den die magnetische Axe des Stabes, oder die Axe der A mit dem Meridian bildet, und dieser Winkel werde mit U bezeichnet.

Durch R, ψ und U sind beide Coordinatensysteme mit einander verbunden. Gauss bezieht, wegen grösserer Allgemeinheit, den Punkt K auf einen Punkt k_1 in der Nadel, in derselben horizontalen Ebene, und nahe an k liegend. Denn, wenn der Stab, wie es die Versuche erfordern, in verschiedenen Entfernungen R gebracht wird, so bleibt dabei der Punkt K immer in einer und derselben geraden Linie, die aber nicht nothwendig durch den Punkt k gehen wird. Es seien α, β die Coordinaten des Punktes k in der horizontalen Ebene; die verticale Coordinate dieses Punktes ist der Annahme nach = o. Bildet nunmehr die magnetische Axe der beweglichen Nadel mit dem Meridian den Winkel u, so erhält man für die frühern Coordinaten x, y, z, X, Y, Z, zufolge bekannter Sätze über die Transformation der Coordinaten, folgende Werthe:

$$x = a \cos. u - b \sin. u$$
$$y = a \sin. u + b \cos. u$$
$$z = c$$
$$X = \alpha + R \cos. \psi + A \cos. U - B \sin. U$$
$$Y = \beta + R \sin. \psi + A \sin. U + B \cos. U$$
$$Z = C,$$

welche Werthe in den obigen Ausdruck, der ein Maximum werden soll, zu setzen sind. Sein erstes Glied $\varphi \Sigma ex$ wird dadurch $\varphi \cos. u \Sigma ea - \varphi \sin. \Sigma eb$, wo das letztere verschwindet, weil Σeb die Summe der Momente des freien Magnetismus mit Bezug auf die Axe der bist, welche senkrecht auf der magnetischen Axe steht. Σea ist dasselbe Moment, aber für die magnetische Axe genommen; wir werden es mit h bezeichnen. Somit wird $\varphi \Sigma e x = \varphi h \cos. u$, und nach u differentiirt $- \varphi h \sin. u$.

Bei dem zweiten Gliede $\frac{1}{n-1} \sum \frac{E e}{r^{(n-1)}}$ wird es für unsern Zweck auf eine Entwicklung nach negativen Potenzen von R ankommen, weil diese Grösse in Bezug auf die übrigen linearen Grössen, d. h. in Bezug auf die Dimensionen des Stabes und der Nadel, immer beträchlich ist. Die einfachste Form, in welche man zum Behuf dieser Entwicklung die Grösse r^2 oder $(X-x)^2+(Y-y)^2+(Z-z)^2$ bringen kann, ist diese

$$r^2 = (R + q^2) + l$$

wo $q = \alpha \cos. \psi + \beta \sin. \psi + A \cos. (\psi - U) + B \sin. (\psi - U)$
$- a \cos. (\psi - u) - b \sin. (\psi - u)$

$$l = \left[\alpha \sin. \psi - \beta \cos. \psi + A \sin. (\psi - U) - B \cos. (\psi - U) - a \sin. (\psi - u) + b \cos. (\psi - u)\right]^2 + (C - c)^2$$

Daher wird . . . $\frac{1}{r^{n-1}} = \frac{1}{\left[(R+q^2)+l\right]^{\frac{n-1}{2}}}$

Entwickelt man nun diesen Ausdruck zuerst nach negativen Potenzen von R+q, so wird

das erste Glied $\frac{1}{(R+q)^{n-1}} = \frac{1}{R^{n-1}} - (n-1)q\frac{1}{R^n} + \frac{(n-1)n}{1\,.\,2}q^2\frac{1}{R^{n+1}} + \ldots$

zweite - $-\frac{(n-1)}{2}l\frac{1}{(R+q)^{n+1}} = -\frac{(n-1)}{2}l\frac{1}{R^{n+1}} + \ldots\ldots$

und so ergiebt sich

$$\frac{1}{r^{n-1}} = \frac{1}{R^{n-1}} - (n-1)q\frac{1}{R^n} + \frac{(n-1)}{2}\left(nq^2 - l\right)\frac{1}{R^{n+1}}$$
$$-(n-1)\left(\frac{n^2+n}{6}q^3 - \frac{n+1}{2}ql\right)\frac{1}{R^{n+2}} + \ldots.$$

Diese Reihe ist mit $\frac{Ee}{(n-1)}$ zu multipliziren, für E und e alle möglichen Werthe zu setzen und zu summiren. Berücksichtigt man nun, dass Σe und ΣE als die Summen des Magnetismus in der Nadel und im Stabe $= o$ sind, dass eben so, nachdem was im Abschnitt über die magnetische Axe bemerkt worden, Σeb, Σec, ΣEB, ΣEC verschwinden, so fallen die beiden ersten Glieder der Reihe fort, und das erste Glied von den zu berücksichtigenden wird

$$\tfrac{1}{2} n \Sigma q^2 Ee - \tfrac{1}{2} \Sigma l Ee \text{ multiplizirt in } \frac{1}{R^{n+1}}.$$

Aus demselben Grunde aber bleibt hierin

von q^2 nur das Glied $-2Aa\cos.(\psi-U)\cos(\psi-u)$
- 1 - - - $-2Aa\sin.(\psi-U)\sin.(\psi-u)$.

Bezeichnet man daher das magnetische Moment des Stabes mit h_1, wie das der Nadel mit h, so wird das erste zu berücksichtigende Glied

$$hh_1\Big(n\cos.(\psi-U)\cos.(\psi-u)-\sin.(\psi-U)\sin.(\psi-u)\Big)\frac{1}{R^{n+1}}$$

(Die Zeichen unter der Klammer sind entgegengesetzt, weil das ganze Glied $\frac{1}{n-1}\sum\frac{Fe}{r^{n-1}}$ negativ ist.)

Die Coeffizienten von $\frac{1}{R^{n+2}}$, $\frac{1}{R^{n+3}}$, u. s. w. brauchen nicht weiter entwickelt zu werden, da ihre Kenntniss in der Folge nicht nöthig ist. Differentiirt man das erste Glied nach u, so ergiebt sich

$$hh_1\Big(n\cos.(\psi-U)\sin.(\psi-u)+\sin.(\psi-U)\cos.(\psi-u)\Big)=f$$

und daher wird die Bedingungsgleichung für das Gleichgewicht der Nadel

$$o=-\varphi h\sin.u+\frac{f}{R^{n+1}}+\frac{f^1}{R^{n+2}}+\ldots-\vartheta(u-N)\vartheta(u-N)$$

Da die Magnetnadel möglichst ohne Torsion aufgehängt, jedenfalls N unbedeutend anzunehmen ist, da u in den Versuchen auch nur ein kleiner Winkel und ϑ gegen φ unbeträchtlich ist, so kann man für $\vartheta(u-N)$ auch schreiben $\vartheta\sin.(u-N)$, und die Summe $\varphi h\sin.u+\vartheta\sin.(u-N)$ auf folgende Weise in einem Gliede darstellen.

Es sei u_0 der Winkel, welchen die Nadel mit dem Meridian bildet, falls kein zweiter Magnet sie ablenkt. Setzt man für u $u_0+(u-u_0)$ so, wird $\varphi h\sin.u+\vartheta\sin.(u-N)=\big(\varphi h\sin.u_0+\vartheta\sin.(u_0-N)\big)\cos.(u-u_0)+\big(\varphi h\cos u_0+\vartheta\cos(u_0-N)\big)\sin.(u-u_0)$
Das Glied aber, welches in $\cos.(u-u_0)$ multiplizirt ist, verschwindet, wegen der Natur des Werthes von u_0, nach welcher $\varphi h\sin.u_0=\vartheta\sin.(N-u_0)$.

Daher ist $\varphi h\sin.u+\vartheta\sin.(u-N)=\big(\varphi h\cos.u_0+\vartheta\cos.(u_0-N)\big)\sin.(u-u_0)$, und da u_0 und N kleine Winkel sind, unbedenklich

$$\varphi h\sin.u+\vartheta\sin.(u-N)=(\varphi h+\vartheta)\sin.(u-u_0).$$

Man erhält daher folgende Gleichung zur Bestimmung des Winkels u

$$(\varphi h+\vartheta)\sin.(u-u_0)=\frac{f}{R^{n+1}}+\frac{f^1}{R^{n+2}}+\frac{f^{11}}{R^{n+3}}+\ldots,$$

wo jedoch die Coefficienten f, f', f'' ebenfalls noch den Winkel u enthalten. Um denselben aus der Reihe rechts, mindestens aus denjenigen Gliedern fortzuschaffen, die später zur Anwendung kommen werden, wollen wir zuerst nur das erste Glied f betrachten und annehmen, man berücksichtige nur dieses. Dann wäre

$$(\varphi h + \vartheta)\sin.(u - u_0) = hh_1\Big(n\cos.(\psi - U)\sin.(\psi - u) + \sin(\psi - U)\cos.(\psi - u)\Big)R^{-(n+1)}$$

Setzt man in den Ausdruck rechts für u, $u_0 + (u - u_0)$, so erhält man

$$tg(u - u_0) = \frac{hh_1\Big(n\cos.(\psi - U)\sin.(\psi - u_0) + \sin.(\psi - U)\cos.(\psi - u_0)\Big)R^{-(n+1)}}{\varphi h + \vartheta + hh_1\Big(n\cos.(\psi - U)\cos.(\psi - u_0) - \sin.(\psi - U)\sin.(\psi - u_0)\Big)R^{-(n+1)}}$$

Das Glied, welches in $R^{-(n+1)}$ multiplizirt ist, ist also dem frühern Werthe von f ganz ähnlich, nur dass darin u nicht mehr vorkömmt, sondern durch u_0 ersetzt ist; ausserdem ist es noch durch $\varphi h + \vartheta$ dividirt. Was aber den übrigen Theil des Divisors betrifft, so giebt er bei der Entwickelung, wegen seines Factors $R^{-(n+1)}$, der an den gleichen Factor des Dividenden tritt, Glieder von der Ordnung $R^{-2(n+1)}$, die hier nicht in Betracht kommen.

Man kann auf ähnliche Weise verfahren, indem man von der Reihe für $\sin.(u - u_0)$ die andern Coefficienten betrachtet, und erhält daher folgende neue Reihe

$$tg(u - u_0) = \frac{g}{\varphi h + \vartheta}\cdot\frac{1}{R^{(n+1)}} + \frac{g'}{\varphi h + \vartheta}\cdot\frac{1}{R^{(n+2)}} + \ldots$$
$$= \frac{F}{R^{(n+1)}} + \frac{F_1}{R^{(n+2)}} + \ldots,$$

wo g, g', g'' dieselben Coefficienten als f, f', f''.... sind, indem nur in den letztern für u, u_0 gesetzt worden. Diese Aehnlichkeit beider Reihen hört inzwischen mit dem Gliede auf, welches in $\frac{1}{R^{2(n+1)}}$ multiplizirt ist, aus dem eben nachgewiesenen Grunde.

Statt der Tangente kann man auch den Bogen $(u - u_0)$ in eine solche Reihe entwickeln, die genau dieselben Coefficienten F, F_1, F_{11} ... enthält, bis zu demjenigen hin, welcher in $\frac{1}{R^{3(n+1)}}$ multiplizirt ist. Es leuchtet dieses augenblicklich aus der bekannten Relation zwischen dem Bogen und der Tangente ein, nach welcher.... $x = tgx - \frac{1}{3}tg^3x + \frac{1}{5}tg^5x - \ldots$.

Lässt man den Winkel U, durch welchen die Lage des Magnetstabes gegen den magnetischen Meridian bestimmt wird, um 180° sich verändern, d. h. legt man den Stab entgegengesetzt, so dass sein Südende dahin weiset, wo früher sein Nordende, so wird die Nadel nach der entgegengesetzten Seite abgelenkt werden, und zwar um den Winkel $-u_1$. Dieser letztere wäre nun in dem Falle $= u$, wo $u_0 = o$, d. h. wo die freie Nadel im Meridian selbst zur Ruhe kömmt, und wenn zugleich der Magnetismus des Stabes und der Nadel symmetrisch vertheilt ist. Da aber F weder von u noch u_1 abhängt, so wird trotz des Mangels an Symmetrie und des von o verschiedenen Werthes von u_0, die Beobachtung mit dem entgegengesetzt liegenden Stabe eine Reihe ergeben, die mit demselben Werthe von F anfängt. Nur wird das Zeichen desselben entgegengesetzt sein, weil $\cos.(\psi - U)$ und $\sin.(\psi - U)$ ihr Zeichen ändern, wenn für U, $180 + U$ gesetzt wird. Aus dem Vorhergehenden erhellt also, dass auch $\frac{1}{2}(u - u_1)$ und dann $tg\frac{1}{2}(u - u_1)$ in ähnliche Reihen zu entwickeln sind, deren erster Coeffizient F ist.

Man kann ferner auch ψ um 180° verändern lassen, d. h. den ablenkenden Stab auf die entgegengesetzte Seite der Nadel legen. Macht man in dieser Lage ebenfalls zwei Beobachtungen u_2 und u_3, indem man den Magnetstab in die Lagen U und $180 + U$ bringt, so gilt dasselbe für $\frac{1}{2}(u_2 - u_3)$ und $tg\frac{1}{2}(u_2 - u_3)$, was so eben für $\frac{1}{2}(u - u_1)$ und $tg\frac{1}{2}(u - u_1)$ angegeben worden.

Wäre der Exponent n, der das Gesetz der Wirkungsabnahme der magnetischen Kraft ausdrückt, eine ungerade Zahl, so würden, wenn man die beiden Reihen für $u - u_0$ und $u_2 - u_0$ mit einander vergleicht, die ersten, dritten, fünften u. s. w. Coeffizienten, d. h. die Coeffizienten der ungeraden Ordnungszahl einander gleich sein, die Coffizienten von der geraden Ordnungszahl ebenfalls gleich, aber dem Zeichen nach entgegengesetzt. Dasselbe gilt für die Reihen $u_1 - u_0$ und $u_3 - u_0$. Somit ist es leicht einzusehen, dass in diesem Falle

$$u + u_2$$

und $u_1 + u_3$ Reihen ergeben, wo die alternirenden Glieder, welche in $R^{-(n+2)}$, $R^{-(n+4)}$ u. s. w. multiplizirt sind, verschwinden.

In der Wirklichkeit jedoch ist n eine gerade Zahl und zwar $= 2$; hierbei findet das Angegebene nicht statt, denn schon vom Gliede, welches in $R^{-2(n+1)}$ multiplizirt ist, werden die alternirenden Coeffizienten nicht mehr gleich und dem Zeichen nach entgegengesetzt. Bei der Entwickelung von $tg(u - u_0)$ aus $\sin.(u - u_0)$ sahen wir zu dem Gliede $R^{-2(n+1)}$ ein anderes hinzutreten, welches, wenn für ψ, $180+\psi$ gesetzt wird, sein Zeichen nicht ändert. Da nun $2(n+1)$ eine gerade Zahl ist, so gehört das Glied mit dem Factor $R^{-2(n+1)}$ demnach zu den Gliedern der ungeraden Ordnungszahl, wenn n ungerade ist; dagegen zu den Gliedern der geraden Ordnungszahl, wenn n, wie in der Wirklichkeit, $= 2$ oder überhaupt gerade ist.

Jedoch heben sich selbst für eine gerade Zahl n die alternirenden Coefficienten der Reihe $\frac{1}{4}(u-u_1+u_2-u_3)$ auf, und man erhält also

$$\operatorname{tg}\tfrac{1}{4}(u-u_1+u_2-u_3)=\frac{L}{R^{n+1}}+\frac{L'}{R^{n+2}}+\frac{L''}{R^{n+3}}+\ldots,$$

wo immer noch L dem frühern F gleich ist, also

$$=\frac{hh_1}{\varphi h+\vartheta}\Big(n\cos.(\psi-U)\sin.(\psi-u_0)+\sin.(\psi-U)\cos.(\psi-u_0)\Big).$$

Die Grösse $\frac{1}{4}(u-u_1+u_2-u_3)$ ist der arithmetische Mittelwerth aus den vier beobachteten Ablenkungen; die Zeichen — bei u_1 und u_3 rühren davon her, dass diese Winkel nach der entgegengesetzten Seite liegen; und daher an sich negativ genommen werden müssen. Wir werden in der Folge diesen Mittelwerth mit v bezeichnen.

Die Lage des ablenkenden Stabes ist bis jetzt beliebig angenommen worden; bei der Anwendung der entwickelten Formel ist es aber nöthig ψ und U zu messen, welches ohne Fehler nicht zu bewerkstelligen sein wird. Die Fehler bei der Bestimmung von ψ und U werden einen verschiedentlichen Einfluss je nach der Grösse dieser Winkel ausüben, und man hat diese letztern daher so zu wählen, dass dieser Einfluss auf das erste Glied F, dem wir im Vorhergehenden ausschliesslich Aufmerksamkeit geschenkt haben, und dass in der Folge gebraucht werden wird, ein Minimum werde. Dies wird dann der Fall sein, wenn ψ und U so gewählt werden, dass F in Bezug auf sie ein Maximum oder Minimum wird. Man hat folglich F nach beiden Grössen zu differentiiren, und die Differentialquotienten einzeln der Null gleich zu setzen, wodurch man folgende zwei Gleichungen erhält:

$$n\sin(\psi-U)\sin.(\psi-u_0)-\cos.(\psi-U)\cos.(\psi-u_0)=0$$

$$(n+1)\cos.(2\psi-U-u_0)=0$$

Man kann ihnen auf zwei verschiedene Weisen genügen:

I.

$$\psi=0 \quad \begin{cases} U=90 \\ U=270 \end{cases}$$

$$\psi = 180 \quad \begin{cases} U = 90 \\ U = 270 \end{cases}$$

II.

$$\psi = 90 \quad \begin{cases} U = 90 \\ U = 270 \end{cases}$$

$$\psi = 270 \quad \begin{cases} U = 90 \\ U = 270 \end{cases}$$

Eigentlich müsste in diesem Schema für ψ überall $\psi - u_0$ geschrieben werden, jedoch ist bei den Beobachtungen u_0 ein so kleiner Winkel, dass er hierbei zu vernachlässigen ist, ausserdem ist auch u_0 bei länger dauernden Versuchen nicht einmal constant. Da ψ der Winkel ist, den der Stab mit dem magnetischen Meridian der Nadel bildet, U derjenige, welcher seine magnetische Axe mit dem Meridian einschliesst, so ergiebt sich, dass nach der ersteren Art die Verlängerung der Nadel den Stab senkrecht trifft, nach der zweiten die Verlängerung des Stabes senkrecht steht auf der Nadel, vorausgesetzt, dass sie sich in allen Fällen im Meridian befindet. Ferner liegt der Stab nach I. nördlich oder südlich von der Nadel, nach II. östlich oder westlich; in allen Fällen aber schneidet seine magnetische Axe den Meridian rechtwinklicht.

Für das System I. wird der erste Coeffizient der Reihe $F = \frac{hh_1}{\varphi h + \vartheta}$

- - - II. - - - - - - - $= \frac{nhh_1}{\varphi h + \vartheta}$

und da n grösser als 1, so entspricht die Lage des Stabes im ersteren Falle dem Minimum der Anziehung, im zweiten dem Maximum.

VII. Beweis, dass die magnetische Kraft im umgekehrten Verhältnisse des Quadrats der Entfernungen abnehme.

Wenn eine Kraft nach allen Seiten hin gleichmässig wirkt, so ist es freilich am wahrscheinlichsten, dass sie sich umgekehrt wie das Quadrat der Entfernung verhalte; allein von diesem Schlusse bis zu dem eigentlichen Beweise ist in der Regel noch ein grosser Schritt. Bei der magnetischen Kraft sollte er deshalb noch grösser sein, als bei andern Kräften, weil man es hierbei mit zwei entgegengesetzten Kräften zu thun hat, die nicht von einander zu trennen sind, so dass es doppelt schwierig ist, gerade für diese Kraft das Gesetz der Molekularwirkung zu finden. Nichts desto weniger haben Coulomb und vor Allen Hansteen in seinem berühmten Werke über den Magnetismus es durch vielfältige Versuche ziemlich sicher begründet; Gauss jedoch hat die Richtigkeit desselben entschieden nachgewiesen.

Im vorigen Abschnitte haben sich zwei vortheilhafte Methoden ergeben, einen Magnetstab auf eine Nadel einwirken zu lassen, von denen die eine dem Maximum, die andere dem Minimum der Anziehung oder Abstossung für einen gegebenan Werth von R entspricht. Da jede einzelne Beobachtung, wie bemerkt, aus vier Ablesungen besteht, deren arithmetischer Mittelwerth in die Rechnung tritt, so werden wir denselben für das Maximum mit V, für das Mimmum mit v bezeichnen. Gauss theilt hierüber folgende Beobachtungsreihe mit:

R	V			v		
1,1'''				1°	57'	24,8''
1,2				1	29	40,5
1,3	2°	13'	51,2''	1	10	19,3
1,4	1	47	28,6	0	55	58,9
1,5	1	27	19,1	0	45	14,3
1,6	1	12	7,6	0	37	12,2
1,7	1	0	9,9	0	30	57,9
1,8	0	50	52,5	0	25	59,5
1,9	0	43	21,8	0	22	9,2
2,0	0	37	16,2	0	19	1,6
2,1	0	32	4,6	0	16	24,7
2,5	0	18	51,9	0	9	36,1
3,0	0	11	0,7	0	5	33,7
3,5	0	6	56,9	0	3	28,9
4,0	0	4	35,9	0	2	22,2

Nun ist dem vorigen Abschnitt zufolge

$$\operatorname{tg} V = \frac{nP}{R^{(n+1)}} + \frac{P_I}{R^{(n+3)}} + \frac{P_{II}}{R^{(n+5)}},$$

$$\operatorname{tg} v = \frac{P}{R^{(n+1)}} + \frac{Q_I}{R^{(n+3)}} + \frac{Q_{II}}{R^{(n+5)}},$$

so dass das Verhältniss der ersten Coeffizienten beider Reihen $= n$ ist. Die eben angeführten Zahlen zeigen nun deutlich, dass $\frac{\operatorname{tg} V}{\operatorname{tg} v}$ oder $\frac{V}{v}$ sich mehr und mehr der 2 nähern, je grösser R ist; ferner verhalten sich die beiden Reihen von Winkel nahe, wie die dritten Potenzen von R. Daher ist für n im Exponenten 2 zu setzen. Behält man nur die ersten beiden Glieder, so würde man demnach haben $\operatorname{tg} V = \frac{nP}{R^3} + \frac{P_1}{R^5}$, $\operatorname{tg} v = \frac{P}{R^3} + \frac{Q_1}{R^5}$.

Bestimmt man in den Werthen, welche sich hieraus für V und v ergeben, die Coeffizienten nach der Methode der kleinsten Quadrate, mittelst angenäherter Werthe für dieselben, so findet man das merkwürdige Resultat

$$\operatorname{tg} V = 0{,}086870 . R^{-3} - 0{,}002185 R^{-5}.$$
$$\operatorname{tg} v = 0{,}043435 . R^{-3} + 0{,}002449 R^{-5},$$

so dass also die beiden ersten Coeffizienten sich genau wie 2 : 1 verhalten.

Gauss führt an, dass, wenn man bei dieser Rechnung noch ein drittes Glied, welches in $\frac{1}{R^7}$ multiplicirt ist, beachtet hätte, die Genauigkeit, der Beachtungsfehler wegen, eher verringert, als vermehrt worden wäre. Da nun n unzweifelhaft = 2, so folgt aus dieser Bemerkung das für die Folge wichtige Resultat, dass in der Reihe nach negativen Potenzen von R nur zwei Glieder beizubehalten sind, oder, bestimmter ausgedrückt, dass, wenn die Länge der angewandten Magnete $0{,}3^m$ beträgt, wie das der Fall bei den obigen Beobachtungen gewesen ist, und wenn man mit dem ablenkenden Stabe in keine Entfernungen rückt, welche kleiner als das 4fache davon, nehmlich $1{,}2^m$ sind, dass dann die Glieder von $\frac{1}{R^7}$ zu vernachlässigen sind. Man kann übrigens, wie aus dem Folgenden erhellt, den Stab noch in eine Entfernung bringen, welche das 3fache der Länge beträgt, und das Glied $\frac{1}{R^7}$ vernachlässigen.

VIII. Bestimmung der absoluten Intensität der horizontalen magnetischen Erdkraft.

Es bedarf keiner Auseinandersetzung, wie nöthig es sei, die magnetische Erdkraft unabhängig zu machen von der zufälligen und veränderlichen Intensität der Magnete. Bekannt ist es, dass Poisson zuerst eine Methode angegeben hat, diese Aufgabe mittelst der Combination zweier Magnete zu lösen, die von mehreren Physikern, auch von Riess und mir versucht worden ist, jedoch ohne Erfolg.

Nach der früheren Art, Magnetnadeln, und zwar kleine, schwingen zu lassen, hing bei der Poisson'schen Methode das Endresultat von kleinen Differenzen zwischen beobachteten Zeiten ab, die wenig von einander unterschieden und mit einem einflussreichen Beobachtungsfehler behaftet waren, der seinen vollen Werth geltend machte. Da jedoch dieser Gegenstand durch Gauss eine andere Gestalt angenommen, so lohnt es nicht der Mühe, über die frühere Methode viel Worte zu verlieren.

Die Aufgabe, die horizontale Erdkraft absolut zu messen, lässt sich einfach folgender Art einsehen. Durch die Oszillationsdauer eines Magnetstabes ist φh_1 bekannt $= \frac{\pi^2 M}{t^2}$; es handelt sich jedoch darum φ von h zu trennen. Diess wäre bewirkt, wenn sich eine andere Combination beider Grössen, z. B. $\frac{h_1}{\varphi}$ bestimmen liesse. Denn setzt man $\varphi h_1 = a$

$$\frac{h_1}{\varphi} = b$$

So wäre dann $\varphi = \sqrt{\frac{a}{b}}$. Die Aufgabe $\frac{h_1}{\varphi}$ mittelst der Ablenkung eines Stabes zu finden, ist bereits in dem Abschnitte: Ablenkung einer Nadel durch einen Magnetstab gelöset, und es ist nur nöthig, die dortige Formel zu unserm Zwecke zu verwenden. Da man in der Reihe für tg v den ersten Coefficienten zur Bestimmung von $\frac{h_1}{\varphi}$ benutzt, so ist der ablenkende Stab so zu legen, dass dieser Coefficient ein Maximum werde, d. h. man wird ihn in den magnetischen Aequator der Nadel legen. Man hat dann mit Vernachlässigung von R^{-7} u. s. w.

$$\operatorname{tg} V = \frac{P}{R^3} + \frac{P_1}{R^5},$$

und wenn für zwei verschiedene Entfernungen R, R_1 die Grössen V, V_1 beobachtet sind

$$P = \frac{R_1{}^5 \operatorname{tg} V_1 - R^5 \operatorname{tg} V}{R_1{}^2 - R^2},$$

P aber ist $= \frac{2\, h h_1}{\varphi h + \vartheta}$; multiplicirt man also P mit dem be kannten Werthe von $\frac{1}{2}\left(1+\frac{\vartheta}{\varphi h}\right)$, so erhält man die gesuchte Grösse $\frac{h_1}{\varphi}$.

Wir wollen nunmehr die Operationen zur Bestimmung der absoluten Intensität in der Art zusammenfassen, dass wir angeben, welche Grössen bekannt sein müssen, um die definitive Lösung des Problems herbeizuführen. Von dem abgelenkten Stabe (der Nadel) hat man ausser den Werthen von V und V_1, nur das Verhältniss der Torsion ϑ zu ihrem Drehungsmoment φh zu kennen, welches durch Beobachtungen mittelst des Torsionskreises bewirkt wird. Von dieser Nadel hat man weder das Trägheitsmoment, noch die Dauer einer Oszillation zu wissen; man braucht sie also nicht schwingen zu lassen.

Von dem ablenkenden Magnetstabe muss φh_1 bekannt sein, und diess setzt 1) die Kenntniss von $\frac{\vartheta}{\varphi h}$ und 2) diejenige des Moments der Trägheit voraus. Mit diesem Stabe müssen also die Versuche angestellt werden, die bereits früher in dem Abschnitt, der vom Moment der Trägheit handelt, beschrieben worden sind.

Folgendes Beispiel entlehnen wir aus der Gauss'schen Abhandlung. Das Moment der Trägheit des ablenkenden Stabes war bereits früher gefunden, = 4228732400. Um für ihn die Dauer einer Schwingung zu bestimmen, wurden 305 Oszillationen beobachtet, und nach angebrachter Correction wegen der Amplitude fand sich dieselbe = 15,22450″ = t_1.

Wegen der täglichen Retardation der Uhr von 14,24″ ist t_1 zu multipliciren mit $\frac{86400}{86385,76}$ und wegen der Torsion $\left(\frac{\vartheta}{\varphi h_1} \text{ war} = \frac{1}{597,4}\right.$ gefunden$\Big)$ mit $\sqrt{\frac{598,4}{597,4}}$.

Endlich ist an t_1 noch eine Correction wegen der Variation der magnetischen Intensität, die während der Versuche eintrat, anzubringen. Zu dem Ende wurde gleichzeitig ein anderer entfernter Stab in Schwingung gesetzt, für ihn war die Dauer einer Schwingung = 17,29995, während der Versuche zur Ermittelung von V und V_1 kam diese Dauer jedoch auf 17,29484.

Zu dieser Zeit würde also am ersteren Stabe eine Oszillations dauer $= t_1 \frac{17,29484}{17,29995}$ gefunden worden sind, und wenn man demnach t_1 auf die Zeit während der Versuche reduzirt, so ist dafür das letztere Product zu setzen (Wegen dieser Correction dürfte es nicht rathsam sein, die Versuche zur Bestimmung von V und V_1 zu lange dauern zu lassen, um etwa viele zusammengehörige Werthe von R und V zu erhalten.)

Nach Anbringung aller dieser Correctionen erhält man

$$t_1 = 15,23530''$$

und daraus $$\varphi h_1 = \frac{\varkappa^2 M}{t_1^{\,2}} = 179770600 \ldots\ldots (1).$$

Durch diesen Stab wurde eine Nadel abgelenkt, für welche $\frac{\vartheta}{\varphi h}$ $= \frac{1}{721,6}$ gefunden worden war. Es fand sich

$$R = 1200^{mm} \quad V = 3^0\ 42'\ 19,4''$$
$$R_1 = 1600 \quad V_1 = 1_0\ 34\ 19,3$$

und hieraus P oder $$\frac{R_1^{\,5}\,\mathrm{tg}\,V_1 - R^5\,\mathrm{tg}\,V}{R_1^{\,2} - R^2} = 113056200.$$

$$\frac{h_1}{\varphi} \text{ oder } \frac{1}{2}\left(1 + \frac{\vartheta}{\varphi h}\right) P = 56606437 \ldots\ldots (2)$$

und endlich aus (1) und (2) $\varphi = 1,782088$
als horizontale Erdkraft am 18. September um 5^h.

Gauss führt noch einige andere Beoachtungen an, z. B. eine am 15. October mit einer Nadel, welche 485^{mm} lang war und 1062 Grammen wog, während das Gewicht der früheren noch nicht die Hälfte betrug. Es fand sich $\varphi = 1,7860$. Anderseits wurde am 27. September ein Versuch mit einer kleinen Nadel angestellt, welche nur 58 Grammen (nicht ganz 4 Loth) wog und $\varphi = 1,7965$ gefunden.

Diesen Werthen von φ liegt ausser der Secunde mittlerer Zeit, das Millimeter und Milligramm als Einheiten zu Grunde. Wollte man andere Längen und Gewichtseinheiten, und wären l und p das Verhältniss der neuen zu den alten,

d. h. wären l Theile der neuen Längeneinheit = einem Millimeter
p - - Gewichtseinheit = einem Milligramm,

so wäre der Werth von φ mit $\sqrt{\frac{p}{l}}$ zu multipliciren, um ihn auf die neuen Einheiten zu bringen. Es ergiebt sich diess ohne Weiteres, wenn man erwägt, auf welche Weise φh_1 und $\frac{h_1}{\varphi}$ von den Längen- und Gewichtmasssen abhängen. —

Der angeführte Versuch mit einer Nadel von nicht ganz 4 Loth macht bereits klar, dass es ausser dem beschriebenen Verfahren, die absolute Erdkraft zu finden, somit noch ein anderes und zwar einfacheres geben müsse. Die Hoffnung, welche darauf zu gründen war, dass die Ermittelung dieser Grösse ohne Schwierigkeit selbst von Reisenden ausgeübt werden könnte, deren mühsame und sorgfältige Untersuchungen über die magnetische Erdkraft dadurch oft weniger für die Wissenschaft brauchbar geworden sind, dass ihre Nadeln sich im Laufe der Reise verändert, ist seitdem in dem von Gauss und Weber erschienenen und bereits erwähntem Werke in Erfüllung gegangen. Zu dem Versuche, welcher dort mitgetheilt wird, wurde eine Boussole genommen, deren Nadel 60^{mm} (26,6''' par.) lang war (diese Nadel soll überhaupt die Länge von 100^{mm} nie überschreiten). Die Eintheilung, auf welcher sie spielt, ist in ganzen Graden, und um bei der Ablesung von Zehnteln das Auge in der richtigen Lage zu halten, wird vorgeschlagen, vor die Nadel einen Spiegel horizontal zu legen, wo es sich leicht beurtheilt, ob die verlängerte Richtung der Nadel das im Spiegel gesehene Bild des Auges halbire. Ferner gehörte zu dem Versuche ein genau gearbeiteter paralellepipedischer Stahlstab, 101^{mm} lang, $17{,}5^{mm}$ breit, und welcher 142000 Milligramme (9,7 Loth wog). Dieses Stabes Trägheitsmoment wird für den Fall berechnet, wo er in seiner Mitte aufgehängt, schwingt. Ist p das Gewicht desselben, a seine Länge, b seine Breite, so dass, während der Stab schwingt, $\sqrt{a^2 + b^2}$ die Diagonale seiner oberen Fläche darstellt, so ist sein Moment der Trägheit

$$\frac{1}{12}\left(a^2 + b^2\right) p = M$$

Um ihn schwingen zu lassen, wird ein Seidenfaden darum gelegt, oder man steckt in eine kleine Oeffnung seiner Mitte eine Nähnadel, welche in ihrem Oehr den Faden trägt. Andere Vorrichtungen, den Faden anzubringen, sind, wenn sie ein grösseres Gewicht haben sollten, zu vermeiden, weil dadurch das Trägheitsmoment verändert werden würde. Ist die Schwingungsdauer des Stabes t bekannt, so kennt man für ihn $\varphi h_1 = \frac{\pi^2 M}{t^2}$. Im vorliegenden Fall war t, aus 253 beobachteten Schwingungen berechnet, = 6,67''; somit ist

$$\varphi h_1 = 27584000.$$

Die Boussole wird nun auf einen Maassstab gesetzt, der von 50 zu 50 Millimetern getheilt ist, und zwar so, dass die getheilte Linie durch den Stift der Nadel geht und auf ihrer Richtung senkrecht steht. Der Stab wird auf diese Linie gelegt, so dass sein Mittelpunkt von dem der Nadel in einer bestimmten Entfernung R sich befinde, und die Ablenkung der Boussole beobachtet = u (Um diese Entfernung R zu bestimmen, ist es am bequemsten, dem Stabe genau eine Länge von 100^{mm} zu geben). Hierauf wird der Stab umgelegt, so dass sein Nordende da liegt, wo früher sein Südende; die Nadel wird nach der entgegengesetzten Seite abgelenkt um u_1. Der Stab wird nunmehr auf die entgegengesetzte Seite der Nadel gelegt und in dieselbe Entfernung R, wo dann wieder zwei Ablenkungen, u_2 und u_3, beobachtet werden; zu jeder Entfernung gehören auf diese Weise vier Ablesungen, oder, da man beide Enden der Nadel ablieset, acht Ablesungen, aus denen das Mittel genommen und wie bisher mit V bezeichnet wird.

Die Beobachtung ergab: $R_0 = 450^{mm}$ $V_0 = 11^0\ 24{,}00'$

$R_1 = 350$ $V_1 = 23\ \ 28,\ 50$

$R_2 = 300$ $V_2 = 35\ \ 17,\ 25$

Diese letztere Entfernung, welche dreimal so gross ist, als die Länge des Stabes, ist die kleinste, welche man anzuwenden hat.

Zwischen V und R findet die Gleichung statt

$$\text{tg } V = \frac{P}{R^3} + \frac{P_1}{R^5} \dots\dots (3).$$

P ist jedoch hier einfacher als in dem vorigen; denn da die Torsion bei einer Nadel auf der Spitze wegfällt, so ist in dem früheren Werthe von P, $\vartheta = o$, und P ist hier $= \frac{2h_1}{\varphi}$. Ist also P gefunden, so ist es auch die gesuchte Grösse φ, da φh_1 bereits bekannt ist.

Die Versuche über V sind wenig zeitraubend, und man wird daher stets mehr Beobachtungen haben, als zur Berechnung der beiden unbekannten Grössen P und P_1 erforderlich sind; man wird daher die Methode der kleinsten Quadrate anwenden können, und für diesen Fall schreibt die Anleitung eine sehr einfache Berechnung vor, welche die Gleichung... (3) so behandelt, als stände auf der Seite links eine unmittelbar beobachtete Grösse. Setzt man dann:

$$\frac{\operatorname{tg} V_0}{R^3} + \frac{\operatorname{tg} V_1}{R_1{}^3} + \frac{\operatorname{tg} V_2}{R_2{}^3} + \ldots = A$$

$$\frac{\operatorname{tg} V_0}{R_0{}^5} + \frac{\operatorname{tg} V_1}{R_1{}^5} + \frac{\operatorname{tg} V_2}{R_2{}^5} + \ldots = A_1$$

$$\frac{1}{R_0{}^6} + \frac{1}{R_1{}^6} + \frac{1}{R_2{}^6} + \ldots = B$$

$$\frac{1}{R_0{}^8} + \frac{1}{R_1{}^8} + \frac{1}{R_2{}^8} + \ldots = B_1$$

$$\frac{1}{R_0{}^{10}} + \frac{1}{R_1{}^{10}} + \frac{1}{R_2{}^{10}} + \ldots = B_{11}$$

so erhält man folgende zwei Bedingungsgleichungen

$$A = BP + B_1 P_1$$

$$A_1 = B_1 P + B_{11} P_1$$

und heraus P oder $\frac{2h_1}{\varphi} = \frac{B_{11} A - B_{11} A_1}{BB_{11} - B_1 B_1}$

Mit dem angeführten Werthe ist A =

$$A = \frac{385,54}{10^{10}} \quad A_1 = \frac{384,86}{10^{15}}$$

$$B = \frac{2,0362}{10^{15}} \quad B_1 = \frac{2,0277}{10^{20}} \quad B_{11} = \frac{2,0855}{10^{25}}$$

$$P = 17530000$$

$$\frac{h_1}{\varphi} = 8765000$$

Dividirt man durch den letzteren Werth den obigen von φh_1 und zieht aus dem Quotienten die Quadratwurzel, so ergiebt sich

$$\varphi = 1,774.$$

Ich habe nach dieser Methode einige Versuche mit zwei verschiedenen Boussolen und zweien Magnetstäben gemacht, die sehr übereinstimmende Werthe für die Intensität hier (zu Königsberg) geliefert haben. Dieselbe fand sich am 5. September 1837 = 1,7516, am 7. = 1,7546, am 9. = 1,7506. Die grösste Differenz dieser Werthe ist so, wie sie die horizontale Intensitätsnadel an einem und demselben Tage zeigt, an welchem die Veränderungen der magnetischen Kraft gering sind, denn die Versuche am 7. und 9. unterschieden sich, als wenn an dem ersteren Tage die Nadel 900″ zu einer Anzahl Schwingungen gebraucht hatte, und am andern 901″. Die Versuche am 5. sind mit einem Magnetstabe angestellt, welcher, da er schlecht gehärtet worden, nur einen geringen Grad von magnetischer Kraft annahm, und, ob er gleich ungefähr die Dimensionen des Göttinger Stabes hatte, die Nadel in 300^{mm} Entfernung nur um 23° 47,4′ ablenkte, während der letztere Stab eine Ablenkung von 35° 17,25′ in derselben Entfernung bewirkt hat.

X. Ueber den magnetischen Aequator der Erde.

Der magnetische Aequator oder die Linie ohne Neigung ist allerdings der Gegenstand einer ausgedehnten Untersuchung von Morlet geworden [1]). Er geht dabei von dem Satze aus, den einfache theoretische Betrachtungen und die Gesammtheit der Beobachtungen in der heissen Zone bestätigen, dass $\operatorname{tg} J = 2 \operatorname{tg} \psi$, wo J die beobachtete Inclination, ψ die magnetische Breite, d. h. die Bogenentfernung des Beobachtungsortes vom magnetischen Aequator auf einem grössten Kreise gemessen, der durch den magnetischen Meridian gelegt ist. Um den magnetischen Aequator zu bestimmen, wird ψ aus J berechnet, und liefert Resultate, die in der heissen Zone am meisten übereinstimmen, weil diese Zone in allen Erscheinungen mehr Regelmässigkeit darbietet, und auch, weil es in der Eigenthümlichkeit der Formel liegt, dass Fehler in dem beobachteten Werthe von J nur einen geringen Einfluss auf ψ ausüben, falls J überhaupt klein ist, wie in der tropischen Zone. Es ist nemlich

$$d\psi = \frac{\cos.^2 \psi \, dJ}{2 \cos.^2 J} = \frac{2\,dJ}{1 + 3 \cos^2 J} \quad {}^{2})$$

für $J = 0$ ist also $d\psi = \frac{1}{2} dJ$

$J = 54^0\ 44^1 \qquad = dJ$

$J = 90^0 \qquad = 2dJ$

Was den Fehler der Inclination betrifft, so beschreibt der Punkt des magnetischen Aequators, den man bestimmt, desshalb ein kleines Stück eines Kreises, und der Fehler der Bestimmung wird abhängen von dem Winkel, den der magnetische Meridian mit dem magnetischen Aequator bilden, und am kleinsten sein, wenn dieser Winkel ein rechter, denn in diesem Falle tangirt der Bogen, den der Punkt beschreibt, den magnetischen Aequator, und die fehlerhafte Declination entfernt ihn wenig von seiner wahren Lage. Im Allgemeinen stehen ungefähr die magnetischen Meridiane senkrecht auf dem magnetischen Aequator, so dass Fehler in der Declination keinen grossen Einfluss

---

1) Mém. presentés par div. sav. Sc. mathém. et phys. Tome III. Paris, 1832.

2) Diese Untersuchung hat bereits Hansteen angestellt. Magnetismus der Erde pag. 211.

auf die geographische Breite, in welcher der magnetische Aequator liegt, ausüben.

Ist ψ berechnet und dadurch die Lage eines Punktes des Aequators bekannt, so findet man daraus leicht die geographische Länge und Breite dieses Punktes. Verbindet man ihn nämlich mit dem Beobachtungsort, so ist der Bogen zwischen beiden $= \psi$; der Bogen zwischen dem Beobachtungsort und dem Erdpol ist ebenfalls bekannt, und endlich kann der Winkel, den beide Bogen einschliessen, aus der Declination gefunden werden. Auf diese Weise ist in der folgenden Tabelle die geographische Lage einzelner Punkte des magnetischen Aequators berechnet worden. Wir theilen davon nur die Beobachtungen, welche in diesem Jahrhundert angestellt worden, mit, theils um der Tafel keine zu grosse Ausdehnung zu geben, theils weil die Messung der Inclination sich gegen früher so sehr vervollkommnet hat, und bei den älteren Beobachtern oft mit grossen Fehlern behaftet gewesen ist.

W bedeutet westliche Länge von Paris, O östliche; — bedeutet bei der Inclination eine Senkung des Südpoles.

Atlantischer Ocean.

	geographische				Lage d. magnet. Aequators		
	Länge	Breite	Declin.	Inclin.	Länge	Breite	
Sta Catharina	51°1′W	27°26′S	6°26′O	−22°54′	49°33′W	15°35′S	Duperrey 1822
Rio Janairo	45 38	22 54	3 33	−14 24	45 11	15 36	Lamarche 1816
					47 22	15 11	
Auf dem Meere	48 52	27 18	6 30	−23 7	47 26	15 20	Duperrey 1822
Bahia	40 53	12 59	2 0W	+ 4 12	40 49	15 5	Sabine 1822
Auf dem Meere	32 49	21 11	3 20	−12 42	33 12	14 46	Duperrey 1822
	29 15	19 30	7 56	−11 1	30 3	13 59	
	28 15	16 43	8 0	− 6 29	28 42	13 30	
					29 22	13 45	
	27 50	14 42	9 0	− 3 13	28 5	13 7	
	27 13	13 25	8 0	− 0 51	27 17	12 59	
					27 41	13 3	
	27 4	12 55	8 0	− 0 11	27 5	12 49	
	26 53	12 27	8 0	− 0 0	26 53	12 27	
					26 58	12 38	
	26 32	11 43	8 0	+ 1 37	26 25	13 32	
	26 24	11 4	8 0	+ 2 9	26 15	12 18	
					26 20	12 25	
	26 15	6 20	11 30	+11 7	25 8	11 50	
	26 4	4 35	12 30	+15 15	24 23	12 10	
					24 46	12 0	
	25 50	2 48	11 30	+18 14	23 58	11 57	
	25 38	1 40	12 45	+18 35	23 32	10 59	
					23 48	11 28	
	15 44	8 16	17 0	+ 2 13	15 24	9 20	
	14 14	9 44	18 20	+ 0 2	14 14	9 45	
	12 49	10 47	18 40	− 3 4	13 18	9 20	
	11 5	13 6	18 45	− 8 47	12 30	8 55	
					13 52	9 20	
Ins. Ascension	16 44	7 56	16 52	+ 1 58	16 27	8 52	
St. Helena	8 3	15 55	19 34	−15 3	10 40	8 42	
					13 33	8 47	

Indisches Meer.

	geographische				Lage des magnet. Aequators		
	Länge	Breite	Declin.	Inclin.	Länge	Breite	
Trinconomale	78°51′O	8°32′N	1° 8′O	— 2°39′	78°53′O	9°51′N	Blosseville 1828
Pondichery	77 32	11 56	1 13	+ 3 43	77 30	10 4	
Karikal	77 33	10 55	1 14	+ 1 51	77 32	9 59	
Changani	77 36	9 47	1 16	— 0 37	77 36	10 5	
Jaffnapatnam	77 41	9 40	1 16	— 0 40	77 41	10 0	
Arepo	77 31	8 48	1 16	— 2 18	77 32	9 57	
Calcutta	86 1	22 34	2 38	+26 33	85 21	8 33	
Chandernagor	85 58	22 51	2 40	+26 47	85 27	8 42	
					85 24	8 37	
Batavia	104 27	6 9S	0 31	—25 56	104 34	7 31	
Insel Kniper	104 21	6 2	0 31	—25 33	104 28	7 24	
					104 31	7 27	
Surabaja	110 23	7 13N	0 10	—26 39	110 26	6 52	Duperrey 1824
Amboina	125 50	3 42	0 28	—20 32	125 55	6 58	id. . . 1823
Caïeli	124 46	3 23	0 31	—20 8	124 52	7 1	
					125 24	6 55	

Grosser Ocean.

	geographische				Lage des magnet. Aequators		
	Länge	Breite	Declin.	Inclin.	Länge	Breite	
Insel Rawak	128°35′O	0° 1′S	(1°2′,O	—14°27′	128°43′O	7°19′N	Freycinet 1818
Offak	128 35	0 2	1 2	—13 34	128 30	6 51	Duperrey 1824
					128 36	7 5	
Hafen v. Dory	131 45	0 52	1 36	—14 36	131 57	6 33	
Auf dem Meere	131 8	0 2 N	2 50	—13 50	131 29	7 3	
	133 46	0 5	1 0	—12 21	133 53	6 19	
					132 41	6 41	
	135 59	0 20 S	2 0	—12 41	136 13	6 5	
	137 52	1 37	2 10	—16 17	138 11	6 42	
					137 12	6 24	
	141 36	0 40 N	0 53	—12 14	141 52	6 51	
	144 7	6 21	3 0	— 2 0	144 10	7 21	
	144 59	6 51	3 30	+ 0 16	144 58	6 43	
	145 3	6 59	3 30	+ 0 4	145 3	6 57	
					143 57	6 58	

Grosser Ocean.

	geographische				Lage des magnet. Aequators		
	Länge	Breite	Declin.	Inclin.	Länge	Breite	
Auf dem Meere	149°13′O	7°13′N	5°42′O	+ 1°11′	149°11′O	6°37′N	Duperrey 1824
	150 48	7 27	5 0	+ 1 41	150 44	6 37	
	150 38	7 25	4 10	+ 1 34	150 35	6 38	
	150 47	7 32	4 0	+ 1 52	150 43	6 36	
					150 21	6 37	
Fort Praslin	150 28	4 50 S	6 48	—20 40	151 45	5 47	
Auf dem Meere	151 46	8 16 N	5 38	+ 3 49	151 35	6 22	
	154 23	8 40	7 30	+ 5 22	154 2	6 1	
					152 48	6 12	
Ualan	160 41	5 21	9 21	+ 3 10	160 24	3 47	
Auf dem Meere	164 5	5 4	10 0	+ 3 24	163 47	3 24	
	166 19	6 36	8 15	+ 6 11	165 51	3 32	
					163 21	3 34	
	169 39	3 39	8 1	+ 4 43	169 19	1 18	
	170 19	1 33	10 15	+ 1 12	170 13	0 57	
	170 26	1 6	8 40	0 0	170 26	1 6	
	170 39	0 53	8 40	— 0 31	170 41	1 9	
	171 3	0 11	8 2	— 2 20	171 13	1 21	
					170 22	1 10	
	172 2	0 40 S	7 45	— 3 4	172 15	0 51	
	172 47	1 45	7 45	— 3 35	173 1	0 1	
	172 55	2 57	7 45	— 6 28	173 21	0 20	
	172 57	1 43	7 45	— 3 14	173 10	0 7 S	
	173 19	4 1	9 0	—10 9	174 7	1 2 N	
	173 42	6 22	8 5	—12 25	174 35	0 11 S	
	174 25	7 31	8 30	—15 11	175 34	0 8 N	
	175 4	8 45	10 32	—16 34	176 37	0 26 S	
					174 5	0 13 N	
	89 36W	3 12 N	(8°0)O	—20 31	91 3W	7 18 S	Humboldt 1803
	86 18	1 4		—17 11	87 32	7 37	
Guajaquil (1)	82 18	2 13 S		—10 45	83 3	7 35	
Auf dem Meere	82 27	3 2		— 9 54	83 8	7 58	

Grosser Ocean.

	geographische				Lage des magnet. Aequators.		
	Länge	Breite	Declin.	Inclin.	Länge	Breite	
Tomependa	80°57′W	5°31′S		+ 3°12′	81°21′W	7° 6′S	Humboldt 1803
Loxa	81 44	4 0		+ 5 24	82 6	6 38	
Cuença	81 34	2 55		+ 8 25	82 10	7 7	
Quito	81 5	0 14		+13 22	82 5	6 56	
Sto Antonio	81 2	0 0		+14 25	82 3	7 10	
					81 57	7 0	
Guarmey	80 42	10 4		+ 6 7	80 2	7 2	
Huaura	79 53	11 3		+ 8 6	79 23	7 3	
Chanchay	79 43	11 32		+ 9 19	79 5	6 54	
Lima	79 28	12 2		+ 9 59	78 36	7 3	
					79 0	7 0	
Popayan	79 0	2 26N		+20 45	80 30	8 12	
S. Fe de Bojota	76 32	4 36		+24 16	78 18	7 56	
Javita	70 3	2 49	(7°0)O	+24 18	72 4	9 49	
Carichiana	70 18	6 43		+30 24	72 17	9 38	
Auf dem Meere	79 15	13 0	8 2	— 8 26	78 39	8 48	Duperrey 1823
	79 6	14 6	9 33	— 9 55	78 26	9 11	
	79 5	16 52	9 16	—14 50	77 52	9 25	
Callao	79 37	12 3	9 30	— 8 33	78 54	7 46	
Auf dem Meere	83 45	6 51	8 23	+ 1 51	83 54	7 46	
	83 47	7 43	8 23	— 0 1	83 46	7 42	
(2)	83 9	8 23	7 42	— 1 41	83 3	7 32	
	82 47	8 54	7 42	— 2 19	82 38	7 45	
					83 20	7 41	
	81 46	10 5	8 32	— 4 8	81 27	8 3	
	80 51	11 18	8 27	— 7 6	80 19	7 46	
					80 53	7 55	
Payta	83 32	5 6	8 56	+ 4 6	83 52	7 7	
Auf dem Meere	108 29	17 16	6 15	+27 47	106 51	2 36	
	104 40	17 36	7 6	+27 14	102 49	2 57	
	100 2	18 9	8 0	+27 36	98 9	4 4	
	87 26	7 32	10 47	+ 3 51	87 4	5 48	
	85 59	6 22	10 48	+ 0 51	85 59	5 58	

Morlet führt an, dass die Formel $\operatorname{tg} J = 2 \operatorname{tg} \psi$ sich bestätige, sobald J nicht über 15 bis 20° beträgt; nur in einzelnen Fällen gelte sie, wenn J = 30° und 40° sei. Die aus grösseren Werthen von J berechneten magnetischen Breiten fallen fast alle gegen die wirklichen zu gross aus.

Ueber den magnetischen Aequator bemerkt er, dass derselbe eine Curve doppelter Krümmung mit vielen Biegungen sei, welche an keiner Stelle einem Kreise gleiche. Die hauptsächlichsten Biegungen finden in der Nähe der Knoten (der Durchschnittspunkte zwischen dem magnetischen und terrestischen Aequator) statt, ausserdem giebt es aber noch partielle, von localen Störungen herrührende, Inflexionen. Folgende Tafel enthält die merkwürdigsten Punkte des magnetischen Aequators (die Knoten und Maximum seiner nördlichen und südlichen Breite), sowohl in diesem Jahrhundert, als in dem letzten Viertel des vorigen.

	Breite		Länge	
Knoten 1.	0°	0′	3° 45′O	1822
	0	0	etwa 17° O	1780
Knoten 2.	0	0	174° 55′O	1825
			etwa 180°	1779
Maximum d. nördl. Breite.	11°	43N	50° bis 67°	1776
Maximum d. südl. Breite.	15°	35S	45° bis 50°	1822
	13°	59S	20° bis 30°	1776

Hieraus folgt, dass die Curve des magnetischen Aequators seit 1776 von O nach W sich bewegt habe, jedoch nicht so, dass jeder Punkt derselben parallel dem terrestischen Aequator fortgeschoben worden, wie Morlet diess im Jahre 1819 angenommen hat. Vielmehr sieht man, dass von 1776 an der grösste Abstand des magnetischen Aequators um 1° 36′ grösser geworden ist, indem er damals 13° 59′, im Jahre 1822 aber 15° 35′ betrug. Würde man dem magnetischen Aequator eine unveränderliche Form zuschreiben, so hätte er sich demnach ausser von O nach W zugleich von N nach S bewegen müssen; allein im atlantischen Ocean fand in diesem Zeitraum eine starke Bewegung dieser Curve von S nach N statt. Daher ist die Gestalt der in Rede stehenden Curve der Zeit nach veränderlich. Morlet giebt an, dass es zwei unveränderliche Punkte gäbe, mindestens wenn man die beiden Linien von 1776 und 1822 mit einander vergleicht, welche sich einmal im atlantischen Ocean bei 13° 50′ südlicher Breite und 30° östlicher Länge, also der Küste Brasiliens nahe, schneiden, und dann zweitens in einem nicht genau zu bestimmenden Punkte, der aber wahrscheinlich im arabischen Meerbusen zwischen 11° und 12° nördlicher Breite liegt. Geht man von dem ersten dieser festen Punkte, dem südlichen, aus, so ergiebt sich, dass seit 1776 der ostwärts liegende Theil des magnetischen Aequators sich nach Norden bewegt habe, der westwärts gelegene aber nach Süden. Vergleicht man die Beobachtungen Humbold's im Jahre 1802 mit denen von Duperrey im Jahre 1823 (die hierhergehörigen sind in der vorigen Tabelle mit 1, 2 bezeichnet) so fand noch ein Durchschnitt beider Curven an der Westküste Amerika's bei 83° wd. und 7° 36, s. B. statt, und dann, meint Morlet, würde es in der Südsee oder im östlichen Theil des indischen Meeres noch einen vierten Durchschnitt, oder, wie er dieselben nennt, festen Punkt geben, um welchen die isoclinische Linie = o sich nach N oder S bewegt.

Inzwischen scheint es nicht naturgemäss, wirkliche Bewegungen der Curve ohne Neigung um feste Punkte anzunehmen, da die Gestalt dieser Curve und ihre Veränderungen, von dem Temperaturverhältnisse der beiden Halbkugeln und dessen Schwankungen herrührt.

Duperrey legt den magnetischen Erdäquator nicht durch diejenigen Orte, wo die Inclination gleich o, sondern, wo die Intensität am geringsten ist[1]); eben so ist ihm der magnetische Erdpol derjenige Punkt der Erde, wo die Intensität ein Maximum ist. Allein das erstere ist ganz unstatthaft; die Inclination kann allein die Erde in zwei natürliche Halbkugeln theilen, weil sie entgegengesetzte Erscheinungen in beiden zeigt; auch ist die Linie ohne Neigung nothwendig, eine solche, welche alle Meridiane der Erde schneidet. Das letztere ist bei der Linie der kleinsten Kraft so wenig nothwendig, dass es thatsächlich nicht der Fall ist, wie man aus der schönen Karte über die isodynamischen Linien von Hansteen sieht[2]). Die kleinste Intensität liegt hiernach wahrscheinlich im südlichen Theile von Afrika, und von diesem mehr oder minder ausgedehnten Strich nimmt die Intensität nach allen Seiten hin zu. Statt dass also die Linie der kleinsten Kraft alle Meridiane schneide, trifft sie nur einen einzigen. Es ist daher unmöglich, den magnetischen Aequator als die Curve der kleinsten Kraft zu definiren.

X. Magnetische Beobachtungen

vom Capt. Back, während seiner Reise nach den arctischen Regionen 1833 und 34.

Christie hat zu diesen Beobachtungen die Anleitung gegeben, und ihre Berechnung mitgetheilt[3]). Obgleich Intensitätsbeobachtungen

[1]) l'Institut Janvier 1834

[2]) astronom. Nachrichten No 209. 1831, Pogg. An. Bd. 28.

[3]) phil. transact. London for 1836. Part. II.

angestellt worden, so meint doch Christie in der Einleitung, sie wären weniger wichtig, um so etwas zu begründen, was man Theorie des Erdmagnetismus nennt (in establishing anything like a theory of terrestrial Magnetism). Man muss begierig werden, diejenige Theorie zu kennen, welcher Intensitätsbeobachtungen auch nur im Geringsten weniger wichtig wären, als Declinations- und Inclinationsbestimmungen.

Indem wir die gar nicht interessante Discussion der Beobachtungen übergehen, bemerken wir nur, dass nach dem Vorschlage von Christie die Inclinationsnadel bei den einzelnen Beobachtungen nicht entgegengesetzt gestrichen worden ist. Durch einige Beobachtungen wurde vielmehr der Winkel berechnet, den ihre magnetische Axe mit der Linie gebildet, welche vom Mittelpunkt der Nadel zu ihrem mechanischen Schwerpunkt gezogen ist, und mittelst dieses Winkels die wahren Neigungen berechnet. Dieses Verfahren dürfte schwerlich Nachahmer finden; es hat sich bei Back's Beobachtungen schlecht bewährt. Die Intensitäten sind durch Schwingungen der Inclinationsnadel gefunden, und auf 60° F. reduzirt; diejenige in London ist dabei = 1,00.. gesetzt worden.

	Datum	Breite	Länge	Inclin.	Declin.	Intens.
New York	1. April 1833	40°42′	74° 1′W	72°49′		1,1327
Montreal	19. „	45 30	73 42	77 6		
Fort Alexander	10. Juni	50 37	96 21	78 54	15°16′O+	1,2295
Cumberlandhouse	6. Juli	53 58	102 22	79 30	19 14 +	1,2018
Isle à la Crosse	17. „	55 25	107 55	79 28	23 19 +	1,1893
Fort Chipervyan	31. „	58 43	111 19	81 1	25 30 +	1,2071
Fort Resolution	8. August	61 10	113 45	82 3	29 15 +	1,2320
Fort Reliance	9. Oct. 1833 u. 21. Mai 1834	62 46	109 1	84 1	35 19	1,2545
Musk-Ox Rapid	2. Juli 1834	64 41	108 8	85 54	44 24	1,2572
Rock Rapid	23. „	65 54	98 10	87 40	29 16	1,2847
Point Beaufort	31.	67 41	95 2	88 3	6 0W	1,2422
Montreal Island	2. August	67 47	95 18	87 36	2 0	1,2606
Point Ogle	12. „	68 14	94 58	89 24		1,2799
Fort Reliance	9. Oct. 1834			84 31		

Anmerk. Die mit + bezeichneten Declinationen sind von Franklin im Jahre 1825 beobachtet. Die Beobachtungen der Abweichung zu Point Beaufort und Montréal Island sind ganz unsicher, am letzteren Ort ergaben sie des Morgens 2° 43′ O, und des Nachmittags 6° 42′W. Inzwischen fällt diese enorme Differenz von

$9\frac{1}{3}$ Grad in wenigen Stunden nicht dem Beobachter zur Last, da in Montreal Island die Inclination zu bedeutend ist, als dass die horizontale Nadel noch eine irgend beträchtliche Richtkraft haben könnte.

Beobachtungen der Inclination und Intensität, vom Capt. Fr. B. Lütke, angestellt auf einer Reise um die Welt in den Jahren 1826 – 1829.

Diese Beobachtungen sind sehr zweckmässig von Lenz berechnet worden [1]), und dessen hierher gehörige Abhandlung empfiehlt sich denen, welche ähnliche Berechnungen anzustellen haben, zur sorgfältigen Berücksichtigung. Was die Neigung anbetrifft, so hat Lenz mehrere Verfahren eingeschlagen, sie aus den Beobachtungen zu berechnen, 1) nahm er das arithmetische Mittel aus den vier üblichen Ablesungen, wenn diese nicht viel von einander verschieden waren, 2) wenn die Ablesungen, während der eingetheilte Kreis des Inclinatoriums nach O und W gerichtet war, (d. h. wenn i und i_1, ferner nach entgegengesetzten Streichen i_2 und i_3) sehr von einander abweichen, so wurde die Mayer'sche Formel angewandt, 3) waren aber i und i_1, und eben so i_2 und i_3 nahe gleich, dann ist der Mayer'sche Ausdruck nicht zur Berechnung geschickt, weil nach demselben $\operatorname{tg} J$ sich dem Werthe $\frac{0}{0}$ nähert. Für diesen Fall verfuhr Lenz so. Setzt man voraus, dass die Inclinationsnadel durch das entgegengesetzte Streichen dieselbe Intensität erhält, welches wohl meistens anzunehmen sein wird, so ist

$$\operatorname{tg} J = \frac{1}{\operatorname{cotg} i + \operatorname{cotg} i_1} + \frac{1}{\operatorname{cotg} i_2 + \operatorname{cotg} i_3},$$

eine Formel, die zuerst Kupfer gebraucht hat [2]), und welche sich ohne Schwierigkeit ableitet. Nun ist

$$2 \operatorname{cotg} \frac{i + i_1}{2} = \frac{2 (\cos i + \cos i_1)}{\sin i + \sin i_1}$$

wofür man bei der nahen Gleichheit von i und i_1 setzen kann $\operatorname{cotg} i + \operatorname{cotg} i_1$; daher wird für diesen Fall $\operatorname{tg} J = \frac{1}{2}\left(\operatorname{tg}\frac{1}{2}(i + i_1) + \operatorname{tg}\frac{1}{2}(i_2 + i_3)\right)$. Die Intensitäten sind mittelst der Schwingungen horizontal aufgehängter Nadeln gefunden; sie sind auf 15° R.

---

[1]) Mém. de l'Acad. Imp. des sc. 1834.

[2]) Pogg. Ann. Bd. 23, pag. 460.

corrigirt, und erhielten ausserdem eine Correction wegen der Veränderung, welche sie während der Reise in ihrer Kraft erlitten. Sämmtlichen Intensitäten liegt dieselbe Einheit wie den von Hansteen mitgetheilten zu Grunde, nemlich die von Humboldt in Peru in der Nähe des magnetischen Aequators beobachtete. Nach Hansteen ist mit Zugrundelegung dieser Einheit, die Intensität in Peter Pauls Hafen in Kamtschatka = 1,4470. Von diesem Werthe aus berechnete Lenz die Intensitäten der folgenden Tabelle.

	Breite	Länge Greenwich	Zeit der Beobachtg.	Declin.	Inclination	Intens.
Praja Grande bei Rio Janeiro	22°53′ S	43°13′ W	4. Jan. 1827	3°00′ O	14°35,2′ S	0,8856
Auf dem Meere	29 10	46 25	16.	6 24	24 47,5 ×	0,9237
	40 55	53 00	25.	14 21	43 12,1	1,1098
	49 18	57 12	31.		52 27,2	1,2677
	53 16	58 23	3. Febr.		55 50,3 ×	1,3203
	75 25	61 33	8.	24 48		1,4127
	41 00	77 30	1. März		51 19,4	1,3236
Tome bei Conception	36 37,	72 57	5.	17 2	45 32,6	1,2345
Valparaiso	33 2	71 30	22.	15 0	39 56,4	1,1699
Auf dem Meere	29 38	81 34	11. April	12 47	40 1, ×	1,1529
	21 51	91 55	18.	10 45	32 6,4 ×	1,0462
	13 9	108 40	27.	8 5	20 35,8 ×	1,0139
	9 38	116 35	30.	5 45	15 3,5 ×	1,1414
	6 1	119 52	2. Mai	4 19	6 53,8 ×	1,0047
	4 20	121 47	3.	4 24	3 53,9	0,9977
	2 29	123 34	4.	4 00	0 28,1 ×	1,0005
	2 2	123 56	4.		0 36,1 N×	0,9965
	1 15	124 30	5.	4 19	2 14,2 ×	0,9890
	1 10	125 29	6.	5 9	1 33,7 ×	0,9948
	0 56	126 43	7.	4 53	2 10,6 ×	0,9896
	0 35 N	127 4	8.	4 46	5 42,9	1,0135
	2 24	127 52	9.	4 42	9 43,4 ×	1,0124
	13 13	133 00	19.	5 49	30 5,3 ×	1,1124
	21 19	141 3	24.	10 00	43 8,4	
	23 26	141 58	25.	11 6	46 3,	1,2125
	25 21	146 4	30.	13 00	57 38,1 ×	1,3764
	40 28	146 25	1. Juni	17 11	62 43,6	1,4559
	44 54	145 10	3.	22 14	65 39,8 ×	1,5731
	48 44	143 27	6.	23 1	68 25,6	1,6526
	52 29	140 52	9.	24 25	71 43,3 ×	1,6624

	Breite	Länge Greenwich	Zeit der Beobachtg.	Declin.	Inclination	Intens.
Neu-Archangelsk	57° 3′ N	135°16′w	13.Juni1827		5 ° 4,8′ N	1,7352
Unalaschka	53 54	166 30	11. Aug.	19 50O	68 25,6	1,6041
Peter Pauls-Haf.	53 1	201 16	30. Sept.	3 43	64 7,0	1,4470
Auf dem Meere	45 27	200 58	23. Oct.	3 58	57 56,5 ×	1,3027
	39 7	200 57	26.	4 38	51 32,0	1,1859
	32 59	198 11	1. Nov.	7 12	40 40,5 ×	1,1127
	18 44	196 5	13.	8 45	27 55,2	0,9886
	11 27	198 8	18	8 24	14 16,7	0,9704
Ualan	5 21	196 35	28.	8 51	2 54,8	1,0023
Auf dem Meere	4 17	197 6	23. Dez.	9 0	0 36,9	1,0006
	3 47	197 1	23.		0 30,3 S	1,0100
	2 56	197 10	24.	8 58	1 38,7	1,0181
	6 55	201 58	7 Jan.1828	8 0	5 16,5 N	0,9902
Ins. Los Valientes	5 46	202 55	13.	7 0	1 37,3	0,9926
- Lugunor	5 29	206 2	23.	6 29	0 45,8 S	0,9981
- Guahan	13 26	215 16	23. Febr.	2 57	12 52,2 N	0,9888
- Ulean	7 22	216 3	24. März	3 7	0 39,2	1,0040
- Bonin	27 4	217 36	28. April	0 6W	36 48,2	1,1112
Kuruginsky	58 34	196 33	24. Juni		69 12,5	1,5325
Laurentius Brig	65 38	170 46	18. Juli	24 4 O	76 35,8	1,6519
Heilige Kreuzbr.	65 28	178 32	25. Aug.		75 43,1	1,6461
Manilla	14 36	243 42	4.Jan.1829	0 10	46 15,5	1,044

Die mit einem × versehenen Inclinationen sind nicht so genau, als die übrigen, da bei denselben die Pole der Nadel nicht umgekehrt worden. Ueberhaupt giebt Lenz an, dass die Neigungen zur See nicht so sicher, als diejenigen A. Erman's sind, der sein Inclinatorium nach Art der Peilcompasse aufgehängt hatte. Wegen der Schwankungen des Schiffes sind die Ablesungen des Capit. Lütke nur bis $\frac{1}{2}$ Grad sicher.

Die Declinationen der Tabelle sind mittelst des üblichen Azimuthalcompasses gefunden, und daher nicht sehr genau.

Inclinationen von Humboldt auf seiner asiatischen Reise.
(siehe asiatische Fragmente.)

	Breite	Länge östlich v. Paris	Datum	Inclination
Berlin	52° 31′ 13″	11° 33′ 0″	9. Ap. 1829	68° 30,7′
Königsberg	54 42 50	18 9 40	17.	69 25,8
Sandkrug	55 42 13	18 47 30	20.	69 39,8
Petersburg	59 56 31	27 59 30	6. Dezbr.	71 6,7
Moskau	55 45 13	35 17 0	6. Novbr.	68 56,7
Kasan	55 47 49	46 44 9	10. Mai	68 26,7
Katherinenburg	56 48 57	58 17 43	15. Juli	69 9,7
Beresowsk	56 54 36	58 27 31	20. Juni	69 13,2
Nischnei Tagilsk	57 54 57	57 42 26	30.	69 29,8
- Turinsk	58 41 0	57 40 0	2. Juli	70 58,7
Tobolsk	58 12 39	65 58 25	23.	70 55,6
Barnaul	53 19 21	81 50 3	1. Aug.	68 9,8
Smeïnogorsk	51 8 49	80 15 15	8.	66 5,5
Ustkamenogorsk	49 56 15	80 47 13	20.	64 47,6
Omsk	54 59 7	71 35 3	27.	68 54,2
Petropawlowski	54 52 23	67 21 49	30.	68 18,4
Troïtzk	54 4 45	59 43 0	3. Septbr.	67 14,2
Miask	54 59 0	58 2 0	6.	67 40,2
Slatoust	55 9 0	57 46 0	9.	67 43,2
Kyschtim	55 37 0	58 16 0	12.	68 45,9
Orenburg	51 45 51	52 46 15	23.	64 40,7
Uralsk	51 11 49	49 1 43	28.	64 19,3
Saratow	51 31 12	43 46 13	4. Octobr.	64 40,9
Sarezta	48 30 25	42 15 54	9.	62 15,9
Astrachan	46 21 12	45 46 57	20.	59 58,3
I. Birutschiskaja im caspischen Meer	45 43 42	45 19 6	15.	59 21,4
Woronesk	51 39 0	36 51 0	29.	59 12,0

Declinationen von A. Erman auf seiner Reise um die Erde 1828—1830.
(siehe Erman Reise um die Erde, 1. Band, 2. Abtheil.)

	Länge östlich v. Paris	Breite	Datum	Declination
Potsdam	10°43′ 0″	52°23′ 14″	7. Ap. 1828	17°28′31″W
Königsberg	18 9 42	54 42 49	30.	13 22 6
Petersburg	27 57 28	59 56 29	19. Mai	6 45 9
Nowgorod welikji	28 58 38	58 31 4	13. Juli	6 26 1

	Länge östlich v. Paris	Breite	Datum	Declination
Moskwa	35°15′22″	55°46′31″	21Juli1828	2°56′36″W
Bogorodsk	36 3 13	55 46 56	29.	3 19 55
Osablikowo	40 6 4	55 54 30	3. Aug.	0 13 57
Doskino	41 14 12	56 9 15	4.	0 27 31 O
Nijnei Nowgorod	41 36 40	56 19 20	8.	0 45 39
Tschugunui	43 19 48	56 6 24	10.	1 29 5
Angikowa	45 49	55 44	12.	1 38 50
Kasan	46 47 9	55 47 50	15.	2 22 1
Mitgeschka	47 33 40	56 13 0	20.	2 43 36
Dubrowa	52 10	57 42	24.	6 0 30
Perm	53 53 32	58 1 14	25.	6 20 25
Kruilasowo	54 17 14	57 33 45	28.	6 15 15
Buikowa	55 6	56 53	29.	7 11 51
Kirgischansk	56 45 50	56 50 30	30.	6 40 58
Jekatarinburg	58 13 49	56 50 38	31.	7 23 21
Kuschwa	57 22 28	58 17 5	8. Septbr.	7 46 31
Magnetbg. Blajodat	57 26 38	58 16 56	8.	68 0 52
Werchoturie	58 25 41	58 52 19	11.	8 48 38
Sugark	61 23 47	56 59 48	2. Octbr.	7 56 21
Tjumen	63 6 50	57 9 35	3.	9 11 21
Jujakowa	64 45 59	57 31 50	5.	9 16 17
Tobolsk	65 55 41	58 11 24	20.	9 39 9
Denjikowo	67 35 19	59 57 48	24. Novbr.	10 48 30
Jelisarowo	66 1 10	61 15 0	26.	11 43 45
Schorkal	63 13 44	62 44 20	28.	11 14 56
Beresow	62 43 36	63 55 59	1. Decbr.	11 34 40
Obdorsk	64 21 31	66 31 7	8.	14 39 54
Ajewskji Wolok	69 29	56 34 50	6. Jan. 1829	9 16 53
Tara	71 44	56 54 0	13.	9 36 11
Tschulium	78 54	55 5 41	17.	8 57 13
Ojasch	81 40	55 37 15	19.	8 9 41
Tomsk	82 48 36	56 29 39	21.	8 42 10
Kasulka	89 26	56 1 30	25.	7 10 38
Krasnojarsk	90 36 55	56 1 0	27.	6 41 38
Alsalewsk	96 16	55 27 6	2. Febr.	4 50 48
Irkuzk	101 59 30	52 16 20	7.	1 48 51
Troizko Sawsk	104 8 0	50 21 5	17.	0 33 0 W
Monachonowo	104 8 35	50 58 6	22.	0 31 49 O
Arsentschewa	104 35 25	51 16 42	24.	0 11 32
Auf dem Baikal	103 51 22	52 3 48	26	1 0 49

	Länge östlich v. Paris	Breite	Datum	Declination
Mansursk	103° 21′	53° 25′	20.Mrz1829	1 18 21 O
Botowsk	103 2	55 9 58	21.	1 26 3
Ustkuzk	103 37	56 46 3	23.	2 15 8
Kirensk	105 44	57 47 18	25.	0 59 10
Iwanowsk	108 14	58 37 44	27.	1 0 21
Parschinsk	109 11	59 7 15	28.	0 35 34
Jerbinsk	113 55	60 28 1	30.	1 42 36
Nelensk	116 8	60 0 0	1. April	1 45 27
Olekma	117 13	60 22 24	3.	2 27 37 W
Issik	123 38	60 47 6	5.	2 49 34
Jakuzk	127 24 35	62 1 29	9.	5 53 40
Porotowsk	129 29 28	62 1 10	24.	4 46 17
Lebegine	131 21 41	62 11 18	25.	2 17 57
Nochinsk	132 36 29	61 56 45	26.	2 10 51
Aldanskji Perewos	133 13 43	61 53 22	27.	3 7 7
Tschernoljes	134 2 32	61 31 13	29.	3 30 27
Garnastorch	134 39 48	61 29 36	1. Mai	3 43 16
Antscha	136 19 26	61 0 59	7.	2 38 23
Ketanda	138 57 0	60 40 12	12.	2 34 56
Ochozk	140 51 10	59 21 29	20.	2 21 55
Mündng. des Tigilfl	155 54 19	58 1 25	13. Aug.	4 6 5 O
Tigilsk	156 16 10	57 45 55	17.	4 1 32
Jelowka	158 34 20	56 53 53	29.	6 21 26
Chartschinsk	158 23 1	56 31 6	7. Septbr.	6 26 12
Kliutschewsk	158 21 53	56 19 55	9.	6 25 24
Kosnirewsk	157 13 48	55 52 5	16.	5 19 6
Maschura	156 34 58	55 4 21	19.	3 40 1
Natschika	155 55 14	53 6 30	27.	4 2 29
Petro-Pauls-Hafen	156 19 48	53 0 27	30.	4 5 45
Neu Archangelsk auf Sitcha	222 14 20	57 2 44	11. Novbr.	28 18 49
San Francisco	235 15 0	37 48 44	6. Dezbr.	14 54 59
Rio de Janeiro	314 34 39	22 53 54 S	23.Mai1830	2 3 9
ib.			25.	2 8 3
ib.			26.	2 12 35
ib.			2. Juni	2 4 43
ib.			5. 7^h 21′	2 17 37
ib.			5. 11^h 56′	2 3 57
ib.			13.	2 8 55

Die Längen und Breiten sind zum grössten Theil von Erman bestimmt, und die aus russischen Karten entnommenen, zum Unterschiede, ohne Sekunden angeführt.

Magnetische Beobachtungen an einigen Punkten Italiens, der Türkei u. s. w. von Georg Fischer (siehe phil. trans. London for 1833.)

Diese Beobachtungen sind in den Jahren 1827—1832, wie es scheint, mit grosser Sorgfalt angestellt. Die Neigung ist mittelst dreier Nadeln, sowohl direct, als durch ihre Schwingungszeiten in der Ebene des Meridians und senkrecht darauf, gefunden, die Intensität mittelst Schwingungen von vier horizontal aufgehängten Nadeln.

	Breite	Länge Gr.	Declinat.	Inclination	Intens.
London	51°30′	0° 9′W		69°40′	1,0000
Portsmouth	50 47	1 5		69 23	1,0042
Lissabon	38 42	9 10	22°23′W	63 30	0,9819
Gibraltar	36 5	5 4		60 49	0,9366
Malta	35 54	14 29 O	15 5	54 17,3	0,8972
Messina	38 12	15 30	17 12	56 29,5	0,9338
Neapel	40 53	14 15	15 20	58 28,3	0,8792
Vesuv, Westrand d. Krat.			12 25		
Baja	40 50	14 5	15 20		
Syrakus	37 3	15 10	16 40		
Catania	37 30	15 5	16 28		
Aetna Gipfel	37 44	15 0	18 35		
Vourla, nahe bei Smyrna	38 24	26 38	10 36	54 34	0,8882
Constantinopel	41 2	28 54		56 18	0,8954

Magnetische Beobachtungen an einzelnen Orten.

	Breite	Länge Gr.	Declinat.	Inclination	Intens.
Archangelsk	64°34,5	40°34′O	1°36′W	73°56,′8	1,415
Joskanskische Insel	68 4	39 35		76 12,8	1,474
Catherinenhafen	69 13	33 34		76 20,8	1,496
Wardoëhuus	70 22	31 20		77 1,0	1,486
Wadsoë	70 4	29 55		76 50,6	1,460

Diese Beobachtungen sind vom Capit. Reinike im Jahre 1830 angestellt, und werden von Kupffer mitgetheilt [1]). Die Intensität ist nach Hanstein zu Petersburg = 1,403 angenommen worden.

Zahrtmann fand die Neigung zu Curaçao

d. 11. Sept. 1833 =	38° 27 [1]	zu St. Thomas d. 26. Oct.	49° 8′
12.	38 38	14. Febr. 1834	49 50′
14.	38 36		
21.	38 54		

[1]) Poggend. Ann. Bd. 35, pag. 57.

[2]) l'Institut 27. Avril 1836.

Boussingault[1]) fand an den Ufern des See Erie am Niagara mittelst Schwingungen der Inclinationsnadel, die Intensität 2,036, die zu Payta = 1 gesetzt. Diess wäre demnach die stärkste Intensität, welche bisjetzt auf der Erde beobachtet worden ist. Vor dieser Beobachtung war die grösste Intensität (1,8) diejenige, welche Sabine zu New-York ermittelt hatte, und da Boussingault in New-York dieselbe Intensität als Sabine fand, so unterliegt die Richtigkeit seiner Beobachtung am Erie-See keinen Zweifel.

Kreil giebt für Mailand folgende Werthe[2])

absolute Erdkraft (horizontale)	Oct. 1836	=	2,01839	f. dies. Einheiten als z. Göttingen.
Inclination	-	=	63° 44,65′	
Declination	23. - -	=	18° 36′0″	

Gauss giebt für Göttingen

absol. Erdkraft (horizont.)	24—28. Juni 1832	=	1,7625
Inclination	23. Juni -	=	68°22′52″

XI. Veränderungen des Erdmagnetismus.

a. Declination.

Wenn auch der Gang der Declinationsnadel während des Tages im Allgemeinen hinlänglich bekannt ist, so fehlt doch noch viel, denselben bis in seinen feinern, interessanten Details verfolgen zu können. Wenn, wie es uns unzweifelhaft erscheint, die Veränderungen des Erdmagnetismus überhaupt von entsprechenden Veränderungen der Temperatur herrühren, so ist es gar nicht wahrscheinlich, dass die Variationen der Abweichung während des Tages an allen Orten gleich sein werden, d. h. die Wendestunden, worunter wir ausser dem Zeitpunkt, wo das Maximum und Minimum eintritt, auch die Zeit, wo die mittlere Declination stattfindet, verstehen wollen, diese Zeitpunkte werden an verschiedenen Orten verschieden sein, trotz dem dass man das Gegentheil oft behauptet. Beim Thermometer hängen dieselben von der Lage des Orts und gewiss von oft sehr unbeträchtlichen localen Verhältnissen ab. Aus der Zusammenstellung der Beobachtungen über den täglichen Gang der Wärme zu Padua und Leith[3]),

[1]) ib, 18. Janv. 1837.

[2]) Schumacher astron. Nachrichten. 1837. No. 328.

[3]) Kämtz Meteorologie Bd. I.

zeigt sich zwischen beiden Orten in dieser Beziehung ein namhafter Unterschied; in Leith z. B. findet das Maximum der täglichen Wärme mehr als ½ Stunde später statt, als in Padua, eben so das Minimum; und in dem Zeitmoment, wo die mittlere Temperatur des Tages herrscht, finden sich sogar Unterschiede von 2½ Stunden, so dass, wie Kämtz angiebt, beide Orte hierin durchaus keine Uebereinstimmung zeigen. Bei der Bristoler Versammlung gab Harris [1]) an, dass die stündlichen Temperaturbeobachtungen in Plymouth ausserordentlich auffallende Unterschiede von denen zu Leith ergäben. Wir haben es bei diesen Beobachtungen freilich mit der Temperatur der Luft zu thun, und mit einem Instrument, welches sehr beschränkte Aussagen liefert; nichts desto weniger muss man voraussetzen, dass dieselben Umstände, welche den Gang des Thermometers verändern, auch auf die Magnetnadel einwirken werden, wenn auch nicht eben so stark, weil dieselbe, von der ganzen Erdoberfläche gerichtet, für lokale Einflüsse weniger empfänglich ist. Dagegen giebt es einen andern Grund, auf den man noch gar nicht geachtet, und wodurch nothwendig der Gang der magnetischen Veränderung an verschiedenen Orten ungleich werden muss, und dieser liegt in der verschiedenen Abweichung der Nadel. Es wäre ganz unmöglich, dass an zweien sonst gleich gelegenen Orten der Zeitpunkt des östlichen und westlichen Standes der Nadel gleich sei, wenn ihre Declination sehr verschieden ist. Bildet man sich über die Gesammtheit der magnetischen Veränderungen mittelst der Annahme eines wandernden Pols eine präcisere Vorstellung, wie ich das zu leisten versucht habe, dann leuchtet es ein, dass der westlichste und östlichste Stand der Boussole oder, wie man das obgleich nicht zweckmässig auch nennt, das Maximum und Minimum der Declination abhängen wird von der Intensität dieses Pols und seiner Richtung gegen den magnetischen Meridian des Beobachtungortes. Während die Intensität desselben vom Morgen ab grösser und grösser wird, weil die Erwärmung der Erdrinde zunimmt, wird der Winkel, den er mit dem Meridian bildet, bis zum Nachmittag immer kleiner, da die Erwärmung von Osten her durch den Meridian geht. Die Ablenkung, welche dieser Pol der Declinationsnadel ertheilt, hängt von beiden Grössen zugleich ab, und ist am grössesten, wenn das Product aus der Intensität in den Sinus des angegebenen

[1]) Verhandlungen der 6ten Versammlung der Brittischen Gesellschaft u. s. w. deutsch. Berlin 1837, pag. 117.

Winkels ein Maximum wird. Die Lage des magnetischen Meridians wirkt daher nothwendig auf den Zeitpunkt des westlichen Standes, und eben so auch auf den des östlichen u. s. w. So nothwendig ist dies, dass, wenn es die Erfahrung nicht bestätigen sollte, daraus folgen würde, dass wir den Grund der Variationen nicht kennen, und dass er in der Erwärmung der Erdrinde nicht liegt. Ich werde im Folgenden zeigen, dass, wenn auch erfahrungsmässig hierüber nichts Sicheres bis jetzt anzugeben ist, doch mindestens so viel erhellt, dass die erwähnten Zeitpunkte bei verschiedener Declination verschieden sind, auch ein Mittel mittheilen, wodurch diese Frage bestimmter noch und zwar an einem und demselben Ort wird beantwortet werden können.

Betrachten wir zuerst die Wendestunden, wie sie aus den Freiberger Beobachtungen in den Jahren 1828—30, welche zu der Reihe der von Humboldt veranlassten Beobachtungen gehören, folgen. Als Mittel aus 22 Tagen in den genannten Jahren, an welchen von $\frac{1}{4}$ zu $\frac{1}{4}$ Stunde beobachtet worden, ergaben sich folgende Werthe in Bogentheilen [1]). Um dem Zeichen — zu entgehen, ist der östlichste Stand der Nadel um 8^h 30′ = o angenommen worden.

Zeit	0′	15′	30′	45′
6 Uhr Morgens	1′ 22″	1′ 46″	1, 36″	1′ 29″
7 - -	1 29	1 9	1 5	0 28
8 - -	0 17	0 7	0 0	0 4
9 - -	0 7	0 23	0 32	0 58
10 - -	1 31	2 18	2 41	3 26
11 - -	4 19	5 5	6 5	6 52
Mittag	7 23	7 47	8 12	8 20
1 - -	8 42	8 46	8 50	8 40
2 - -	8 38	8 10	7 41	7 19
3 - -	6 50			

Der westlichste Stand der Nadel ist also um 1^h 30′ Nachmittags,
- östlichste - - - - - - - 8^h 30′ Morgens.

Der Zeitpunkt des Mittelwerthes der Declination ergiebt sich aus 13tägigen Beobachtungen, die aber während 24 Stunden von $\frac{1}{4}$ zu $\frac{1}{4}$ angestellt worden sind um 10^h 30′ Morgens
um 6^h 30′ Abends.

Es wäre nun nachzuforschen, wann diese Stunden an einem an-

[1]) Poggend. Ann. Bd. 19.

dern Ort eintreten, wo die Nadel eine grössere oder geringere Abweichung hat. Inzwischen glaube ich nicht, dass die angeführten Zeiten für Freiberg die richtigen sind; 13 und 22tägige Beobachtungen scheinen dazu nicht hinreichend, welches man daraus sieht, dass an den einzelnen Tagen, aus welchen das Mittel gezogen, gar zu grosse Unterschiede vorkommen, so dass erst das Mittel aus einer viel grössern Zahl von Tagen wird genügen können. Es war z. B. der westlichste Stand der Nadel

am 3. März 1829 schon um 11^h 15′ Vormittags,
am 2. Februar 1829 erst um 4^h 30′ Nachmittags.

Die Stunde des östlichsten Standes ist noch schwankender, offenbar daher rührend, weil um diese Zeit sich die Nadel wenig ändert, während sie in der Nähe des westlichsten Standes sich rasch bewegt. Auch mit dem Zeitpunkt, wo die mittlere Declination des Tages beobachtet wird, verhält es sich auf ähnliche Weise; er ist bei den angeführten Beobachtungen sehr schwankend, besonders was den mittlern Stand gegen Abend betrifft, wo an den beobachteten Tagen Differenzen bis zu 5 Stunden vorkommen.

Ausserdem ist noch zu bemerken, dass die 22 Tage, auf welche die Berechnung gegründet worden, nicht gleichmässig im Jahre liegen; der grösseste Theil derselben gehört vielmehr zum Herbst und Winter, und doch kann es keinem Zweifel unterliegen, dass die Wendestunden auch von den Jahreszeiten abhängen werden. Ich glaube dem zufolge nicht, dass man die angeführten Zeitpunkte für diejenigen zu halten hat, welche im Mittel des Jahres bei derjenigen Declination stattfinden würden, welche in Freiberg herrscht.

Es schien mir daher zweckmässiger, die Frage nach dem absoluten Zeitmoment aufzugeben, und dasselbe nur für einzelne Tage zu betrachten, wo an Orten mit sehr verschiedener Declination beobachtet worden ist. Auch dergleichen zusammengehörige Beobachtungen finden sich in der erwähnten Zusammenstellung (Pogg. Ann. Bd. 19).

Westlichster Stand der Nadel.

	Freiberg	Berlin	Nicolajew	Petersburg	Kasan
1829 Octbr. 1.	1h 0′	1h	1h	2	2
2.	1 30	1	1	1	2
1830 März 20.	2 0	1	3	2	1 40′
21.	1 20	1	2	1	1 40
Mai 4.	1	1	12 30′	2	1 20
5.	1 20	1	1	2 40′	3 20
Juni 20.	12	2	1 10	1	1 40
21.	1 40	1	2	4 20	1
Aug. 6.	12 20	1	1 50	1 40	1 50
7.	1 20	1	1 50	1 40	1 50
im Mittel	1h 9′	1h 8′	1h 32′	1h 56′	1h 50′

In diesen Mittelwerthen ist nun eine entschiedene Gesetzmässigkeit; sie zeigen nemlich, dass je westlicher der Nordpol gerichtet ist, je grösser die Declination, um desto früher die Zeit des täglichen Maximums der Abweichung. Schon wenn man die Beobachtungen vom 1., 2. October und 6. und 7. August mit einander vergleicht, an welchen die Veränderungen sehr regelmässig gewesen sind, findet sich dies Gesetz bestätigt. Es gilt auf gleiche Weise für den Zeitpunkt, wo die Nadel während des Tages am östlichsten gerichtet ist.

Oestlichster Stand der Nadel.

	Freiberg	Berlin	Nicolajew	Petersburg	Kasan
1829 Octbr. 1.	7h 45′	8h	8h	8h	8h
2.	8 15	8	9	9	9
1830 März 20.	8 20	8	9	8	8
21.	8	8	9	8	8 20′
Mai 4.	9		7 30′	9	9
5.	8		7 20	7 40′	9
Juni 20.	6	6	7 30	7 10	6 40
21.	8 20	8	7 20	9 20	6 40
Aug 6.	7	7	7 20	7 40	8 30
7.	5	6	7 20	7 20	8
im Mittel	7h 34′	7h 23′	7h 56′	8h 7′	8h 7′

Also tritt auch der östlichste Stand der Nadel desto früher ein, je weiter überhaupt der Nordpol nach Westen hin gerichtet ist. Sollte dies allgemein richtig sein, so folgt daraus, dass der veränderliche Pol in unsern Breiten sich während des Tages von N. O. durch S. nach N. W. bewege. Diese Bewegung hängt von der Erwärmung der Sonne ab, von der verschiedenen Grösse der Erdoberfläche nördlich und südlich vom Beobachtungsorte, und endlich von der Verschiedenheit der magnetischen Intensität der Erdtheile im Norden und Süden der Nadel; sie wird daher von der Breite abhängig sein.

Das eben gefundene Gesetz wird auch durch die Beobachtungen bestätigt, welche auf Parry's zweiter Reise vom 10. Dezember 1824 bis 31 Mai 1825 zu Port Bowen (73^0 14′ nördl. Br. und 88^0 54 westl. L. Gr.) angestellt worden sind [1]). Die Abweichung ist dort etwa 124^0 westlich, die Neigung 88^0 1,4′. Diese Beobachtungen stellt Kämtz durch folgende Formeln dar, wo D_n die Declination zur Zeit n:

Januar: $D_n = 123^0{,}88 + 0^0{,}49 \sin.(n\,15^0 + 102^0\,19') + 0^0{,}91 \times \sin.(n\,30^0 + 116^0\,23') + 0^0{,}05 \sin.(n\,45^0 + 102^0\,19')$,

Februar: $= 124^0{,}11 + 0{,}49 \sin.(n\,15^0 + 87^0\,48') + 0^0{,}07 \times \sin.(n\,30^0 + 147^0\,17') + 0^0{,}05 \sin.(n\,45^0 + 34^0\,46')$,

März: $= 123^0{,}92 + 0^0{,}55 \sin.(n\,15^0 + 98^0\,18') + 0^0{,}12 \times \sin.(n\,30^0 + 112^0\,1') + 0^0{,}09 \sin.(n\,45^0 + 108^0\,8')$,

April: $= 123^0{,}72 + 0^0{,}81 \sin.(n\,15^0 + 91^0\,41') + 0^0{,}14 \times \sin.(n\,30^0 + 150^0\,6') + 0^0{,}11 \sin.(n\,45^0 + 132^0\,25')$,

Mai: $= 123^0{,}64 + 1^0{,}13 \sin.(n\,15^0 + 79^0\,24') + 0^0{,}20 \times \sin.(n\,30^0 + 67^0\,18') + 0^0{,}15 \sin.(n\,45^0 + 39^0\,11')$.

Hieraus ergiebt sich

Zeit des westlichsten und östlichsten Standes.

Januar	Februar	März	April	Mai
0^h,40 a m	0^h,67 p m	0^h,53 a m	0^h,87 a m	0^h,90 p m
12,33 p m	13,23 p m	11,80 p m	12,03 p m	13, p m

Alle diese Zeiten fallen früher als die in Europa für geringere westliche Declinationen ermittelten. Dasselbe gilt für die beiden Zeitmomente, wo das arithmetische Mittel aus allen Declinationen des Tages stattfindet.

---

[1]) phil. trans. for 1826 London Part. IV, Kämtz Meteorologie Bd. 3, pag. 408.

Zeit der mittleren Declination.

	Januar	Februar	März	April	Mai
des Morgens um	5^h 45	6^h 16	5^h 52	6^h 34	7^h 24′
des Abends um	4	5 25	4 18	6 7	5 44

Wenn man auch gegen diese Beobachtungen geltend machen könnte, dass die Nadel in diesen Breiten grossen Störungen unterworfen ist, dass auch ihre Richtkraft bei einer Inclination von 88° nur gering sein kann, so ist es doch auffallend, dass sie sich dem Obigen so gut anschliessen, und dass auch sie lehren, die Wendestunden seien früher, jemehr der Nordpol der Nadel nach Westen abgelenkt ist.

In der heissen Zone hat Boussingault Beobachtungen über die täglichen Declinationsveränderungen zu Marmato (5° 26′ n. Br.) vom Juli bis Dezember 1828 angestellt [1]). Die Abweichung ist dort 6° 30′ östlich, und während des angegebenen Zeitraums stand die Sonne nördlich und südlich von der Nadel. Nichts desto weniger hatte der Nordpol der Nadel, wie dies vorauszusetzen war, dieselbe Bewegung als bei uns während des Tages, und erreichte um 1^h oder 2^h seinen westlichsten Stand. Inzwischen sind die Veränderungen dort zu gering; sie betrugen meist nur 2′ bis 3′ an einzelnen Tagen (3., 19. und 30. November waren sie sogar Null), als dass man daraus etwas Bestimmtes über die Zeit der Wendestunden sollte erfahren können. Die heisse Zone wird sich überhaupt hierzu nicht eignen.

Auf der Insel Malta hat George Fisher die Veränderungen der Declination vom 24. März bis 1. April 1829 beobachtet [2]). Obgleich solche einzelne Beobachtungen im Grunde wenig Interesse haben, es sei denn, dass sie unter so besondern Umständen als die zu Port Bowen oder die zu Marmato angestellt worden, so theilen wir doch die Mittelwerthe, wie sie Fisher angiebt, mit, weil seine Beobachtungen zeigen, dass auf einer Insel ganz dieselbe Bewegung der Nadel stattfindet, als auf dem festen Lande.

[1]) l'Institut 18. Janvier 1837.

[2]) phil. transact. for 1833, London.

Stand der Nadel auf Malta.

Stunde	März	April
1h 0′ a m	15° 0′ 15″ W	14° 51′ 19″
2	14 58 0	51 27
4	58 0	51 30
5	59 45	50 7
7	59 12	50 30
9	58 40	48 14
10	58 42	50 30
11	59 15	53 46
Mittag	59 50	55 55
1	15 0 5	57 49
1 30	0 8	57 36
2	0 3	58 12
3	14 59 53	55 48
4	59 30	53 40
9	59 4	52 41
10	59 22	51 56
12	15 0 0	51 30

Kämtz hat am angeführten Ort alle täglichen Declinationsänderungen, welche einen längern Zeitraum umfassen, zusammengestellt. Wir fügen dieser verdienstlichen Arbeit die Freiberger Variationen, die von 1828 bis 1830 16 Tage umfassen, bei.

	Franecker	London	Montmorenci	Freiberg	Salem	Rio Janeiro
	19° W +	23° W +	19° W +		6° W +	6° O +
Mittag	26′,92	25′,71	46′,68	14′ 3″	24′,12	39′,03
1	28,11	27,36	48,03	14 48	25,78	
2	28,89	27,38	48,45	14 6	27,15	38,37
3	29,04	25,89	48,55	13 27	27,00	
4	28,25	23,13	48,20	10 26	25,95	37,04
5	27,12	20,86	46,78	10 8	24,43	
6	26,31	19,20	43,82	9 0	23,32	35,70
7	25,43	17,92	42,33	8 4	21,92	
8	24,67	17,52	41,12	7 36	21,18	p 35,38
9	24,23	17,23	p 40,98	7 6	20,90	
10	23,82	16,94	p 40,83	6 38	20,63	35,06
11	p 23,69	16,77	p 40,69	6 53	p 20,33	
Mitternacht	p 23,39	p 16,00	p 40,54	6 26	p 20,10	p 34,75
13	p 23,10	p 15,50	p 40,40	5 54	p 19,78	
14	p 22,86	p 15,18	p 40,26	7 14	p 19,57	p 34,68

	Franecker	London	Montmorenci	Freiberg	Salem	Rio Janeiro
	19° W +	23° W +	19° W +		6° W +	6° O +
15	p 22,71	p 14,88	p 40,11	7′ 32″	p 19,44	
16	p 22,57	p 14,36	40,30	7 7	p 19,36	p 34,61
17	p 22,42	p 13,51	39,45	7 7	p 19,25	
18	22,14	12,61	39,60	7 17	19,02	34,54
19	22,36	12,35	39,63	6 18	19,12	
20	22,21	12,73	41,10	5 4	19,15	35,43
21	22,56	p 14,44	42,62	6 5	20,47	
22	23,50	16,91	44,30	8 22	21,25	36,30
23	24,99	22,45	45,37	11 35	22,77	

Diese Werthe gehen hervor

1) aus van Swinden's 3jährigen Beobactungen zu Franecker 1771 — 1773,
2) aus Gilpin's zu London vom Septr. 1786 bis Dcbr. 1787,
3) aus Cotte's zu Montmorenci 1778 — 1780,
4) aus Reich's zu Freiberg an einzelnen Tagen der Jahre 1828 — 1830,
5) aus Bowditch's zu Salem vom April 1810 bis Mai 1811,
6) aus Dorta's zu Rio Janeiro 1782 — 85.

Die mit einem p versehenen Zahlen sind interpolirte.

Zeitpunkt des westlichsten und östlichsten Standes der Nadel.

	Franecker	London	Montmorenci	Freiberg	Salem	Rio Janeiro
westlichst.	$2^h,57$	$1^h,57$	$2^h,40$	1^h	$2^h,50$	$18^h,30$
östlichster	19,43	19,13	17,00	20	18,00	1,00

Diese Werthe, mit Ausnahme der Freiberger, sind aus den Interpolationsformeln, welche Kämtz berechnet hat, ermittelt. In Rio Janeiro ist die Periode nur scheinbar umgekehrt; denn diese Stadt liegt in einer Breite, wo die Inclinationsnadel ihren Südpol zur Erde neigt, und an solchen Orten bewegt sich bekanntlich der Südpol der Nadel wie bei uns der Nordpol während des Tages.

Uebrigens bestätigen diese Zeitpunkte das obige Gesetz, in Folge dessen zu erwarten gewesen wäre, dass dieselben in London am frühesten und in Rio Janeiro am spätesten eintreffen, nicht. Dieser letztere Ort ist deshalb von keinem besondern Gewicht, weil die Beobachtungen daselbst nur von 2 zu 2 Stunden angestellt worden, also für die vorliegende Frage nicht taugen. Was die andern betrifft, so würde, falls man die Beobachtungen sonst für richtig hält, folgen, dass die Wendestunden ausser von der Declination auch von lokalen Einflüssen bestimmt würden. Inzwischen wäre dann zu erwarten gewesen, dass, wie in Franecker und Salem der westlichste Stand später eintritt als zu London und Freiberg, dasselbe auch für den am meisten östlichen gelte. Diese Uebereinstimmung zwischen der Zeit des östlichsten und westlichsten Standes zeigte sich bei dem obigen Vergleich zwischen Freiberg....Kasan; allein hier ist dies nicht der Fall, vielmehr tritt der östlichste Stand in Salem früher ein als in London u. s. w. Die Beobachtungen mögen also wohl nicht ganz sicher sein.

Natürlich steht es noch misslicher mit der Frage, auf welche Weise die Wendestunden von der Jahreszeit abhängen. Kämtz ist der einzige, der sich dieser Untersuchung für London und Franecker unterzogen, und mittelst Interpolationsformeln zu folgenden Resultaten gelangt ist:

	Stand der Nadel			
	westlichster		östlichster	
	London	Franecker	London	Franecker
Januar	$2^h,0$	$1^h,8$	$18^h,9$	$16^h,8$
Februar	2,0	1,9	19,0	14,5
März	1,7	2,7	19,4	18,3
April	1,9	3,0	19,5	19,1
Mai	1,5	2,8	19,1	19,3
Juni	1,4	3,2	19,0	20,3
Juli	1,5	2,6	18,9	20,0
August	1,4	2,4	18,8	19,4
September	1,4	2,3	18,8	19,6
October	1,5	3,0	19,1	15,0
November	1,7	2,4	19,6	19,5
December	1,9	0,7	19,4	18,8

	Mittlerer Stand der Nadel			
	Morgens		Abends	
	London	Franecker	London	Franecker
Januar	$9^h,9$	$9^h,3$	$6^h,8$	$6^h,3$
Februar	10,0	9,4	6,5	6,6
März	10,2	10,3	6,6	8,0
April	10,5	11,1	7,2	10,7
Mai	10,2	11,0	10,7	9,4
Juni	10,1	11,1	10,8	10,0
Juli	10,1	10,5	11,1	9,0
August	9,9	10,4	6,0	7,9
September	9,8	10,5	6,6	6,9
October	10,0	10,5	6,6	7,8
November	10,2	10,5	6,3	7,5
December	10,1	9,5	6,7	9,1

Kämtz ist mit Recht der Meinung, dass aus diesen Zeiten nichts Sicheres zu schliessen ist. Zu verwundern ist das in so fern nicht, als man über die Abhängigkeit der Wendestunden von der Jahreszeit beim Thermometer auch nichts Sicheres weiss.

Aus den Beobachtungen zu Freiberg 1830—1832 an den Tagen, welche von Humboldt bestimmt worden, ergeben sich folgende Zeiten [1]) (die Nadel ist von 20 zu 20 Minuten abgelesen worden,):

	Stand der Nadel		mittlerer Stand		Veränderung
	östlichster	westlichst.	Morgens	Abends	tägliche
März	8^h 20′	1^h 20′	10^h 42′	7^h 40′	11′ 12,8″
Mai	8 20	1 20	9 58	8	12 41,6
Juni	7 20	1 40	9 58	7	12 58,8
August	7	1 20	9 31	5 20	12 21,2
September	7 20	1	9 38	5	11 25,8
November	8 20	1 40	10 1	5 40	8 37,8
December	7	1	unbestimmt	4 40	3 49,8

Während es hieraus scheint, als wenn die Wendestunden im Sommer früher eintreten als im Winter, lehren die Beobachtungen in Franecker das Gegentheil, und diejenigen in London zeigen den westlichsten Stand im Sommer früher, die Mittelwerthe später als im

[1]) Poggend. Ann. Bd. 31, pag. 97.

Winter, und endlich die Zeit des östlichsten Standes von der Jahreszeit unabhängig.

Wir wollen diesen Abschnitt mit zwei Bemerkungen beschliessen. Poisson hat bekanntlich darauf aufmerksam gemacht, dass von den Sternen Wärme zur Erde gelangen könne, und die eigenthümliche Wärme der letztern daraus erklärt. Zugleich meint er, dass von verschiedenen Seiten des Sternenhimmels eine verschiedene Sternenwärme auf die Erde fallen könne, und er entwirft, dies thatsächlich zu prüfen, einen Versuch mit einem Thermometer im Brennpunkt eines Hohlspiegels. Sollte dies richtig sein, und die Verschiedenheit der Sternenwärme in dem Bereich des zu Messenden fallen, dann ist es gewiss, dass in den Variationen der Magnetnadel ausser der Periode eines Sonnentages noch eine des Sternentages enthalten sein muss, welche vielleicht, wenn dieser Gesichtspunkt die Beobachtungen leitet, aus ihnen gefunden werden kann. In der That nehmen wir an, dass es eine Region der wärmsten Sterne giebt, und dass dieselbe an einem gewissen Tage mit der Sonne culminirt, so wird sie den Tag darauf schon beinahe 4 Minuten früher im Meridian sein, und daher an der Declinationsnadel ihre Periode für sich bedingen, die der von der Sonne herrührenden beständig voreilt.

Die zweite Bemerkung bezieht sich darauf, dass man die Abhängigkeit der Wendestunden von der Declination, wahrscheinlich am sichersten, an einem und demselben Ort wird finden können, wenn man ausser der gewöhnlichen Declinationsnadel noch eine zweite mittelst Tordirens des Fadens nach Osten oder Westen hin abgelenkt, beobachtet. Für diese zweite Nadel werden die Wendestunden nicht zu derselben Zeit eintreten, wie für die gewöhnliche, sondern zu derjenigen Zeit, welche der veränderten Declination entspricht. Der oben angestellte Vergleich zwischen Freiberg, Berlin, Nicolajew, Petersburg und Kasan lässt sogar voraussetzen, dass es keiner langen Beobachtungsreihe bedürfen wird, das Gesetz zu ermitteln, welches jene Zeitmomente mit der verschiedenen Stellung der Nadel gegen den Meridian verbindet.

In dem Abschnitte über den veränderlichen Pol (siehe im Folgenden) wird gezeigt werden, dass durch dergleichen Beobachtungen an zweien Nadeln der Ort jeder störenden Ursache, mit Bezug auf den Horizont, berechnet werden kann. Diese zweite abgelenkte Nadel wird ausserdem noch mehrere eigenthümliche Resultate liefern; sie wird von Monat zu Monat, falls sie ungefähr von O. nach W.

hin steht, sich viel mehr verändern, als die gewöhnliche Nadel, die sich bekanntlich in derselben Zeit sehr wenig ändert. Sie wird ferner von den Winden stärker affizirt werden, und daher gebraucht werden können, die magnetische Windrose (siehe diesen Abschnitt) näher und besser kennen zu lernen. Denn diejenigen Winde, welche den grössesten Einfluss auf ihren Stand ausüben, sind der N. oder NO. Wind und der SW. Wind; d. h. es sind Winde, welche ziemlich parallel der Nadel wirken, und ihre Stellung daher nicht sehr verändern können, während ihre Wirkung auf die abgelenkte Nadel, welche wir vorschlagen, senkrecht steht.

b. Inclination.

Ueber die täglichen und monatlichen Veränderungen der Inclination sowohl als der absoluten Intensität, hat Kupffer eine grosse Reihe von Versuchen angestellt [1]), welche die wichtigsten in dieser Beziehung sind, und unsere Kenntniss über die Variationen des Erdmagnetismus, welche nach dieser Seite hin so mangelhaft waren, überaus bereichert haben. Kupffer construirte zu dem Ende eine neue Inclinationsnadel, welche Gambey ausgeführt hat. Diese Nadel ist einen halben Meter lang, und trägt an beiden Enden kleine Ringe von Messing, in denen ein Faden nach der Länge der Nadel ausgespannt ist. Die Axe der Nadel ist eigenthümlicher Art; sie besteht aus einem hohlen Halbcylinder, in dessen Innern ein dreiseitiges Prisma befestigt ist, so dass die scharfe Kante desselben so genau als möglich mit der Axe des Cylinders zusammenfällt. Durch ein Gegengewicht ist das Prisma in der Art äquilibrirt, dass der Schwerpunkt der Nadel in der Schärfe des Prisma's liegt, und um dies bewirken zu können, ist dasselbe durch Schrauben befestigt, so dass es nach allen Seiten hin verschoben werden kann. Das Prisma ruht auf zwei Achatplatten. Auf die Fäden der Nadel sind zwei Mikroskope mit beweglichem Fadenkreuz gerichtet, wo eine ganze Umdrehung der in 100 Theile getheilten Schraube 5,7′ im Bogen beträgt.

Kupffer verglich den Stand dieser Variationsnadel von Zeit zu Zeit mit der an einem gewöhnlichen Instrument ermittelten Inclination, und fand, dass zwischen beiden nach einem längern Zeitraum keine Uebereinstimmung stattfand. Zwischen Juni und August z. B. hatte die Neigung abgenommen, die Variationsnadel zeigte jedoch eine Zunahme derselben. Dies rührt davon her, dass das Gebäude,

[1]) Poggend. Ann. Bd. 25, pag. 193.

welches nicht das magnetische Observatorium gewesen ist, namentlich im Sommer Erschütterungen ausgesetzt ist, wodurch die Mikroscope sich verändert haben können, auch vielleicht davon, dass das Prisma sich allmählich verschoben und der Schwerpunkt der Nadel sich etwas gesenkt hat. Was die Veränderung der Declination betrifft, wodurch die Inclinationsnadel ausserhalb des magnetischen Meridians kömmt, so hat sie einen geringen Einfluss; denn da bekanntlich $\cot J_\alpha = \cot J \cos.\alpha$, so ist $\frac{dJ_\alpha}{dJ} = \frac{\sin.^2 J_\alpha}{\sin.^2 J} \cos.\alpha$, welches für die Werthe von α, wie sie die Beobachtung liefert, so wenig von 1 unterschieden ist, dass man dJ_α oder die Variation der Neigung im Azimuth α gleich setzen kann derselben Variation im magnetischen Meridian oder dJ. Wegen des Angegebenen sind die Beobachtungen an der Variationsnadel nicht geeignet, den Gang der Inclination von Monat zu Monat kennen zu lernen; allein auf die täglichen Veränderungen haben die genannten Uebelstände keinen Einfluss, da man annehmen muss, sie treten nur allmählich ein. Um die letzteren für einen ganzen Tag übersehen zu können, theilen wir folgende Beobachtung mit, welche Kupffer mit Lenz angestellt hat.

Petersburg 1830.

	Inclination		Inclination		Inclination
30. Aug. 8^h	5,890	30. Aug. 2^h	5,925	31. Aug. 20^h	6,160
9	5,620	3	5,880	21	6,075
10	5,755	4	5,925	21½	6,325
11	4,585 n	5	5,865	21¾	6,230
12	5,900	6	6,025	22	6,355 x
13	5,925	7	5,990	23	6,265
14	5,925	8	5,775	1. Sept. 0	6,215
15	5,925	9	5,660	1	6,015
16	5,925	10	5,130 n	2	5,770
17	6,070	11	5,850	3	5,760
18	5,970	31. Aug. 12	5,975	4	5,725 n
19	6,065	13	6,445	5	5,790
20	6,250	14	5,595	6	5,865
21	6,525 x	15	5,945	7	5,875
22	6,300	16	5,945	8	5,870
23	6,150	17	5,935	9	5,890
0	6,175	18	5,965	10	5,915
1	6,115	19	6,030	21	6,315 x

x bedeutet das Maximum, n das Minimum der Neigung.

Von vielen andern Beobachtungen, welche die Abhandlung enthält, können wir des Raumes wegen nur noch folgende mittheilen, welche in dem Observatorio angestellt worden sind.

Petersburg 1331.

	grösste Variation	Maxim. Morgns	Minim. Abends		grösste Variation	Maxim. Morgns	Minim. Abends
Mai 1	3,9 Minut.	11^h	9^h	Septbr. 1	1,4 Minut.	$9\frac{1}{2}^h$	$9\frac{1}{2}^h$
2	4,4	10½	9¼	2	0,7	9¼	9½
3	3,8	11¼	9½	3	4,3	9½	9
4	5,2	10½	5	4	3,2	11	9½
6	3,4	9¾	10½	5	2,1	9½	11
7	2,0	9½	9	6	1,7	9½	9½
8	1,8	10½	9	7	2,5	9½	9½
9	3,6	9½	10	8	3,0	9½	9½
10	3,0	9½	9¼	9	0,5	9	9
11	4,0	10½	5½	10	2,1	10	9½
12	2,7	9	9¼	11	2,2	10	9½
13	3,9	9	9½	12	3,9	10	9½
14	2,4	9	9	13	1,3	9	9½
15	1,6	9¼	9¼	14	1,1	8	10
16	3,8	9	7	15	2,7	9	9½
17	1,1	9½	9½	16	2,3	9¾	9½
19	3,1	9½	4½	17	0,5	9	8
20	1,6	11½	9½	18	2,2	9	9
21	3,9	10½	9¼	19	1,2	10½	9½
22	6,3	10	5½	20	1,0	8	9
24	3,4	10	5½	21	2,0	13½	10
25	3,4	9	4	25	2,3	11	9
26	1,6	9½	9	26	—0,2	10	9¼
28	3,3	10	6	27	0,2	10¾	9
29	4,2	9¼	8	28	2,2	9	10
30	3,6	9¼	6	29	0,7	9	11½
31	4,3	9½	5	30	0,4	9½	11

Was die mittleren täglichen Veränderungen in den verschiedenen Monaten betrifft, so sind sie in dem Abschnitt Theorie der Variationen zu finden.

Kupffer schliesst aus seinen Beobachtungen:

1) die Neigung hat ihr Maximum um 10^h Morgens,
ihr Minimum um 10^h Abends. Jedoch ist die erstere, die Stunde des Maximum, beständiger als die letz-

tere, welche zuweilen, besonders im Sommer, schon um 5 Uhr Nachmittags eintritt.

2) Die tägliche Variation ist im Sommer grösser als im Winter, wo sie fast ganz verschwindet.

3) Die Neigung verändert sich zuweilen plötzlich, wie die Abweichung, und zeigt auch noch am folgenden Tage auffallende Unregelmässigkeiten.

c. Der unzerlegten Erdkraft.

Ueber die Variationen der horizontalen Nadel besitzen wir längere Zeit fortgesetzte schätzenswerthe Beobachtungen von Hansteen, Kupffer und Riess; über die unzerlegte Erdkraft sind in dieser Hinsicht nur vereinzelte Beobachtungen bekannt worden, zu welchen die von Foster in Port Bowen gehören, welcher aber in Folge derselben alle Veränderung der unzerlegten Erdkraft leugnet. Somit hat Kupffer das Verdienst, diese Beobachtungen zuerst und auf eine Weise angestellt zu haben, dass man nicht allein dadurch erfährt, es fänden in der That Variationen der eigentlichen magnetischen Erdkraft statt, sondern auch die Gesetze, welchen diese Variationen unterworfen sind, übersehen kann [1]).

Kupffer wandte dazu das bereits beschriebene Inclinatorium, welches er erfunden hat, an. Um die Correction wegen der Temperatur ermitteln zu können, wurde die Nadel wiederholentlich bis 40° R. etwa erwärmt, damit sie von der Wärme keinen bleibenden Verlust erleide. Hierauf wurde sie bis —25° R. erkältet, weil nach einer interessanten Entdeckung Kupffer's, die jedoch nicht weiter entwickelt wird, Magnete auch durch Erkalten an Kraft bleibend einbüssen. Nach mehrfältigen Versuchen fand es sich, dass der vorübergehende Einfluss der Wärme corrigirt wird, wenn man für jeden Grad R. von der Zeit, welche 200 Schwingungen erfordern (etwa 40′ 12″) 0,859″ abzieht. Hiernach sind alle Zeiten auf 14° R. reduzirt. Die Nadel war übrigens so beweglich, dass sie von 4° Amplitude anfangend 220 Schwingungen machte, ehe sie auf 9 bis 15 Minuten herabkam.

Der Fehler, welcher daraus entsteht, dass die Declination sich ändert, die Schwingungen also nicht im magnetischen Meridian vor sich gehen, ist sehr unbedeutend; denn selbst wenn der Meridian sich

---

[1]) Poggend. Ann. Bd. 39, pag. 225.

um 1° ändert, bewirkt dies auf 2400″ nur 0,1″ Differenz. Sind nemlich t und t_1 die beiden Zeiten im Azimuth α und in dem $= 0$, ferner J die Inclination, so ist, wie man leicht ableitet

$$t^2 = t_1{}^2 \frac{1}{\sqrt{\sin.^2 J + \cos.^2 J \cos.^2 \alpha}}.$$

Kupffer untersucht auch noch die Fehler, welche von dem Mangel an Aequilibrirung der Nadel und von einer Aenderung der Inclination entstehen können, und findet sie ebenfalls für seine Nadel und für die geringen Schwankungen der Inclination unbedeutend. Wegen dieser Untersuchung verweisen wir vorläufig auf die Originalabhandlungen des Verfassers Poggend. Bd. 25 und 39.

Die mitgetheilten Beobachtungen reichen vom Februar 1831 bis Mai 1832, und sind des Tages zweimal um 8 bis 9 Uhr Morgens und 9 bis 10 Uhr Abends angestellt. Hier folgt die Zusammenstellung derselben.

Dauer von 200 Schwingungen bei 14° R.

	Morgens	Abends	Unterschied	Zahl der Tage
1831 Februar	40′ 16,68″	40′ 16,51″	+ 0,17″	20
März	14,89	15,19	− 0,30	12
April	13,00	11,73	+ 1,27	6
Mai	15,40	14,83	0,57	20
Juni	19,99	19,90	0,09	7
August	1,81	39 59,88	1,93	8
Septbr.	3,95	40 0,30	3,65	19
October	39 56,84	39 53,26	3,58	20
Novbr.	42,96	41,68	1,28	8
Decbr.	50,45	50,29	0,16	15
1382 Januar	51,80	52,53	− 0,73	9
Februar	50,25	49,30	0,95	2
März	51,22	50,45	0,77	4
April	50,13	49,50	0,63	8

Es ergiebt sich hieraus, dass auch die unzerlegte Erdkraft des Abends grösser ist als am Morgen; die umgekehrte Variation im Januar 1832 ist anomal. Die genaue Stunde des Maximum und Minimum ist nicht ermittelt.

Was die folgenden Mittelwerthe für die einzelnen Monate betrifft, so geben sie keine ganz sicheren Resultate über den Gang der Intensität von Monat zu Monat, weil, wie schon im Vorigen bemerkt, Erschütterungen, denen das Gebäude ausgesetzt war, den Drehungspunkt der Nadel verändert haben mochten; jedoch sind dergleichen nur etwa in den Sommermonaten zu befürchten.

		Mittelwerth	Zahl der Tage
1831	Februar	40′ 16,5″	69
	März	14,5	45
	April	12,1	17
	Mai	15,3	49
	Juni	20,9	18
	August	0,8	16
	Septbr.	2,4	45
	October	39′ 59,5	41
	Novbr.	44,2	23
	Decbr.	49,9	44
1832	Januar	51,7	32
	Februar	51,4	16
	März	51,1	15
	April	47,1	10

Der Drehungspunkt hatte sich im Juli oder August, wo die Beobachtungen durch die Cholera unterbrochen wurden, geändert, und wenn man dies berücksicht, so glaubt Kupffer, dass die unzerlegte Intensität vom April bis Ende September beständig abnimmt; von da ab nimmt sie wieder bis zum April zu. Die Monate November und Dezember zeigten wie in der Intensität auch in der Inclination Störungen.

Kupffer will ferner aus seinen Beobachtungen einen Einfluss des Mondes aus die Schwingungsdauer gefunden haben, und indem er die Mittel zur Zeit des Apogaeum und Perigaeum des Mondes und der Tage vorher und nachher zusammenstellt, ergiebt sich die Dauer während des Apogaeum im Mittel 40′ 0,5″

Perigaeum 40′ 1,5″,

so dass also der Mond die Intensität schwächen würde. Kupffer schliesst daraus, dass die Magnetpole des Mondes dieselbe Lage haben, als die der Erde, weil sie sonst die Kraft nicht vermindern würden.

Zum Schlusse führt der Verfasser noch an, dass bei den unregelmässigen Bewegungen im Allgemeinen die Intensität zunimmt, wenn die Neigung grösser wird, während dies bei den regelmässigen Veränderungen umgekehrt ist, wo das Minimum der Intensität des Morgens zusammenfällt mit dem Maximum der Neigung. Das selbe fand auch A. Ermann während des Nordlichts am 7. Januar

1831; hier nahm die Intensität mit der Neigung zu, und verminderte sich, wenn die letztere kleiner wurde [1]. Kupffer bemerkt über dies Verhalten, dass die regelmässigen Veränderungen der Nadeln sich aus einer Veränderung der Lage des Magneten nicht erklären lassen, dass aber die angeführten Beobachtungen beweisen, die unregelmässigen Veränderungen seien eine Folge plötzlicher und augenblicklicher Verrückungen in den magnetischen Linien der Erdoberfläche. Wenigstens liesse sich so am besten die Gleichzeitigkeit dieser Erscheinungen auf sehr von einander entfernten Punkten der Erde erklären, und zugleich der entgegengesetzte Gang, den die Abweichungsnadel bei den unregelmässigen Störungen an Orten zeigt, welche in Bezug auf jene magnetische Linien eine entgegengesetzte Lage haben, wie z. B. Petersburg und Peking.

Wenn es sich überall bestätigen sollte, dass bei den unregelmässigen Bewegungen die Neigung mit der Intensität zunimmt, so glaube ich, lässt sich dieser Gegensatz zwischen den unregelmässigen und regelmässigen Veränderungen so erklären, dass man sagt, die ersteren hätten ihren Grund auf der entgegengesetzten Seite des Meridians (in Amerika), die zweitern auf derjenigen Hälfte des Meridians, worauf der Beobachtungsort liegt. In der That, man denke sich einen Kreis gezogen, welcher den Meridian vorstellt, man bezeichne darauf den Pol und die Lage des Beobachtungsortes, und errichte auf dem letztern eine Linie parallel der Inclination. Diese letztere wird, wenn man sie bis zum entgegengesetzten Theil des Kreises verlängert, die Eigenschaft haben, dass, wenn in irgend einem ihrer Punkte eine Erkaltung eintritt, die Inclination dadurch nicht verändert werden wird, da die störende Ursache in der Richtung der Nadel selbst liegt. Dagegen wird durch diese Erkaltung sowohl die Intensität im Horizont als auch die unzerlegte verstärkt werden. Liegt die Erkaltung von dieser Linie entfernt und zwar nach dem Pole hin, so wird die Inclination abnehmen, die Intensität zunehmen; liegt sie dagegen mehr nach dem Aequator hin, so wird die Inclination zunehmen, die Intensität ebenfalls. Aehnliches gilt, wenn man statt einer Erkaltung eine Erwärmung voraussetzt; nur wird dann jede Veränderung umgekehrter Art. Dieser Gegensatz zwischen Inclination und Intensität ist daher nicht schwierig abzuleiten. Zieht man ferner vom Beobachtungsort eine Linie durch den Mittelpunkt

[1]) Poggend. Ann. Bd. 22, pag. 544.

des Kreises, so wird, falls eine Erkaltung irgendwo auf dieser Linie eintritt, die horizontale Intensitätsnadel dann gar nicht affizirt werden, dagegen werden sowohl die Inclination als die unzerlegte Intensität Veränderungen erleiden, ohne dass man jedoch a priori bestimmen könnte, welcher Art diese Veränderungen sein werden. Denn die angegebene Linie trifft Gegenden mit entgegengesetztem Magnetismus, und man müsste also noch näher angeben, welcher Magnetismus durchs Erkalten verstärkt wird, dann hat es keine Schwierigkeit. Endlich kann auch die Ursache der Störung so gedacht werden, dass dadurch die unzerlegte Intensität nicht verändert werde, aber wohl die horizontale Intensität und die Inclination; man braucht den Ort der Störung zu dem Ende nur in einer Linie anzunehmen, welche senkrecht steht auf der Neigung.

Ich habe eine Erkaltung oder Erwärmung als Grund der Störung angenommen, jedoch bleibt alles dasselbe, wenn man irgend eine andere Ursache annimmt; auch versteht es sich, dass nur der Einfachheit wegen der Ort der Störung in der Meridiansebene selbst angenommen worden. Er kann eben so gut ausserhalb derselben liegen, und an den erwähnten Nadeln dieselben zusammengehörigen Erscheinungen hervorbringen.

Beobachtet man also eine Inclinationsnadel, ferner die Schwingungszeit derselben und drittens diejenige einer horizontal beweglichen Nadel, so ist es möglich

1) das zwei der Nadeln Veränderungen zeigen, die dritte, welche es auch sei, aber nicht;
2) die Inclination kann zunehmen, die unzerlegte Intensität zunehmen, die horizontale abnehmen;
3) die Inclination kann zunehmen, die unzerlegte Intensität zunehmen, die horizontale ebenfalls zunehmen;
4) die Inclination kann zunehmen, die unzerlegte Intensität abnehmen, die horizontale abnehmen;
5) die Inclination kann abnehmen, die unzerlegte Intensität zu- oder abnehmen u. s. w.

Alle solche Fälle sind auf die angegebene Weise leicht einzusehen.

d. Der horizontalen Erdkraft.

Die ausgedehnteste Untersuchung über diesen Gegenstand haben Kreil und Della Vedova zu Mailand angestellt [1]). Sie beobach-

[1]) Schuhmacher astron. Nachricht. 1837, No. 328.

teten täglich die Schwingungen eines mit einem Spiegel versehenen Magnetstabes, und erhielten folgende auf 0° reduzirte Dauer einer Schwingung:

1836	19^{h}30′	21^h	23^h	0^h	1^h	4^h	6^h	8^h	10^{h}30′	Nacht			Mittel
Januar	22,116″	22,140″	22,121″	22,109″	22,114″	22,110″	22,114″	22,110″	22,115″	22,121″			22,117″
Febr.	,102	,110	,101	,100	,105	,103	,096	,097	,106	,112			,103
März	,099	,097	,083	,083	,072	,077	,080	,080	,082	,088			,084
April	,065	,068	,063	,058	,056	,056	,053	,057	,062	,066			,060
Mai	,098	,092	,077	,077	,069	,058	,060	,065	,077	,070			,074
Juni	,105	,091	,077	,072	,060	,056	,069	,066	,079	,078			,075
Juli	,124	,117	,098	,100	,099	,077	,073	,081	,092	,103			,096
August	,140	,132	,132	,124	,109	,106	,096	,109	,115	,116			,118
Septbr.	,156	,162	,157	,140	,122	,132	,126	,118	,118	,120	22,119″	22,138″	,134
Octbr.	,235	,247	,264	,236	,223	,219	,229	,224	,222	,219	,217	,220	,230
Novbr.	,265	,265	,263	,256	,253	,246	,248	,247	,245	,250	,248	,254	,253
Decbr.	,254	,265	,267	,262	,258	,250	,253	,253	,254	,255	,255	,256	,257
	20^h	21^{h}15′	22^{h}30′	23^{h}45′	1^h	1^{h}45′	4^{h}30′	6^h	7^{h}30′	9^{h}15′	11^h	Nacht	

Die überschriebenen Zeiten gelten für die ersten acht Monate, die unten befindlichen Zeiten für die übrigen vier.

Kreil will ebenfalls einen Zusammenhang der Schwingungsdauer mit dem Monde, allein einen andern wie Kupffer, mit dessen Phasen gefunden haben [1]). Er giebt an, dass in den ersten Monaten des Jahres die kürzeste Dauer auf die Zeit des Neumondes falle, dass aber während des Sommers und Herbstes die längste mit dieser Phase eintrete. Er bildet zu dem Ende Mittelwerthe von 5 zu 5 Tagen, wie sie in der folgenden Tafel enthalten sind, wo NM. den Neumond bedeutet. Im September wurden die Beobachtungen an der schwingenden Nadel unterbrochen.

1836	Declination Mittel	Schwingungsdauer Mittel
Januar 9—13	18°43′ 30,4″	22,0932″
14—18	34,0	,0824 NM
19—23	42 37,7	,0832
24—28	41,0	,0857
29—2	54,0	,0839
Februar 3—7	43 27,7	,0805
8—12	44 31,4	,0800
13—17	43 26,0	,0702 NM
18—22	45 20,7	,0890
23—27	6,4	,0938
28—3	5,4	,0821
März 4—8	44 55,1	,0669
9—13	45 35,9	,0666
14—18	45 57,1	,0518 NM
19—23	44,3	,0508
24—28	47 2,9	,0649
29—2	46 58,4	,0587
April 3—7	45 37,7	,0660
8—12	44 37,2	,0615
13—17	46 29,5	,0554 NM
18—22	20,9	,0463
23—27	45 46,3	,0678
28—2	44 57,3	,0855
Mai 3—7	55,9	,0794
8—12	50,4	,0791
13—17	45 0,5	,0664 NM
18—22	44 58,3	,0687
23—27	45 22,4	,0822

[1]) Schumacher astron. Nachricht pag. 331.

1836		Declination		Schwingungs-dauer
Mai	28—1	18°46′	6,5″	22,0903″
Juni	2—6	44	21,4	,0575
	7—11	45	4,2	,0703
	12—16	44	22,8	,0750 NM
	17—21		35,0	,0742
	22—26		17,9	,0885
	27—1	43	0,4	,0955
Juli	2—6		7,6	,0613
	7—11	45	0,0	,0849
	12—16	43	12,6	,0916 NM
	17—21	44	38,0	,1130
	22—26	43	5,0	,1355
	27—31	44	7,0	,1189
August	1—5	41	58,3	,1167
	6—10	42	1,5	,1319
	11—15	41	20,8	,1449 NM
	16—20		27,0	,1344
	21—25	39	45,0	,1056
	26—30		33,5	,0911
	31—4		3,6	,1123
Septbr.	5—9	41	7,4	,1127
	10—14	40	14,1	
	15—19	39	39,1	
	20—24	37	10,5	
	25—29	37	15,4	
	30—4	36	51,0	
Octobr.	5—9	35	14,6	,2025
	10—14		46,6	,2415 NM
	15—19	34	10,8	,2364
	20—24		41,0	,2362
	25—29	35	1,7	,2429
	30—3	36	18,7	,2757
Novbr.	4—8	35	11,3	,2386
	9—13	34	25,7	,2726 NM
	14—18		1,1	,2558
	19—23		4,1	,2580
	24—28		4,7	,2455
	29—3		18,7	,2348
Decbr.	4—8	32	48,1	,2445
	9—13	33	50,8	,2494 NM

1836	Declination	Schwingungs-dauer
Decbr. 14—18	18° 33′ 45,2″	22,2726″ NM
19—23	36,1	,2602
24—28	46,8	,2610
29—2	34 22,5	,2936

Hier folgen noch einige von den in neuester Zeit bekannt gewordenen Aenderungen der Declination und Inclination während längerer Perioden.

Brüssel von Quetelet [1]).

	Declination	Inclination
1827 October	22° 28,8′	68° 56,5′
1830 März Ende	25,3	52,6
1832 „ „	19,0	49,1
1833 „ „	13,4	42,8
1834 April 3. u. 4.	15,2	38,4
1835 März 25. u. 28.	6,7	35,0
1336 „ 21. u. 22.	7,6	32,2
Aenderung in 6 Jahren	17,7′	20,4′
„ „ 1 Jahr	3,′	3,4′

Berlin von A. Erman und F. Herter [2]).

	Declin. Mittags
1825 October	17° 40′
1828 April	35
1831 Juli	24
1834 Juni	1
1836 März	16 43

Nach Enke [3]) war zu Berlin am 29. März 1836 die Declination 17° 2′ 18″.

Für die Declinationen zu Berlin giebt Enke die Formel $D_t = 17^0\ 4' + 3{,}8'\ T$, wo T das Jahr vor 1836 bedeutet.

Für die Inclinationen

$J_t = 68^0\ 7' + 3{,}5'\ T.$

---

1) l'Institut 11. Mai 1836.

2) Poggend. Ann. Bd. 37, pag. 522.

3) l'Institut 5. Octobre 1836.

Königsberg von A. Ermann [1]).

	Mittagsdeclin.
1828 April 30	13° 27′
1834 August 11	12 43
Aenderung	44′
„ in 1 Jahr	7′

Petersburg von Kupffer [2]).

ältere Beobacht.	Inclination	
1769	73° 46′	Mallet
1774	76 4	Kraft u. 75° 10′
1778	72 36	
neuere Beobachtg.		
1828 Juli 5.	17 18,6	Hansteen
1829 Mai 5.	13,0	Humboldt
November	10,0	
1830 Mai 3.	11,5	Kupffer
1831 „ 21.	18,0	
Decbr. 2.	9,9	

	Declination	
1830 September	6° 31′ 11″ W	Kupffer
1831 März	26 25	
1832	23 29	

Upsala von Rudberg [3]).

	Inclination	Declination
1834 Juni 19.	71° 42,1′	14° 32,11′
1836 August 10.	41,8	26,6

Stockholm von demselben.

1828 Juni	71° 39,6′
1832 August 1.	38,0
1833 März 22.	41,7
1834 Decbr. 23.	39,6

Rudberg schliesst aus diesen Beobachtungen, die keine Veränderung der Neigung anzeigen, dass das Minimum der Inclination er-

1) Poggend. Ann. Bd. 37, pag. 522.
2) ibid. Bd. 25, pag. 216.
3) Poggend. Ann. Bd. 39, pag. 107.

reicht sei, welches für Upsala 71° 41,5′, für Stockholm 71°40,0, betrage.

Kasan von Iwan Simonoff [1]).

	Inclination	Declination
1830 Juni 22.	68° 25,4′	
1831 October 17.	21,3	
1832 Juni 25.	19,8	
1833 Juni 22.	26,5	
Juli		2° 41′ 10″ O
1833 Mai 22.	21,6	
August 4.	23,9	
21.		2 27 38

Göttingen [2]). Um die Säkularänderung der Inclination für die verschiedenen Monate auf einander folgender Jahre zu erhalten, wird in dem bereits angeführten Werke der mittlere Stand der Nadel z. B. im April 1835 um 8h Morgens abgezogen von dem Stand in demselben Monat 1834 u. s. f. Hier zeigt sich überall eine Abnahme der Declination, mit Ausnahme eines einzigen Werthes, dem in der folgenden Tabelle das Zeichen — beigesetzt worden.

Jährliche Abnahme der Declination.

	von 1834 auf 1835		von 1835 auf 1836		
	8h a. m.	1h p. m.	8h a. m.	1h p. m.	Mittel
April	3′ 9,2″	0′ 32,2″	6′ 24,8″	2′ 49,0″	3′ 13,8″
Mai	4 14,8	1 58,3	4 12,6	0 39,9	2 46,4
Juni	4 44,3	3 18,2	5 21,3	1 48,9	3 48,1
Juli	3 49,5	3 36,2	7 13,8	2 16,8	4 14,1
August	4 35,7	2 14,2	8 30,0	5 11,8	5 7,9
September	3 37,2	2 4,7	7 6,6	3 28,0	4 4,1
October	3 55,4	1 41,9	5 49,0	2 32,5	3 29,6
November	1 23,1	—0 45,2	6 54,3	6 55,2	3 36,8
December	2 28,9	1 13,6	6 12,2	4 32,3	3 36,7
Januar	2 49,1	1 39,8	7 27,1	2 48,4	3 41,1
Februar	3 36,8	1 14,2	5 51,1	4 46,9	3 52,2
März	3 46,1	1 38,8	5 17,2	4 12,2	3 43,6
Mittel	3′ 30,8″	1′ 42,2″	6′ 21,7″	3′ 30,2″	3′ 46,2″

[1]) Poggend. Ann. Bd. pag. 195.

[2]) Resultate u. s. w. des magnet. Vereins pag. 55.

XII. Methoden, die Variationen des Erdmagnetismus darzustellen.

a. Graphische Methode.

Da wir die Variationen an drei verschiedenen Nadeln beobachten, so ist es wünschenswerth, die einzelnen Werthe wiederum zu einem Ganzen zu combiniren. Kupffer bewirkt diess mittelst einer Zeichnung, indem er untersucht, welche Curve der Nordpol bei den Veränderungen beschreiben würde, vorausgesetzt, er sei vollkommen beweglich; diese Bewegung wird dann graphisch dargestellt [1]). Betrachten wir die täglichen Variationen. Der Nordpol steht etwa um 10^h Morgers am tiefsten, von hier ab hebt er sich in die Höhe und geht zugleich auf der nördlichen Halbkugel nach Westen. Diese letztere Bewegung kehrt sich um 1 oder 2^h um, der Nordpol geht nach Osten, steigt aber dabei noch immer bis etwa Abends um 9^h wo die Inclination ihr Minimum erreicht hat. Von hier ab senkt er sich und geht beinahe vertical, weil die Declination des Nachts sich wenig ändert. Will man die auf solche Weise angedeutete Curve zeichnen, so ist zu bemerken, dass man die Differenzen der Declination nicht direct anzuwenden hat, denn die Declinationsnadel findet sich in einer gezwungenen Lage, sie ist genöthigt, sich in einer Ebene zu bewegen, welche mit der eigentlichen einen Winkel von beiläufig 70^0 bildet, und die beobachteten Differenzen sind desshalb mit cos 70^0 zu multipliciren, d. h. ungefähr durch 3 in unseren Breiten zu dividiren.

Wenn wir die Zeichnung für die Variationen der Nadel von Monat zu Monat entwerfen wollen, so geschieht diess folgender Art. Nach den Beobachtungen Kupffer's bewegt sich der Nordpol vom März bis zum August nach Westen, die übrige Zeit des Jahres nach Osten, und zwar so, dass die letztere Bewegung mehr beträgt, als die erstere, weil im Allgemeinen die westliche Declination jetzt im Abnehmen begriffen ist. Die Neigung nimmt in Petersburg vom December bis May zu, die übrige Zeit des Jahres ab. Daraus findet sich, dass der Nordpol von Monat zu Monat eine Art von Epicycloide beschreibt, wie sie hier nach Kupffer's Zeichnung mitgetheilt wird. Von Jahr zu Jahr fällt diese Curve immer östlicher.

---

[1]) Pogg. Ann. Bd. 25, pag. 223.

Zu Peking hat diese Curve die umgekehrte Gestalt, welches Kupffer aus folgender Beobachtung von G. Fuss schliesst.

	Inclination		Declination
1830 Dec. 30.	54° 52,1'	1830 Decbr.	1° 38' W
1831 April 6.	50,7	1831 Mai	55
im Mai	45,6	Juni	48
Juni	48,9		

Die Inclination hat hiernach im Dezember ihr Maximum, ihr Minimum im Mai; ferner geht die Nadel vom Mai zum Juni nach Osten, beides umgekehrt wie in Petersburg.

Was diese Curven betrifft, so werden sie auf folgende Art gezeichnet. Von irgend einem Monat und einem bestimmten Punkt ausgehend, und für eine Bogenminute eine bestimmte Länge annehmend, giebt man die Veränderung der Declination, mit dem Cosinus der Neigung multiplizirt, durch eine Linie von O nach W an, je nachdem die Veränderung war, und die Variation der Neigung durch eine Linie senkrecht darauf, beide Linien in dem angenommenen Längenmaasse ausgedrückt. Vollendet man das Rechteck, so giebt der andere Punkt in der Diagonale den Ort, wo der Nordpol sich befindet, nachdem die Veränderung eingetreten ist; die Zeit, zu welcher dieselbe stattgefunden, wird dabei geschrieben. Bei Kupffer deutet ein Aufsteigen der Curve eine zunehmende Neigung an, welches vielleicht zweckmässiger umgekehrt wird. Die Veränderungen der Intensität können bei dieser Darstellungsweise nicht anders, als durch Zahlen neben der Curve angegeben werden.

b. Durch einen veränderlichen Pol.

Der Gesichtspunkt, von welchem ich hierbei ausgegangen bin[1]), ist dieser. Die Richtung und Intensität der Magnetnadel an einem Orte rührt nothwendig von der Anziehung und Abstossung her, welche

[1]) Pogg. Ann. Bd. 18, pag. 49.

irgend wie von der Erde ausgeübt wird; in der Richtung, wohin die Nadel zeigt, kann man sich die ganze Kraft der Erde als concentrirt denken, und diess liefert den magnetischen Pol der Erde, der bloss ein Bild ist, unter dem man die Erscheinungen zweckmässig darstellt. Verändert sich die Nadel, so könnte man eine entsprechende Aenderung der Lage und Intensität dieses Ortes voraussetzen; allein hier würde dieses Bild aufhören, zweckmässig zu sein, es würde, wie ich glaube, mehr entstellen, als naturgemäss darstellen, und zwar desshalb, weil die Variationen unbedeutend sind, und man also eine sehr minutiöse Bewegung des festen Polars berechnen würde, während die Ursache der Variationen, die Erwärmung durch die Sonne, grosse Bogen beschreibt. Besser, schien es mir, betrachtet man die Variationen für sich, indem man sie ebenfalls unter der Form eines magnetischen Poles betrachtet, der sich aber verändert, und zwar eben so beträchtlich und in derselben Art, als die Ursache der magnetischen Veränderungen. Handelt es sich vollends, um die regelmässigen Störungen der Magnetnadel, die von irgend einem Punkt der Erde aus bewirkt werden; so ist diese Art, die Veränderungen für sich zu betrachten, nicht allein naturgemäss, sondern unumgänglich, wenn man die Lage dieses Punktes, z. B. den Ort des Nordlichts, finden will, welches auf keine andere Weise zu erreichen sein wird.

Ich werde im Folgenden diesen Gegenstand weiter verfolgen, als ich dies in der erwähnten Abhandlung gethan habe.

Aufgabe. Die Declination habe sich nun den Winkel d geändert, und zugleich sei die Schwingungsdauer einer horizontalen Nadel von t auf t_1 übergegangen. Man soll in dem Horizont des Beobachtungsortes den Punkt bestimmen, der mit einer gewissen Kraft auf die Nadel wirkend, die beobachteten Veränderungen hervorbringen würde.

Es bilde dieser Punkt (der veränderliche Pol) mit dem magnetischen Meridian des Ortes oder der Richtung der Nadel den Winkel y, er wirke mit einer Intensität ψ, so hat man folgende Gleichungen (die horizontale Intensität des Erdmagnetismus wird mit φ, die Summe der magnetischen Momente der Nadel mit h bezeichnet)

$$\varphi h \sin d = \psi h \sin (y - d)$$

und da φ und ψ die Intensitäten beider Pole, y der Winkel, den sie einschliessen, so wird die Resultante beider Intensitäten, oder

$$\varphi_1 = \sqrt{\psi^2 + \varphi^2 + 2\,\psi\varphi \cos y}$$

$$\frac{\varphi_1}{\varphi} = \sqrt{\frac{\psi^2}{\varphi^2} + 1 + 2\,\frac{\psi}{\varphi}\cos y}$$

Nun ist $\frac{\varphi_1}{\varphi} = \frac{t^2}{t_1^2} = s$; ferner setze man $\frac{\psi}{\varphi}$ oder das Verhältniss der Intensitäten beider Pole $= p$, so geht die letzte Gleichung über in

$$s = \sqrt{p^2 + 1 + 2\,p\cos y}$$

$$\cos y = \frac{s^2 - 1 - p^2}{2\,p} \ldots\ldots (2)$$

und nach oben $\sin d = p \sin (y - d) \ldots\ldots\ldots (1)$

Hierin sind s und d bekannt, und y und p demnach zu finden. Um die unbekannten Werthe von y und p auf eine bequeme Weise zu erhalten, verfährt man auf folgende Weise. Aus (2) ergiebt sich $2\,p \cos y \sin y \cos d = (s^2 - 1 - p^2) \sin y \cos d \ldots\ldots (3)$.

Verdoppelt man (1) und addirt die Gleichung (2), nachdem sie mit $\cos y \sin d$ multiplizirt worden, hinzu, so erhält man

$$2\,p \cos y \sin y \sin d = (s^2 + 1 - p^2) \cos y \sin d \ldots (4)$$

Aus (3) und (4) erhält man

$$(s^2 - 1) \sin y \cos d - (s^2 + 1) \cos y \sin d = \frac{\sin^2 d}{\sin (y-d)}$$

Setzt man nunmehr $\frac{s^1 + 1}{s^2 - 1} \operatorname{tg} d = \operatorname{tg} v \ldots (5)$

$$\frac{s^2 + 1}{m} \sin d = \sin v$$

$$\frac{s^2 - 1}{m} \cos d = \cos v$$

so ergiebt sich

$$m (\sin y \cos v - \cos y \sin v) \text{ oder } m \sin (y - v) = \frac{\sin^2 d}{\sin (y-d)}$$

$$\text{d. h. } \sin (y - d) \sin (y - v) = \frac{\sin d \sin v}{s^2 + 1}$$

und endlich $\cos (2\,y - v - d) = \cos (v - d) - \frac{2 \sin d \sin v}{s^2 + 1}$

Da der Hülfswinkel v aus (5) bekannt ist, so findet man aus der letzten Gleichung y, und wenn diese Grösse bekannt, so ist es $p = \frac{\sin d}{\sin (y-d)}$ ebenfalls.

Diese Methode, durch die Schwingungsdauer die Lage des veränderlichen Pols zu berechnen, ist jedoch nicht vortheilhaft, weil überhaupt die Oszillationen kein vortheilhaftes Mittel sind, die Veränderungen des Erdmagnetismus zu bestimmen. Ungleich zweckmässiger ist folgendes Mittel, welches ganz von Winkelbestimmungen abhängt, und daher dem jetzigen Zustand der Beobachtungen besser entspricht. Man beobachte ausser der gewöhnlichen Declinationsnadel, noch eine andere, die aber um einen gewissen Winkel Z, z. B. um 90° mittelst Torsion aus dem Meridian abgelenkt worden, so werden die Veränderungen beider Nadeln ungleich sein, und das in Rede stehende Problem ebenfalls lösen.

Aufgabe. Die Veränderung der Declination betrage d; diejenige einer andern Nadel, welche aber den Winkel Z mit dem Meridian bildet, d. Es soll daraus y und p bestimmt werden.

Bei der zweiten Nadel sind drei Kräfte in Gleichgewicht, die Erdkraft, der veränderliche Pol und die Torsion des Fadens. Diese letztere kann als bekannt angenommen werden, wozu einige Versuche ausreichen (siehe Abschnitt über das Moment der Trägheit eines Magnetstabes). Wird nemlich die Kraft der Torsion mit ϑ bezeichnet, so ist $\frac{\vartheta}{\varphi h}$ durch Beobachtungen zu finden, und diesen bekannten Werth werden wir mit k bezeichnen. Es sei der Faden um den Winkel x tordirt, die Nadel dadurch um Z abgelenkt worden man setze $Z \pm d_1 = z$, so hat man für das Gleichgewicht der zweiten Nadel, in dem Moment, wo sie sich um d_1 veränderte

$\vartheta (x - z) = \varphi h \sin (y - z)$, und für das Gleichgewicht der ersteren, wie vorher

$$\sin d = p \sin d (y - d).$$

Die erste Gleichung kann man auch so schreiben,

$$\sin z - k (x - z) = p \sin (y - z).$$

Aus beiden ergiebt sich

$$\frac{\sin z - k (x - z)}{\sin d} = \frac{\sin (y - z}{\sin (y - d)}$$

und $$\operatorname{tg} y = \frac{k (x - z)}{\cos z - A \cos d} \quad \text{wo } A = \frac{\sin z - k (x - z)}{\sin d}$$

Nachdem y gefunden, ist auch p bekannt, und die Bestimmung beider Werthe hängt somit nur von Winkelmessungen ab.

Statt die zweite Nadel durch Torsion des Fadens, welcher sie trägt, aus dem Meridian zu lenken, könnte man dasselbe auch durch einen andern Magneten bewirken. Ich habe diess Verfahren näher beschrieben [1]), übergehe es aber hier, da es nicht so praktisch ist.

Bei der bisherigen Bestimmung von y und p ist über die Lage des veränderlichen Pols nichts weiter vorausgesetzt worden, nur wurde sein Magnetismus der Art angenommen, dass er das ihm zunächst liegende Ende der Nadel anziehe; ausserdem konnte er nördlich oder südlich vom Beobachtungsort liegen. Da durch die gleichzeitigen Veränderungen der Neigung der Ort desselben vollständig bestimmt wird, in so fern nemlich vorausgesetzt wird, dass er auch auf der Erdoberfläche liege, wie diess wohl für alle regelmässigen, wie unregelmässigen Störungen der Fall sein wird: so wollen wir nunmehr annehmen, er liege im Süden des Beobachtungsortes, d. h. er vermindere die Inclination. Diess ist, wie man sieht, nur ein Uebereinkommen wegen der Zeichen + und —.

Aufgabe. Die Inclination habe sich von J auf J — i vermindert. Man soll den Winkel λ finden, den der veränderliche Pol, dessen Azimuth y ist, dessen Intensität zu der der Erde, beide im Horizont betrachtet, sich wie p verhält, mit dem Horizont des Beobachtungsortes macht.

Die unzerlegte Intensität des veränderlichen Pols wird sein $\frac{p}{\cos\lambda}$. Man zerlege diese Kraft in die Ebene des magnetischen Meridians, weil nur mit dieser Componente auf die Inclinationsnadel gewirkt werden kann, so ist die Kraft in derselben Ebene $p\sqrt{\cos^2 y + tg^2 \lambda}$. Ist λ_1 der Winkel, den diese Componente mit dem Horizont macht, so hat man für die Bedingung des Gleichgewichts folgende Gleichung:

$$p \sin (J - i + \lambda_1) \sqrt{\cos^2 y + tg^2 \lambda} = \frac{\sin i}{\cos J}$$

oder

$$p \sqrt{\cos^2 y + tg^2 \lambda} \left(\sin (J-i) \cos\lambda_1 + \cos (J-i) \sin\lambda_1\right)$$
$$= \frac{\sin i}{\cos J}$$

Nun ist $\cos \lambda_1 = \frac{\cos y}{\sqrt{\cos^2 y + tg^2 \lambda}}$

$$\sin \lambda_1 = \frac{tg\lambda}{\sqrt{\cos^2 y + tg^2 \lambda}}$$

daher $p \left(\sin (J-i) \cos y + \cos (J-i)\, tg \lambda\right) = \frac{\sin i}{\cos J}$

[1]) Schum. astrom. Nachr. 1834. No. 265.

und hieraus $tg\lambda = \frac{\sin i - p \sin(J - i) \cos y \cos J_1}{p \cos(J - i) \cos J}$ oder wenn man für J — i das beobachtete J_1 setzt

$$tg\lambda = \frac{tg J - tg J_1 (1 + p \cos y)}{p}$$

Aus y und x lässt sich der Ort auf der Erde finden, wo der veränderliche Pol liegt. Denn wenn dieser Ort mit dem der Beobachtung durch einen grössten Kreis verbunden wird, so ist der Bogen zwischen beiden $= 2\lambda$. Ferner ist die Ergänzung der Breite des Beobachtungsortes zu 90^0 bekannt, und ausser diesen beiden Seiten ist auch der Winkel, den sie einschliessen, mittelst y und der Declination der Nadel gegeben; daher das ganze sphärische Dreieck, in welchem der Winkel am terrestrischen Pol den Meridianunterschied, und die dritte Seite die Ergänzung der Breite des veränderlichen Pols zu 90^0 liefert.

Bei den bisherigen Formeln ist ein veränderlicher Pol in SO vorausgesetzt, der das Südende der Nadel anzieht, und unter dieser Voraussetzung sind y p und λ positiv.

Ist y negativ gefunden, während d positiv beobachtet worden (d. h. während der Südpol der Nadel nach W gegangen), so wird p oder $\frac{\sin d}{\sin(y - d)}$ negativ, d. h. er stösst dann die Südhälfte der Nadel ab, er hat also den entgegengesetzten Magnetismus, als bisher angenommen, und liegt in SW.

Ist d negativ beobachtet, bleibt aber y positiv, so wird p negativ. Der veränderliche Pol stösst wiederum ab, liegt aber im SO.

Sind d und y negativ, so liegt der Pol in SW, allein er zieht die Südhälfte an, weil p positiv bleibt.

Inzwischen ist hierdurch doch noch nicht völlig die Lage des veränderlichen Pols bestimmt, er kann nemlich noch diametral entgegengesetzt (in NW oder NO) liegen und die Nordhälfte der Nadel entweder anziehen oder abstossen.

Darüber entscheidet erst das Zeichen von λ. Da für einen positiven Werth dieses Winkels der Pol im S des Beeobachtungsortes angenommen worden, so lehrt ein negativer Werth von λ, dass derselbe vielmehr im Norden liege.

Nachdem auf diese Weise gezeigt worden, wie die Lage des angommenen veränderlichen Pols gefunden werden kann, so entsteht mit Bezug auf die regelmässigen Veränderungen die Frage, von welcher Beobachtung man dabei ausgehen soll? Gesetzt, man wollte die täglichen Variationen darstellen; da nun die Nadeln sich beständig ändern, so ist es nothwendig, von ihren Angaben zu irgend einer Stunde auszugehen, und diese Stunde so zu wählen, dass der berechnete Pol ein treues Bild der Ursache abgebe, welche die Veränderungen hervorbringt, d. h. ein Bild von der Erwärmung des Erdbodens durch die Sonne, und des Fortschreitens dieser Erwärmung von O nach W. So wichtig diese Frage für den vorliegenden Gegenstand ist, so viele Schwierigkeiten bietet ihre Lösung dar. Inzwischen, glaube ich, wird das Folgende naturgemäss erscheinen. Die Angaben der Nadeln während der Nacht sind nicht die, von denen man ausgehen kann, um den Einfluss der Erwärmung während des Tages und den Ort zu berechnen, wo man sich dieselbe für einen gegebenen Moment als concentrirt denken kann. Denn die Erkaltung der Erdoberfläche während der Nacht rührt im Grunde doch auch von der Sonne her, d. h. sie schreitet ebenfalls, wie die Erwärmung von O nach W vorwärts, und während der Nacht wird daher der Nordpol der Declinationsnadel eben so einseitig nach Osten zeigen, wie er gegen Mittag nach Westen steht. So gewiss man das Bild, welches der veränderliche Pol von den Variationen giebt, dadurch entstellen würde, falls man von den Mittagsbeobachtungen ausgeht, woraus sich z. B. ergeben würde, dass der veränderliche Pol Vormittags in Westen liege, eben so gut würde das auch eintreten, wenn man die nächtlichen Beobachtungen dabei zu Grunde legt. Um dann zu erklären, warum der Nordpol der Nadel noch bis gegen acht Uhr Morgens nach Osten sich bewegt, müsste man von der gewählten Stunde des Nachts bis um diese Zeit eine zunehmende Erwärmung in Westen, oder eine zunehmende Erkaltung in Osten voraussetzen, welches beides nicht der Natur gemäss ist. Auf ähnliche Weise lässt es sich zeigen, dass auch das Minimum der westlichen Declination des Morgens nicht denjenigen Fundamentalzustand abgiebt, in Vergleich dessen man den veränderlichen Pol berechnen könne; diess wird auch auf folgende Weise klar. Wie die Erwärmung durch die Sonne von O nach W sich bewegt und durch den Meridian des Beobachtungsortes geht, so muss es auch der veränderliche Pol; auch er muss zu irgend einer Zeit durch den magnetischen Meridian gehen. In dem Augenblick, wo das geschieht, wirkt er natürlich auf die Declinationsnadel nicht; sie steht also dann in derselben Richtung, die sie zur Zeit einnahm, wo der veränderliche Pol = o angenommen worden, d. h. von welcher aus er überhaupt berechnet worden. Nun findet der östlichste Stand der Nadel nur einmal des Tages statt, und daher ist er zu dem vorliegenden Zweck untauglich; es muss nothwendig von einer Declination ausgegangen werden, welche zweimal des Tages beobachtet wird, die also zwischen dem Maximum und dem Minimum liegt. Betrachten wir jetzt die anderen Nadeln. Zur Zeit, wo der veränderliche Pol als nicht vorhanden angenommen (der Fundamentalzustand), wird die Inclination ein Maximum sein, weil sie durch die Erwärmung und durch den täglich wandernden Pol vermindert wird; zur Zeit, wo der veränderliche Pol durch den Meridian geht, wird sie eben desshalb ein Minimum sein. Das Entgegengesetzte wird diejenige Nadel zeigen, welche die horizontale Intensität des Erdmagnetismus misst. Nun lehren die Beobachtungen, dass das Maximum der Inclination und und das Minimum der horizontalen Intensität des Vormittags um 10 Uhr eintrete und zusammenfalle mit der mittleren täglichen Declination; dass eben dasselbe zu einer nicht genau bestimmten, oder nicht genau zu bestimmenden Zeit gegen Abend für das Minimum der Neigung, das Maximum der horizontalen Intensität und ebenfalls für die mittlere Declination gelte, dass auch sie in derselben Stunde eintrete, daraus ist es denn klar, dass man den veränderlichen Pol von der Stunde des Vormittags aus berechnen müsse, wo der Mittelwerth der täglichen Declination stattfindet. Dass derselbe dann erst Nachmittags zwischen 5 und 6 Uhr durch den Meridian geht, kann in sofern nicht auffallen, als die Erwärmung eines grossen Stückes der Erdoberfläche auf die Nadel von Einfluss ist, und dann weil die Wärme der äussersten Oberfläche sich in eine geringe Tiefe fortpflanzt, aber dazu Zeit braucht, so dass, wenn auch an irgend einem Orte die äusserste Oberfläche um 1 oder 2 Uhr, z. B. ihre grösste Wärme hat, die grösste durchschnittliche Wärme der ganzen Schicht, innerhalb welcher die täglichen Oszillationen noch beobachtet werden, gewiss später eintritt.

Was die Berechnung des veränderlichen Pols von Monat zu Monat anbetrifft, so kann man schon mittelst Analogie schliessen, dass dabei ebenfalls von demjenigen Punkte ausgegangen werden muss, wo die mittlere Declination stattfindet, die auch hier wieder mit dem Maximum und Minimum der Inclination, und dem Minimum und Maximum der horizontalen Intensität zusammen zu fallen scheint, obgleich genaue Beobachtungen darüber noch fehlen. Ueberhaupt wird bei der jetzigen Lage unserer Kenntnisse in Bezug auf die regelmässigen Störungen der Nadeln und in Bezug auf die Erwärmung der Erdrinde, denen sie ihr Entstehen verdanken, der veränderliche Pol nur in Rücksicht auf seine Lage im Horizont zu berechnen sein, und daher für diese Störungen nicht die volle Bedeutung haben, die er vielleicht später erhalten wird, wenn die Messungen in der verticalen Ebene dieselbe Schärfe erhalten haben werden, als ihnen in der horizontalen durch Gauss zu Theil geworden ist. Bis jetzt giebt jener Pol nur das Mittel, eine präcisere Vorstellung der Variationen zu gewinnen, und Rechenschaft über viele Erscheinungen derselben zu geben.

Ganz anders verhält sich das mit den unregelmässigen Störungen; hier erhält er einen andern Charakter, er ist nicht mehr eine Voraussetzung, um die complizirten Erscheinungen zu vereinfachen, er fasst nicht bloss, ähnlich darin dem mechanischen Schwerpunkt, mannigfache und zerstreut liegende Kräfte zusammen; vielmehr ist er bei diesen Störungen eine Thatsache, und seinen Ort berechnen, heisst den Ort der Störung selbst finden. Hier ist es nicht bloss zweckmässig die eingetretene Veränderung für sich und als zu der eigentlichen Anziehung von einem festen magnetischen Pol hinzutretend zu betrachten, sondern nothwendig. Obgleich es wahrscheinlich ist, dass der Grund der unregelmässigen Veränderungen der Nadeln ebenfalls an der Erdoberfläche liege, so ist das bis jetzt doch noch nicht erwiesen, und es wird daher gut sein nachzuweisen, dass man auch ohne diese Voraussetzung den Ort der störenden Ursache, der also im Allgemeinen im Raume liegt, wird finden können. Hierbei wird es sich dann zeigen, ob z. B. beim Nordlicht die störende magnetische Kraft von der Erdoberfläche ausgeübt wird, und wenn das bestätigt werden sollte, dann glaube ich, wird man für dieses Phänomen endlich eine Erklärung aufstellen können, die so verzweifelt lange auf sich warten lässt. Nöthig wird es zu dem Ende hauptsächlich sein, zu erfahren, welche Polarität von dem Nordlicht ausgeübt wird, ob nördliche oder südliche; d. h. welches Zeichen die obige Grösse p haben wird.

Zu der bereits entwickelten Methode, den veränderlichen Pol zu berechnen, ist mit Bezug auf die unregelmässigen Störungen nur folgendes hinzuzufügen. Da solche Störungen an vielen Orten gleichzeitig eintreten, so wollen wir annehmen, ihre Wirkung auf die Nadeln seien an zweien Orten vollständig und gleichzeitig beobachtet, dann kann man für beide ausser p (dem Verhältniss der magnetischen Intensität der Störung zu der Itensität des Erdmagnetismus) auch noch y und λ berechnen. Man erhält auf diese Weise zwei Linien, deren Durchschnittspunkt den Ort der Störung abgiebt, und zwar erhält man mittelst der Werthe y und y_1 den Punkt auf der Erde, in dessen Verticale die störende Ursache liegt. Zwei Linien im Raume werden sich nicht nothwendig schneiden; auf kleine Differenzen kann es hierbei nicht ankommen, grössere aber würden lehren, dass die Beobachtungen nicht genau gewesen sind. Nimmt man jedoch auch bei diesen Perturbationen an, dass ihr Grund an der Erdoberfläche zu suchen ist, dann reichen entweder, wie bei den regelmässigen Variationen, Beobachtungen an einem Orte aus, oder wenn zwei Beobachter an verschiedenen Orten concurriren, dann brauchen in diesem Falle die Veränderungen der Inclination nicht bekannt zu sein, weil man dann aus y und y_1 schon den eigentlichen Ort finden kann. Damit aber die Beobachtungen während solcher Perturbationen an verschiedenen Orten gleichzeitig angestellt werden, ist es nöthig, von irgend einem Meridian, z. B. dem von Paris auszugehen, anzunehmen, dass dort zur ganzen, halben oder viertel Stunde mittlerer Zeit, und an den übrigen Orten je nach ihrer Meridiandifferenz beobachtet werde.

XIII. Theorie der Variationen des Erdmagnetismus.

Dass der letzte Grund der Variationen in der scheinbaren Bewegung der Sonne liege, kann in so fern kein Zweifel sein, als es eine tägliche und jährliche Periode derselben giebt, dass aber der Einfluss der Sonne nicht direct sei, durch ihre etwanige magnetische Kraft, ist eben so unzweifelhaft. Schon die Veränderungen der drei Nadeln während des Tages wird man schwer oder gar nicht aus dieser Ansicht ableiten können, über die freiere und charakteristische Abhängigkeit der Variationen von climatischen Verhältnissen würde sie vollends jede Auskunft schuldig bleiben. Dazu gehören namentlich die beiden Entdeckungen Schübler's und Kämtz's über den Einfluss der Trübe und Helligkeit des Himmels, und über den Einfluss der Winde auf die Bewegung der Declinationsnadel, welche mit zu den wichtigsten gehören, welche in diesem Jahrhundert auf dem Gebiet der magnetischen Variationen gemacht worden sind. Zur Widerlegung eines directen magnetischen Einflusses der Sonne, wie ihn Coulomb angenommen, genügt es, wie ich glaube, anzuführen, dass daraus das längst bekannte und überall beobachtete Factum von der beinahe absoluten Bewegungslosigkeit der Declinationsnadel während der Nacht nicht zu begreifen ist. Nichts desto weniger ist diese Ansicht, welche ich widerlegt zu haben hoffte [1]), in neuester Zeit wieder von Simonoff in Kasan, obgleich in etwas veränderter Gestalt aufgestellt worden [2]). Er nimmt in der Sonne eine Magnetaxe an, welche mit der Axe ihrer Rotation einen gewissen Winkel bildet, woraus folgt, dass die Variationen auf der Erde eine Periode haben müssen, abhängend von der Umdrehungsdauer der Sonne, d. h. eine von 27 (?) Tagen. Er theilt, dies zu beweisen, folgende seiner Beobachtungen an der Declinationsnadel mit.

1835	Nadel	1835	Nadel	1835	Nadel
Octbr. 3	26,22	Octbr. 13	26,31	Octbr. 23	26,41
4	26,065	14	26,20	24	26,43 Max.
5	26,06 Min.	15	26,24	25	26,36
6	26,145	16	26,16	26	26,34
7	26,12	17	26,11	27	26,30
8	26,285	18	26,075 Mn.	28	26,22
9	26,26	19	26,17	29	26,15
10	26,265	20	26,22	30	26,18
11	26,41 Max.	21	26,325	31	26,08
12	26,36	22	26,295	Novbr. 1	26,05 Min.
				2	26,13

Es ist nicht angegeben, zu welcher Tageszeit diese Beobachtungen angestellt worden, wahrscheinlich also sind es Mittelwerthe aus einer Beobachtung des Morgens und einer des Mittags. Da sie jedoch nur einen Monat umfassen, so kann man daraus gar nichts Sicheres schliessen, um so mehr, da ich im Stande bin, aus den Königsberger Temperaturbeobachtungen von Sommer ebenfalls in einem einzelnen Monat eine Periode von 25 Tagen zu zeigen, und zugleich den Beweis zu liefern, dass dieselbe bestimmt nicht von der Umdrehung der Sonne bewirkt worden ist. Am Schlusse seines Briefes sagt Simonoff wegen der Bewegungslosigkeit der Nadel in der Nacht: «die Sonnenstrahlen nach deren Richtung der Sonnenmagnetismus wirkt, würden des Nachts von der Erde aufgefangen, und die Wirkung der Erde auf die Magnetnadel an ihrer Oberfläche sei dann

[1]) Poggend. Ann. Bd. 28.

[2]) ibid. Bd. 37, pag. 526.

weit stärker, als die der Sonne.» Auf solche Weise lässt sich jedoch die Bewegungslosigkeit der Nadel während der Nacht nicht erklären. Allerdings wirkt der Sonnenmagnetismus in derselben Richtung, wie ihre Lichtstrahlen, d. h. in gerader Linie, eben so kann man hinzusetzen, wie ihre Anziehung. Aber daraus, dass das Licht von der Erde des Nachts aufgefangen wird, folgt nicht, dass die Anziehung der Sonne auf der nicht beleuchteten Hälfte verschwinden müsse; eben so wenig folgt dies für die magnetische Wirkung. Wärme und Licht der Sonne sind zwar so aneinander gebunden, dass, wo das Licht verschwindet, auch die Wärme aufhört; allein zwischen Magnetismus und Licht kennt man bis jetzt noch keinerlei Art von Zusammenhang.

Es ist wohl möglich, dass Sonne und Mond magnetische Kräfte besitzen, durch welche sie direct auf unsere Nadeln einwirken; man weiss hierüber nichts. Allein das ist jedenfalls gewiss, dass diese directe Einwirkung erstens sehr gering sei, und dann zu den eigentlichen Variationen, die in der Erdrinde ihren nächsten Grund haben, bloss hinzutreten, sie jedoch nicht hervorbringen [1]).

Eben so wenig kann man die Variationen durch die Annahme von magnetischen Axen im Innern der Erde erklären. Schriebe man auch diesen Axen eine Bewegung zu, welche, wie es scheint, schwerer zu begreifen sein würde, als die Bewegung der Nadeln, welche man dadurch erklären will: so kommt man auch damit nicht viel weiter. Die Bewegung der Axe ist eben so gut wie die vorige Ansicht unverträglich mit der Ruhe der Nadeln während der Nacht, wo die Axen doch in Bewegung sein müssen, wie das die Nadeln in Amerika zeigen. Ausserdem verlangt die Thatsache, dass der Südpol auf der südlichen Halbkugel dieselbe Bewegung während des Tages hat, als der Nordpol auf der nördlichen, dass die Axen sich nicht um einen festen Punkt drehen, sondern mit allen ihren Theilen von O. nach W. um eine Linie, welche ausserhalb ihrer liegt, gedreht werden. Aber wodurch werden sie in eine Rotation versetzt, die eben so lange dauert, als die Umdrehung der Erde? Ausserdem kann man auch durch diese Theorie keines von den vielen Phänomenen erklären, welche sich als nothwendig aus derjenigen Ansicht ergeben, welche ich aufgestellt habe, und welche von der Voraussetzung ausgeht, dass alle Theile der Erdoberfläche, feste wie flüssige, magneti-

---

[1]) Hierzu den Abschnitt über die Variationen der magnetischen Erdkraft.

sche Kraft besitzen, welche durch die zunehmende Wärme eben so gut geschwächt wird, als der Magnetismus des Stahls. Die magnetische Kraft der Erde ist demnach nicht mit derjenigen zu vergleichen, welche im Eisen durch seine Lage entwickelt wird, und welche mit zunehmender Wärme vielmehr gesteigert wird — eine Thatsache, die ich bereits in den phil. trans. London for 1694 von einem J. C. angegeben finde. Die Erde verdankt ihren Magnetismus nicht der Stellung im Raume, sondern sie besitzt ihn eigenthümlich.

Dass der Erdmagnetismus durch die Wärme geschwächt werde, sieht man aus allen Erscheinungen. Da des Vormittags die Ostseite sich erwärmt, so wird die Anziehung von dorther vermindert und der Nordpol geht nach Westen (wie dies Canton bereits im Jahre 1759 angegeben hat); nach Westen geht ferner der Südpol der Nadel auf derjenigen Hälfte der Erde, wo die Inclinationsnadel ihren Südpol senkt. Die Inclinationsnadel zeigt von Vormittag ab eine immer geringer werdende Neigung, weil die Erwärmung am Tage vorzugsweise die Intensität der südlich gelegenen Theile schwächt, und dadurch wird der Nordpol dieser Nadel von Süden her weniger angezogen, oder ihr Südpol wird weniger abgestossen. Die Intensität, an der horizontalen Nadel ermittelt, muss aus derselben Ursache von Morgens ab immer grösser werden. Zwischen dem Einfluss der Wärme auf die Declinations- und Inclinationsnadel findet folgender nicht zu übersehender Unterschied statt. Ob die Theile der Erdoberfläche im NO. der Nadel oder im SO. erwärmt werden, das ist für die Declination in so fern gleichgültig, als durch beide Erwärmungen dieselbe Veränderung an der Declinationsnadel bewirkt wird; in beiden Fällen geht ihr Nordpol nach Westen. Bei der Inclinationsnadel jedoch bewirkt die Erwärmung in NO. die entgegengesetzte Veränderung von der in SO; durch die erstere nähert sich ihr Nordpol der Verticalen, durch die zweite entfernt er sich davon. Da nun die Erwärmung durch die Sonne längs einem Meridian zu gleicher Zeit stattfindet, so folgt, dass die Veränderung der Declination während des Tages grösser sein muss, als die der Inclination, weil die letztere von der Differenz entgegengesetzter Wirkungen abhängt.

Und so kann man viele Erscheinungen anführen, aus denen folgt, dass der Magnetismus der Erde in der That durch die Wärme verliere, unter denen aber die wichtigste ist, dass sich aus der Gestalt der Isothermen mit dieser Voraussetzung die Gestalt der magnetischen

Linien auf der Erde im Allgemeinen ableiten lässt (siehe den folgengen Abschnitt: Theorie des Erdmagnetismus).

Was die Wendestunden der täglichen Aenderungen betrifft, so ist bereits gezeigt worden, dass sie wahrscheinlich zu gleicher Zeit eintreten. Theoretisch glaube ich jedoch nicht, dass man diese Zeitpunkte wird bestimmen können; vielmehr muss man sie von der Erfahrung erhalten, und kann nur dann versuchen, sie zu erläutern. Denn, wenn schon die Angaben eines Thermometers in der Luft von complicirten Ursachen herrührt, und dessen höchster Stand daher nicht auf dieselbe Zeit fällt, wo die Sonne ihre grösste Höhe erreichte, so gilt dies in viel stärkerem Grade noch von der Magnetnadel. Sie wird von der ganzen Erde gerichtet, ein grosses Stück derselben, viele Meridiane umfassend, in welchem daher die Wärme sehr verschieden ist, wirkt auf ihre Stellung. Ausserdem dringt die von der Sonne erregte Wärme in die Tiefe und braucht dazu Zeit. Da das letztere jedoch nur in geringem Grade geschieht, da also die oberste Schicht die einflussreichste ist, da ferner das Thermometer sich um die Zeit des Maximums wenig ändert, so lässt sich vermuthen, dass die Zeit der westlichsten Elongation der Nadel ungefähr zusammenfallen werde mit der Zeit der höchsten Tageswärme, wie dies auch bekanntlich der Fall ist. In unsern Gegenden, wo die Declination westlich ist, tritt diese magnetische Wendestunde etwas früher ein als die thermische; würde die Nadel genau von N. nach S. zeigen, so würde ihr westlichster Stand wahrscheinlich nicht so früh stattfinden und sich der Zeit der grössten Tageswärme noch mehr nähern (siehe Abschnitt über die Veränderungen der Declination). Allein auch in diesem Falle wird die grösste westliche Abweichung etwas früher eintreten, als das Maximum der Wärme, weil das letztere in der Erdrinde früher ist als in der Luft.

Mit dem östlichsten Stand der Nadel des Morgens ist dies umgekehrt; er tritt etwa um 8 Uhr Morgens ein; also drei Stunden später als das Minimum der Wärme (um 5^h). Wenn man das Thermometer zu Rathe zieht, so hätte man eher erwarten sollen, dass auch dieser Wendepunkt für die Nadel früher eintrete, als für's Thermometer; weil in den Stunden vor 5^h die Temperatur langsam fällt, dagegen in den Stunden nach 5^h rascher steigt, wie dies die Beobachtungen in Padua und Leith zeigen. Ist es daher 5 Uhr Morgens am Beobachtungsorte, so wird die Wärme im Westen der Nadel, wo es erst 4^h, 3^h ist noch abnehmen, jedoch wenig; dagegen wird sie im Osten stark, mindestens stärker zunehmen, als sie in W. abnimmt, und daraus hätte man erwarten sollen, dass bereits von 5^h ab der Nordpol sich nach W. bewege. Da diese Bewegung aber erst drei Stunden später eintritt, so folgt, dass um die Zeit des Morgens die Anzeigen des Thermometers in der Luft in keiner Uebereinstimmung sein müssen mit einem Thermometer, welches sich in sehr geringer Tiefe im Erdboden befände, dass vielmehr das letztere seinen niedrigsten Stand nicht um 5^h sondern später erst erreiche. Das ist auch sehr wohl möglich, weil die Ursache, weshalb die kleinste Wärme schon um diese Zeit beobachtet wird, nicht in dem Erdboden liegt, sondern in Verhältnissen der Luft zu suchen ist. Inzwischen da dieser Gegenstand von Seiten der Meteorologie noch nicht näher erörtert worden, so besitzen wir kein Mittel, die erwähnte Differenz zwischen Thermometer und Declinationsnadel zu erklären.

Wenn das Minimum der Temperatur sich von dem östlichsten Stand der Nadel in der Zeit sehr unterscheidet, so nähern sich dagegen die Zeitpunkte, wo die Mittel eintreten, wieder sehr; jedoch kann auch hier kein vollkommenes Zusammentreffen stattfinden, weil die Mittelwärme des Tages in den verschiedenen Meridianen zu beiden Seiten des Beobachtungsortes zu verschiedener Zeit eintritt.

Die mittlere Temperatur in Leith um $9\frac{1}{2}$ Uhr Vormittags, mittlere Declination in Freiberg um $9\frac{1}{2}$ bis 10^h;

die mittlere Temperatur in Leith etwa um $8\frac{1}{2}$ Uhr des Abends, mittlere Declination in Freiberg zwischen 6^h und 9^h.

Aus der mitgetheilten Theorie der Variationen ergeben sich nun viele mit der Erfahrung übereinstimmende Folgerungen von denen ich die hauptsächlichsten anführen werde.

1) Die Variationen werden in beiden Hemisphären gleicher Art sein, nur dass in der einen der Nordpol dieselbe Bewegung hat, als der Südpol der Nadel in der andern.

2) Die Variationen werden des Nachts unbedeutend sein, weil diejenigen der Temperatur es sind. In Padua steht im Mittel des Jahres das Thermometer um 9^h Abends auf $13^0,12$ und um 5^h auf $11^0,10$; es verändert sich also in der Nacht um 2^0, dagegen steht es um 2^h Nachmittags auf $16^0,79$, also um $5^0,69$ höher.

3) Sämmtliche Variationen werden im Sommer grösser sein als im Winter. Diese charakteristische Erscheinung ist ganz in Harmonie mit den Angaben des Thermometers. Zu Padua ist

die tägliche Schwankung der Temperatur im Januar 3°,45, im Juli aber 9°,39.

Für die Declinationsnadel ergiebt sich dasselbe aus den folgenden Beobachtungen[1]) zu Göttingen (1884—37), denen wir noch diejenigen des Colonel Beaufoy zu Stanmore Heath (1817—19) hinzuzufügen [2]).

Tägliche Variation.

	1834—35	1835—36	1836—37	Mittel	1817—19
April	10′ 56,9″	13′ 33,9″	17′ 9,7″	13′ 53,5″	11′ 48″
Mai	10 47,2	13 3,7	16 36,4	13 29,1	9 53
Juni	10 18,8	11 44,9	15 17,3	12 27,0	11 15
Juli	10 21,5	10 34,8	15 31,8	12 9,4	10 43
August	10 22,9	12 44,4	16 2,6	13 3,3	11 26
September	9 33,9	11 6,4	14 45,0	11 48,4	9 44
October	7 28,8	9 42,3	12 58,8	10 3,3	8 26
November	5 25,9	7 34,2	7 33,3	6 51,1	7 10
December	3 37.9	4 53,2	6 33,1	5 1,4	4 7
Januar	4 22,9	5 32,2	10 10.9	6 42,0	5 3
Februar	5 25,9	7 48,5	8 52,7	7 22,0	6 3
März	10 7,7	12 15,0	13 20,0	11 54,2	8 22
Mittel	8′ 14,2″	10′ 2,8″	12′ 54,3″	10′ 23,8″	8′ 40″

Merkwürdig ist hierbei, dass die grösste tägliche Oszillation nach den Beobachtungen an beiden Orten im April stattfindet; die ältesten Beobachtungen hierüber von Canton (philos. transact. for 1759 Part. I.) zeigen dieselbe im Juni (sie betrug damals 13′ 21″). Da die Wendestunden in den verschiedenen Monaten verschieden fallen, so kann man das erstere Resultat erklären, wenn man annimmt, die Beobachtungen wären im April fast genau zu der Zeit des östlichsten und westlichsten Standes angestellt worden, in den Sommermonaten aber nicht.

Für die Variationen der horizontalen Intensität ergiebt sich dasselbe Resultat aus den Beobachtungen, welche Riess täglich $18\frac{30}{31}$ angestellt hat [3]), und bei denen der Einfluss der Wärme sorgfältig corrigirt ist.

---

[1]) Resultate des magnetischen Vereins pag. 53.

[2]) Metropolitan Encyc. London 1829. Art. Magnetism. pag. 820.

[3]) de Telluris Magnetismi mutationibus et diurnis et menstruis. Berol. 1831

	tägliche Variation
Mai	1,004393
Juni	1,003238
Juli	1,003152
August	1,003217
September	1,002414
October	1,001737
November	1,000733
December	0,999879
Januar	0,999417
Februar	0,999964

Unter täglicher Variation ist hier der Mittelwerth der Abendbeobachtungen (um 9^h) dividirt durch den Mittelwerth aus den Beobachtungen des Morgens (ebenfalls um 9^h) verstanden. Wie man sieht, war in den Wintermonaten die Intensität des Abends sogar kleiner als die des Morgens, obgleich nur sehr wenig; dasselbe lehren auch die Beobachtungen von Reich in Freiberg [1]), welche jedoch nur an einem Tage jedes Monats angestellt worden.

Dass endlich auch die Inclinationsveränderungen im Sommer grösser sind, lehren die Beobachtungen Kupffers [2]).

	tägliche Veränderung
August 1830	5,4′
September	4,1
November	3,1 ×
December	1,5 ×
Januar 1831	0,3 ×
Februar	0,3
März	2,9
April	3,5
Mai	3,3
Juni	2,8
August	2,9
September	1,8

Die mit einem × versehenen Werthe hält Kupffer nicht für ganz sicher, weil sie nur aus 2 oder 3 Tagen resultiren.

---

[1]) Poggend. Ann. Bd. 18, pag. 63.

[2]) ibid. Bd. 25, pag. 213.

4) In der heissen Zone werden die Variationen der Declination unbedeutend sein, erstens weil das Thermometer dort weniger schwankt, und zweitens weil diese Zone dadurch ausgezeichnet ist, dass eine Erwärmung in NO. und SO. einen entgegengesetzten Einfluss auf die Declination ausübt, in sofern nordöstlich und südöstlich entgegengesetzter Magnetismus herrscht. Aus denselben Ursachen wird auch die Inclination sich wenig ändern. Was aber die horizontale Intensität betrifft, so wird sie gerade in der heissen Zone wegen des entgegengesetzten Magnetismus im Norden und Süden, während des Tages beträchtlichen Schwankungen unterworfen sein, beträchtlicheren wahrscheinlich als bei uns.

5) Die magnetischen Variationen müssen sämmtlich bei bezogenem Himmel kleiner sein, als bei heiterem, weil die Temperaturänderungen dann kleiner sind, wie es Kämtz bewiesen hat [1]). Für die Declination folgt es aus Schübler's Beobachtungen (siehe einen folgenden Abschnitt).

6) Die Zeit, wo die mittlere Declination stattfindet, wird des Vormittags viel constanter sein, als des Abends. Für das Thermometer kann man dasselbe schon daraus schliessen, dass die Stunde der mittleren Wärme am Morgen in den verschiedenen Monaten des Jahres sich viel mehr gleich bleibt, als am Abend. So ist diese Stunde in Leith im

Januar um $10^h,3$ Vormittags }
Juli - 8,7 - } grösster Unterschied 1,6 Stunde.

Dagegen ist diese Stunde in Leith im

Mai um 9^h Abends }
December - $6^h,2$ - } grösster Unterschied 2,8 Stunde.

Dasselbe findet, wenn auch nicht ganz so stark, in Padua statt.

Für die Declinationsnadel ergiebt sich dasselbe aus den im Vorigen mitgetheilten Zeitpunkten, zu welchen der mittlere Stand der Nadel während des Morgens und Abends in London und Franecker beobachtet wird:

Der früheste Zeitpunkt war in London im Mittel um $9^h,8$ Morgens im Sept. }
- späteste um 10,5 - - April } Unterschied 0,7 St.

Ferner war der früheste Zeitpunkt in London um 6^h Abends im August }
späteste $10^h,7$ - - April } Unterschied 4,7 St.

[1]) Meteorol. Bd. II, 21.

Eben so beträgt der grösste Unterschied in dem Zeitpunkt des Mittels am Morgen zu Franecker 2,3 Stunden, und in demselben am Abend 4,4 Stunden.

7) Die mittlere jährliche Declination wird ungefähr mit der mittleren Jahreswärme auf denselben Monat fallen, weil die mittlere Temperatur in allen Meridianen zugleich statt findet. Beide Mittelzustände würden desshalb sogar völlig zu gleicher Zeit eintreten, wenn die Magnetnadel nicht auch von den tiefern Erdschichten affizirt würde, wohin die Wärme nur langsam dringt. Da jedoch die Temperaturdifferenzen mit der Tiefe sehr abnehmen, so wird nichts desto weniger ein nahes Zusammenfallen der mittleren Declination und Wärme beobachtet werden. Wir führen zum Beweise die Göttinger Declinationsbeobachtungen an, welche das Mittel aus den Ablesungen um 8^h Morgens und 1^h Mittags sind.

	1834—35	1835—36	1836—37
April	18°41′ 35,3″	18°39′ 44,7″	18°35′ 7,8″
Mai	41 51,8	38 44,8	36 19
Juni	42 50,1	38 48,9	35 13,8
Juli	43 8,3	39 25,4	34 40,1
August	43 59,6	40 34,6	33 43,7
September	41 45,4	38 54,4	33 37,1
October	41 2,8	38 14,2	34 3,4
November	40 21,4	40 2,4	33 7,7
December	39 43,8	37 52,5	32 30,3
Januar	40 3,0	37 48,5	32 40,8
Februar	39 46,5	37 21	32 2
März	39 51,4	37 8,9	32 24,2
Mittel	18°41′ 19,8″	18°38′ 43,4″	18°33′ 47,5″

Die mittlere Declination des Jahres = 18° 41′ 40,4″ findet demnach zwischen April und Mai und im September statt. Aehnliches lehren Cassini's Beobachtungen zu Paris und Gilpin's zu London, nur sind die mittleren Declinationen von Monat zu Monat so wenig unterschieden, dass hierbei leicht Abweichungen von einem Monat vorkommen werden. Dass jedoch diese Mittelwerthe mit denen der Temperatur nahe in denselben Monat fallen, darüber kann trotz dem kein Zweifel bleiben.

Für die Inclination und Intensität gilt jedoch nicht dasselbe, wie für die Declination; ihr jährliches Mittel fällt eben so wenig der

Zeit nach mit dem jährlichen Mittel der Wärme zusammen, als diefür die täglichen Mittel gilt. Vielmehr scheint, wie bei den täglichen Variationen, die mittlere Wärme im Frühjahr zusammen zu fallen mit dem Maximum der Inclination und dem Minimum der horizontalen Intensität, und die mittlere Wärme im Herbst mit dem Minimum der Inclination und dem Maximum der horizontalen Intensität, was sich jedoch noch nicht vollständig beweisen lässt.

Aus dem Bisherigen folgt

1) dass alle Theile der Erdrinde magnetische Kraft besitzen,

2) dass diese Kraft durch die Wärme geschwächt werde.

Ob die ganze Erde oder nur ihre Oberfläche bis zu einer gewissen Tiefe magnetisch sei, vermögen die Variationen nicht zu entscheiden.

XIV. Theorie des Erdmagnetismus.

Ueber diesen Gegenstand ist eine Abhandlung von Barlow erschienen [1]. Dieser berühmte Gelehrte geht davon aus, dass, wenn man die Breite (magnetische) eines Ortes mit φ bezeichnet, die Inclination daselbst mit J, die unzerlegte Erdkraft mit K, und die nach dem Horizont zerlegte mit H, dass dann die Beobachtungen, namentlich in der heissen Zone, folgende Gleichungen sehr nahe bestätigen:

$$\mathrm{tg}\, J = 2\, \mathrm{tg}\, \varphi$$

$$K = \frac{2\, C}{\sqrt{4 - 3 \sin.^2 J}},$$

$$H = \frac{2\, C}{\sqrt{3 + \sec.^2 J}},$$

Biot gelangte auf theoretischem Wege zu diesen Gleichungen, indem er einen Magneten im Innern der Erde annahm, ihm anfangs eine unbestimmte Länge gab, und nun diese letztere immer kleiner und kleiner werden liess; es zeigte sich, dass die erwähnten Formeln in aller Strenge nur gelten, wenn die beiden Pole des Magneten unendlich nahe um den Mittelpunkt der Erde liegen. «Diese Untersuchung, sagt Barlow, ist von einer grossen Wichtigkeit, denn es folge daraus, dass die Erde kein selbstständiger Magnet sei, dessen Pole immer von einander entfernt sein müssen. Wenn man von dieser letzteren Voraussetzung ausgehe, so zeige sich dann erst eine Uebereinstimmung zwischen Theorie und Erfahrung, wenn der ange-

[1]) philos. trans. London for 1831, Part. I.

nommene Magnet verschwindet. Barlow erinnert darauf an seine eigenen Untersuchungen über eine Eisenkugel, welche Magnetismus durch ihre Lage erhielt. Aus den Ablenkungen, welche sie auf eine Nadel ausübte, ergaben seine und Poisson's Berechnungen, dass, wäre diese Nadel vollkommen astastisch und von der Erde nicht angezogen, sie von der Eisenkugel ganz so gerichtet werden würde, als die gewöhnlichen Magnetnadeln von der Erde. Daraus folgert er, dass wenn die magnetische Anziehung der Erde von einem selbstständigen Magnetismus nicht herrührte, sie doch abzuleiten wäre aus einem transitorischen Zustand magnetischer Erregung. Vor den grossen magnetischen Entdeckungen unserer Zeit kannte man nur einen transitorisch-magnetischen Zustand, den sogenannte Magnetismus durch die Lage, der jedoch stets einen andern Magneten ausserhalb des induzirten voraussetzt, und ausserdem kannte man ihn nur beim Eisen. Einen solchen Zustand bei der Erde vorauszusetzen, ist nach Barlow nicht wahrscheinlich; denn welcher magnetische Körper sollte ihn hervorbringen? Wie sollte die magnetische Anziehung der Erde sich in der Richtung so wenig verändern, während die Erde ihren Ort mit Bezug auf jeden äussern Punkt ändert? Daher musste man den Magnetismus der Erde vor jenen Entdeckungen als etwas Unerklärbares hinnehmen; man konnte nur angeben, er sei nicht dem des Stahls gleich; es sei induzirter Magnetismus, obgleich man nicht wisse, wie und wodurch induzirt.»

Der Schluss, welchen Barlow aus der verschwindenden Grösse des Magneten im Innern der Erde zieht, dass dieselbe keinen selbstständigen Magnetismus besitze, erscheint jedoch mehr glänzend als reell. Allerdings ist ein verschwindender Magnet, physikalisch genommen, kein Magnet; allein da Barlow selbst durch seine musterhaften Untersuchungen an der Eisenkugel gefunden hat, dass die magnetische Vertheilung auf ihrer Oberfläche ganz dieselben Erscheinungen hervorbringt, als wir sie auf der Erde beobachten, warum soll der Magnetismus der Erde nicht eben so gut an ihrer Oberfläche sich befinden und permanent sein? dann wäre keine Schwierigkeit vorhanden. Wenn man sagen sollte, man kennt einen selbstständigen, permanenten Magnetismus bei denjenigen Stoffen nicht, aus welchen die Erdoberfläche grösstentheils besteht, so liesse sich darauf erwiedern, dass man bei diesen Stoffen auch die allgemeine Attractionskraft, welche sie gewiss besitzen, nicht anders nachweisen kann, als durch ein grosses Gebirge, oder durch die so überaus feinen Versuche mit den Bleikugeln in einer Torsionswage. Beide Arten von Mitteln aber, welche man anwendet, die Attraction empirisch nachzuweisen, lassen sich mit Bezug auf die magnetische Kraft nicht gut gebrauchen, weil man 1) grössere Massen nicht wohl eisenfrei erhalten wird, und weil 2) alle Substanzen in der That einer magnetischen Erregung fähig sind, wie dies die Versuche über den Rotationsmagnetismus lehren. Also lässt sich gegen die Behauptung, dass die Stoffe der Erdrinde feste magnetische Kraft besitzen, von empirischer Seite nichts einwenden. Barlow sollte dieses namentlich nicht bestreiten; denn er tritt im Verlauf seiner Untersuchung der Ansicht bei, welche diejenige Ampère's ist, und der zufolge der Magnetismus der Erde von electrischen Strömen herrühren soll. Nun aber hat das Experiment in den meisten Stoffen der Erdrinde nie electrische Ströme nachgewiesen. Wenn man also schon genöthigt ist, einen Schritt über die Grenzen des Experiments hinaus zu thun, so wird es am besten sein, ihn nicht nach einer so unwahrscheinlichen Hypothese, als die von electrischen Strömen ist, zu wenden, wobei man genöthigt ist, galvanische Batterien in der Erde vorauszusetzen. Durch electrische Ströme erklärt jedoch Barlow den Erdmagnetismus und führt zur Unterstützung dieser Ansicht folgenden Versuch an. Er liess eine Kugel aus Holz 16″ im Durchmesser verfertigen; sie hatte auf ihrer Oberfläche Rinnen, welche die Parallelkreise vorstellten, und eine Rinne, welche wie ein Meridiankreis gerichtet war. Ein Kupferdrath, 90 Fuss lang, $\frac{1}{10}$ Zoll dick, wurde in den Aequator gelegt, das eine Ende desselben längs des Meridiankreises zu dem ersten Parallelkreis und um diesen herum geführt, dann mittelst des Meridians zu dem folgenden Parallelkreis bis zum Pole und von da zum Aequator zurück, wo dieses Ende mit dem andern, welches um die andere Halbkugel gelegt worden war, zusammentraf. Beide Enden wurden mit einer starken galvanischen Batterie, aus 20 Paaren 10″ im Quadrat verbunden (jedoch reichen auch weniger starke Batterien aus). Hierauf nun zeigte diese Kugel an einer astatischen Nadel ganz ähnliche Erscheinungen, als der Magnetismus der Erde sie hervorbringt. Um dies ganz genau nachzuweisen, wurde über die Kugel ein Globus, wahrscheinlich in einzelnen Stücken, gebracht (the gores of a common globe), doch so, dass der Pol der electromagnetischen Kugel in 70° n. Br. und 76° w. L. sich befand, d. h. da, wo ungefähr der magnetische Erdpol liegt. Das Ganze wurde so gestellt, dass London im Zenith war, und hier zeigte die astatische Nadel eine Inclination von 70° und eine west liche Abweichung von 24 bis 25°, welches also mit der Erfahrung übereinstimmt. Aus diesen und andern Versuchen der Art schliess Barlow, dass die Existenz electrischer Ströme bei der Erde mindestens höchst wahrscheinlich sei, und fügt hinzu, dass überhaupt der Magnetismus als eine eigene Kraft in der Natur gan nicht existire. Er hält es jedoch selbst für misslich, eine galvanische Batterie in der Erde anzunehmen, und meint daher, es mögten thermomagnetische Ströme sein, und der Magnetismus der Erde von der Sonne erzeugt werden, wie dies schon Seebeck vermuthet hat. Er ist überzeugt, dass wenn er den Draht auf jeden Parallelkreis seiner Kugel durch Wismuth und Antimon geschlossen hätte, die Erwärmung der Löthstelle ganz dasselbe geleistet haben würde, als die galvanische Kette. Darüber kann natürlich kein Zweifel sein; allein sind thermomagnetische Bogen, die auf der Erdoberfläche liegen müssen, da sie von der Sonne erwärmt werden sollen, leichter zu denken, als galvanische Batterien? Würde nicht eine solche Löthstelle (wie wir hier überhaupt diejenige Stelle des thermomagnetischen Bogens, wo heterogene Körper an einander grenzen, die erwärmt einen Strom hervorbringen, nennen wollen), wenn die Sonne sich in ihrem Meridian befindet, einen ungemein stärkern Strom hervorbringen müssen? Davon jedoch zeigt sich nichts, und wollte man, um diesem Einwurf zu entgehen, annehmen, dass diese Löthstellen auf verschiedenen Meridianen unregelmässig vertheilt seien, dann wäre wiederum die Uebereinstimmung der regelmässigen Variationen des Erdmagnetismus an allen Orten der Erde völlig räthselhaft. Man sieht auch gar nicht ab, wozu es der verwickelten Vorstellung strömender Electrizität bedarf, um das einfache Factum zu erläutern, dass die Körper magnetische Kraft besitzen; besitzen sie doch auch Attraction, Wärme u. s. w. Anzuführen ist noch, dass aus der Hypothese einer die Erde umströmenden Electrizität die magnetischen Variationen nicht abzuleiten sind; denn wenn die Intensität des Stromes an einem Punkte eines Schliessungdrathes geschwächt wird, so erstreckt sich diese Schwächung auf den ganzen Bogen, wie das bekannt ist. Dasselbe muss auch für die Ströme auf der Erde gelten, und dann kann es keine regelmässigen Variationen geben, weil es gleichgültig wäre, ob die Erwärmung in diesem oder jenem Meridian stattfindet, die Schwächung wäre doch überall gleichzeitig und dieselbe. Vielleicht war es diese Ueberlegung, welche Barlow bestimmte, thermomagnetische Bogen auf der Oberfläche anzunehmen; hier wird allerdings eine Veränderung des Stromes eintreten, je nachdem Theile erwärmt werden, die näher oder entfernter der sogenannten Löthstelle sind. Allein auch dann ist diese Vorstellung mit den Thatsachen im Widerspruch; denn alle Erscheinungen führen darauf, dass der Magnetismus der Erde von der Wärme während des Tages geschwächt wird, während ein thermomagnetischer Strom an Intensität durch die Wärme vielmehr zunehmen würde.

Dass die Variationen auch mittelst der Annahme von magnetischen Axen im Innern der Erde nicht zu erklären sind, ist bereits gezeigt worden. Somit glaube ich bei derjenigen Ansicht stehen bleiben zu müssen, die sich aus der Betrachtung der Variationen als nothwendig ergeben hat, dass nemlich alle Theile der Erdoberfläche magnetische Kraft besitzen, und wie wir hier vorläufig annehmen wollen, alle Theile der Erde. Es wird später nachgewiesen werden, dass in der That nur die Oberfläche magnetisch ist; für die folgende Untersuchung ist dies jedoch ganz einerlei.

Darin hat Barlow vollkommen Recht, dass jede Theorie des Erdmagnetismus die zu Anfang dieses Artikels angegebenen Formeln, mindestens für die Gegend um den Aequator, reproduziren müsse. Wenn man nun eine der einfachsten Voraussetzungen über die magnetische Intensität der Erde in der Breite φ_1 annehmen wollte, so wäre es offenbar die, dass die Intensität daselbst dem sin. φ_1 proportional sei. Denn mit dieser Voraussetzung würde die Intensität vom Aequator nach dem Pol hin wachsen, und beide Halbkugeln besässen entgegengesetzte magnetische Polarität. Wenn mittelst dieser Annahme die erwähnten Formeln erlangt werden, so ist kein Zweifel, dass sie den hauptsächlichsten Werth der Vertheilung der magnetischen Kraft auf der Erde ausdrückt.

Es möge nun ein anziehendes Theilchen in der Breite φ_1, und zwar in der Tiefe $r-\varrho$ unter der Oberfläche der Erde sich befinden, wo r den Radius der Erde, ϱ die Entfernung des Theilchens vom Mittelpunkt der Erde bedeutet. Seine magnetische Kraft wird sein $f(r-\varrho)\sin.\varphi_1$, wo $f(r-\varrho)$ irgend eine Function ist, welche die Veränderung der Intensität mit der Tiefe ausdrückt. Für $\varrho = r$ wird diese Function einer Constante gleich.

Nimmt man nun einen angezogenen Punkt in der Breite φ an, legt durch ihn und den anziehenden einen grössten Kreis, nennt das Stück desselben zwischen beiden η, und bezeichnet den Winkel, den dieser grösste Kreis mit dem Meridian des angezogenen Punktes bildet, durch α, so hat man aus der sphärischen Trigonometrie

$$\sin.\varphi_1 = \sin.\varphi \cos.\eta + \cos.\varphi \sin\eta \cos.\alpha$$

und daher ist die Intensität des anziehenden Theilchens

$$f(r-\varrho)\,(\sin.\varphi\cos.\eta + \cos.\varphi\sin.\eta\cos.\alpha).$$

Die Entfernung beider Punkte oder R ist $= (r^2 - 2r\varrho\cos.\eta + \varrho^2)^{\frac{1}{2}}$; das Volumen des anziehenden Theilchens, oder das Element der Kugel ist $\varrho^2 \sin.\eta\, d\eta\, d\alpha\, d\varrho$. Hierdurch ist die Anziehung bekannt. Man zerlege sie nach der Verticalen des angezogenen Punktes, indem man mit $\frac{r-\varrho\cos.\eta}{R}$ multiplizirt; ferner zerlege man sie durch Multiplication mit $\frac{\varrho\cos.\alpha\sin\eta}{R}$ nach der Horizontalen im Meridian, und durch Multiplication mit $\frac{\varrho\sin.\alpha\sin.\eta}{R}$ nach der horizontalen aber senkrecht

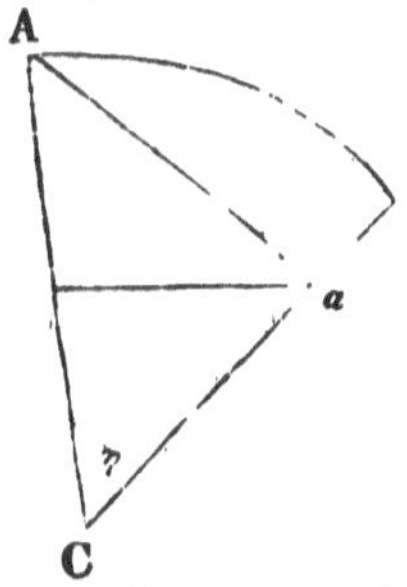

auf dem Meridian stehenden Richtung. Diese Zerlegung ergiebt sich sogleich aus folgender Figur, wo A der angezogene Punkt, a der anziehende, C der Mittelpunkt der Erde, Aa=R, Ca=ϱ, CA=r die Verticale ist. Bezeichnet man diese drei Componenten der Reihe nach mit V, H, N, so hat man, wenn der Kürze wegen $\sin.\varphi_1$ beibehalten wird

$$V = \frac{(r-\varrho\cos.\eta)\sin.\varphi_1\sin.\eta\, f(r-\varrho)\,\varrho^2\, d\varrho\, d\eta\, d\alpha}{(r^2 - 2r\varrho\cos.\eta + \varrho^2)^{\frac{3}{2}}}$$

$$H = \frac{\cos.\alpha\sin.\varphi_1\sin.^2\eta\, f(r-\varrho)\,\varrho^3\, d\varrho\, d\eta\, d\alpha}{(r^2 - 2r\varrho\cos.\eta + \varrho^2)^{\frac{3}{2}}}$$

$$N = \frac{\sin.\alpha\sin.\varphi_1\sin.^2\eta\, f(r-\varrho)\,\varrho^3\, d\varrho\, d\eta\, d\alpha}{(r^2 - 2r\varrho\cos.\eta + \varrho^2)^{\frac{3}{2}}}$$

Um die Anziehung auf die ganze Kugel auszudehnen ist zu integriren nach α von o bis 2π

η von o bis π

ϱ von o bis r.

Die Integration nach α ergiebt sich unmittelbar; es verschwindet dabei N, wie sich das auch von selbst ergiebt. Um die Werthe, welche nach der Integration von α übrig bleiben, nach η zu integriren, setze man $r^2 - 2r\varrho\cos.\eta + \varrho^2 = x^2$

$$\text{woraus } \sin.\eta\, d\eta = \frac{x\,dx}{r\varrho}$$

$$\cos.\eta = \frac{r^2 + \varrho^2 - x^2}{2r\varrho} \text{ folgt.}$$

Auf diese Weise erhält man

$$\left.\begin{aligned} V &= \frac{8\pi}{3r^3} \sin.\varphi \int \varrho^3 f(r-\varrho) d\varrho \\ H &= \frac{4\pi}{3r^3} \cos.\varphi \int \varrho^3 f(r-\varrho) d\varrho \end{aligned}\right\} \ldots\text{(a)}$$

wofür man setzen kann

$$V = 2C \sin.\varphi$$
$$H = C \cos.\varphi.$$

Die Zusammensetzung dieser beiden rechtwinklich auf einander stehenden Anziehungen liefert die Richtung, in welcher die Anziehung der ganzen Erde wirkt, oder die Inclination J am Beobachtungsorte, und die Intensität dieser Anziehung oder die Kraft K des Erdmagnetismus daselbst. Es ergiebt sich

$$\operatorname{tg} J = 2 \operatorname{tg} \varphi$$

$$K = \frac{C\cos.\varphi}{\cos.J} = \frac{2C\sin.\varphi}{\sin.J} = C\sqrt{3\sin.^2\varphi + 1}.$$

Die erste dieser Gleichungen ist diejenige, welche Kraft in Petersburg empirisch gefunden, Biot aus der Vorstellung zweier unendlich nahen Centra, und Barlow aus den Anziehungen einer Eisenkugel abgeleitet hat. Die andern zu Anfang dieses Abschnitts angegebenen Gleichungen, ergeben sich gleichfalls. Denn da $\operatorname{tg} J = 2 \operatorname{tg}\varphi$, so ist $\cos.\varphi = \frac{1}{\sqrt{1 + \frac{1}{4}\operatorname{tg}^2 J}}$, also

$$K = \frac{C}{\cos.J\sqrt{1 + \frac{1}{4}\operatorname{tg}^2 J}} = \frac{2C}{\sqrt{1 + 3\cos.^2 J}} = \frac{2C}{\sqrt{4 - 3\sin.^2 J}},$$

welches die zweite der angeführten Formeln ist, und die Kraft aus der blossen Inclination finden lehrt.

Die horizontale Kraft des Erdmagnetismus war

$$H = C\cos.\varphi = \frac{2C\cos.J}{\sqrt{1 + 3\cos.^2 J}} = \frac{2C}{\sqrt{3 + \sec.^2 J}},$$

welches die dritte der obigen Formeln ist.

An zweien Orten also, deren Inclination J und J_1, deren unzerlegte Erdkraft K und K_1 ist, hat man

$$\frac{K^2}{K_1^{\,2}} = \frac{4 - 3\sin.^2 J_1}{4 - 3\sin.^2 J}, \text{ oder einfacher } \frac{5 + 3\cos.2J_1}{5 + 3\cos.2J}.$$

Bezeichnet man die Schwingungsdauer einer und derselben horizontalen Nadel an den beiden Orten mit t und t_1, so hat man

$$\frac{t_1^4}{t^4} = \frac{4+tg^2 J_1}{4+tg^2 J} = \frac{5+3\cos. 2 J_1}{5+3\cos. 2 J} \cdot \frac{\cos.^2 J}{\cos.^2 J_1}$$

u. s. w.

Mittelst der Gleichungen (a) kann man die Aufgabe lösen; welche magnetische Intensität in einer gewissen Höhe über der Erdoberfläche herrsche. In der That es sei h diese Höhe, so überzeugt man sich bald, dass in den Werthen V, H, N für r, r+h zu setzen ist; nur f(r—ϱ) bleibt ungeändert. Somit hat man auch in den Gleichungen (a) für r nur r+h zu setzen, und daher ist sowohl die horizontale als unzerlegte Erdkraft umgekehrt proportional $(r+h)^3$, während die Inclination in jeder Höhe dieselbe bleibt. Bezeichnet man mit K die Intensität an der Erdoberfläche, diejenige in der Höhe h mit K_h, so ist demzufolge

$$\frac{K}{K_h} = \frac{(r+h)^3}{r^3}$$

$$K = K_h\left(1+\frac{3h}{r}\right) \text{ für kleine Höhen h.}$$

Bezeichnet t und t_h die Schwingungsdauer einer und derselben Nadel an beiden Stationen, so ist

$$t_h = t\sqrt{\frac{(r+h)^3}{r^3}} = t\left(1+\frac{3}{2}\cdot\frac{h}{r}\right) \text{ für kleine Höhen.}$$

Braucht daher an der Erdoberfläche eine Nadel zu einer Schwingung 10 Sekunden, so wird sie in der Höhe einer halben Meile 10,0087″ brauchen, in einer Meile 10,017″. In der Entfernung des Mondes wird sie 4819 Sekunden zu einer Schwingung brauchen.

Die Beobachtungen Kupffer's[1]) auf dem 15400 par. F. hohen Elbrutz ergaben eine Zunahme von 0,01″ für jede 1000 Fuss auf eine Schwingungsdauer von 24″. Aus den Beobachtungen Gay Lussac's auf seiner Luftreise berechnet Fechner[2]) eine Zunahme von 0,0055″ für jede 1000 F. auf dieselbe Zeit von 24 Secunden. Berechnet man diese Zunahme nach der eben angegebenen Art, so findet sich für 1000 F. nur = 0,0017″.

Forbes hat in den Alpen und Pyrenäen viele Versuche über den Erdmagnetismus, besonders über die Abnahme der Kraft in der Höhe angestellt, worüber ich jedoch bis jetzt nur einen kurzen Auszug im Journal l'Institut, Juillet 1837 zu Gesicht bekommen. Man

---

[1]) Ann. de Ch. et de Ph. 42. p. 105. Schweigg. Journ. 58. p. 79.

[2]) Fechner Repert. Bd. 3. p. 115.

ersieht daraus, dass Forbes zwei Nadeln, den Hansteen'schen ähnlich, anwandte, sie schwingen liess, und eine Correction für die Wärme anbrachte. Eine dieser Nadeln veränderte jedoch ihre magnetische Kraft. Die Berechnung sämmtlicher Beobachtungen führte zu dem Resultate, dass die Intensität der Erdkraft für eine Höhe von 3000 F. um $\frac{1}{1000}$ vermindert werde, so dass, wenn sie an der Erdoberfläche = 1 gesetzt wird, sie in der genannten Höhe 0,999 betragen würde. Allein auch dieses Resultat ist zu gross, denn nach dem Vorhergehenden berechnet, wird die Intensität in 3000 F. Höhe 0,99956. Ob diese Differenzen zwischen der Theorie und der Beobachtung von lokalen Einflüssen herrühren, lässt sich vielleicht in einzelnen Fällen durch die Inclinationsnadel ermitteln, die sich mit der Höhe gar nicht ändern wird, es sei denn, dass örtliche Störungen vorhanden sind.

An demselben Ort giebt Forbes noch folgende Resultate über die Veränderung der Intensität:

	Alpen		Pyrenäen
	1te Nadel	2te Nadel	beide Nadeln
für 1′ Breitenveränderung	— 0,000364	— 0,000505	— 0,000210
- 1′ Längenänderung	+ 0,000055	+ 0,000106	— 0,000100

Unter Intensität ist hier augenscheinlich die horizontale zu verstehen, wie sich dies aus dem Zeichen — ergiebt. Forbes hält die Resultate, welche in den Alpen mittelst der ersten Nadel erhalten worden, für sicherer, und allerdings stimmen sie auch mit der Theorie überein. Wir fanden oben die horizontale Intensität $H = C \cos. \varphi$, also $dH = -C \sin. \varphi \, d\varphi$. Da Forbes die Intensität für eine gewisse Breite = 1 gesetzt hat, so ist $C = \frac{1}{\cos. \varphi}$, und daher $dH = -\operatorname{tg}\varphi \, d\varphi$.

Setzt man hier $\varphi = 47^{0}$, $d\varphi = 1'$, so wird $dH = -0{,}000312$, wofür Forbes $-0{,}000364$ gefunden, welches also ziemlich gut übereinstimmt. Die Abnahme der horizontalen Intensität für die zunehmende Breite, wie sie derselbe aus seinen Beobachtungen in den Pyrenäen ableitet, ist jedoch zu gering; eine so geringe Abnahme würde etwa im 35ten Grad der Breite stattfinden.

Bei der Versammlung der Naturforscher zu Bristol 1836 [1]) gab

---

[1]) Verhandlungen der 6ten Versammlung der Brittischen Gesellschaft u. s. w. Berlin 1837. p. 116.

Lloyd an, dass zufolge seiner Beobachtungen in Island, die Neigung für 101 englische Meilen um 1^0 zunehme, die unzerlegte Intensität $\frac{1}{100}$ für 95 Meilen. Dies stimmt sehr gut mit den obigen Formeln, welche für 101 Meilen 56′ Veränderung der Inclination, und für 95 Meilen $\frac{11}{1000}$ der Kraft geben. Bei dieser Berechnung habe ich die Breite zu 53^0 21′ (Dublin) angenommen.

Mittelst des Vorhergehenden kann man auch berechnen, welche Ablenkung der Mond an der Declinationsnadel auf der Erde hervorbringen würde, wenn man annimmt, dass er dieselbe magnetische Kraft als die Erde besitzt. Er befinde sich im günstigsten Fall für diese Ablenkung im Horizont des Beachtungsortes und im Aequator der Nadel; man bezeichne mit δ den Ablenkungswinkel, mit h die Entfernung des Mondes, so ist $\operatorname{tg}\delta = \frac{r^3}{(r+h)^3}$. Hieraus ergiebt sich jedoch δ nur $= 0{,}9''$. Würde man unter denselben Bedingungen die Ablenkung der Nadel durch die Sonne berechnen, und setzte man voraus, dass dieselbe nur eine Sekunde betragen solle, so müsste man der Sonne eine magnetische Anziehung zuschreiben, welche beiläufig 60 Millionen mal so gross ist als die der Erde.

Wie es sich später zeigen wird, residirt die magnetische Kraft nur auf ihrer Oberfläche, bis zu einer gegen den Radius der Erde so verschwindenden Tiefe, dass man $\varrho = r$ setzen kann. Denkt man sich also die verschiedenen Werthe V, H, N nach Potenzen von $r - \varrho$ entwickelt, so werden die Glieder, welche in $r - \varrho$, $(r - \varrho)^2$ u. s. w. multiplizirt sind, verschwinden, und es wird nur das erste übrig bleiben, welches man zu Folge des Gesetzes einer solchen Entwicklung erhält, wenn in jenen Ausdrücken $r = \varrho$ gesetzt wird. Sie werden in diesem Falle, wenn $f(r - \varrho)$ oder $f(o) = 1$ gesetzt wird,

$$V = \frac{\sin.\eta\,(\sin.\varphi\cos.\eta + \cos.\varphi\sin.\eta\cos.\alpha)\,d\eta\,d\alpha}{2^{\frac{3}{2}}(1 - \cos.\eta)^{\frac{1}{2}}}$$

$$H = \frac{\sin.^2\eta\cos.\alpha\,(\sin.\varphi\cos.\eta + \cos.\varphi\sin.\eta\cos.\alpha)\,d\eta\,d\alpha}{2^{\frac{3}{2}}(1 - \cos.\eta)^{\frac{3}{2}}}$$

$$N = \frac{\sin.^2\eta\sin.\alpha\,(\sin.\varphi\cos.\eta + \cos.\varphi\sin.\eta\cos.\alpha)\,d\eta\,d\alpha}{2^{\frac{3}{2}}(1 - \cos.\eta)^{\frac{3}{2}}}$$

Man kann die Integrationen nach beliebigen Grenzen, z. B. nach

α von α_1 bis α

η - η_1 bis η

ausführen, also die Anziehung eines Stückes der Kugel bestimmen. Es ergiebt sich ohne Schwierigkeit

vorliegenden Fall, stets um 1 zu klein. Dieser Satz lässt sich allgemein beweisen, welches jedoch hier von keinem Interesse wäre. Wird z. B. die magnetische Vertheilung proportional gesetzt dem Quadrat des Sinus der Breite, und nur eine geometrische Oberfläche betrachtet, so ergiebt sich $V = \frac{14}{15}\pi \sin.^2 \varphi + \frac{8}{15}\pi \cos.^2 \varphi$. Dem Gesagten zufolge ist $\frac{14}{15}\pi \sin.^2 \varphi$ oder $2\pi \cdot \frac{7}{15} \sin.^2 \varphi$ falsch, und zu $\frac{7}{15}$ ist noch 1 zu addiren, um den richtigen Werth zu erhalten, welcher daher ist $V = \frac{44}{15}\pi \sin^2 \varphi + \frac{8}{15}\pi \cos.^2 \varphi$.

Setzt man die magnetische Vertheilung $= \sin.^3 \varphi_1$, so wird das Glied von V, welches $\sin.^3 \varphi_1$ enthält $= \frac{18}{35}\pi \sin.^3 \varphi_1$ und daher ist demnach zu schreiben $\frac{88}{35}\pi \sin.^3 \varphi$ u. s. f.

Mittelst der Gleichungen (b) kann man die Anziehung einer Halbkugel nach der Verticalen zerlegt für jeden Breitengrad berechnen; die horizontale Anziehung der Halbkugel wegen des Gliedes $\log \operatorname{tg} \frac{1}{4}\eta_1$ jedoch nur für den Fall, wo der angezogene Punkt unter dem Aequator liegt, d. h. für $\varphi = o$. Hier wird $\log \operatorname{tg} \frac{1}{4}\eta_1$ mit $\sin.\varphi$ multiplizirt und verschwindet, wie es sich auch aus der Natur der Sache ergiebt; denn da am Aequator die magnetische Intensität $= o$ ist, so verschwindet dort die Anziehung der unendlich nahe liegenden Theilchen. Setzt man also in den Gleichungen (b) $\eta_1 = o$, $\eta = 180$

$$\alpha_1 = 90^0, \alpha = +90$$

und zugleich $\varphi = o$, so erhält man $V = \frac{4}{3}$

$$H = \frac{2\pi}{3},$$

welche Werthe eigentlich noch mit einer Constante zu multipliziren sind.

Die symmetrische Vertheilung der magnetischen Kraft auf der nördlichen und südlichen Halbkugel bewirkt, dass die Declination am Aequator $= o$ ist. Wie man jedoch weiss, fällt der magnetische Aequator nicht mit dem terrestischen zusammen, sondern entfernt sich davon nach Norden und Süden hin. Der specielle Verlauf des ersteren, abhängend von der möglichen Vertheilung der Wärme längs der verschiedenen Meridiane, kommt hier nicht weiter in Betracht; nur das Resultat, welches ich gefunden habe, dass die mittlere Inclination des ganzen Erdäquators eine südliche ist, ist hier von wesentlichem Belang. Um es zu finden, verfuhr ich auf die Weise, dass ich aus den Karten von Hansteen und Duperrey über den magnetischen Aequator die Neigung am terrestischen und zwar von 10 zu 10 Grad suchte, und aus den erhaltenen Werthen das Mittel zog. Es ergab sich die mittlere Inclination nach

Hansteen $1^0\ 26'$ Depression des Südendes,
Duperrey $1^0\ \ 6'$ - - -

Man wird dieselbe also vorläufig auf $1^0\ 16'$ anzunehmen haben. Diese Senkung des Südpols der Nadel hängt zusammen mit der geringeren Wärme der südlichen Halbkugel, wodurch ihr Magnetismus im Ganzen genommen stärker wird, als der der nördlichen. Allein eben deshalb ist die Annahme einer Vertheilung proportional $\sin.\varphi_1$ nicht naturgemäss. Wegen dieser Ursache kann man zu $\sin\varphi_1$ noch ein Glied hinzufügen, in eine gerade Potenz von $\sin.\varphi_1$ multiplizirt und mit einem negativen Zeichen versehen. In der That würde die Vertheilung proportional $\sin.\varphi_1 - p\sin.^{2n}\varphi_1$ der Bedingung genügen, dass die südliche Hemisphäre einen stärkern Magnetismus besitzt, weil φ_1 auf dieser Hemisphäre negativ ist. Die Berechnung der Anziehung der ganzen Erde setzt sich dann aus zweien Theilen zusammen, von denen der erstere schon bestimmt worden, der zweite aber gefunden wird, wenn in den obigen Werthen von
V, H, N statt $(\sin.\varphi\cos.\eta + \cos.\varphi\sin.\eta\cos.\alpha)$ dessen $2\,n^{te}$ Potenz gesetzt wird. Wird zugleich $\varrho = r$ angenommen, so sind auch hier die Integrationen sehr leicht auszuführen; es kommen nur Ausdrücke von der Form $\dfrac{\sin.^q\eta\cos.^r\eta\,d\eta}{(1-\cos.\eta)^{\frac{s}{2}}}$ vor, wo q, r, s ganze Zahlen, $s = 1$ oder 3 und q ungerade ist. Die Integration wird unter diesen Umständen bewirkt, wenn $1 - \cos.\eta = x^2$ gesetzt wird.

Betrachten wir den einfachsten Fall, wo die Vertheilung $\sin.\varphi_1 - p\sin.^2\varphi_1$ ist, so findet man auf solche Weise

$$V = \frac{2\pi}{15}\left(20\sin.\varphi - 4\,p - 3\,p\sin.^2\varphi\right)$$

$$H = \frac{2\pi}{15}\left(10\cos.\varphi - 12\,p\sin.\varphi\cos.\varphi\right)$$

und daraus
$$\operatorname{tg} J = \frac{20\sin.\varphi - 4\,p - 3\,p\sin^2\varphi}{10\cos.\varphi - 12\,p\sin.\varphi\cos.\varphi} \quad \ldots \quad (c)$$

$$K = \sqrt{V^2 + H^2} = \frac{H}{\cos.J} = \frac{V}{\sin.J} \quad \ldots, \quad (d)$$

Die Constante p kann man durch die Bedingung bestimmen, dass bei dieser Vertheilung die Inclination am Aequator diejenige werde, welche oben gefunden, nemlich $-\ 1^0\ 16'$. Setzt man also $\varphi = o$, so erhält man $\operatorname{tg} J_0$ oder $-\operatorname{tg}(1^0\,16') = -\frac{2}{5}p$

und $p = 0{,}05528$.

Durch die Annahme der Vertheilung $\sin.\varphi_1 - 0{,}05528\sin.^2\varphi$

$$\left.\begin{array}{l} V=(\alpha-\alpha_1)P\sin.\varphi-\frac{2}{3}(\sin\alpha-\sin\alpha_1)\left(\cos.\frac{\eta}{2}-\cos.\frac{\eta_1}{2}\right)\cos.\varphi \\ H=\frac{1}{2}(\sin.\alpha-\sin.\alpha_1)P_1\sin.\varphi+\frac{2}{3}(2\alpha-2\alpha_1+\sin.2\alpha-\sin.2\alpha_1)Q_1\cos.\varphi \\ N=\frac{1}{2}(\cos.\alpha_1-\cos.\alpha)P_1\sin.\varphi+\frac{1}{8}(\cos.2\alpha_1-\cos.2\alpha)Q_1\cos.\varphi \end{array}\right\}\dots(b)$$

$$\text{worin } P=\tfrac{1}{2}\left(\sin.\frac{\eta}{2}-\sin.\frac{\eta_1}{2}\right)+\tfrac{1}{6}\left(\sin.\frac{3\eta}{2}-\sin.\frac{3\eta_1}{2}\right)$$

$$P_1=\log.\text{nat.}\,\text{tg}\left(\frac{\eta}{4}\right)-\log.\text{nat.}\,\text{tg}\left(\frac{\eta_1}{4}\right)+3\left(\cos.\frac{\eta}{2}-\cos.\frac{\eta_1}{2}\right)$$
$$+\tfrac{1}{3}\left(\cos.\frac{3\eta_1}{2}-\cos.\frac{3\eta}{2}\right)$$

$$Q_1=3\left(\sin.\frac{\eta}{2}-\sin.\frac{\eta_1}{2}\right)+\tfrac{1}{3}\left(\sin.\frac{3\eta}{2}-\sin.\frac{3\eta_1}{2}\right).$$

Wie man aus diesen Werthen sieht, wird sowohl H als N von der Form $\frac{1}{0}$, wenn $\eta_1=o$ gesetzt wird. Dies liegt in der Natur der Sache, weil man in diesem Falle die Anziehung erhält, welche auf einen Punkt von den unendlich nahe liegenden nach dem Horizont ausgeübt wird, eine Anziehung, welche die Form $\frac{1}{0}$ annehmen muss, weil sie dem Quadrat der Entfernung umgekehrt proportional ist. Erst wenn man die Anziehung aller im Umkreise liegenden Theilchen betrachtet, d. h. wenn man $\alpha_1=o$ $\alpha=2\pi$ setzt, verschwindet diese Form, weil dann die entgegengesetzt gerichteten Anziehungen sich aufheben.

Der Werth V stellt sich unter dieser Form nicht dar, weil die Anziehung unendlich naher Theilchen nach der Senkrechten zerlegt $=o$ wird. Dagegen hat V eine andere Eigenthümlichkeit; setzt man nemlich $\alpha_1=o$, $\alpha=2\varphi$

$\eta_1=o$ $\eta=\pi$ d. h. berechnet man die Anziehung der Kugel nach den Verticalen, so erhält man den falschen Werth $\frac{2}{3}\pi\sin.\varphi$. Dass dieser Werth falsch sei, ergiebt sich aus den frühern Gleichungen (a); setzt man in ihnen $\varrho=r$, so ergiebt sich $\frac{8\pi}{3}\sin.\varphi$. Die Operationen, welche zu diesen beiden verschiedenen Werthen führen, sind dieselben, nur folgen sie in umgekehrter Ordnung: in dem letzteren Falle mit dem richtigen Endresultat $V=\frac{8\pi}{3}\sin.\varphi$ wird die Bedingung, dass nur die Oberfläche magnetische Kraft besitze, erst im Endresultat, d. h. nach der Integration nach η eingeführt, während nach dem ersteren Falle diese Annahme gleich anfangs gemacht wird.

Der Unterschied beider Verfahren wird gewöhnlich so angegeben, dass man sagt, in dem einen Fall sei eine physikalische Oberfläche angenommen worden, in dem andern eine geometrische. Da jedoch beide nicht verschieden sein können, so muss die Verschiedenheit des Endresultats in den Operationen selbst liegen, und das ist hier auch nicht schwer nachzuweisen. In dem Werthe von V, wie er mit beibehaltenem ϱ und r vorher aufgestellt, bleibt nur dasjenige Glied, welches in Bezug auf φ constant ist; das andere in $\cos.\alpha$ multiplizirt, verschwindet bei der Integration nach α von o bis 2π.

Somit bleibt nur $\frac{(r-\varrho\cos.\eta)\sin.\eta\cos.\eta\,\varrho^2\,d\eta}{\left(r^2-2r\varrho\cos.\eta+r^2\right)^{\frac{3}{2}}}$ nach η zu integriren ($\sin.\varphi\,f(r-\varrho)\,d\varrho\,d\alpha$ ist hier fortgelassen).

Setzt man den Nenner $=x^3$ und integrirt, so kömmt in dem Integral das Glied vor $\frac{r^4-\varrho^4}{4r^3\left(r^2-2r\varrho\cos.\eta+\varrho^2\right)^{\frac{1}{2}}}$, welches für $\varrho=r$ und für $\eta=o$ die Form $\frac{0}{0}$ annimmt. Wird zuerst $\eta=o$ angenommen, so wird dieses Glied $\frac{r^4-\varrho^4}{4r^3(r-\varrho)}=\frac{(r^2+r^2)(r+\varrho)}{4r^3}$, setzt man hierauf $r=\varrho$, so wird dieses Glied $=1$. Würde man jedoch die Operationen umgekehrt und anfangs $r=\varrho$ gesetzt haben, so wäre dieses Glied verschwunden. Der Fehler zu dem die Annahme einer sogenannten geometrischen Oberfläche führt, kömmt also von einem Gliede $\frac{0}{0}$ her, dessen Werth in dem vorliegenden Falle $=1$ ist; daher ist dieser Werth noch zu addiren. Nun war $V=\frac{2\pi}{3}\sin.\varphi$, wo der Factor 2π von der Integration nach α herrührt; die Integration nach η, welche daher $\frac{1}{3}$ ergiebt, ist, wie gezeigt worden, $1+\frac{1}{3}$, und mit dieser Verbesserung erhält man den richtigen Werth für V nemlich $\frac{8\pi}{3}\sin.\varphi$.

Wir haben die magnetische Vertheilung bis jetzt proportional $\sin.\varphi_1$ oder proportional $\sin.\varphi\cos.\eta+\cos.\varphi\sin.\eta\cos.\alpha$ angenommen. Würde man sie der n^{ten} Potenz von $\sin.\varphi_1$ proportional setzen, so würde man für die Anziehung nach der Verticalen eine Summe von Gliedern erhalten; die einzeln multiplizirt sind in $\sin.^n\varphi$, $\sin.^{n-2}\varphi\cos^2\varphi$, $\sin.^{n-4}\varphi\cos.^4\varphi$ u. s. f. Glieder in $\sin.^{n-1}\varphi\cos.\varphi$ u. s. w. multiplizirt fallen wegen der Integration nach α fort. Setzt man nun bei der Berechnung der Anziehung gleich anfangs $\varrho=r$, so wird das Glied, welches in $\sin.^n\varphi$ multiplizirt, immer falsch sein, und zwar wie im

werden die Abhängigkeit der Neigung und Kraft von der Breite in der heissen Zone wenig geändert, d. h. auch die Formeln (c) und (d) stellen nahe die zu Anfang dieses Artikels angeführten Gleichungen dar.

Das Minimum der Anziehung fällt nicht mit dem Aequator zusammen. Um dasselbe zu finden, setze man das Differential von K^2 oder $V^2 + H^2$, nach φ genommen, $= o$ und erhält angenähert $\sin.\varphi = \frac{50p}{75 + 72p^2}$ und hieraus nach Anbringung einer Verbesserung wegen der vernachlässigten Glieder $\varphi = 2^0\ 7'$: d. h. die kleinste Erdkraft liegt $2^0\ 7'$ nördlich vom Aequator.

Aus den letzteren Gleichungen kann man für die verschiedenen Breiten die Inclination und die Kraft des Erdmagnetismus daselbst berechnen; ich füge zum Vergleich noch diese Werthe nach den früher entwickelten Formeln (a) bei, denen bloss die Vertheilung $\sin.\varphi_1$ zu Grunde liegt.

Inclination.

Breite nördliche	berechnet nach (a)	berechnet nach (c)	beobachtet	
0° 0′	+ 0° 0′	— 1°16′	— 1°16′	Hansteen u. Duperrey
0 38	1 16	0 0	0 0	-- - --
10	19 26	+18 27	+16 20	Barlow
20	36 3	35 18	33 32	--
30	49 6	49 21	47 26	--
40	59 13	59 2	57 23	--
50	67 14	67 12	68 27	--
60	73 54	73 55	76 30	--
70	79 41	79 44		
80	84 58	84 59		

Intensität.

Breite nördliche	berechnet nach (a)	berechnet nach (d)	beobachtet	
0° 0′	1,000	1,002	0,974	Hansteen
2 7	1,002	1,000		
10	1,044	1,028	1,063	--
20	1,162	1,127	1,150	--
30	1,323	1,288	1,296	--
40	1,497	1,428	1,460	--
50	1,661	1,577	1,549	--
60	1,803	1,705		
70	1,910	1,802		
80	1,977	1,862		

Die beobachteten Inclinationen sind Mittelwerthe für die einzelnen Parallelkreise aus den angegebenen Karten; die beobachteten Intensitäten sind auf dieselbe Weise aus den Hansteen'schen Karten entnommen [1]). Bei den nach (d) berechneten Intensitäten ist diejenige in $2^0\ 7'$ nördlicher Breite, als die kleinste, zur Einheit genommen worden.

Wie man aus dieser Zusammenstellung sieht, stimmen die berechneten Inclinationen und Intensitäten mit den beobachteten. Der Werth von p ist dabei nur aus der mittleren Inclination am Aequator berechnet, und aus der Zusammenstellung mehrerer Beobachtungen lässt sich vielleicht dafür noch ein richtigerer numerischer Werth finden. Inzwischen sind die Glieder, welche in p multiplizirt sind, von keinem erheblichen Einfluss, namentlich auf die Neigung, und da man die Inclination am Aequator wahrscheinlich noch am besten kennt, so schien es nicht rathsam, p zu verändern. Was die Inclination betrifft, so giebt die Formel sie bis 45^0 nördl. Breite zu gross an, und von da ab, wie es scheint zu klein. Wenn man auch bei der Unsicherheit der Beobachtungen darauf kein Gewicht legen kann, so scheint die Differenz zwischen Beobachtung und Theorie, in so fern sie durch die Untersuchung über den Zusammenhang der Wärme mit der magnetischen Vertheilung, welche weiter unten folgt, bestätigt wird, eine wirklich stattfindende zu sein.

Was die Tiefe anbetrifft, bis zu welcher die Erde magnetische Kraft besitzt, so zeigen die Variationen, dass dieselbe nicht bedeutend sein kann. Nimmt man eine dicke magnetische Schicht an, so müsste der Verlust, den die magnetische Kraft der Erde durch die Wärme erleidet ausserordentlich gross sein, damit die Temperaturänderungen der Oberfläche, welche auf eine dickere Schicht vertheilt, so völlig unbedeutend sind, im Stande wären einen wahrnehmbaren Einfluss auf den Stand der Nadeln auszuüben. Ist aber dieser Verlust sehr beträchtlich, dann kann doch nur eine geringe Schicht der Erde magnetisch sein, da die Wärme mit der Tiefe zunimmt, und den Magnetismus dort bald vernichtet. Es ist also gewissermaassen logisch nothwendig, nur eine geringe magnetische Schicht vorauszusetzen. Die Annahme, dass von einer gewissen Tiefe ab, die Temperatur wiederum abnehme, und daher wieder das Vorhandensein von Magnetismus gestatte, wäre nur in dem einen Falle zu rechtfertigen,

[1]) Schumach. astron. Nachr. 1831. No. 209.

wo der alleinige Magnetismus der Oberfläche zur Erklärung der Erscheinungen nicht ausreichte; bis jetzt aber ist man dazu gar nicht genöthigt. Es lassen sich nemlich die magnetischen Linien auf der Erde im Allgemeinen aus der Verbreitung der Wärme an der Oberfläche erklären, und somit ist ein magnetischer Kern gar nicht wahrscheinlich; die Anziehung solcher innern Theile würde überwiegen, da es nicht möglich ist, den etwaigen innern magnetischen Schichten nur eine geringe Ausdehnung zu geben, welches mit den Gesetzen der Wärme unverträglich sein würde. Zu bemerken ist übrigens, dass die wahrscheinlich unregelmässige Zunahme der Wärme mit der Tiefe an verschiedenen Orten in manchen Fällen die Differenzen bewirkt, die wir zwischen den Erscheinungen des Erdmagnetismus und der Wärme beobachten.

Da die Wärme die magnetische Intensität der Erdtheilchen schwächt, so nimmt die Kraft des Erdmagnetismus, von den kälteren Gegenden nach den wärmeren hin, ab. Das Minimum der beobachteten Intensität fällt in Südafrika dahin, wo die grösste Wärme auf der Erde herrscht. Die Intensität ist ferner in Europa kleiner als in Asien, und in Asien kleiner als in Amerika, in vollkommener Uebereinstimmung mit den Temperaturen dieser Welttheile. Auch ist die Intensität im Allgemeinen an den Küsten geringer, als innerhalb der festen Länder, und endlich fällt die grösste Intensität mit der kleinsten Wärme im Norden Amerika's zusammen. Es folgt hieraus, dass die Isodynamen den Linien gleicher Erdwärme ähnlich sein werden, obgleich man nicht erwarten darf, beide Arten von Linien parallel laufen zu sehen. Wenn schon die Temperatur des Bodens an einem Orte durch diejenige, welche in einer grossen Umgebung herrscht, modifizirt wird, so gilt dies in noch viel höherem Grade von der magnetischen Intensität, welche in einer directen, nicht wie bei der Wärme durch Luftströme vermittelten Abhängigkeit, von allen Theilen der Erdoberfläche steht.

(Den Parallelismus der Isodynamen und Isothermen hat Brewster, allein nur gelegentlich, bemerkt; bei der Bristoler Versammlung der englischen Gelehrten wurde dieser Parallelismus als ein Geheimniss bezeichnet. Wie wenig Gewicht der berühmte englische Physiker auf seine Bemerkung legte, geht daraus hervor, dass er in Bristol die Meinung aufstellte [1]), nicht die Erde sei der Sitz des Erd-

[1]) Verhandlungen der 6ten Versammlung u. s. w. pag. 336.

magnetismus, sondern die Atmosphäre, von welcher Dalton behauptet haben soll, dass ihre oberen Regionen von kleinen Eisen- und andern magnetischen Theilen erfüllt seien.)

Ueber die Isoklinen oder Linien gleicher Neigung lässt sich wenig Allgemeines sagen; sie werden weder mit den Isodynamen noch mit den Linien gleicher Wärme in einem engen Zusammenhang stehen. Die Inclination hängt nemlich von der relativen Wärmedifferenz zwischen dem nördlich und südlich vom Beobachtungsort liegenden Regionen ab; nicht von deren absoluten Temperatur. Das heisst, wenn diese Regionen und wenn auch die ganze Erde um ein Bestimmtes wärmer oder kälter würde, so bliebe doch die Inclination dieselbe, die Intensitäten aber würden sich in diesen Fällen ändern. Daraus folgt, dass in dem wärmsten Länderstrich einer gewissen Breite die Inclination weder ein Maximum noch ein Minimum sein wird, und man sieht daher die convexen und concaven Scheitel der Isoklinen nicht mit den Scheiteln der Isodynamen coinzidiren, sondern zwischen ihnen liegen, wie dies durch A. Erman's magnetische Karte[1]), welche alle drei Arten magnetischer Linien zugleich darstellt, bewiesen wird. Was die Inclination am Aequator betrifft, so kann man erwarten, dass sie in Südamerika am meisten nördlich sei, und das bestätigen auch die Beobachtungen; eben so müsste man sie in Afrika am meisten südlich erwarten, weil in diesem Meridian die nördliche Halbkugel viel wärmer ist, als die südliche. Allerdings liegt auch in Afrika der magnetische Aequator nördlich vom terrestischen, allein das Maximum seiner Entfernung ist nicht in Afrika, sondern im indischen Meer in 60 bis 70° ö. L. Gr., d. h. also viel östlicher, als man hätte vermuthen sollen. Es hat diese auffallende Erscheinung vielleicht denselben Grund, als die anderweitigen grossen Unregelmässigkeiten der Neigung in diesen Gegenden. Entfernt von den festen Ländern schliesst sich der magnetische Aequator dem terrestrischen im grossen Ocean sehr nahe an, und dies ist natürlich, weil hier die geringste Temperaturdifferenz zwischen beiden Halbkugeln zu vermuthen steht. Da der magnetische Aequator dort etwa 2° südlich liegt, so folgt, dass in dieser Gegend die südliche Hemisphäre sogar wärmer sein muss als die nördliche. Die Aequatorialgrenzen der beiden Passatwinde auf diesem Meere scheinen dies zu bestätigen, in so fern Kämtz diejenige des NO. Passats in 2° nörd-

[1]) Pogg. Ann. Bd. 21.

licher Breite, die des SO. in 2 bis 4° südlicher Breite annimmt [1]); jedoch sind diese Windesbeobachtungen nicht sicher genug, um sie benutzen zu dürfen.

So wie die Unregelmässigkeiten der Intensität und Inclination auf einem und demselben Parallelkreis von den störenden Ursachen hauptsächlich abhängen, welche südlich und nördlich vorhanden sind, so werden die Unregelmässigkeiten der Declination hauptsächlich durch Störungen in Osten und Westen, durch unregelmässige Wärmeverbreitung daselbst, bedingt werden. Denkt man sich eine Declinationsnadel zwischen zweien convexen Scheiteln der Isodynamen, so würden sich die östlich und westlich liegenden Störungen einander in ihrem Einfluss auf diese Nadel compensiren, falls die Isodynamen sonst regelmässige Linien wären, d. h. auf gleiche Weise anstiegen und abfielen. Da dies nicht der Fall ist, so kann man bloss erwarten, es werde irgendwo zwischen zweien solcher Scheitel Orte geben, wo die Compensation eintritt, und daher die Declination = o ist. Dasselbe gilt für eine Nadel, die sich zwischen zwei concaven Scheiteln der Isodynamen befindet. Die Isogone = o, oder die Linie ohne Abweichung wird daher im Allgemeinen durch die Maxima und Minima der Isodynamen hindurch gehen und würde diese Punkte genau durchschneiden, wenn wie, gesagt, die Isodynamen symmetrische Curven wären. Nähert man sich von den Orten aus, wo die Declination = o ist, einem im Osten liegenden convexen Scheitel der Linien gleicher Kraft, so erhält die Wärme der östlich liegenden Theile das Uebergewicht, und der Nordpol der Declinationsnadel wird daher nach Westen sich wenden. Innerhalb des convexen Scheitels wird die Declination = o sein, und wenn man sich von diesem Scheitel in derselben Richtung entfernt, als man sich ihm genähert hat, so wird die Declination nunmehr östlich werden. Das Maximum der östlichen und westlichen Declination wird also irgendwo zwischen dem Maximum und Minimum der Isodynamen statt finnen. Will man diese Verhältnisse auf einer Karte verfolgen, so darf man nicht vergessen, dass Curven dieser Art immer so gezeichnet werden, dass man vorerst irgend ein grösseres Stück einer Curve fest zu legen sucht, und die übrigen Curven dieser ersteren so parallel zeichnet, als es die Beobachtungen gestatten. Da von diesen letzteren verhältnissmässig nur wenige zu Gebote stehen, so ist dieses

---

[1]) Meteorologie Bd. I, pag. 178,

Verfahren auch unumgänglich; allein es führt darauf, die Maxima und Minima solcher Curven grösstentheils in einen und denselben Meridian zu verlegen, welches z. B. für die Isodynamen sicherlich nicht der Fall ist. Daher geben solche Curven nur eine allgemeine Ansicht der Erscheinung, welche sie darstellen sollen, und müssen im Einzelnen sehr modifizirt werden. Eben dies Verhalten zeigten auch die ersten Entwürfe der Linien gleicher Wärme; sie hoben sich allmählich von der Ostküste Amerika's bis zur Westküste Europa's, und fielen dann eben so allmählich wieder. Wäre dies richtig, so würde die Isogone = o durch den in Europa liegenden convexen Scheitel dieser Curven hindurch gehen. Aber die detaillirten Untersuchungen von Kämtz haben gelehrt, dass die Isothermen von der Westküste Europa's ab viel rascher fallen, als sie vorher gestiegen, dass ihre Maxima nicht in einem und demselben Meridian liegen, sondern östlicher werden, je weiter man sie nach Norden verfolgt. Das letztere gilt noch mehr von den Linien gleicher Erdwärme. Wenn wir also die asiatische Linie ohne Abweichung in Sibirien fast genau den concaven Scheitel der Isodynamen durchschneiden, von dem 70. Grad ö. L. Gr. an sich heben sehen, den convexen Scheitel der Isodynamen nicht durchschneidend, sondern etwa 20° östlich davon bleibend, so erklärt sich die letztere Differenz aus dem so eben angeführten Verhalten der Linien gleicher Erdwärme, aus dem Mangel an Symmetrie den sie haben, und daraus, dass ihre Maxima immer weiter östlich fallen. Erinnert muss jedoch hier nochmals werden, dass ein völliges Zusammentreffen der magnetischen und thermischen Linien überhaupt unmöglich ist, und dass es hierbei genügen muss, den Verlauf einer Curve im Allgemeinen den Erwartungen gemäss zu finden. Die amerikanische Linie ohne Abweichung durchschneidet ziemlich genau die concaven Scheitel der Isodynamen. Was die übrigen Curven gleicher Abweichung betrifft, so nehmen von diesen Linien ohne Abweichung die westlichen und östlichen Declinationen nach dem Gesetze zu, welches so eben angegeben worden.

Eine der schwierigsten Aufgaben in der Lehre des Erdmagnetismus ist es, den Einfluss zu ermitteln, den 1 Grad Wärme auf die magnetische Intensität der Erde ausübt, und doch ist es nothwendig, sie schon jetzt, wenn auch nur annähernd zu lösen, weil sonst die Beurtheilung des Verhältnisses zwischen beiden Kräften unmöglich ist. Der Weg, den ich zu diesem Behuf früher wählte, scheint mir noch bis jetzt der einzig mögliche zu sein, daher ich ihn hier, wiewohl modifizirt, wiederum einschlage. Der Zeit und andern Forschern muss es überlassen bleiben, einen andern Weg zu finden, oder durch sicherere Werthe die hier gewonnenen Resultate numerisch zu verbessern.

Jede magnetische Intensität, welche durch die Wärme vermindert wird, lässt sich unter der Form darstellen $K(1 - \frac{1}{a} t^0)$, wo t^0 die Temperatur und $\frac{1}{a}$ den Verlust angiebt, welchen die magnetische Kraft K durch einen Grad der gewählten Skale erleidet. Denken wir uns die Erde anfangs in einer hohen Temperatur, so wird sie keine magnetische Kraft besessen haben; erkaltete sie hierauf, so erlangte jedes Theilchen denjenigen Magnetismus, welcher seiner Temperatur entspricht. Auf diese Weise ist der Erdmagnetismus bedingt durch die Temperatur, und muss als eine Function derselben ausgedrückt werden. Gesetzt, die Temperatur in der Breite φ_1 sei allgemein $f(\varphi_1)$, so würde dem Gesagten zufolge die magnetische Intensität daselbst sein proportional $1 - \frac{1}{a} f(\varphi_1)$. Nun aber haben wir der Breite φ_1 die magnetische Intensität $A(\sin.\varphi_1 - p\sin.^2\varphi_1)$ gegeben; man hat folglich

$$1 - \frac{1}{a} f(\varphi_1) = A(\sin.\varphi_1 - p\sin.^2\varphi_1),$$

woraus

$$f(\varphi_1) = a\left[1 - A(\sin.\varphi_1 - p\sin.^2\varphi_1)\right]$$

Dieser letzte Ausdruck für die Temperatur würde also dieselbe magnetische Vertheilung zur Folge haben, die sich bis jetzt durch ihre Uebereinstimmung mit den beobachteten Erscheinungen des Erdmagnetismus so sehr empfiehlt.

Die Function $f(\varphi_1)$ abstrahirt von der Verschiedenheit der Wärme längs der einzelnen Meridiane, und stellt nur den mittleren Wärmezustand jedes Breitengrades dar. Da für $\varphi_1 = o$, $f(\varphi_1) = a$ wird, so ist also a die Temperatur des Aequators; zugleich ist $\frac{1}{a}$ der Verlust an magnetischer Kraft für 1^0 Temperaturerhöhung. Dies muss auch in der That so sein, denn da die magnetische Kraft von der Wärme abhängen und zugleich unter dem Aequator $= o$ sein soll, so muss die Temperatur a, die dort herrscht, die magnetische Kraft vernichten, welches nur dann geschieht, wenn $\frac{1}{a}$ der Verlust an Kraft für 1^0 ist. Die Temperatur des Aequators ist nach Humboldt 27,5C;

somit ist a bekannt. Um die noch übrigen Constanten A und p zu bestimmen, müsste man die mittlere Temperatur der einzelnen Breitengrade kennen, woraus jene Constanten leicht gefunden würden. Ich habe dies auch versucht; allein die Temperatur des Bodens ist bis jetzt so wenig bekannt und so unsicher, dass ich nichts Brauchbares habe finden können. Somit scheint es mir besser für p denjenigen Werth beizubehalten, der durch die mittlere Inclination am Aequator bestimmt worden $p = 0{,}05528$, und was die Constante A betrifft, sie aus der mittleren Wärme der ganzen Halbkugel zu berechnen, obgleich auch diese nicht sicher zu finden ist.

Wenn $f(\varphi_1)$ die Temperatur in der Breite φ_1 ausdrückt, und man will daraus die mittlere Wärme der Halbkugel M finden, so muss $f(\varphi_1)$ mit $\cos.\varphi_1 d\varphi_1$ dem Element der Parallelkreise multiplizirt und von o bis $\frac{\pi}{2}$ integrirt werden. Die gewöhnliche Form, welche man $f(\varphi_1)$ giebt ist $\alpha + \beta \cos.^2 \varphi_1$, eine Form, die gut mit den Beobachtungen übereinstimmt, wie man im 2ten Bande von Kämtz Meteorologie sieht. Sind jedoch die Constanten α und β bestimmt, so gilt die Formel nur bis zu einer gewissen Breite φ_1, und von da ab sind andere Constanten nöthig. So giebt Kämtz für die Bodenwärme Europa's von

$\varphi_1 = 15^0$ bis 55^0 n. B. $\quad t = 0^0{,}795 + 24{,}649 \cos.^2\varphi_1$

$\varphi_1 = 55^0$ an $\quad t = 0^0{,}754 + 28{,}933 \cos.^2\varphi_1$

Um daraus die Mittelwärme der Halbkugel für diesen Meridian zu finden, hat man also im Allgemeinen $(\alpha + \beta \cos.^2 \varphi_1) \cos.\varphi_1 d\varphi_1$ von φ_1 bis φ zu integriren und findet

$$(\alpha + \tfrac{3}{4}\beta)(\sin.\varphi - \sin.\varphi_1) + \tfrac{1}{12}\beta(\sin.3\varphi - \sin.3\varphi_1).$$

Auf jene beiden Formeln angewandt, ergiebt sich M für den Meridian von Europa $= 17^0{,}08$C (in Poggend. Ann. Bd. 34, p. 83 ist durch ein Versehen dieser Werth unrichtig hingeschrieben worden).

Für die Lufttemperatur Amerikas giebt Atkinson

$$t = 97{,}08 \cos.^{\frac{3}{2}}\varphi_1 - 10{,}53 \text{ in Graden F.}$$

Hieraus ergiebt sich M nur $= 15^0{,}39$ C.

Für den atlantischen Ocean bis 48^0n. Br. giebt Kämtz $t = 2{,}91 + 23{,}48 \cos^2\varphi$

für die höheren Breiten $t = -5{,}92 + 44{,}23 \cos.^2\varphi$

hieraus $M = 17^0{,}55$.

Für den grossen Ocean geben die Formeln

$$t = -3{,}52 + 32{,}19 \cos.^2 \varphi_1 \text{ geltend bis } 48^0 \text{ n. Br.}$$

und $t = -5{,}60 + 35{,}07 \cos.^2 \varphi_1$.

$$M = 17^0{,}58.$$

Die Formeln für Asien, welche Kämtz für die verschiedenen Meridiane abgeleitet, geben sehr verschiedene Werthe für die mittlere Wärme. In 30^0 ö. L. Gr. giebt $t = -2{,}70 + 32{,}95 \cos.^2 \varphi_1$

$$M = 19^0 27$$

In 135 - - - $t = -18{,}580 + 49{,}551 \cos.^2 \varphi_1$

$$M = 14^0 45.$$

Es scheint demnach, dass die mittlere Wärme der ganzen nördlichen Halbkugel nahe 17^0 C betragen wird, obgleich die angeführten Werthe noch zu unregelmässig und verschieden sind, um das sicher behaupten zu können.

Wir haben für die Vertheilung der Wärme den Ausdruck $a(1 - A(\sin. \varphi_1 - p \sin.^2 \varphi_1))$ angenommen. Hieraus findet sich $M = a(1 + \frac{1}{6} A(2p - 3))$ und wenn man M a und p als bekannt annimmt, $A = 6 \frac{\left(\frac{M}{a} - 1\right)}{2p - 3}$

Wird nun hier $a = 27^0{,}5$

$M = 17{,}^0$

$p = 0{,}05528$ angenommmn, so ergiebt sich $A = 0{,}793$, und daher wird die Wärme der nördlichen Halbkugel sein $t = 27{,}5 - 21{,}80 \sin. \varphi_1 + 1{,}205 \sin.^2 \varphi_1 \ldots (1)$

und die der südlichen $t = 27{,}5 - 21{,}80 \sin. \varphi_1 - 1{,}205 \sin.^2 \varphi_1$.

so dass die mittlere Wärme der südlichen Hemisphäre $= 16^0{,}20$ wäre, während die der nördlichen $= 17^0$ ist.

Aus der Formel (1) berechnet man

Breite	Temperatur
0	27,5 C
10	23,75
20	20,18
30	16,90
40	13,98
50	11,51
60	9,52

Hieraus ist klar, dass die Formel (1) die Temperatur der Breiten unter 45^0 zu gering und über 45^0 zu hoch giebt. Der Ausdruck jedoch für die magnetische Vertheilung auf der Erde, welche dieser Formel zu Grunde liegt, zeigte oben mit Bezug auf die Inclination etwas Aehnliches; er gab die Inclinationen bis 45° Br. zu hoch, und die darüber liegenden zu gering. Wenn man sich also zu der magnetischen Vertheilung noch Glieder hinzudächte, durch welche diese Differenz zwischen den beobachteten und berechneten Inclinationen verschwände, so würde mit denselben Gliedern auch die Temperatur der Breiten unter 45° vergrössert, und die darüber liegenden verringert werden, wie es die beobachteten Werthe der Temperatur verlangen. Ich will noch bemerken, dass, wenn man die am häufigsten gebrauchte Formel für die Temperatur, nemlich $\alpha + \beta \cos.^2 \varphi_1$ der Bedingung unterwirft, dass sie die Temperatur am Aequator $= 27{,}5$ und die mittlere Wärme der Halbkugel $= 17^0$ ergebe, man erhalte $\alpha = -4$, und $\beta = 31{,}5$, woraus man findet

Breite	Temperatur
0	27,50
10	26,55
20	23,82
30	19,63
40	14,48
50	9,02
60	3,91

Diese Werthe genügen den Beobachtungen besser. Inzwischen ist weder diese noch andere ähnliche Formeln für unsern Zweck zu gebrauchen; denn weil die Erscheinungen des Erdmagnetismus die Gesetze befolgen, welche zu Anfange dieses Abschnitts angeführt worden, so muss das hauptsächlichste Glied der magnetischen Vertheilung $\sin.\varphi_1$ sein. Da es ferner unzweifelhaft ist, dass die Wärme den Erdmagnetismus schwächt, und da für die verhältnissmässig geringen Unterschiede, welche das Thermometer in verschiedenen Breiten zeigt, die Schwächung durch die Wärme proportional dem Temperaturgrade gesetzt werden kann, so würde man immer für das hauptsächlichste Glied der magnetischen Vertheilung haben

$1 - \frac{1}{a} f(\varphi_1) = A \sin.\varphi_1$, woraus folgt, dass $f(\varphi_1)$ nicht $= \alpha + \beta \cos.^2 \varphi_1$ sein kann.

Für die Theorie des Erdmagnetismus ist es also nothwendig, diejenige Form für die Vertheilung der Wärme zu wählen, von welcher wir vorher ausgingen, und ihr entsprechende Glieder hinzuzufügen, damit sie sich besser an die Beobachtungen anschliesse. Wegen dieser bleibt dann auch die magnetische Vertheilung nicht $\sin.\varphi_1 - p\sin.^2\varphi_1$; allein die hinzutretenden Glieder verändern für kleine Werthe von φ_1 die Ausdrücke für die Neigung und Kraft nicht beträchtlich, so dass in der heissen Zone noch immer nahe genug $\mathrm{tg}\,J = 2\,\mathrm{tg}\,\varphi$ sein wird. Dies sieht man schon an dem Gliede $p\sin.^2\varphi_1$, welches auf die Resultate in jener Zone kaum einen berechenbaren Einfluss ausübt. Es ist mir noch nicht gelungen, die hinzutretenden Glieder bestimmen zu können, weil ich zu keinem bestimmten Resultate über die mittlere Wärme der einzelnen Parallelkreise habe gelangen können, wovon hierbei alles abhängt.

Wie wenig Schwierigkeit es sonst darbietet, mittelst Formeln, wie sie aus der magnetischen Vertheilung folgen, die Temperatur der Parallelkreise darzustellen, erhellt z. B. aus den beiden folgenden:

$$t = 27{,}5 - 10\sin.\varphi_1 + 0{,}5\sin.^2\varphi_1 - 22{,}2\sin.^3\varphi_1,$$
$$t = 27{,}5 - 15\sin.\varphi_1 + 1{,}2\sin.^2\varphi_1 - 20,\sin.^4\varphi_1,$$

welche die mittlere Wärme der Halbkugel 17°, und für die einzelnen Breiten folgende Temperaturen geben:

nördliche Breite.	Formel 1.	Formel 2.
0	27,5	27,5
10	25,67	24,92
20	23,25	22,24
30	19,85	19,05
40	13,19	14,94
50	10,15	9,83
60	4,80	4,11

Dies sind Werthe, wie sie nahe die obige Formel $-4, + 31{,}5\cos.^2\varphi_1$ ergeben hat. Wenn es demnach nicht schwierig ist, die Temperaturen durch die gewählte Form darzustellen, so hängt es nur davon ab, diese Temperaturen für die Breitengrade zu kennen, um dann die wahre magnetische Vertheilung auf der Erde zu bestimmen, von welchen bis jetzt nur die hauptsächlichsten Glieder berücksichtigt worden sind.

Die vorige Untersuchung lehrt den Einfluss kennen, den die Wärme auf den Erdmagnetismus ausübt. Die Schwächung wurde oben für 1° C zu $\frac{1}{a}$ angenommen, und da $a = 27{,}5$, so beträgt der

Verlust der magnetischen Intensität $\frac{10}{275}$ für einen Grad zunehmender Wärme. Dieser Verlust ist sehr beträchtlich, allein das kann nicht befremden, wenn man die für die ganze magnetische Schicht so unbedeutenden Schwankungen der Temperatur an den Variationen der Magnetnadeln schon wahrnehmen kann. Die Dicke der magnetischen Schicht kann man hiernach für jeden Ort leicht berechnen. Nimmt man an, dass die Wärme für f Fusse um 1° C wachse, und beträgt sie im Mittel des Jahres an der Oberfläche v°, so wird sie in der Tiefe $f.t = v + t$ sein. Soll nun in dieser Tiefe die magnetische Kraft verschwinden, so muss sein $v + t = 27°,5$ wodurch t bestimmt wird. Ist also die mittlere Temperatur eines Ortes 10° C, so ist $t = 17°,5$; setzt man ferner $f = 30^m$, so wird die Dicke der magnetischen Schicht daselbst $f.t = 225^m$, so dass diese Schicht gegen den Radius der Erde genommen, durchaus verschwindet.

XV. Einfluss der meteorologischen Verhältnisse auf die Declinationsnadel.

a. Heiterkeit und Trübe des Himmels.

Schübler hat schon im Jahre 1820 hierüber Beobachtungen mitgetheilt [1]), die, ungeachtet ihrer grossen Wichtigkeit, doch nicht sehr bekannt geworden sind. Er beobachtete im Jahre 1813, das ganze Jahr hindurch, die Magnetnadel zu Hofwyl in der Schweiz, 1770 par. Fuss über dem Meer, dreimal des Tages, $1\frac{1}{2}$ — 2 Stunden nach Aufgang der Sonne, Nachmittags um $1\frac{1}{2}$ bis 2 Uhr und 2 Stunden nach Sonnenuntergang. Die Differenz der Abweichung zu den beiden erstern Zeiten giebt die tägliche Veränderung.

---

1) Schweigger Journ. Bd. 28. pag. 305.

	Veränderung im Durchschnitt	Veränderung bei trübem Wetter	Veränderung bei heiterm Wetter	Zahl der trüben Tage	Zahl der heiteren Tage
Januar	5,1′	4,3′	6,4′	10	7
Februar	8,5	7,5	8,9	4	14
März	12,0	10,2	14,5	10	10
April	14,5	18,0	15,7	2	17
Mai	12,0	12,3	11,6	7	10
Juni	11,6	10,5	12,1	8	13
Juli	10,8	10,2	12,5	13	11
August	13,1	8,7	16,2	3	14
September	12,1	10,4	13,7	5	9
October	10,3	9,0	11,7	6	9
November	6,4	5,9	8,7	15	3
December	5,7	5,7	5,3	11	3
Jahr	10,17′	9,39′	11,44′		

Hieraus zieht Schübler den Schluss, dass die Grösse der täglichen Oszillation der Declinationsnadel bei trübem Himmel, Regen und Schnee unbeträchtlicher sei als an heitern Tagen, bei hohem Barometerstand und bei dem Vorherrschen von NO. und O. Winden. Eine merklichere Abweichung hiervon zeigt uns der April, jedoch ist zu erwägen, dass wir es hier nur mit einjährigen Beobachtungen zu thun haben, und dass im April nur zwei trübe Tage stattfanden, so dass das Resultat über dieselbe nicht zuverlässig sein kann. Die grössten Aenderungen fanden im April und August statt (sie betrugen 22 und 23 Minuten), und diese Monate hatten auch die meisten heiteren Tage. Die kleinsten Aenderungen wurden im Januar, November und Dezember beobachtet, welches Schübler auf die grössere Zahl von trüben Tagen schreibt. Dass ist wohl der eigentliche Grund, wesshalb alle magnetischen Variationen im Sommer beträchtlicher sind; denn dass das Thermometer sich dann mehr verändert als im Winter, ist nur eine Folge von der verschiedenen Zahl heiterer und trüber Tage in diesen Jahreszeiten.

In Tübingen nahm Schübler seine frühern Beobachtungen wieder vor, weil ihm der Zweifel geblieben war, ob nicht die Lage des Beobachtungslokals gegen Süden auf die Resultate eingewirkt hätte. Er wiederholte sie in einem nach N. liegenden Zimmer, das von der Sonne nicht getroffen auch nicht geheizt wurde, so dass er vor Luftströmungen dieser Art sicher war. Die Beobachtungen wurden im Winter um 8 Uhr Morgens, im Frühjahr und Herbst um $7\frac{1}{2}$, im Sommer um 7 Uhr angestellt, des Mittags stets zwischen $1\frac{3}{4}$ und 2 Uhr, des Abends zwischen 9 und 10. Der folgenden Tabelle liegen die an 1200 Tagen in den Jahren 1827 — 31 gemachten Beobachtungen zu Grunde, und die grössere Zahl derselben veranlasste Schübler noch eine dritte Columne «gemischt» einzuführen; sie bedeutet, dass entweder bei der Beobachtung des Morgens oder der des Mittags der Himmel bezogen war; heiter und trübe heisst ihm der Tag, wo der Himmel zur Zeit beider Beobachtungen klar oder bezogen war. Tage mit ungewöhnlichen Bewegungen der Nadel, wie z. B. der 7. Januar 1831, wo das schöne Nordlicht stattfand, wurden aus dem Mittelwerth ausgeschlossen.

	Grösse der täglichen Veränderung			
	im Mittel	heiter	gemischt	trübe
Januar	7,01′	7,5′	7,6′	6,4′
Februar	8,16	8,9	7,4	8,1
März	11,57	12,8	11,2	10,9
April	13,37	14,3	13,4	12,5
Mai	15,09	16,2	14,8	13,7
Juni	14,70	16.6	14,6	13,3
Juli	14,98	16,3	15,0	12,8
August	15,70	15,8	16,2	14.8
September	14,08	14,3	14,5	13,1
October	10,79	12,9	10,4	9,2
November	7,88	8,7	7,8	7,5
December	7,05	7,7	8,3	5,8
Winter	7,40	8,0	7,6	6,7
Frühling	13,33	14,4	13,1	12,3
Sommer	15,12	16,2	15,2	13,6
Herbst	10,88	11,9	10,9	9,9
Jahr	11,68	12,6	11,9	10,6

Das ist eine Gesetzmässigkeit, wie man sie nur wünschen kann, und wenn man bedenkt, dass vier Jahre in der Meteorologie in Bezug auf die Mittelwerthe ein kleiner Zeitraum sind, so bestätigt sich aus diesen schönen Beobachtungen des leider verstorbenen Schübler, dass die Magnetnadel zur Ermittelung climatischer Verhältnisse ein sehr brauchbares Instrument ist.

Schübler hat nach demselben Gesichtspunkt die Declinations-

beobachtungen, welche **Dove** zu Berlin an 84 Tagen im September, October und November 1830 gemacht hat [1]), zusammengestellt, und findet die tägliche Veränderung an heiteren Tagen 9′ 45″
an trüben - 8′ 1″

Farquharson hat ähnliche Resultate gefunden [2]), als **Schübler**; da er aber nur an einzelnen Tagen beobachtete, so haben seine Resultate nicht dieselbe Zuverlässigkeit, als die eben erwähnten. Es geht aus ihnen hervor, dass an einzelnen Tagen der Einfluss der Heiterkeit oder Trübe des Himmels sehr bedeutend sein kann, denn er fand am 2. October 1829, an einem sehr heiteren Tage, die Veränderung 26′ 20″, und an den zwei trübsten Tagen, den 3. und 4. Dezember, dieselbe nur etwa 3′ 30″. Eben so fand er, dass die tägliche Variation unbeträchtlicher sei, wenn der Erdboden mit Schnee bedeckt ist. Jedoch lassen dergleichen vereinzelte Beobachtungen immer den Zweifel, ob an den gewählten Tagen nicht unregelmässige Störungen Statt gefunden hätten.

b. Einfluss des Windes auf die Declinationsnadel, *magnetische Windrose.*

Eine wesentliche Bereicherung hat die Lehre des Erdmagnetismus durch die Untersuchungen von **Kämtz** über den Einfluss der Winde auf die Declination erhalten [3]). **Kämtz** geht dabei von der Thatsache aus, dass die Winde einen Einfluss auf die Temperatur ausüben, und dass es daher wahrscheinlich sei, sie würden auch einen auf die Abweichungsnadel ausüben, für welche allein Beobachtungen vorhanden sind, die zu dieser Untersuchung tauglich sind. Würde man den Stand dieser Nadel bei den einzelnen Winden aufsuchen, und z. B. aus allen Declinationen beim Nordwinde das Mittel nehmen, so würde man im Allgemeinen nicht den richtigen, diesem Winde entsprechenden mittleren Stand erhalten, weil die Magnetnadel, unabhängig von den Winden, eine tägliche und jährliche Periode hat. Es könnte sein, dass der Nordwind häufiger des Mittags beobachtet worden, und dann würde das arithmetische Mittel für diesen Wind einen Stand der Nadel geben, der viel zu westlich wäre. Es ist hiermit, wie mit dem Barometer, welches ebenfalls eine täg-

---

[1]) Poggend. Ann. Bd 20, pag. 545.
[2]) phil. trans. London for 1830. Part. I.
[3]) Meteorol. Bd. III, pag. 440.

liche und jährliche Periode hat, obgleich dieselbe von einem geringern Einfluss auf die Windrose des Barometers ist, als die ähnlichen Perioden, namentlich die tägliche der Nadel, auf die magnetische der Windrose. Um die Untersuchung davon unabhängig zu machen, verfuhr Kämtz auf folgende Weise. Er nimmt zuerst das Mittel aus allen Declinationsbeobachtungen, welches für das wahre Mittel gelten kann. Vergleicht man damit das Mittel aller Ablesungen, zu irgend einer Stunde, so ergiebt sich die Correction, welche an jede Ablesung zu dieser Stunde anzubringen ist, um sie auf den mittleren Zustand zu reduziren. Diese Correction ist nicht allein für die einzelnen Stunden, wo beobachtet worden, sondern auch für jeden Monat besonders zu berechnen; und bringt man dieselben an die einzelnen Ablesungen so erhält man die Declination bei den verschiedenen Winden, unabhängig von der täglichen und jährlichen Periode.

Kämtz hat seine Berechnung auf Mannheim, Berlin und London ausgedehnt, von denen die erstere aus 10jährigen Beobachtungen abgeleitet ist.

Mannheim.

Die Beobachtungen sind von Hemmer[1]) 1781—85 und 1789 bis 1792 angestellt.

Wind	Declination beobachtet	Declination berechnet	Unterschied
N	19°56,06′	19°56,05′	— 0,01′
NO	55,99	56,04	+ 0,05
O	55,94	55,86	— 0,08
SO	55,52	55,59	+ 0,07
S	55,37	55,53	— 0,04
SW	55,23	55,23	0.
W	55,41	55,43	+ 0.02
NW	55,82	55,80	— 0,02

Hieraus ergiebt sich $D_n = 19°55',6675 + 0',4186 \sin(n 45° + 59° 17') + 0',0360 \sin.(n 90° + 146° 9')$

Die Tafel enthält bereits die berechneten Werthe der Abweichung D_n, und ihren Unterschied von den beobachteten.

---

[1]) in den Mannheimer Ephemeriden.

Berlin.

3jährige Beobachtungen von Beguelin 1783—85 [1]).

	beobachtet	berechnet	Unterschied
N	18° 3,95′	18° 4,09′	+ 0,14′
NO	3,94	3,89	— 0,05
O	3,83	3,79	— 0,04
SO	3,63	3,71	+ 0,08
S	3,35	3,30	— 0,05
SW	2,96	2,92	— 0.04
W	3,06	3,20	+ 0,04
NW	4,03	3,85	— 0,18

$$D_n = 18^\circ 3',5938 + 0',4922 \sin.(n 45^\circ + 53^\circ 11') + 0',2159 \sin.(n 90^\circ + 151^\circ 39')$$

London.

2jährige Beobachtungen von Beaufoy in der Nähe dieser Stadt 1817—19 angestellt [2]).

	beobachtet	berechnet	Unterschied
N	24°42,90′	24°42,51′	— 0,39′
NO	42,91	43,30	+ 0,39
O	43,63	43,41	— 0,22
SO	43,00	43,14	+ 0,14
S	42,33	42,49	+ 0,16
SW	42,09	41,94	— 0,15
W	41,53	41,51	— 0,02
NW	41,43	41,82	+ 0,39

$$D_n = 24^\circ 42',4775 + 0',9475 \sin.(n 45^\circ + 0^\circ 36') + 0',1436 \sin.(n 90^\circ + 7^\circ 0')$$

Aus diesen Formeln findet Kämtz die Gegenden der Windrose, bei denen das Maximum und Minimum der westlichen Abweichung Statt findet.

Ort	Maximum	Minimum	Differenz	wahrschl. Fehler
Mannheim	NNO	SSW	0,90′	0,0315′
Berlin	N	SW	1,20	0,0695
London	ONO	W	2,00	0,1808

Kämtz schliesst hieraus, dass die Winde einen unzweifelhaften

[1]) in den Mannheimer Ephemeriden.
[2]) in den Jahrgängen der Annals of philosophy.

Einfluss auf den Stand der Nadel ausüben, dass sie bei N oder NO Winde östlicher zeige als bei W oder SW Winden. Differenzen wie diejenigen, welche die drei Orte mit Bezug auf die Windesrichtung zeigen, finden sich selbst bei der verschiedenen barometrischen Windrose.

Es ist wohl keinem Zweifel unterworfen, dass durch diese Untersuchungen der Einfluss des Windes auf die Declination sicher nachgewiesen ist, denn trotz des geringen Unterschiedes bei den einzelnen Winden, findet doch eine vollständige Regelmässigkeit in der Zu- und Abnahme der Declination innerhalb der Windrose statt. Ja die Declination ist auf der Windrose ganz symmetrisch vertheilt, wenn die Beobachtungen, wie in Mannheim, 10 Jahre umfassen. Man kann nemlich in der Formel für diesen Ort das letzte Glied wohl übersehen, so dass mit 2 Gliedern oder 3 Constanten die Formel sich den Beobachtungen nahe genug anschliesst. Mit 3 Constanten aber ist die Windesrichtung, welche die grösste Abweichung zur Folge hat, um 180° von derjenigen verschieden, welche die kleinste bewirkt; und die Windesrichtung, bei welcher die mittlere Declination herrscht, steht darauf senkrecht.

Vergleicht man die Unterschiede der Rechnung von der Beobachtung für die magnetische Windrose in Mannheim, mit denen, welche Dove bei der Berechnung der thermischen Windrose für London gefunden hat [1]), so sieht man, dass die ersteren eher kleiner sind. Und doch ist der Einfluss der Winde auf das Thermometer unbestreitbar, und die Londoner Beobachtungen erstrecken sich auf vierzehn Jahre. Es ist auch noch besonders hervorzuheben, dass die letzteren keine regelmässige Zu- oder Abnahme des Wärmegrades bei den einzelnen Winden der Rose geben; denn er ist am höchsten beim Südwinde, fällt mit SW, W, NW, steigt mit N und fällt wieder mit NO. Dagegen ist die Zu- und Abnahme der Declination ganz regelmässig.

Ist also über die Existenz dieses neuen Zusammenhangs der magnetischen und meteorologischen Erscheinungen kein Zweifel, so stösst man doch bei der Erklärung desselben auf einige Schwierigkeiten. Die erste liegt darin, einen Grund für die geringe Veränderung der Nadel bei den verschiedenen Winden anzugeben. Betrachtet man die thermische Windrose zu London und Paris, so ergiebt sich, dass im Mittel des Jahres der wärmste Wind von den kältesten um 3°,16C

---

[1]) Poggend. Ann. Bd. 23, pag. 62.

unterschieden ist. Da nun die Declinationsnadel ein empfindliches Instrument für Wärmeänderungen auf der Erdoberfläche ist, vorausgesetzt, dass sie ausserhalb des Meridians vor sich gehen, so hätte man einen stärkern Einfluss der Winde vermuthen sollen. Inzwischen ist zu erwägen, dass ein warmer Wind sowohl südwestlich als nordöstlich dem Beobachtungsort die Temperatur erhöht, welches entgegengesetzte Veränderungen der Abweichung bewirkt, so dass die Nadel nur die Differenz beider anzeigen kann. Es ist ferner nicht zu übersehen, dass der wärmste und kälteste Wind beinahe in der Richtung des Meridians wehen. Hieraus ist es begreiflich, dass ihr Einfluss nicht beträchtlich sein kann.

Da sich aus den Untersuchungen der Meteorologen über die thermische Windrose ergiebe, dass der Einfluss der Winde auf die Temperatur in den verschiedenen Jahreszeiten sehr verschieden, in den Wintermonaten mehr als doppelt so gross ist, so wird in der letzteren Jahreszeit auch die Magnetnadel stärker affizirt werden, als im Mittel des Jahres. Vielleicht dass uns Kämtz später darüber belehrt! Dasselbe wird auch für einzelne Winde gelten, namentlich wenn sie Temperaturdifferenzen ihr Entstehen verdanken, welche innerhalb grosser Länderstrecken eintreten. Ich bedauere, die Mannheimer Ephemeriden nicht zu besitzen, um dies untersuchen zu können.

Eine andere Schwierigkeit liegt darin zu erklären, wie der NNO Wind den westlichsten Stand der Nadel bewirken könne. Wenn dieser Wind weht, so erkaltet er im Allgemeinen die Gegend NNO und die Gegend SSW vom Beobachtungsort; allein wie man meinen sollte, die erstere stärker. Dann müsste jedoch dieser Wind den Nordpol der Nadel nach Osten treiben; er treibt ihn aber nach Westen. — Weht der SSW, so erwärmt er den Strich SSW und NNO, und nimmt man auch hier an, dass der Wind anfangs einen stärkern Einfluss auf die Temperatur übe, als im Verlaufe seiner Bahn, wo er einen Theil seiner Wärmedifferenz eingebüsst hat: so würde der SSW Wind einen östlicheren Stand der Nadel hervorbringen, und dieses wäre dann mit der Erfahrung übereinstimmend. Theoretisch, d. h. mit dieser Voraussetzung hätte man also erwarten müssen, dass zwischen dem kältesten und wärmsten Winde mit Bezug auf die Declination kein Unterschied stattfände, und diese Ueberlegung liess mich auch früher an der Existenz einer magnetischen Windrose zweifeln. Man könnte, um den Widerspruch der Thatsache mit obiger Betrachtung zu heben, annehmen, der NNO Wind erkalte die südlicheren Gegenden verhältnissmässig mehr, und würde durch die Erfahrung nicht widerlegt werden können, da man die thermische Windrose für zu wenig Orte kennt, deren Breite noch dazu nicht sehr verschieden ist. Allein eine solche Annahme wäre doch unwahrscheinlich; denn nicht allein, dass der NNO beim Vorschreiten immer wärmer wird, so entfernt er sich auch von der Erdoberfläche; er steigt in die höhern Regionen, und schon desshalb muss sein Einfluss auf die Temperatur des Bodens immer geringer werden. Ausserdem wehet er auch anfangs über Gegenden, welche, als die nördlicheren, eine stärkere magnetische Kraft besitzen, und deren Erkaltung daher auf die Nadel einen grösseren Einfluss ausübte, so dass selbst, wenn der NO oder NNO zu beiden entgegengesetzten Seiten gleich stark erkaltete, der Nordpol doch nach O gehen würde. Und trotz allem diesem geht er nach Westen.

Inzwischen kann man, wie ich glaube, die Sache auf folgende Weise erklären. Es ist bekannt, dass ein NWind beim Vorschreiten immer östlicher wird, weil er in Breiten tritt, welche eine grössere Rotationsgeschwindigkeit besitzen. Ein Wind also, der in den mittleren Breiten als N. oder NNOWind ankömmt, hatte ursprünglich in dem höheren Breitengrade, wo er entstand, eine nordwestliche Richtung, die er erst nach und nach verliert, und durch N nach NO übergeht. Ist dies der Fall, und hat die erkaltende Wirkung eines solchen Windes anfangs einen grössern Einfluss als im weitern Verlaufe seiner Bahn, dann liegen in der That die vorzugsweise erkalteten Theile nordwestlich von der Nadel, und dann ist es nothwendig, dass der Nordpol der Nadel nach Westen gehe, sogar noch ehe dieser Wind den Beobachtungsort trifft, wo er als ein Nordwind oder mehr östlicher Wind erscheinen wird, je nachdem die Lage dieses Ortes mehr oder weniger nördlich ist. Nicht immer wird der NNO Wind aus so entfernten Gegenden kommen, dass seine Richtung anfangs nordwestlich war; allein nur in diesem Falle wird er die Declination vergrössern, in den andern Fällen wird er sie umgekehrt verringern.

Wenn wir nicht irren, so kann auf dieselbe Weise ein Widerspruch zwischen den Aussagen der Declinationsnadel und der Winde in Bezug auf die Richtung, in welcher der kälteste Punkt liegt, gehoben werden. Die Declinationsnadel behauptet, dieser Punkt liege für Europa, namentlich dessen westlichen Theile, nach nordwest hin; die Temperatur der einzelnen Winde lehrt jedoch, dass die kälteste

Gegend mehr nach Osten hin falle, denn der NNO oder NO Wind ist der kälteste der Windrose. Allein zu Folge dessen, was so eben bemerkt worden, ist die letztere Luftbewegung ursprünglich nordwestlich, sie ist nur durch die Complikation mit der ursprünglichen Rotationsgeschwindigkeit der Erde östlicher geworden. Eben so ist der SW Wind, als der wärmste der Winde , ursprünglich eine südliche oder gar südöstliche Luftbewegung, obgleich der Unterschied der Rotationsgeschwindigkeit zwischen den niedern und mittlern Breiten unbedeutender ist, als derselbe Unterschied zwischen den mittlern und höhern, so dass ein Südwind beim Vorschreiten weniger westlich wird, als ein Nordwind östlich. Wegen dieser Umstandes ist die Windfahne und das Thermometer mit der Declinationsnadel scheinbar im Widerspruch, aber auch nur scheinbar.

Nachdem L. v. Buch die Climatologie der mittlern Breiten gegründet hat, indem er die Windfahne als dasjenige Instrument hervorhob, um welches dort alle übrigen zu gruppiren seien, ist es erfreulich zu sehen, dass durch die Untersuchungen von Kämtz nunmehr auch die Magnetnadel mit ihren Veränderungen auf die Windrose der gemässigten Zone zu setzen ist. Hierdurch ist es vollends ausser Zweifel, dass die Veränderungen des Erdmagnetismus von climatischen Verhältnissen bedingt werden, und dass die Magnetnadel eines der bedeutendsten meteorologischen Werkzeuge abgeben werde, wie ich das schon früher zu beweisen gesucht habe.

A n h a n g.

Schema und Tafeln zur Berechnung der Coeffizienten periodischer Reihen.

Wenn man beobachtete Werthe, welche eine Periode befolgen, durch Sinus und Cosinus darstellen will, so hat man die Coeffizienten $\alpha_0 \alpha_1 \alpha_2 \ldots \beta_1 \beta_2 \beta_3 \ldots$ folgender Gleichung zu bestimmen:

$$y_n = \alpha_0 + \alpha_1 \cos. nx + \beta_1 \sin. nx + \alpha_2 \cos. 2nx + \beta_2 \sin. 2nx + \ldots$$

wo y_n der beobachtete Werth ist, welcher dem Gliede n der Periode entspricht. Der Werth x hängt allein von der Zahl der Beobachtungen ab, aus welchen die Periode besteht, und ist

$= 45^0$ wenn sie aus 8 besteht,

$= 15^0$ - - - 24 u. s. w. Ueberhaupt

wenn p die Anzahl der Beobachtungen, ist $x = \frac{2\pi}{p}$.

Das Folgende giebt das Schema zur Berechnung der Coeffizienten für die üblichen Perioden aus den beobachteten Werthen y_0 y_1 y_2 u. s. w., welche der Einfachheit wegen mit 0, 1, 2 u. s. w. bezeichnet worden; so dass, wenn es sich z. B. darum handelt, den mittleren Stand des Thermometers in den zwölf Monaten des Jahres darzustellen, dieser Stand im Januar durch 0, im Februar durch 1, im Dezember durch 11 bezeichnet wird. Vorausgesetzt ist, dass man alle Werthe innerhalb der Periode kenne. Da es der Controlle der Rechnung wegen, mindestens noch bei der Periode aus zwölf Gliedern, am einfachsten ist, alle Coeffizienten zu berechnen, so sind sie sämmtlich in dem Schema mitgetheilt worden; dies unterblieb nur bei der Periode aus 24 Gliedern. — Sind sämmtliche Coeffizienten berechnet, so reichen ein Paar Proben aus, die Richtigkeit der Rechnung nachzuweisen; man findet diese Proben unter der Ueberschrift: «Controlle der Rechnung,» und kann daraus zugleich leicht finden, ob sich in dem Schema ein Druckfehler eingeschlichen habe. Da der erste Coeffizient oder α_0 der arithmetische Mittelwerth aus allen beobachteten Werthen 0, 1, 2 u. s. w. ist, so wird derselbe im Folgenden nicht weiter berücksichtigt werden.

Nachdem die Coeffizienten berechnet, pflegt man je zwei auf einander folgende Glieder obiger Reihe in eins zusammen zu ziehn, indem man für $\alpha_1 \cos. nx + \beta_1 \sin. nx$ setzt: $B \sin. (nx + u_1)$. wo dann

$$\operatorname{tg} u_1 = \frac{\alpha_1}{\beta_1}$$

$$B = \frac{\alpha_1}{\sin u_1}.$$

Periode aus 8 Gliedern, $x = 45^\circ$.

$$4\alpha_1 = (1 - 3 - 5 + 7) \sin. 45^\circ + 0 - 4$$
$$4\beta_1 = (1 + 3 - 5 - 7) \sin. 45^\circ + 2 - 6$$
$$4\alpha_2 = 0 - 2 + 4 - 6$$
$$4\beta_2 = 1 - 3 + 5 - 7$$
$$4\alpha_3 = (-1 + 3 + 5 - 7) \sin. 45^\circ + 0 - 4$$
$$4\beta_3 = (1 + 3 - 5 - 7) \sin. 45^\circ - 2 + 6$$
$$8\alpha_4 = 0 - 1 + 2 - 3 + 4 - 5 + 6 - 7$$

Controlle der Rechnung.

Es muss sein $\alpha_0 + \alpha_1 + \alpha_2 + \alpha_3 + \alpha_4 = 0$

$$\alpha_0 + \beta_1 - \alpha_2 - \beta_3 + \alpha_4 = 2$$
$$2\alpha_0 + 2\beta_2 - 2\alpha_4 = 1 + 5.$$

Periode aus 12 Gliedern, $x = 30^\circ$.

$$6\alpha_1 = \tfrac{1}{2}(2 - 4 - 8 + 10) + (1 - 5 - 7 + 11) \sin. 60^\circ + 0 - 6$$
$$6\beta_1 = \tfrac{1}{2}(1 + 5 - 7 - 11) + (2 + 4 - 8 - 10) \sin. 60^\circ + 3 - 9$$
$$6\alpha_2 = \tfrac{1}{2}(1 - 2 - 4 + 5 + 7 - 8 - 10 + 11) + 0 - 3 + 6 - 9$$
$$6\beta_2 = (1 + 2 - 4 - 5 + 7 + 8 - 10 - 11) \sin. 60^\circ$$
$$6\alpha_3 = 0 - 2 + 4 - 6 + 8 - 10$$
$$6\beta_3 = 1 - 3 + 5 - 7 + 9 - 11$$
$$6\alpha_4 = -\tfrac{1}{2}(1 + 2 + 4 + 5 + 7 + 8 + 10 + 11) + 0 + 3 + 6 + 9$$
$$6\beta_4 = (1 - 2 + 4 - 5 + 7 - 8 + 10 - 11) \sin. 60^\circ$$
$$6\alpha_5 = \tfrac{1}{2}(2 - 4 - 8 + 10) + (-1 + 5 + 7 - 11) \sin. 60^\circ + 0 - 6$$
$$6\beta_5 = \tfrac{1}{2}(1 + 5 - 7 - 11) + (-2 - 4 + 8 + 10) \sin. 60^\circ + 3 - 9$$
$$12\alpha_6 = 0 - 1 + 2 - 3 + 4 - 5 + 6 - 7 + 8 - 9 + 10 - 11$$

Controlle der Rechnung.

$$\alpha_0 + \alpha_1 + \alpha_2 + \alpha_3 + \alpha_4 + \alpha_5 + \alpha_6 = 0$$
$$\alpha_0 + \beta_1 - \alpha_2 - \beta_3 + \alpha_4 + \beta_5 - \alpha_6 = 3$$
$$2\alpha_0 + \alpha_2 - \alpha_4 - 2\alpha_6 + 2(\beta_2 + \beta_4) \sin. 60^\circ = 1 + 7.$$

Periode aus 16 Gliedern, $x = 22^0\,30'$.

$$8\alpha_1 = (3-5-11+13)\sin.22^0\,30' + (2-6-10+14)\sin.45^0$$
$$+(1-7-9+15)\sin.67^0\,30' + 0 - 8$$
$$8\beta_1 = (1+7-9-15)\sin.22^0\,30' + (2+6-10-14)\sin.45^0$$
$$+(3+5-11-13)\sin.67^0\,30' + 4 - 12$$
$$8\alpha_2 = (1-3-5+7+9-11-13+15)\sin.45^0 + 0 - 4 + 8 - 12$$
$$8\beta_2 = (1+3-5-7+9+11-13-15)\sin.45^0 + 2 - 6 + 10 - 14$$
$$8\alpha_3 = (1-7-9+15)\sin.22^0\,30' + (-2+6+10-14)\sin.45^0$$
$$+(-3+5+11-13)\sin.67^0\,30' + 0 - 8$$
$$8\beta_3 = (-3-5+11+13)\sin.22^0\,30' + (2+6-10-14)\sin.45^0$$
$$+(1+7-9-15)\sin.67^0\,30' - 4 + 12$$
$$8\alpha_4 = 0-2+4-6+8-10+12-14$$
$$8\beta_4 = 1-3+5-7+9-11+13-15$$
$$8\alpha_5 = (-1+7+9-15)\sin 22^0\,30' + (-2+6+10-14)\sin 45^0$$
$$+(3-5-11+13)\sin.67^0\,30' + 0 - 8$$
$$8\beta_5 = (-3-5+11+13)\sin 22^0\,30' + (-2-6+10+14)\sin 45^0$$
$$+(1+7-9-15)\sin.67^0\,30' + 4 - 12$$
$$8\alpha_6 = (-1+3+5-7-9+11+13-15)\sin 45^0 + 0 - 4 + 8 - 12$$
$$8\beta_6 = (1+3-5-7+9+11-13-15)\sin 45^0 - 2 + 6 - 10 + 14$$
$$8\alpha_7 = (-3+5+11-13)\sin.22^0\,30' + (2-6-10+14)\sin.45^0$$
$$+(-1+7+9-15)\sin.67^0\,30' + 0 - 8$$
$$8\beta_7 = (1+7-9-15)\sin.22^0\,30' + (-2-6+10+14)\sin.45^0$$
$$+(3+5-11-13)\sin.67^0\,30' - 4 + 12$$
$$16\alpha_8 = 0-1+2-3+4-5+6-7+8-9+10-11+12-13$$
$$+14-15.$$

Controlle der Rechnung.

$$\alpha_0+\alpha_1+\alpha_2+\alpha_3+\alpha_4+\alpha_5+\alpha_6+\alpha_7+\alpha_8 = 0$$
$$\alpha_0+\beta_1-\alpha_2-\beta_3+\alpha_4+\beta_5-\alpha_6-\beta_7+\alpha_8 = 4$$
$$2\alpha_0+2\beta_2-2\alpha_4-2\beta_6+2\alpha_8 = 2+10$$
$$2\alpha_0-2\beta_4-2\alpha_8+2(\alpha_2-\beta_2-\beta_6-\alpha_6)\sin.45^0 = 7+15$$

Periode aus 24 Gliedern, $x = 15^0$.

$$12\alpha_1 = (5-7-17+19)\sin.15^0 + \tfrac{1}{2}(4-8-16+20)$$
$$+(3-9-15+21)\sin.45^0 + (2-10-14+22)\sin 60^0$$
$$+(1-11-13+23)\sin.75^0 + 0 - 12$$
$$12\beta_1 = (1+11-13-23)\sin.15^0 + \tfrac{1}{2}(2+10-14-22)$$
$$+(3+9-15-21)\sin.45^0 + (4+8-16-20)\sin.60^0$$
$$+(5+7-17-19)\sin.75^0 + 6 - 18$$

$$12\alpha_2 = \tfrac{1}{2}(2-4-8+10+14-16-20+22)$$
$$+(1-5-7+11+13-17-19+23)\sin 60^\circ+0-6+12-18$$
$$12\beta_2 = \tfrac{1}{2}(1+5-7-11+13+17-19-23)$$
$$+(2+4-8-10+14+16-20-22)\sin.60^\circ+3-9+15-21$$
$$12\alpha_3 = (1-3-5+7+9-11-13+15+17-19-21+23)\sin 45^\circ$$
$$+0-4+8-12+16-20$$
$$12\beta_3 = (1+3-5-7+9+11-13-15+17+19-21-23)\sin 45^\circ$$
$$+2-6+10-14+18-22$$

Anmerkung. Wegen der folgenden Tafeln ist zu bemerken, dass sie mehrfach geprüft worden sind, so dass sie für sicher gebraucht werden können. Man wird sich ihrer auch mit Vortheil bei der Berechnung mittlerer Windesrichtungen bedienen.

M.

n sin 45° = n 0,70710678

n		n		n		n		n	
,01	0,007071	,41	0,289914	,81	0,572756	22	15,556349	62	43,840620
,02	0,014142	,42	0,296985	,82	0,579828	23	16,263456	63	44,547727
,03	0,021213	,43	0,304056	,83	0,586899	24	16,970563	64	45,254834
,04	0,028284	,44	0,311127	,84	0,593970	25	17,677670	65	45,961941
,05	0,035355	,45	0,318198	,85	0,601041	26	18,384776	66	46,669047
,06	0,042426	,46	0,325269	,86	0,608112	27	19,091883	67	47,376154
,07	0,049497	,47	0,332340	,87	0,615183	28	19,798990	68	48,083261
,08	0,056569	,48	0,339411	,88	0,622254	29	20,506097	69	48,790368
,09	0,063640	,49	0,346482	,89	0,629325	30	21,213203	70	49,497475
,10	0,070711	,50	0,353553	,90	0,636396	31	21,920310	71	50,204581
,11	0,077782	,51	0,360624	,91	0,643467	32	22,627417	72	50,911688
,12	0,084853	,52	0,367696	,92	0,650538	33	23,334524	73	51,618795
,13	0,091924	,53	0,374767	,93	0,657609	34	24,041631	74	52,325902
,14	0,098995	,54	0,381838	,94	0,664680	35	24,748737	75	53,033009
,15	0,106066	,55	0,388909	,95	0,671751	36	25,455844	76	53,740115
,16	0,113137	,56	0,395980	,96	0,678823	37	26,162951	77	54,447222
,17	0,120208	,57	0,403051	,97	0,685894	38	26,870058	78	55,154329
,18	0,127279	,58	0,410121	,98	0,692965	39	27,577164	79	55,861436
,19	0,134350	,59	0,417193	,99	0,700036	40	28,284271	80	56,568542
,20	0,141421	,60	0,424264	1	0,707107	41	28,991378	81	57,275649
,21	0,148492	,61	0,431335	2	1,414214	42	29,698485	82	57,982756
,22	0,155563	,62	0,438406	3	2,121320	43	30,405592	83	58,689863
,23	0,162635	,63	0,445477	4	2,828427	44	31,112698	84	59,396970
,24	0,169706	,64	0,452548	5	3,535534	45	31,819805	85	60,104076
,25	0,176777	,65	0,459619	6	4,242641	46	32,526912	86	60,811183
,26	0,183848	,66	0,466690	7	4,949747	47	33,234019	87	61,518290
,27	0,190919	,67	0,473762	8	5,656854	48	33,941125	88	62,225397
,28	0,197990	,68	0,480833	9	6,363961	49	34,648232	89	62,932503
,29	0,205061	,69	0,487904	10	7,071068	50	35,355339	90	63,639610
,30	0,212132	,70	0,494975	11	7,778175	51	36,062446	91	64,346717
,31	0,219203	,71	0,502046	12	8,485281	52	36,769553	92	65,053824
,32	0,226274	,72	0,509117	13	9,192388	53	37,476659	93	65,760931
,33	0,233345	,73	0,516188	14	9,899495	54	38,183766	94	66,468037
,34	0,240416	,74	0,523259	15	10,606602	55	38,890873	95	67,175144
,35	0,247487	,75	0,530330	16	11,313708	56	39,597980	96	67,882251
,36	0,254558	,76	0,537401	17	12,020815	57	40,305086	97	68,589358
,37	0,261630	,77	0,544472	18	12,727922	58	41,012193	98	69,296464
,38	0,268701	,78	0,551543	19	13,435029	59	41,719300	99	70,003571
,39	0,275772	,79	0,558614	20	14,142136	60	42,426407	100	70,710678
,40	0,282843	,80	0,565685	21	14,849242	61	43,133514		

n sin 22° 30′ = n 0,38268343

n		n		n		n		n	
,01	0,003827	,41	0,156900	,81	0,309974	22	8,419035	62	23,726373
,02	0,007654	,42	0,160727	,82	0,313800	23	8,801719	63	24,109056
,03	0,014805	,43	0,164554	,83	0,317627	24	9,184402	64	24,491740
,04	0,015307	,44	0,168381	,84	0,321454	25	9,567086	65	24,874423
,05	0,019134	,45	0,172208	,85	0,325281	26	9,949769	66	25,257106
,06	0,022961	,46	0,176034	,86	0,329108	27	10,332452	67	25,639790
,07	0,026788	,47	0,179861	,87	0,332935	28	10,715136	68	26,022473
,08	0,030615	,48	0,183688	,88	0,336761	29	11,097819	69	26,405157
,09	0,034442	,49	0,187515	,89	0,340588	30	11,480503	70	26,787840
,10	0,038268	,50	0,191342	,90	0,344415	31	11,863186	71	27,170524
,11	0,042095	,51	0,195169	,91	0,348242	32	12,245869	72	27,553207
,12	0,045922	,52	0,198995	,92	0,352069	33	12,628553	73	27,935890
,13	0,049749	,53	0,202822	,93	0,355896	34	13,011237	74	28,318574
,14	0,053576	,54	0,206649	,94	0,359722	35	13,393920	75	28,701257
,15	0,057403	,55	0,210476	,95	0,363549	36	13,776603	76	29,083941
,16	0,061229	,56	0,214303	,96	0,367376	37	14,159287	77	29,466624
,17	0,065056	,57	0,218130	,97	0,371203	38	14,541970	78	29,849308
,18	0,068883	,58	0,221956	,98	0,375030	39	14,924654	79	30,231991
,19	0,072710	,59	0,225783	,99	0,378857	40	15,307337	80	30,614674
,20	0,076537	,60	0,229610	1,	0,382683	41	15,690020	81	30,997358
,21	0,080364	,61	0,233437	2	0,765367	42	16,072704	82	31,380041
,22	0,084190	,62	0,237264	3	1,148050	43	16,455387	83	31,762725
,23	0,088017	,63	0,241091	4	1,530734	44	16,838071	84	32,145408
,24	0,091844	,64	0,244917	5	1,913417	45	17,220754	85	32,528092
,25	0,095671	,65	0,248744	6	2,296101	46	17,603438	86	32,910775
,26	0,099498	,66	0,252571	7	2,678784	47	17,986121	87	33,293458
,27	0,103325	,67	0,256398	8	3,061467	48	18,368805	88	33,676142
,28	0,107151	,68	0,260225	9	3,444151	49	18,751488	89	34,058825
,29	0,110978	,69	0,264052	10	3,826834	50	19,134172	90	34,441509
,30	0,114805	,70	0,267878	11	4,209518	51	19,516855	91	34,824192
,31	0,118632	,71	0,271705	12	4,592201	52	19,899538	92	35,206876
,32	0,122459	,72	0,275532	13	4,974885	53	20,282222	93	35,589559
,33	0,126286	,73	0,279359	14	5,357568	54	20,664905	94	35,972242
,34	0,130112	,74	0,283186	15	5,740251	55	21,047589	95	36,354926
,35	0,133939	,75	0,287013	16	6,122935	56	21,430272	96	36,737609
,36	0,137766	,76	0,290839	17	6,505618	57	21,812956	97	37,120293
,37	0,141593	,77	0,294666	18	6,888302	58	22,195639	98	37,502976
,38	0,145420	,78	0,298493	19	7,270985	59	22,578322	99	37,885660
,39	0,149247	,79	0,302320	20	7,653669	60	22,961006	100	38,268343
,40	0,153073	,80	0,306147	21	8,036352	61	23,343689		

n sin 67° 30′ = n 0,92387952

n		n		n		n		n	
,01	0,009239	,41	0,378791	,81	0,748342	22	20,325349	62	57,280530
,02	0,018478	,42	0,388029	,82	0,757581	23	21,249229	63	58,204410
,03	0,027716	,43	0,397268	,83	0,766820	24	22,173108	64	59,128289
,04	0,036955	,44	0,406507	,84	0,776059	25	23,096988	65	60,052169
,05	0,046194	,45	0,415746	,85	0,785298	26	24,020868	66	60,976048
,06	0,055433	,46	0,424985	,86	0,794536	27	24,944747	67	61,899928
,07	0,064672	,47	0,434223	,87	0,803775	28	25,868627	68	62,823807
,08	0,073910	,48	0,443462	,88	0,813014	29	26,792506	69	63,747687
,09	0,083149	,49	0,452701	,89	0,822253	30	27,716386	70	64,671566
,10	0,092388	,50	0,461940	.90	0,831492	31	28,640265	71	65,595446
,11	0,101627	,51	0,471179	,91	0,840730	32	29,564145	72	66,519325
,12	0,110866	,52	0,480417	,92	0,849969	33	30,488024	73	67,443205
,13	0,120104	,53	0,489656	,93	0,859208	34	31,411904	74	68,367084
,14	0,129343	,54	0,498895	,94	0,868447	35	32,335783	75	69,290964
,15	0,138582	,55	0,508134	,95	0,877686	36	33,259663	76	70,214844
,16	0,147821	,56	0,517373	.96	0,886924	37	34,183542	77	71,138723
,17	0,157060	,57	0,526611	,97	0,896163	38	35,107422	78	72,062603
,18	0,166298	,58	0,535850	,98	0,905402	39	36,031301	79	72,986482
,19	0,175537	,59	0,545089	,99	0,914641	40	36,955181	80	73,910362
,20	0,184776	,60	0,554328	1	0,923880	41	37,879060	81	74,834241
,21	0,194015	61	0,563567	2	1,847759	42	38,802940	82	75,758121
,22	0,203253	,62	0,572805	3	2,771639	43	39,726819	83	76,682000
,23	0,212492	,63	0,582044	4	3,695518	44	40,650699	84	77,605880
,24	0,221731	,64	0,591283	5	4,619398	45	41,574578	85	78,529759
,25	0,230970	,65	0,600522	6	5,543277	46	42,498458	86	79,453639
,26	0,240209	,66	0,609760	7	6,467157	47	43,422337	87	80,377528
,27	0,249447	,67	0,618999	8	7,391036	48	44,346217	88	81,301398
,28	0,258686	,68	0,628238	9	8,314916	49	45,270096	89	82,225277
,29	0,267925	,69	0,637477	10	9,238795	50	46,193976	90	83,149157
,30	0,277164	,70	0,646716	11	10,162675	51	47,117856	91	84,073036
,31	0,286403	,71	0,655954	12	11,086554	52	48,041735	92	84,996916
,32	0,295641	,72	0,665193	13	12,010434	53	48,965615	93	85,920795
,33	0,304880	,73	0,674432	14	12,934313	54	49,889494	94	86,844675
,34	0,314119	,74	0,683671	15	13,858193	55	50,813374	95	87,768554
,35	0,323358	,75	0,692910	16	14,782072	56	51,737253	96	88,692434
,36	0,332597	,76	0,702148	17	15,705952	57	52,661133	97	89,616313
,37	0,341835	,77	0,711387	18	16,629831	58	53,585012	98	90,540193
,38	0,351074	,78	0,720626	19	17,553711	59	54,508892	99	91,464072
,39	0,360313	,79	0,729865	20	18,477590	60	55,432771	100	92,387952
,40	0,369552	,80	0,739104	21	19,401470	61	56,356651		

n sin 15 = n 0,25881905

n		n		n		n		n	
,01	0,002588	,41	0,106116	,81	0,209643	22	5,694019	62	16,046781
,02	0,005176	,42	0,108704	,82	0,212232	23	5,952838	63	16,305600
,03	0,007765	,43	0,111292	,83	0,214820	24	6,211657	64	16,564419
,04	0,010353	,44	0,113880	,84	0,217408	25	6,470476	65	16,823238
,05	0,012941	,45	0,116469	,85	0,219996	26	6,729295	66	17,082057
,06	0,015529	,46	0,119057	,86	0,222584	27	6,988114	67	17,340876
,07	0,018117	,47	0,121645	,87	0,225173	28	7,246933	68	17,599695
,08	0,020706	.48	0,124233	,88	0,227761	29	7,505752	69	17,858514
,09	0,023294	,49	0,126821	,89	0,230349	30	7,764572	70	18,117334
,10	0,025882	,50	0,129410	,90	0,232937	31	8,023391	71	18,376153
,11	0,028470	,51	0,131998	,91	0,235525	32	8,282210	72	18,634972
,12	0,031058	,52	0,134586	,92	0,238114	33	8,541029	73	18,893791
,13	0,033646	,53	0,137174	.93	0,240702	34	8,799848	74	19,152610
,14	0,036235	,54	0,139762	,94	0,243290	35	9,058667	75	19,411429
,15	0,038823	,55	0,142350	.95	0,245878	36	9,317486	76	19,670248
,16	0,041411	,56	0,144939	,96	0,248466	37	9,576305	77	19,929067
,17	0,043999	,57	0,147527	,97	0,251054	38	9,835124	78	20,187886
,18	0,046587	,58	0,150115	,98	0,253643	39	10,093943	79	20,446705
,19	0,049176	.59	0,152703	.99	0,256231	40	10,352762	80	20,705524
,20	0,051764	,60	0,155291	1,	0,258819	41	10,611581	81	20,964343
,21	0,054352	,61	0,157880	2	0,517638	42	10,870400	82	21,223162
,22	0,056940	,62	0,160468	3	0,776457	43	11,129219	83	21,481981
,23	0,059528	,63	0,163056	4	1,035276	44	11,388038	84	21,740800
,24	0,062117	,64	0,165644	5	1,294095	45	11,646857	85	21,999619
,25	0,064705	,65	0,168232	6	1,552914	46	11,905676	86	22,258438
,26	0,067293	,66	0,170821	7	1,811733	47	12,164495	87	22,517257
,27	0,069881	,67	0,173409	8	2,070552	48	12,423314	88	22,776076
,28	0,072469	,68	0,175997	9	2,329371	49	12,682133	89	23,034895
,29	0,075058	,69	0,178585	10	2,588191	50	12,940953	90	23,293715
,30	0,077646	,70	0,181173	11	2,847010	51	13,199772	91	23,552534
,31	0,080234	,71	0,183762	12	3,105829	52	13,458590	92	23,811353
,32	0,082822	,72	0,186350	13	3,364648	53	13,717410	93	24,070172
,33	0,085410	,73	0,188938	14	3,623467	54	13,976229	94	24,328991
,34	0,087998	,74	0,191526	15	3,882286	55	14,235048	95	24,587810
,35	0,090587	,75	0,194114	16	4,141105	56	14,493867	96	24,846629
,36	0,093175	,76	0,196702	17	4,399924	57	14,752686	97	25,105448
,37	0,095763	,77	0,199291	18	4,658743	58	15,011505	98	25,364267
,38	0,098351	,78	0,201879	19	4,917562	59	15,270324	99	25,623086
,39	0,100939	,79	0,204467	20	5,176381	60	15,529143	100	25,881905
,40	0,103528	,80	0,207055	21	5,435200	61	15,787962		

n sin 75° = n 0,96592583

n		n		n		n		n	
,01	0,009659	,41	0,396030	,81	0,782400	22	21,250368	62	59,887401
,02	0,019319	,42	0,405689	,82	0,792059	23	22,216294	63	60,853327
,03	0,028978	,43	0,415348	,83	0,801718	24	23,182220	64	61,819253
,04	0,038637	,44	0,425007	,84	0,811378	25	24,148146	65	62,785179
,05	0,048296	,45	0,434667	,85	0,821037	26	25,114072	66	63,751105
,06	0,057956	,46	0,444326	,86	0,830696	27	26,079997	67	64,717031
,07	0,067615	,47	0,453985	,87	0,840355	28	27,045923	68	65,682956
,08	0,077274	,48	0,463644	,88	0,850015	29	28,011849	69	66,648882
,09	0,086933	,49	0,473304	,89	0,859674	30	28,977775	70	67,614808
,10	0,096593	,50	0,482963	,90	0,869333	31	29,943701	71	68,580734
,11	0,106252	,51	0,492622	,91	0,878993	32	30,909627	72	69,546660
,12	0,115911	,52	0,502281	,92	0,888652	33	31,875552	73	70,512586
,13	0,125570	,53	0,511941	,93	0,898311	34	32,841478	74	71,478511
,14	0,135230	,54	0,521600	,94	0,907970	35	33,807404	75	72,444437
,15	0,144889	,55	0,531259	,95	0,917630	36	34,773330	76	73,410363
,16	0,154548	,56	0,540918	,96	0,927289	37	35,739256	77	74,376289
,17	0,164207	,57	0,550578	,97	0,936948	38	36,705182	78	75,342215
,18	0,173867	,58	0,560237	,98	0,946607	39	37,671107	79	76,308141
,19	0,183526	,59	0,569896	,99	0,956267	40	38,637033	80	77,274066
,20	0,193185	,60	0,579556	1,	0,965926	41	39,602959	81	78,239992
,21	0,202844	,61	0,589215	2	1,931851	42	40,568885	82	79,205918
,22	0,212504	,62	0,598874	3	2,897777	43	41,534811	83	80,171844
,23	0,222163	,63	0,608533	4	3,863703	44	42,500737	84	81,137770
,24	0,231822	,64	0,618193	5	4,829629	45	43,466662	85	82,103696
,25	0,241481	,65	0,627852	6	5,795555	46	44,432588	86	83,069621
,26	0,251141	,66	0,637511	7	6,761481	47	45,398514	87	84,035547
,27	0,260800	,67	0,647170	8	7,727407	48	46,364440	88	85,001473
,28	0,270459	,68	0,656830	9	8,693332	49	47,330366	89	85,967399
,29	0,280118	,69	0,666489	10	9,659258	50	48,296292	90	86,933325
,30	0,289778	,70	0,676148	11	10,625184	51	49,262217	91	87,899251
,31	0,299437	,71	0,685807	12	11,591110	52	50,228143	92	88,865176
,32	0,309096	,72	0,695467	13	12,557036	53	51,194069	93	89,831102
,33	0,318756	,73	0,705126	14	13,522962	54	52,159995	94	90,797028
,34	0,328415	,74	0,714785	15	14,488887	55	53,125921	95	91,762954
,35	0,338074	,75	0,724444	16	15,454813	56	54,091846	96	92,728880
,36	0,347733	,76	0,734104	17	16,420739	57	55,057772	97	93,694806
,37	0,357393	,77	0,743763	18	17,386665	58	56,023698	98	94,660731
,38	0,367052	,78	0,753422	19	18,352591	59	56,989624	99	95,626657
,39	0,376711	,79	0,763081	20	19,318517	60	57,955550	100	96,592583
,40	0,386370	,80	0,772741	21	20,284442	61	58,921476		

n sin 60° = n 0,86602540

n		n		n		n		n	
,01	0,008660	,41	0,355070	,81	0,701481	22	19,052559	62	53,693575
,02	0,017321	,42	0,363731	,82	0,710141	23	19,918584	63	54,559600
,03	0,025981	,43	0,372391	,83	0,718801	24	20,784610	64	55,425626
,04	0,034641	,44	0,381051	,84	0,727461	25	21,650635	65	56,291651
,05	0,043301	,45	0,389711	,85	0,736122	26	22,516660	66	57,157676
,06	0,051962	,46	0,398372	,86	0,744782	27	23,382686	67	58,023702
,07	0,060622	,47	0,407032	,87	0,753442	28	24,248711	68	58,889727
,08	0,069282	,48	0,415692	,88	0,762102	29	25,114737	69	59,755753
,09	0,077942	,49	0,424352	,89	0,770763	30	25,980762	70	60,621778
,10	0,086603	,50	0,433013	,90	0,779423	31	26,846787	71	61,487803
,11	0,095263	,51	0,441673	,91	0,788083	32	27,712813	72	62,353829
,12	0,103923	,52	0,450333	,92	0,796743	33	28,578838	73	63,219854
,13	0,112583	,53	0,458993	,93	0,805404	34	29,444864	74	64,085880
,14	0,121244	,54	0,467654	,94	0,814064	35	30,310889	75	64,951905
,15	0,129904	,55	0,476314	,95	0,822724	36	31,176914	76	65,817930
,16	0,138564	,56	0,484974	,96	0,831384	37	32,042940	77	66,683956
,17	0,147224	,57	0,493634	,97	0,840045	38	32,908965	78	67,549981
,18	0,155885	,58	0,502295	,98	0,848705	39	33,774991	79	68,416007
,19	0,164545	,59	0,510955	,99	0,857365	40	34,641016	80	69,282032
,20	0,173205	,60	0,519615	1,	0,866025	41	35,507041	81	70,148057
,21	0,181865	,61	0,528275	2	1,732051	42	36,373067	82	71,014083
,22	0,190526	,62	0,536936	3	2,598076	43	37,239092	83	71,880108
,23	0,199186	,63	0,545596	4	3,464102	44	38,105118	84	72,746134
,24	0,207846	,64	0,554256	5	4,330127	45	38,971143	85	73,612159
,25	0,216506	,65	0,562917	6	5,196152	46	39,837168	86	74,478184
,26	0,225167	,66	0,571577	7	6,062178	47	40,703194	87	75,344210
,27	0,233827	,67	0,580237	8	6,928203	48	41,569219	88	76,210235
,28	0,242487	,68	0,588897	9	7,794229	49	42,435245	89	77,076261
,29	0,251147	,69	0,597558	10	8,660254	50	43,301270	90	77,942286
,30	0,259808	,70	0,606218	11	9,526279	51	44,167295	91	78,808311
,31	0,268468	,71	0,614878	12	10,392305	52	45,033321	92	79,674337
,32	0,277128	,72	0,623538	13	11,258330	53	45,899346	93	80,540362
,33	0,285788	,73	0,632199	14	12,124356	54	46,765372	94	81,406388
,34	0,294449	,74	0,640859	15	12,990381	55	47,631397	95	82,272413
,35	0,303109	,75	0,649519	16	13,856406	56	48,497422	96	83,138438
,36	0,311769	,76	0,658179	17	14,722432	57	49,363448	97	84,004464
,37	0,320429	,77	0,666840	18	15,588457	58	50,229473	98	84,870489
,38	0,329090	,78	0,675500	19	16,454483	59	51,095499	99	85,736515
,39	0,337750	,79	0,684160	20	17,320508	60	51,961524	100	86,602540
,40	0,346410	,80	0,692820	21	18,186533	61	52,827549		

Litteratur der Optik.

Die wichstigten Werke sind mit einem * bezeichnet.

I. Abschnitt.

Allgemeine Werke, mathematische Optik und optische Instrumente.

Geschichte der Optik.

Digges. Pantometria. London 1571.

Borellus de vero telescopii inventore. 4. Hagae. 1655.

Pringle on the invention of the reflecting telescope. 4. London. 1778.

On the invention of the telescope and other optical instruments. Phil. Mag. 18. p. 245. 19. p. 66. 176. 232. 344. 20. p. 14.

On Hall's achromatic glasses. Ph. Mag. 2. p. 177.

Montucla histoire des mathématiques. 4. vol. 4.

Bossut histoire générale des mathématiques. 2 vol. 8.

Priestley the history and present state of discoveries relating to vision, light and colours. Lond. 2 vol. 4.

*— — Geschichte und gegenwärtiger Zustand der Optik, vorzüglich in Absicht auf den physikalischen Theil dieser Wissenschaft, a. d. Engl. üb. von Klügel. Leipzig 1775. 2 vol. 4.

Venturi commentari sopra la storia e le teorie dell ottica. Brugnat. Journ. dec. 18. p. 43. 147.

Brewster treatise on optics. p. 460—498 und in Report of the Second Meeting of the British Association p. 320.

Littrow Dioptrik. 1830. p. 415—494.

Goethe zur Farbenlehre. vol. 2.

*Lloyd Abriss einer Geschichte der Fortschritte und des gegenwärtigen Zustandes der physischen Optik, aus dem Report of the fourth Meeting of the Britisch Association for the Advancement of Science. London. 1835. übersetzt und mit ergänzenden Anmerkungen versehen von Klöden. Berlin. 1836.

B. Powell recent progress of Optical Science in British Annual and Epitome of the progress of Science ed. by Rob. Thomson. London 1837.

Die Optik der Griechen.

Plutarch περὶ τῶν ἀρεσκόντων τοῖς φιλοσόφοις.

Schneider. Eclogae Physicae. Jena 1801.

Wilde über die Optik der Griechen. Berlin 1832. 4.

Meister de optica veterum pictorum, sculptorum, architectorum sapientia ejusque specimine, Vitruviana columnarum per scamillos impares adjectione. Nov. Comm. Gott. v. V. p. 141 und VI. p. 129.

Allgemeine Werke über Optik vor Huyghens und Newton.

Euclides opera. Bas. 1558. fol.

Heliodorus κεφάλεια τιὸν ὀπτικῶν. Florenz 1573. 4.

Alhazeni, Arabis Optica lib. VII. et **Vitellionis** Thuringo-Polonis lib. X. in **Reiner** Opticae thesaurus. Bas. 1583. fol. (Dämmerung.)

Nemorarius de natura speculorum.

Pisani perspectiva communis. Norimb. 1542. 4.

Vincentii Bellouacensis speculum naturale.

Bartholomaeus de proprietatibus rerum.

Porta Magiae naturalis lib. 20. Lugd. Bat. 1650. 12. (Entdeckung der Camera obscura.)

Porta de refractione optices parte, libri novem. Neap. 1583. 4.

Kepler Paralipomena ad Vitellionem. 4. Frankf. 1604.

Antonius de Dominis de radiis visus et lucis in vitris perspectivis et iride tractatus. Venet. 1611. (Erklärung des Regenbogens.)

Maurolycus theoremata de lumine et umbra ad perspectivam et radiorum incidentiam facientia. Lugd. 1613. 4.

Faulhaber descriptio instrumentorum. geometriae et opticorum. Frankf. 1610. 4.

Aquilonius Opticorum libri VI. Antw. 1613.

Roger Bacon Perspectiva 1614. 4. Opus majus.

***Galilaei** sidereus nuncius magna longeque admirabilia spectacula pandens. Venet. 1610. (Entdeckung der Jupitersmonde, der Phasen der Venus, des Saturnusringes als 2 Erhöhungen am Saturn, der Sternhaufen.)

***Kepler** dioptrice seu demonstratio eorum, quae visui et e visilibus propter conspicilla non ita pridem inventa sunt. Augsb. 1611. 4. (Erste Theorie der Fernröhre unter der Voraussetzung, dass die Brechung im Verhältniss der Bogen, Angabe des astronomischen Fernrohrs.)

Zacharias Schneider de luce. 1616.
Mathiae Buchholdii lucis contemplatio physica. 1630. 4.
***Descartes** dioptrique. 1637. (Entdeckung des Refractionsgesetzes und Ableitung desselben aus dem Verhalten elastischer Medien. Nähere Untersuchung des Sehens und Theorie des Regenbogens.)
Bullialdus de natura lucis. Par. 1638. fol.
Jac. Thomasius, Contemplatio lucis. 1645. 4.
Kircher, ars magna lucis et umbrae. 1646. 4.
Joh. Lichtner, de natura lucis. 1653. 4.
— — theoria luminis. 1654. 4.
Aug. Balthasar, de luce. 1656. 4.
de la Chambre, la lumière. Par. 1657.
Isaac Vossius, de lucis natura et proprietate. Amst. 1662. 4.
Petitus, de ignis et lucis natura exercitationes. Par. 1663. 4.
Vossius, responsio ad objectiones Joh. de Bruyn et Petiti. Hag. 1663. 4.
Gregory, Optica promota. 1663.
Kohlhansen, Tractatus opticus. Lips. 1663. 8.
Grandorgaeus, de natura ignis lucis et colorum. Cad. 1664. 4.
***Grimaldi**, Physica mathesis de lumine, coloribus et iride. Bon. 1665. (Erste Beobachtungen über Interferenz durch Beugung des Lichtes.)
Hen. Fabri, Synopsis optica. Lyon 1667.
Academia del Cimento, esperienze alla luce e suoi effetti Sagg. di Acad. del Cim. p. 1667. p. 265.
***Hooke**, Micrographia. London 1667. 4. (Verbesserung des Mikroskopes, erste Vorstellung einer Erklärung der Farben dünner Blättchen durch Interferenz der Strahlen der Hinter- und Vorderfläche.)
Cherubin, Dioptrique oculaire. Paris 1671. fol.
Barrow, lectiones opticae et geometricae. Cant. 1674. 4.
Trabers, nervus opticus. Wien 1675. fol.
Kirchmaier, de luce, igne ac perennibus lucernis. Misc. Acad. Nat. Cur. 1677. App. p. 219.
Cherubin, vision parfaite. Par. 1678.
Zahn, oculus artificialis. Würzburg 1685.
Hartsoeker, essai de dioptrique. Paris 1694 u. 1696. 4.
Molyneux, dioptrica nova, or a treatise of dioptrics. 1694.

Allgemeine Werke über Optik seit Huyghens und Newton.

*Huyghens, Dioptrica in Oper. Posth. Lugd. Bat. 1704. (Verbesserung der astronomischen Fernröhre, besonders der Oculare.)

*Newton, Lectiones Opticae. (Erste Darstellung seiner Farbentheorie.)

Craig, Optica analytica. 1708.

*Smith, a complet system of Optics. Cambr. 1738, franz. von Pezenas. Paris 1767, von Leroi, Paris 1783.

*d'Alembert, Opuscules mathematiques.

*Euler, dioptrica. 3 vol. 4. Petersb.

*Boscovich, Opera ad opticam et astronomiam pertinentia. Venet. 1787.

Martin, new elements of optics. London 1750.

Scherfer, Institutionum opticarum partes quatuor. Vindob. 1776.

Kästner, vollständiger Lehrbegriff der Optik nach Smiths Englischem, mit Aenderungen und Zusätzen. Altenburg 1755.

Lacaille, leçons élémentaires d'optique. Paris 1756. 66 u. 1802.

Deincken, Lehrgebäude der ganzen Optik. Altona 1757.

Harris, treatise of optics. Lond. 1775.

Bischoff, neue optische Beiträge. Ulm 1760.

— — praktische Abhandlung der Dioptrik. 1772.

Bürja, Anleitung zur Optik. Berlin 1793.

Karsten, Lehrbegriff der Mathematik. Theil VIII.

Ramirus Rampinellius, lectiones opticae. Brix. 1760.

Courtivron, Traité d'optique. Paris 1754.

Klügel, analytische Dioptrik. Leipzig 1778. 4.

Neuere Lehrbücher der Optik.

*Brewster, Treatise on Optics, Artikel der Edinburger Encyclopädie. 4. (Besonders die Polarisationserscheinungen und die neuern Verbesserungen optischer Instrumente ausführlich dargestellt. Die Instrumente ausserdem in den einzelnen Artikeln der Encyclopädie.)

*Herschel, on light, Artikel der Encyclopaedia Metropolitana. 4.

— — Traité de la lumière traduit par Verhulst. Paris 1829.

Quetelet, Supplément au Traité de la lumière de Sir William Herschel.

Herschel, vom Lichte, aus dem Engl. üb. v. Schmidt. Stuttg. 1831.

Neuere Handbücher der Optik.

Brewster, a treatise on optics. London 1831. 8. (Londner Cabinet Cyclopaedie.)
Optics, Artikel des Penny Mag.
Kunzek, die Lehre vom Lichte nach dem neuesten Zustande der Wissenschaft. Lemberg 1836. 8. (Das vollständigste deutsche Handbuch.)
Coddington, a treatise on the reflection and refraction of light, being Part. 1. of a System of Optics. Cambr. 1829.
— — a treatise on the eye and on optical instruments being Part. II. of a System of Optics. Cambr. 1830.
Amondieu, Versuch eines allgemeinen Lehrbegriffs der Optik, übers. v. Hahn. Leipzig 1827.
Nobili, nuovo trattato d'ottica e la scienza della luce. Mil. 1820.
Stack, a short system of Optics. Doublin 1811.
Robison, Mechanical Philosophy. ed. Brewster. Edinb. 1816.

Neuere Lehrbücher der mathematischen Optik.

*Santini, Teoria degli stromenti ottici. Padua 1828. 8.
*Littrow, Dioptrik oder Anleitung zur Verfertigung der Fernröhre. Wien 1830. (Hauptsächlich eine Bearbeitung des vorhergehenden Werkes.)
Schmidt, Lehrbuch der analytischen Optik. Göttingen 1834.
Barlow, Optics. Artikel der Encyclopaedia Metropolitana.

Neuere Handbücher derselben.

Coddington, an elementary treatise on optics. Cambr. 1823. 8.
*Prechtl, praktische Dioptrik als vollständige und gemeinfassliche Anleitung zur Verfertigung achromatischer Fernröhre. Wien 1828. (Darstellung der Frauenhoferschen Methoden bei der Construction der Fernröhre, Angabe der von ihm gewählten Krümmungen und Distanzen der Linsen bei den einzelnen Fernröhren.)
Optical Instruments, Artikel des Penny Mag.
Settele, Elementi di Ottica e di astronomia. Rom. 2 vol. 1818. 1819.

Ebener Spiegel.

Gergonne, de la multiplicité des images d'un même objet considéré à travers une glace posée obliquement ou reflèchi par un miroir plan, non metallique. Ann. de math. 5 p. 283.

Fischer, Theorie der Nebenbilder, welche ebene Glasspiegel zeigen, ihre Flächen mögen vollkommen parallel seyn oder nicht. Abh. der Berl. Akad. 1812. 13.

de la Hire, Explications de quelques effets singulieres, qui arrivent aux verres plans, comme sont les glaces des miroirs. Mém. de Par. 1699. p. 75.

Heliostat.

Fahrenheit's in Young Lect. on Nat. Phil. 1. pl. 28.

s'Gravesand, physices elementa mathematica. 1719.

Hachette, theorie et description de l'heliostate. (de Malus) Ecol. Pol. cah. 16.

Gamboys Beschreibung eines Heliostaten von neuer Einrichtung, von Hachette (Bull. de la société d'encouragement. 1826. p. 105.) P. A. 17. p. 71.

Prandi, nuov. collez. di opusc. scientif. Bologna 1825. 6. 244.

Heliotrop.

Gauss, in Zach correspondance astronomique. V. 370.

— — in Schumacher's astronom. Nachr. V. 329.

Reflexionsgoniometer.

Wollaston, description of a reflective goniometer. Ph. Tr. 1809. 253.

Brewster, description of a new goniometer fer measuring the angles of Crystals. Ph. Instrum. p. 89.

Malus, description d'un goniomètre répétiteur. Mém. d'Arcueil 3. p. 122.

Studer, Beschreibung zweier verbesserter Repetitionsgoniometer. G. A. 66. 8.

Baumgartner, die Naturlehre. Supplementband. p. 583.

Rudberg, Vorschlag zu einem verbesserten Reflexionsgeniometer. P. A. p. 517.

v. Riese, Vorschläge zu einem neuen Goniometer, mit welchem man sowohl spiegelnde als matte Krystalle so genau als es die Natur ihrer Oberflächen nur gesstattet, messen kann. Bonn 1829. 8.

Kaleidoscop.

Artikel der Edinburger Encyclopädie von **Brewster**.

Bate, Kaleidoscope with moveable mirors. Encyclop. Metrop. Mix. Sc. 1. p. 479. Art. Optics.

Sextant.

Hooke, reflecting quadrant. Ann. on Hevel. 4. London. 1674.

Newton, paper on a reflecting instrument like Hadley's. Ph. Tr. 1742. 153.

Hadley, instrument for taking angles. Ph. Tr. 1731. 147 und 1732. 32.

Dollond, some additions and alterations made to Hadley's quadrant to render it more serviceable at sea. Ph. Tr. 1772. 95.

Maskelyne, remark on the Hadley's quadrant, tending principally to remove the difficulties which have hitertho attended the use of the back observation, and to obviate the errors that migh arise from a want of parallelism in the two surfaces of the indexglass. Ph. Tr. 1772. 99.

Magellan, description des octans et sextans Anglais. 4.

— — sur les instruments circulaires de reflexion. 4.

Atwood, general theory of the mensuration of the angle subtended by two objects, of which one is observed by rays after two reflections from plane surfaces and the other by rays coming directly to the spectator's eye. Ph. Tr. 1781. 395.

Ludlam, on Hadley's quadrant. 8.

Bohnenberger, geographische Ortsbestimmungen.

Nautical Astronomy. Artikel der Encyclopaedia Metropolitana.

Enke, über den Spiegelsextanten. Astronom. Jahrbuch 1830. p. 285.

Robinson's improved Hadley's Quadrant. Enc. Metr. Mix. Scienc. 1. p. 637.

Späth, photometrische Untersuchungen über die Deutlichkeit, mit welcher wir entfernte Gegenstände vermittelst dioptrischer Fernröhre beobachten können und den Hadleyschen Spiegelsextanten. Leipzig 1789. 4.

Camera lucida.

Lüdicke, Beschreibung einer veränderten Camera lucida. G. A. 42. 338.

Amici, sur la chambre claire.

Wollaston, Beschreibung der Camera lucida, eines zum Aufnehmen von Gegenständen und zum verkleinernden oder vergrössernden Nachzeichnen bestimmten Instruments. G. A. 34. 353.

Chevalier, notice sur l'usage des chambres obscures et des chambres claires, contenant la description et l'emploi des meilleurs appareils de ce genre, des modifications, dont ils ont été l'objet, ainsi que les mémoires publiés à ce sujet par le docteur Wollaston et le professeur Amici. Paris 1829. 8.

Spiegelkreis.

Borda, description et usage d'un nouveau cercle de reflexion. 4.

Cassini, exposé des opérations faites en France en 1787 pour la jonction des observatoires de Paris et de Greenwich, description et usage d'un nouvel instrument propre à donner la mesure des angles à la précision d'une seconde. Paris. 4.

Delambre, Traité complet d'astronomie théorique et pratique. Paris. 3 vol. 4. 1814.

Brisbane, memoir on the repeating reflecting circle. Edinb. Tr. 9. 97.

Troughton, reflecting circle. Encyclopaed. Metropolitan. Mixed Scienc. 1. p. 638. Art. Nautical Astronomy.

Dollond, improved reflecting circle ib. p. 640.

Prismenkreis.

Steinheil, über neue Reflexionskreise mit Glasprismen als Spiegel. Schumacher astronom. Nachrichten. No. 243. B. 11. p. 43.

Bessel, über die Theorie des Steinheilschen Prismenkreises. ib. No. 254. B. 11. p. 229.

Hohlspiegel.

Oronce Fine, de speculo ustorio ignem ad propositam distantiam generante. Paris 1551.

Courtivron, recherches de catoptrique sur la comparaison de l'effet des miroirs plans et des miroirs sphériques à distances quelconques. Mém. de Paris. 1747. p. 449.

Kraft, de loco imaginis puncti radiantis in speculum curvilineum. Comm. Acad. Petr. 12. 243.

Kaestner, de objecti in speculo sphaerico visi magnitudine apparente. Nov. Comm. Gott. 8. 2. p. 46.

Ehrenberger, de deceptionibus catoptricis. Act. Acad. Nat. Cur. 8. p. 108.

de la Sarre, von den Haupteigenschaften der sphärischen Spiegel und Linsen. Neue Abhandl. der Baiersch. Acad. 3. 305.

Euler, von der Abbildung der Gegenstände durch sphärische Spiegel. ib. 3. 2. p. 46.

Gergonne, recherche de foyers des miroirs sphériques convexes et concaves. Ann. de mathem. 18. p. 97.

Caustische Curven.

Tschirnhaus, Acta Eruditorum. 1682. Nov. p. 364.

Jacob Bernouilli, invenire relationem inter evolutas et diacausticas. Op. N. 103. p. 27.

l'Hopital, analyse des infiniment petits pour l'intelligence des lignes courbes. Sect. 6. pag. 104.

Johann Bernouilli, Solutio curvae causticae per vulgarem geometriam Cartesianam. Act. Erudit. 1692. Jan. p. 30. Oper. 1. p. 52.

Kästner, Lehrbegriff der Optik nach Smith. 2. 2. 5. p. 216.

Karsten, Photometrie. p. 199.

Carré, Mémoires de l'Académ. 1703.

de la Hire, Traité des epicycloides. Mém. de l'Acad. v. 10.

Bordoni, sopra le linee uniformemente illuminate. Brugnat. Journ. 6. p. 196. 259.

Hayes, Fluxions.

Malus, mémoire sur l'optique. Journal de l'Ecole Polytech. cah. 14. p. 1.

Petit, Correspondence sur l'école polytechnique. 2. 354.

Dupin, Application de géometrie.

Quetelet, mémoire sur une nouvelle manière de considérer les caustiques produites soit par réflection soit par réfraction. Nouv. Mém. de l'Acad. de Bruxell. 3. 15.

— — resumé d'une nouvelle théorie des caustiques ib. 4. 79.

— — des lignes brillantes produites sur les cachets ou sur d'autres surfaces par la réflexion de la lumière, selon une loi donnée... Supplém. au traité de la lumière de Herschel. p. 371.

— — Analogie entre la théorie des caustiques et celle des développantes et des développés. Nouv. Mém. de l'Acad. de Brux. t. 3. 4. 5.

Gergonne, recherche analytique des propriétés les plus générales des faisceaux lumineux directs, réfléchis et réfractés. Ann. de math. pur et appl. 14. 129.

Sturm, recherches sur les caustiques par réflexion ou par réfraction dans le cercle. ib. 15. q. 205.

Gergonne, démonstration purement géométrique du principe fondamental de la théorie des caustiques et resumé historique de cette recherche. ib. 16. p. 307.

— — Formules d'optique à trois dimensions. ib. 16. p. 247.

— — recherches d'analyse sur les surfaces caustiques. ib. 16. p. 1.

Gergonne, solution de divers problèmes d'optique. ib. 16. p. 65.

Sturm, recherche d'analyse sur les caustiques planes. ib. 16. 238.

St. Laurent, recherches sur la caustique par réflexion relative au cercle. ib. 17. p. 1.

— — recherche de la caustique formée au fond d'une tasse par la réflexion des rayons solaires dans son interieur. ib. 17. p. 33.

— — recherche sur l'équation générale de la caustique par réflexion relative au cercle. ib. 17. p. 128.

— — recherches sur la caustique par réfraction relative au cercle. ib. 18. p. 1.

Convexspiegel.

Ehrenberger, de radiorum in speculum convexum convergentium reflexione ac prolongata unione. Act. Acad. Nat. Curios. 7. p. 158.

Huyghens, de Alhazeni problemate circa punctum reflexionis in speculis cavis aut convexis. Ph. Tr. 1673. p. 6119 u. 6140.

Kaestner, Problematis Alhazeni analysis trigonometrica. Nov. Comm. Gott. 7. p. 92.

Spiegel-Telescop.

Mersenne, universae geometriae mixtaeque mathematicae synopsis. Par. 1644. 4.

Gregor, optica promota. (Erst ausgeführt nach dem Newtonschen, durchbohrter Hohlspiegel mit kleinerem Hohlspiegel, das am häufigsten angewandte.)

Newton, an accompt of a new catoptrical telescope invented by him. Ph. Tr. 1672. p. 4004. 4032. 1673. p. 6087. (Undurchbohrter Hohlspiegel mit kleinem Planspiegel, es wird zur Seite in das Rohr gesehn.)

Cassegrain, Journal des Savans. 1672. (Ramsden Phil. Trans. 1769 zieht es jedem andern vor.)

Newton, considerations concerning the catòptrical telescope pretended to be improved and rifined by Cassegrain. Ph. Trans. 1672. p. 4056.

Huýghens, lettre touchant la lunette catoptrique. Mém. de Par. 10. p. 505.

Hadley, account of his catoptrial telescope with the description of a machine contrived by him for the applying it to be use. Ph. Tr. 1723. p. 382. (Statt des Newtonschen Planspiegels ein rechtwinkliges Ablesungsprisma.)

Pound, a letter concerning observations made with Mr. Hadley's reflecting telescope. Ph. Tr. 1723. p. 382.

Smith, a new method of improving and perfecting catoptrical telescopes by forming the speculums of glass instead of metal. Ph. Tr. 1740. p. 326.

Navarre, observation sur un telescope Gregorien destiné aux observations astronomiques. Mém. de Par. 1769. h. p. 130.

Passement, telescope de reflexion appliqué au cercle. Mach. approuv. de l'Acad. 7. p. 341.

Le Maire, telescope de réflexion inventé de lui. Mach. appr. de l'Acad. 6. p. 61.

Mac Laurin, on Short's Telescope in Smiths Lehrbegr. p. 447.

Euler, recherches sur les telescopes à reflexion et les moyens de les perfectionner. Mém. de Berl. 1762. p. 143.

— — recherches sur une autre construction de telescopes à reflexion. Mém. de Berl. 1762. p. 185.

Rochon, lettre relative aux miroirs de platine et aux prismes. Nov. Act. Acad. Petr. 4 h. p. 33.

*Herschel, description of a forty feet reflecting telescope. Ph. Tr. 1795. p. 347. (Grösstes Newtonsches, an seiner Stelle seit 1820 in Greenwich ein 20füssiges von Ramage mit 18 Zoll Oeffnung.)

— — a paper to obviate some doubts concerning the great magnifying power used. Ph. Tr. 1782. p. 173.

— — on the causes which often prevent the action of mirors. Ph. Tr. 1803. p. 214.

— — on the power of penetrating into space by telescopes. Ph. Tr. 1800. p. 49.

Kater, on the light of the Cassegrain telescope compared with that of the Gregorian. Ph. Tr. 1813. p. 206.

Schröter, descriptio telescopii 13 pedum. Comm. Gott. 2. 2. p. 32.

Schrader, Beschreibung des Mechanismus eines 26füssigen Telescopes ohnweit Kiel. Hamb. 1794. 8.

Burkhard, Connoissance des Tems. 1809.

Brewster, description of a new reflecting telescope. Ed. Ph. Journ. 7. p. 323. (Statt des Newtonchen Planspiegels ein achromatisches Doppelprisma, Einsicht ins Fernrohr neben der Oeffnung schief gegen die Achse.)

Lord Oxmantown, account of a new reflecting telescope. Ed. Journ. of Sc. 9. p. 25.

— — account of a series of experiments on the construction of large reflecting telescopes. Edinb. Journ. of Sc. new. Ser. 2. p. 136.

Beschreibung einzelner in Bode's astronomischem Jahrbuch.

Herschels Telescope, 20füssiges 1787. p. 225, 1788. p. 164.
40füssiges 1789 p. 153, 1790 p. 176, 1791 p. 226, 1792 p. 171, 1803 p. 252.

Carrochez's Telescop mit Platinspiegel 1795 p. 203. 252. 1796 p. 240.

Schröter's Telescope, 25füssiges 1796 p. 158, 1797 p. 184.
27füssiges 1799 p. 247, 1811 p. 258.
13füssiges 1800 p. 166.

Schrader's Telescope 1795 p. 109, 1798 p. 238, 1796 p. 226.

Löser's Telescop 1782 p. 157.

Gefken's Telescop 1813. p. 254.

Ramage, Telescop in Greenwich in Coddington Optics. v. 2.

Regeln zur Verfertigung der Metallspiegel und Telescope.

St. Gray, letter relating some experiments about making concave specula nearly of a parabolic figure. Ph. Tr. 1697. p. 787.

Edwards directions for making the best composition for reflecting telescopes. Nautical Almanac for 1787.

*Mudge, directions for making the best composition for the metals of reflecting telescopes together with a description of the process for grinding polishing and giving the great speculum the true parabolic form. Ph. Tr. 1777. p. 296.

Brewster in Ferguson's lectures.

Lord Oxmantown, account of an apparatus for grinding and polishing the specula of reflecting telescopes. Edinb. Journ. of Sc. 9. p. 213.

Green, Schleifmaschine in Encyclop. Metrop. Manufactures p. 797. Lond. 1836.

Potter, on various improvements in the casting and working of specula for reflecting telescopes. Ed. Journ. of Sc. 1831. p. 13.

— — instruction mathematical and practical on a method for polishing concave lenses and specula with certainty to figures produced by the revolutions of any of the conisections about their major axis. Ed. Journ. of Sc. new Ser. 6. p. 228.

Cecil, on an apparatus for grinding telescopic mirrors and object glasses. Cambr. Phil. Tr. 2. p. 85.

Hart on a simple mechanical method of forming the curves for reflectors. Edinb. Journ. of Sc. 1. p. 314.

M. A. recherches sur la construction des miroirs concaves de grandes dimensions. Gergonne Ann. de math. 4. p. 180.

Allgemeine Untersuchungen über Linsen und deren Combination.

(Ausser den allgemeinen Werken über Dioptrik.)

Halley, an instance of the excellence of modern algebra in the resolution of the problem of finding the foci of optic glasses universally. Ph. Tr. 1693. p. 960.

de la Sarre, Hauptcigenschaften der sphärischen Spiegel und Linsen. Neu. Abh. der Bair. Akad. 3. p. 305.

Guisnée, manière générale de déterminer géometriquement le foyer d'une lentille formée par deux courbes quelconques, de même ou de différente nature, telle que puisse être la raison de la refraction et de quelque manière que puissent tomber les rayons de lumière sur une des faces de cette lentille. Mém. de Paris 1704. p. 24.

Cramer, problème dioptrique, trouver le foyer des rayons rompus par un nombre quelconque de verres convexes ou concaves. Mém. de Montpel. 2. 296.

Lagrange, Formule de dioptrique. Misc. Soc. Taur. 3. 152.

*— — sur la théorie de lunettes. Mém. de Berl. 1778. 162.

Piola, sulla teorica dei cannocchiali. Ephem. Mil. 1822. Brugnatelli Journ. 2 dec. 5. p. 58.

*Malus, des questions d'optique qui dependent de la géometrie. Théorie de la double refract. partie. 1.

*Möbius, Kurze Darstellung der Hauptcigenschaften eines Systems von Linsengläsern. Crelle Journ. für Math. 5. p. 113.

*Schleiermacher, über den Gebrauch der analytischen Optik bei der Construction optischer Werkzeuge und die Uebereinstimmung der dadurch erhaltenen Resultate mit der Erfahrung. Pogg. Ann. 14. p. 1.

Schleiermacher, analytische Optik. Baumg. und Etting. Zeitschrift. IX. p. 1. 161. 454. X. p. 171. 329.

Hartmann, über die Berechnung der Brennweite der verschiedenen dioptrischen Gläser. Schumach. astron. Nachr. 7. p. 275.

Schulten, supplément à la théorie des verres simples. Vedensk. Afh. 1821. p. 265.

*Hamilton, system of rays. Irish Transactions. 1824 etc.

— — sur l'emploi d'une formule générale propre à résoudre les différentes questions d'optique. Quetelet supplém. à l'optique de Herschel. p. 456.

Schleifen und Centriren der Linsen, Bestimmung ihrer Krümmung.

de la Hire, méthode pour centrer les verres des lunettes d'approche en les travaillant. Mém. de Par. 1699. p. 139.

J. Cassini, de la necessité qu'il y a de bien centrer le verre objectif d'une lunette. Mém. de Par. 1710. 223.

Wollaston, on the concentric adjustment of a triple object-glass. Ph. Tr. 1822. p. 32.

*Frauenhofers Methoden in Prechtl praktisch. Dioptrik.

*Duc de Chaulnes, mémoire sur quelques expériences relatives à la dioptrique.

1) expériences sur les qualités des verres qu'on emploie dans la construction des lunettes achromatiques.

2) expériences pour déterminer toutes les dimensions d'épaisseur, de courbure et de distance de tous les verres qui composent la lunette achromatique de 3 pieds 5 pouces.

3) du micromètre.

Mém. de Par. 1767. 423.

Borelli, sur un moyen prompt et aisé de connoitre la longueur d'un verre objectif, soit grand ou petit, sans avoir besoin d'oculaire ni de tuyau. Mém. de Par. 10. p. 651.

Fougereux de Bondaroy, mémoire de travailler les objectifs employés par Campani. Mém. de Par. 1764. p. 251.

Short, a method of working the object glasses of refracting telescopes truly spherical. Ph. Tr. 1769. p. 507.

Dick, Anweisung, Vergrösserungsgläser zu schleifen. Hamburg 1793.

Jenkins, the figure of a machine for grinding lenses spherically invented by him. Ph. Tr. 1741. p. 555.

Hertel, Anweisung zum Glasschleifen und Verfertigung der optischen Maschinen. 1716.

Toffoli, Beschreibung der neuen optischen Schleifmühle, üb. v. Huth. Berl. 1796.

Bischoff, praktisehe Abhandlung der Dioptrik. Stuttgard 1772.

Euler, de motu et attritu lentium dum super catinis poliuntur. Nov. Com. Acad. Petrop. 8. p. 254.

*Stampfer, zwei dioptrische Abhandlungen. Jahrb. des polyt. Inst. in Wien. 7. (Bestimmung der Krümmungshalbmesser der Linsen.)

Rob. Hook, method, by which a glass of a small plano-convex sphere may be made to refract the rays of light to a focus of a far greater distance, than is usual. Ph. Tr. 1666. 202.

Manzini, description of a way, said to be new and universal for working convex spherical glasses upon a plain, for all practicable lengths, without other dishes or concave moulds. Ph. Tr. 1668. p. 837.

Nicht sphärische Linsen.

Wren, generatio corporis cylindroidis hyberbolici, elaborandis lentibus hyperbolicis accommodati. Ph. Tr. 1669. 961.

Hertel, methodus, qua lentes parabolicae, hyperbolicae et ellipticae facili negotio elaborari atque poliri possunt. Miscel. Berol. 3. 146.

Parent, sur la manière de tailler des meules pour des verres hyperboliques et en général de tourner tous les conoides. Mém. de Par. 1700. h. p. 92.

Oldenburg, account of M. du Son's progress in working parabolar glasses. Ph. Tr. 1668. h. p. 116.

Smethwick, account of the invention of grinding optick glasses of a figure not spherical. Ph. Tr. 1668. p. 631.

Achromatisches Fernrohr.

Entdeckung der Achromasie.

Euler, sur la perfection des verres objectifs des lunettes. Mém. de Berl. 1747. p. 274. (Veranlassung zur Entdeckung aus der Achromasie des Auges.)

Short and Dollond, lettres relating to a theorem of L. Euler for correcting the aberrations in the object glasses of refracting telescopes. Ph. Tr. 1753. p. 287.

Klingenstierna, Anmerkung über das Gesetz der Brechung bei Lichtstrahlen von verschiedener Art, wenn sie durch ein durchsichtiges Mittel in verschiedene andere gehen. Schwed. Abh. 1754. p. 300.

Dollond, an account of some new experiments concerning the different refrangibility of light. Ph. Tr. 1759. p. 733.

— — an account of an improvement made by Mr. Dollond in his new telescopes, by composing his object-glass of two convex lenses of crown and one concave lens of white flint. Ph. Tr. 1765. p. 54.

Euler, considerations sur les nouvelles lunettes d'Angleterre de Dollond et sur le principe qui en est le fondement. Mém. de Berl. 1762. p. 226.

— — de applicatione lentium objectivarum compositarum ad omnis generis telescopia. Nov. Comm. Acad. Petrop. 18. p. 415.

— — vera theoria refractionis et dispersionis radiorum rationibus et experimentis confirmata. Act. Acad. Petr. 1777. p. 174.

Boscovich, de unione colorum aliorum post alios per binas substantias ac unione multo majore per tres. Comm. Bonon. T. 5. p. 2. p. 265.

a. Objectiv.

Clairaut, mémoires sur les moyens de perfectionner les lunettes d'approche par l'usage d'objectifs composés de plusieurs matières differemment réfringentes. Mém. de Par. 1756. p. 380, 1757. p. 524, 1762. p. 578.

Klingenstierna, tentamen de definiendis et corrigendis aberrationibus luminis in lentibus sphaericis refracti et de perficiendo telescopio dioptrico. Petersb. 4. 1762.

d'Alembert, essais sur les moyens de perfectionner les verres optiques. Opuscules de mathem. vol. 3.

— — nouvelles recherches sur les verres optiques. ib. v. 4. p. 106.

— — sur différentes remarques d'optique. ib. 5. p. 479.

— — Eclaircissements sur une prétendue loi de la réfraction de la lumière. ibid. 6. p. 261.

— — sur les loix de la réfraction. ib. 7. p. 234.

— — nouvelles recherches sur les verres optiques, ou l'on donne les dimensions d'un objectif qui paroit préférable a ceux qu'on a proposés jusqu'ici. Mém. de Par. 1764. p. 75.

d'Alembert, mém. sur l'effet des differentes erreurs, qu'on peut commettre soit dans la construction d'un objectif à trois lentilles, soit dans la mesure des quantités qui servent à trouver les rayons des surfaces. Mém. de Par. 1765. p. 53. et 1767. p. 43.

Dollond, on achromatic telescopes with triple object glasses. Ph. Tr. 1765. p. 54.

Euler, construction des objectifs composés de deux differentes sortes de verre, qui ne produisent aucune confusion, ni par leur ouverture ni par la differente réfrangibilité des rayons, avec la manière la plus avantageuse d'en faire des lunettes. Mém. de Berl. 1766. 119. u. p. 171.

— — methode pour porter les verres objectifs des lunettes à un plus haut degré de perfection. Mém. de Berl. 1767. 131.

— — disquisitio de lentibus objectivis triplicatis, quae vel nullam confusionem pariant, vel etiam datam confusionem a reliquis lentibus ortam destruere valeant. Nov. Comm. Acad. Petrop. 18. p. 377.

Oriani, tentativo per migliorare i cannocchiali acromatici proposti da Eulero. Mem. del Soc. Ital. 3. p. 664.

Giulio, sur la meilleure construction des lunettes de telescopes et des microscopes. Mem. del Acad. di Torino. 16. p. 128.

Beguelin, remarques detachées sur la perfection réelle des lunettes dioptriques. Mém. de Berl. 1769. p. 3.

— — nouvelles recherches pratiques sur les aberrations des rayons réfractées et sur la perfection des lunettes. Mém. de Berl. 1762. p. 343. 1763. p. 3.

Extrait d'un lettre de Mr. d'Alembert sur les lunettes achromatiques de Beguelin. Mém. de Berl. 1768. p. 254.

Kaestner, de aberrationibus lentium ob diversam refrangibilitatem radiorum. Comm. Gott. 1. p. 158. 2. p. 183.

Fuss, instruction detaillé pour porter les lunettes au plus haut degré de perfectibité. Petersb. 1774. 4. üb. in Klügels Dioptrik.

Boscovich, dissertationes quinque ad dioptricam pertinentes. Wien 1764 und Comment. Societ. Bonon. v. 1. p. 265.

Hennert, dissertation sur les moyens de donner la plus grande perfection possible aux lunettes, dont les objectifs sont composés de deux matières. Berlin 1772. 4.

Jeaurat, mémoire sur les objectivs et les oculaires achromatiques. Mém. de Paris. 1786. 562.

Klügel, nova constructio lentis objectivae duplicatae ab aberratione radiorum prorsus liberae. Com. Gott. 13. 2. 28.

— — Angabe eines möglichst vollkommnen achromatischen Doppelobjectivs. Gilb. Ann. 24. p. 265, 276.

Rochon, réflexions sur les lunettes achromatiques. Recueil de Mém. p. 355.

Bohnenberger, Bemerkungen über die Berechnung achromatischer Objective. Zeitschrift für Astronomie. I. 277. u. p. 385.

Gauss, über die achromatischen Doppelobjective, besonders in Rücksicht der vollkommnen Aufhebung der Farbenzerstreuung, nebst Anmerkungen von Bohnenberger. ib. 4. p. 345.

v. Münchow, Bemerkungen über die Verfertigung achromatischer Objective. ib. 2. p. 448.

*W. Herschel 2, on the aberration of compound lenses of object glasses. Ph. Tr. 1821. 222.

*Barlow, on the practical construction of achromatic object-glasses. Ed. Ph. Journ. 14. p. 1. u. 15. p. 311. (Enthält nach Herschels Formel berechnete Tafeln der ersten und vierten Fläche des Objectivglases, auch in Prechtls und Littrows Dioptrik.)

— — rules and principles for determining the dispersive ratio of glass, and for computing the radii of curvature for achromatic object glasses, submitted to the test of experiment. Ph. Tr. 1827. 231.

Spunar, ein Beitrag zur Theorie der Refractoren. Baumg. u. Ettingh. 8. p. 410.

Lubbock, on the double achromatic object-glass. Lond. and Ed. Ph. Mag. 7. p. 161.

β. Oculare.

*Ramsden, a description of a new construction of eye glasses for such telescopes as may be applied to mathematical instruments. Ph. Tr. 1783. p. 94.

*Airy, on the spherical aberration of the eye pieces of telescopes. Cambr. Phil. Trans. 3. p. 1—63.

Littrow, über das pankratische Ocular. Baumg. u. Ettingh. 4. p. 501.

— — über die terrestrischen Oculare. ib. 4. p. 195.

Littrow, über die astronomischen Oculare bei Fernröhren. ib. 4. p. 17.
Dollond, an account of a concave achromatic glass lens, as adapted to the wire micrometer when applied to a telescope, which has the property of increasing the magnifying power of the telescope without increasing the diameter of the micrometer wires. Ph. Tr. 1834. p. 199.

Einfache Oculare aus einer andern Substanz als die einfache Objectivlinse für achromatische holländische Fernröhre.

d'Alembert, Opuscules de mathematique. v. 3.
Brewster, Optics. p. 365. Cab. Cycl.

γ. Objective mit Flüssigkeiten.

Euler, recherches sur des lentiles objectives faites d'eau et de verre, qui representent les objets distinctement et sans aucune confusion des couleurs. Mém. de Berl. 1761. p. 231.
Rob. Blair, patent refracting telescopes. Repert. of Arts. 7. 15.
*— — on achromatic telescopes. Edinb. Tr. 3. p. 3. G. A. 6. p. 129.
Barlow, an account of a series of experiments made with a view to the constrution of an achromatic telescope with a fluid concave lens, instead of the usual lens of flintglass. Ph. Tr. 1828. p. 105.
— — Experiments relative to the effect of temperature on the refractive power of expansible fluids and on the influence of these changes in a telescope with a fluid lens. Ph. Tr. 1828. p. 313.
— — an account of the preliminary experiments and ultimate construction of a refracting telescope of 7″8 aparture with a fluid concave lens. Ph. Tr. 1829. p. 33.
— — On the performance of fluid refracting telescopes and on the applicability of this principle to very large instruments. Ph. Tr. 1831. 9.
— — an account of the construction of a fluid lens refracting telescope of 8″ aperture and $8\frac{3}{4}$ feet in length, made by Dollond. Ph. Tr. 1833. p. 1.

δ. Objective von andern Substanzen.

Cauchoix, sur les lunettes vitro-cristallines. Ann. de l'industr. franc. et étrang. II. 34. P. A. 15. p. 244.

ε. Dialytische Fernröhre.

Rogers, on the construction of large achromatic telescopes. Edinb. Journ. of Sc. 9. p. 126.

Littrow, ein Beitrag zur Verbesserung achromatischer Objective. Baumg. u. Ettingh. Zeitschr. 4. p. 257.

Jacquin, Notizen über dialytische Fernröhre. Baumg. Zeitsch. 3. p. 57.

Santini, teorica degli objettivi acromatici proposti dal signor Rogers. Societ. Ital. 20. p. 415, Schumach. astronom. Nachr. 7. p. 313.

ζ. Achromatische Fernröhre mit einer Glassorte.

Amici, memoria sulla construzione di un cannochiale acromatico senza lenti eseguito con un sol mezzo refringente. Societ. Ital. 19. 1. p. 121. Pogg. Ann. 35. p. 609.

Brewster, Teinoscop. Optics p. 364.

Blair, ibid.

Lambert, sur les lunettes achromatiques d'une seule espèce de verre. Mém. de Berl. 1771. p. 338.

η. Fernröhre besondrer Construction.

Jeaurat, account of an iconantidiptic telescope, invented by him. Ph. Tr. 1779. p. 130.

Amici, memoria sopra un cannochiale iconantidiptico. Societ. Italian. 19. 1. p. 113.

Mikrometer.

1) In Fernröhren.

(Allgemeine Uebersichten.)

Kästner, von Mikrometern in Fernröhren. Astsonomische Abhandlungen. 2. c. 7. p. 263.

Bode, astronomisches Jahrbuch 1782 über die bis 1779 bekannten.

Brewster, Philosophical Instruments.

1) description of the common wire micrometer.

2) description of a new wire micrometer for reflecting telescopes.

4) description of a luminous image micrometer.

6) description of a rotatory micrometer with points.

7) description of a eye piece wire micrometer.

Dove, über Maass und Messen p. 82—104.

Geissler, Beschreibung der Mikrometer. Leipzig 1794. 3 Th.

Erfindung des Mikrometer.

Derham, Extracts from Gascoigne's and Crabtree's lettres, proving Mr. Gascoigne to have been the inventor of the telescopic sight, of mathematical instruments and not the French. Ph. Tr. 1717. p. 603.

Auzout du micrometre in Picard ouvrages de mathématique, à la Haye 1731.

Picard, extrait d'une lettre à Mr. Oldenburg, touchant la manière de prendre les diametres des planets. Mém. de Paris 1717 p. 12.

Römer in Horrebow's Basis astronomiae c. 13. (mit beweglichen Fäden).

de la Hire. Mém. de Paris 1719. p. 57.

Bevis on Gascoigne's micrometer in 1640. Ph. Tr. 1753. p. 190.

Hook on Gascoigne's screw micrometer. Ph. Tr. 1667. 2. p. 541.

Townley on Gascoigne's micrometers. Ph. Tr. 1667. 1. p. 457.

Arago, sur l'inventeur du micrometre oculaire. Ann. de Ch. et de Ph. 14. p. 434.

Mikrometer, verschiedener Construction.

Huyghens, systema saturnium. Hag. Com. 1659. 4. (spitz zulaudende Messingplättchen).

Pickel, de micometris, quae filis constant in angulum coeuntibus dissertatio. Diling 1772.

Hevel, Acta Eruditorum 1708. Mart.

Balthasar, Micrometria. Erlang 1710.

Smeaton, observation of the ascensio recta and declinatio of Mercury Ph. Tr. 1787. p. 318.

Herschel, description of a lamp micrometer and the method of using it Ph. Tr. 1782. p. 163.

Rautennetz.

Cassini in Zanotti la cometa dell' anno 1749. Bologna.

Bradley in Smith Optiks vol. 2. p. 343.

Segner, de extendendo campo micrometri. Comm. Gott. 1751. p. 27.

Popow, methodus observandi eclipses luminarium. Com. nov. Petr. 2. p. 413.

David, rautenförmiges Micrometer. Zach Corresp. astr. 8. p. 194.

Fr. Wollaston, a description of a new system of wires in the focus of a telescope. Ph. Tr. 1785. p. 346.

Schraubenmikrometer.

Kirch, Calender. 1696.

Hollmann, de micrometro. Ph. Tr. 1745. 239.

Gitter.

Malvasia, Ephemerides, Modena 1662 (von Silberdrath).

Dechales, dioptrica (von Pferdehaaren).

Zahn, oculus artificialis. Fundam. 3. synt. 4. c. 2.

Tobias Mayer, kosmographische Nachrichten und Sammlungen (Glasgitter).

Brander, Polymetroscopium dioptricum. Augsburg 1764.

Frauenhofer, Beschreibung eines neuen Mikrometers (Kreis Mikrometer). Schumacher's astron. Nachr. 2. p. 364.

Bessel, über das Kreismikrometer. Zach corresp. 24. p. 425.

Kreis und Ringe als Mikrometer.

de la Lande, Astronomie p. 2510.

Köhler, verbesserte Mikrometer (Doppelkreis). Bode's astron. Jahrbuch 1785. p. 155.

Burkhard, mémoire sur les micrometres. Mém. present. 1805. p. 290.

Frauenhofer, Schum. astron. Nachrichten. 2. p. 361. (Ringmikrometer).

Brewster, description of the circular segment micrometer. Edinb. Journ. of Sc. 1. p. 104.

Perlmutter Mikrometer.

Cavallo, description of a simple micrometer for measuring smale angles with the telescope Ph. Tr. 1791. p. 283. Gren's Journal 6. p. 250.

Brewster, description of a circular mother of pearl micrometer. Philosophical Instruments. 1. p. 48.

Mikrometer besondrer Construction.

Helfenzrieder, tubus astronomicus amplissini campi cum micrometro suo et fenestellis ocularibus. Ingolst. 1773. 4.

Wilcke, Versuch eines neuen Perspectiv Mikrometers damit die Gegenstände, die man im Fernrohr oder Mikroskop findet, können abgezeichnet werden. Schwed. Abh. 1772. p. 56.

— — de novo telescopii usu ad objecta determinanda. Act. Erud. 40. p. 158.

Maskelyne, prismatic micrometer. Ph. Tr. 1777. p. 799.

Wollaston, description of a single lens micrometer. Ph. Tr. 1813. p. 119.

Steinheil, über ein neues Mikrometer. Schum. astron. Nachr. 5. p. 359. (Gitter ausserhalb).

Bemerkungen über Mikrometer.

Schmid, vollständige Uebersicht über den Gebrauch des Mikrometers. Frankfurt 1795. 8.

Bessel, über die Wirkung der Strahlenbrechung bei Mikrometerbeobachtungen. Zach. Corresp. 17. p. 209.

Valz, de l'emploi des micrometres et des reticules dans les observations obliques. Schumach. astron. Nach. 7. p. 201. u. p. 287.

Fäden zu Mikrometern.

Brewster, on the fibres proper for micrometers and on the method of adjusting them in the focus of the eye glass. Ph. Instrum. p. 77.

Bessel, im Artikel Fernrohr des neuen Gehler'schen Wörterbuchs. F. p. 189.

Wilson, an improvement proposed in the cross wires of telescopes. Ph. Tr. 1774. p. 105.

Fontana, saggio del real gabinetto di fisica e di storia naturale de Firenz. Rom. 1775.

Wollaston, a method of drawing extremely fine wires. Ph. Tr. 1813. p. 114.

Goring, Quaterl. Journ. of Sc. Litter. and Arts. new Ser. 1. p. 81.

Heliometer.

Short on **Servington Savery's** micrometer. Ph. Tr. 1753. p. 167.

Bouguer, de la mesure des diametres des plus grandes planètes. Mém. de Par. 1748.

de la Lande, Astronomie p. 1945, 1960.

— — exposition du calcul astronomique §. 222.

Dollond, on the divided object glass micrometer. Ph. Tr. 1753. n. 27.

Maskelyne, on Dollond's micrometer. Ph. Tr. 1771. p. 536.

Hallencreuz und **Insulin**, de micrometro objectivo. Ups. 1767. 4.

Lambert, Beiträge zur Mathematik. 1772. 3. N. 7.

Hansen, ausführliche Methode mit dem Frauenhofer'schen Heliometer Beobachtungen anzustellen. Gotha 1827.

Bessel, vorläufige Nachricht von einem auf der Königsberger Sternwarte befindlichen grossen Heliometer (von Frauenhofer). Schumach. astron. Nachr. 8. p. 397.

Distanzmesser. Coming up glass. Lunette à double image.

James Watt, account of micrometers for measuring distances (Fäden). Edinb. Phil. Journ. 2. p. 121.

Vasalli Eandi, observations sur l'idée de mesurer les distances par des lunettes garnies d'un micromètre. Mem. del Acad. di Torino. 14. p. 153.

de Buttet, lunette garnie d'un micromètre destinée à mesurer les distances ib. 14. p. 95.

Amici, descrizione d'un nuovo micrometro. Societ. Italien. 17. 2. p. 344.

Brewster, description of a double image telescope and coming up glass for measuring distances. Ph. Instrum. p. 173.

Boscowich, Phil. Trans. 1777. p. 789.

Rochon, explication des usages anxquels on peut employer utilement les lunettes qui donnent deux images du même objet par l'effet de la double réfraction du cristal de roche. Nov. Act. Acad. Petrop. 6. hist. p. 37.

— — mémoire sur les verres achromatiques adaptés à la mesure des angles et sur les avantages, que l'on peut tirer de la double refraction pour la mesure précise des petits angles. Mém. des Soc. Sav. et Litter 1. p. 201.

Brewster, description of a new double image micrometer for measuring the diameter of minute celestial objects. Edinb. Ph. Journ. 4. p. 164.

Pearson, on the double refracting power of rock crystal as a means of micrometrical measurement. Edinb. Ph. Jonrn. 3. p. 189.

Wollaston, the method of cutting rock crystal for micrometers. Ph. Tr. 1820. p. 126.

Ocular getheilt und doppelbrechend.

Ramsden, on two new micrometers. Ph. Tr. 1779. p. 419.

Dollond, an account of a micrometer made of rock crystal. Ph. Tr. 1821. p. 101.

2) **Mikrometer in Mikroskopen. (Siehe Messmikroskope).**

Brewster, on the application of some of the preceding micrometers to microscopes. Phil. Instr. 1. 9.

Hollmann, epistola de micometro microscopio applicando. Ph. Tr. 1745. p. 239.

Coventry, in Encyclopaed. Brittan. 9. p. 708.

Martin, description and use of a graphical perspective and microscope. Lond. 1771.

Bestimmung der Vergrösserung der Fernröhre und Mikroskope.

Galilaei, nuncius sidereus p. 12.

Adam's Auzometer. Rozier Journ. de phys. 1783. Janv. p. 65.

Ramsden, Dynameter. Edinb. Phil. Journ. N. 15. p. 183.

Bessel, Königsberger astronomische Beobachtungen. 9. p. 6.

Schröter, Beiträge zu den neuesten astronomischen Beobachtungen. 1. p. 210.

Valz, Schumacher's astronomische Nachrichten. 7. p. 204.

Wolf, Elementa dioptricae probl. 38.

Gauss neue Methode die gegenseitigen Abstände der Fäden in Meridianfernröhren zu bestimmen. Schumach. astr. Nachr. 2. p. 372.

Arago, in Biot Précis élémentaire. 2. 353.

Mikroskope.

Allgemeine Werke.

Hooke, micrographia. Fol. 1665.

Grindelius, micrographia nova. Norimb. 1687.

Joblot, description de plusieurs microscopes avec de nouvelles observations. Par. 1708.

Baker, the microscope made easy. London 1769. 8.

— — employment for the microscope. London.

Martin, description of several sorts of microscopes and the use of the reflecting telescope, as an universal perspective for viewing every sort of objects. Optical essays. 1770.

Martin, Micrographia nova or a new treatise on the microscope. Lond. 1742.

— — new elements of optics. London. 1759.

Delabarre, mémoires sur les differences de la construction et des effects du microscope. 1777.

Adam's Essays on the microscope containing a practical description of the most improved microscopes. London 1798. 4. illustr. with 32 fol. Plates.

Villars mémoire sur la construction et l'usage du microscope. Paris 1806.

Pelisson, Vergleichung der bekanntesten Vergrösserungsgläser. Berl. nat. Fr. 1. 343.

Beseke, über die Vergleichung einiger zusammengesetzter Mikroskope. Nat. Freund. in Berl. 8. p. 117.

Edinburgh Encyclopaedie Art. Microscope.

Arnold, die neuen Erfindungen und Verbesserungen in Betreff der optischen Instrumente. Quedlinburg 1833. 8.

Euler, determination du champ apparent que decouvrent tant les telescopes que les microscopes. Mém. de Berl. 1761. p. 191.

— — règles générales pour la construction des telescopes et des microscopes de quelque nombre de verres, qu'ils soient composés. Mém. de Berl. 1757. p. 283. u. 1761. p. 201.

Objecte.

Ledermüller, mikroskopische Gemüths- und Augenergötzungen. Nürnb. 1763.

— — Vertheidigung derselben 1765.

della Torre, nuove osservationi microscopiche. Nap. 1776.

v. Gleichen, ausserordentliche mikroskopische Entdeckungen. Nürnb. 1776.

Joblot, Observations d'histoire naturelle faites avec le microscope. Par. 1754.

Leuwenhoek, Opera omnia. Lugd. Bat. 1722. 4.

— — Arcana naturae. Delph. Bat. 1695.

— — Interiora rerum ope microscopii detecta. Lugd. Bat. 1687.

— — Continuatio epistolarum. Lugd. Bat. 1689.

Pritchard, account of best objects for microscopes. Lond. and Ed. Ph. Mag. 2. 335.

Ehrenberg, Methode zum Festhalten, Vergleichen und Aufbewahren der feinsten mikroskopischen Objecte. Abh. d. Berl. Akad. 1835.

Amici, sulla circolazione del succhio nella chara. Societ. Ital. 18. p. 183.

Amici, osservationi microscopiche sopra varie piante Soc. Ital. 10. 2. p. 234.

Einfaches Mikroskop, erfunden von Drebbel 1618—1621.

(Ausser den allgemeinen Werken über Mikroskope.)

1) Gewöhnliche Linsen.

Gründel von Ach, Micrographia nova. Nürnberg 1687. 4.
Wilson, the description and manner of using a late invented set of small pocket-microscopes. Ph. Tr. 1702. p. 1241.
Folkes, some accounts of Leuwenhoek's curious microscopes. Ph. Tr. 1723. p. 446.
Lieberkühn, description d'un microscope anatomique. Mém. de Berlin 1745. p. 14.
Toffoli di Cadore, memoria delle lenti microscopiche e di una nuova machina per formarle. Atti del Soc. di Milano 3. p. 376.
Euler, recherches sur les microscopes simples et les moyens de les perfectionner. Mém. de Berl. 1764. p. 105.

2) Periscopische Linsen.

Wollaston, on a periscopic camera obscura and lens. Ph. Tr. 1812. p. 370.
Brewster, account of some single microscopes upon a new construction. Edinb. Phil. Journ. 3. p. 74.
Herschel 2., on the aberration of compound lenses of object glasses. Ph. Tr. 1721. p. 222.

3) Glasstropfen und kleine Glaslinsen.

Butterfield, about the making of microscopes with very small and single glasses. Ph. Tr. 1678. p. 1026.
della Torre, nuove asservazioni microscopiche. Nap. 1776.
Stiles, lettres concerning some new microscopes made at Naples by Father de Torre and their use in viewing the smalest objects. Ph. Tr. 1765. p. 246.
Baker, report concerning the microscopical glasses sent by de Torre. Ph. Tr. 1766. p. 67.
Elzholz, de microscopiis globularibus. Misc. Acad. Nat. Cur. 1768. p. 280.

Nicholson, mikroskopische Glaskügelchen. G. A. 4. p. 252.

Sivright, account of a new method of making single microscopes of glass. Edinb. Phil. Journ. 1. p. 81.

4) Flüssige Linsen.

Steph. Gray, account of his water microscope. Ph. Tr. 1696. p. 353 und Ph. Tr. 1697. p. 539.

Brewster, description of new fluid microscopes. Phil. Instr. p. 413.

— — on the formation of single microscopes from the lenses of fishes. Edinb. Journ. of Sc. 2. p. 98.

5) Katoptrisch.

Martin, on the use of the reflecting telescope as an universal perspective for viewing every sort of objects. Optical Essays. 1770.

Zusammengesetzte dioptrische Mikroskope.
(Ausser den allgemeinen Werken über Mikroskope.)

1) Aeltere.

Hooke. Micrographia. Fol. 1665.

Eustachio Divinis. Ph. Tr. 1668. N. 42.

Bonnani, Micrographia curiosa adjuncta observationibus circa viventia 1698.

Cuff, description of a pocket microscope. London 8.

Euler, règles générales pour la construction des telescopes et des microscopes de quelque nombre de verres qu'ils soient composés. Mém. de Berl. 1757. p. 283. und 1781. p. 201.

— — recherches sur les microscopes à trois verres et les moyens de les perfectionner. Mém. de Berl. 1764. 117.

— — de novo microscopiorum genere ex sex lentibus composito. Nov. Comm. Acad. Petr. 12. p. 195.

Kraft, Raccourci des élémens dioptriques, qui servent de base à la théorie des objectifs achromatiques applicables aux microscopes. Nov. Act. Acad. Petr. 3. p. 162.

***Duc de Chaulness**, description d'un microscope et de différents micromètres. Paris 1768. Fol.

Brander, Beschreibung zweier Mikroskope. Augsburg 1769.

Tiedemann, Beschreibung eines Mikroskopes. Stuttgard 1785. 8.

Brewster, description of a new compound microscope for examining Objects of natural history and capable of being rendered achromatic. Ph. Instrum. p. 401.

2) Neuere aplanatische.

Rapport sur les microscopes de Selligue. Ann. de Ch. et de Ph. 27. p. 43. (Statt einer Objectivlinse mehrere hinter einander aufgeschraubte.)

Chevalier, bulletin de la société d'encouragemens. 1822. Nov.

Amici in Pouillets Elémens de physique. 3. p. 358. (Beschreibung des Amicischen dioptrischen Mikroskopes.)

Jacquin, Bemerkungen über das neueste Mikroskope von Amici. Baumg. u. Ettingh. Zeitschr. 7. p. 257.

— — Bemerkungen über Mikroskope. ib. 5. p. 129.

Plössl, aplanatische diptrische Mikroskope. ib. 5. p. 95.

Ehrenberg, über das neueste Mikroskop. von Pistor u. Schieck. P. A. 24. p. 188.

Wollaston, a description of a microscope doublet. Ph. Tr. 1829. p. 9. P. A. 16. p. 176.

Lister, on some properties in achromatic object glasses applicable to the inprovement of the microscope. Ph. Tr. 1830. p. 187.

Airy, on the principles and construction of the achromatic eyepiece of telescopes and on the achromatism of the microscope. Cambr. Ph. Tr. 2. p. 227.

Coddington, on the improvement of the microscope. Cambr. Ph. Tr. 3. p. 421.

Döllinger, Nachricht von einem verbesserten aplanatischen Mikroskop, aus dem Institut von Utzschneider und Frauenhofer. P. A. 17. p. 54.

Gould, new improved pocked compound microscope. Schum. astr. Nachrichten. 2. p. 103.

3) Engyskope.

Goring, project for facilitating the manufacture of achromatic object glasses for engyscopes. Lond. and Edinb. Ph. Mag. 4. p. 244.

— — on monochromatic light and on the achromatism and spherical aberration of eye-pieces and engyscopes. ib. 5. p. 52.

Pritchard, on the art of forming diamonds into single lenses for microscopes. Edinb. Journ. of Sc. new. Ser. 1. p. 147.

— — investigation of the spherical aberration of diamond lenses. ib. 2. p. 317.

Goring and **Pritschard**, microscopic illustrations conjoined with accurate descriptions of the latest improvements in the new microscopes. Lond. 1830. 8.

4) Fernrohr als Mikroskop.

Martin, microscopium polydynamicum or a new construction for the microscope. Lond. 1771.

Aepinus, lettre sur un microscope achromatique d'une nouvelle construction. Nov. Act. Acad. Petr. 2. h. p. 41.

Beguelin, remarques sur un nouveau microscope achromatique de l'invention d'Aepinus. Mém de Berl. 1784. p. 40.

5) Katroptrische Mikroskope.

Baker, accouut of a catoptric microscope. Ph. Tr. 1736. p. 259.

Observation sur un microscope purement catroptrique inventé par **Selva**, Opticien de Venise. Mém. de Par. 1769. p. 129.

Smith, Lehrbegriff der Optik. v. **Kaestner**. p. 448.

Brewster, description of a new reflecting microscope. Edinb. Phil. Journ. 8. p. 316.

***Amici**, memoria di microscopi catadiottrici. Modena 1818. Soc. Ital. v. 18. p. 107. G. A. 66. p. 253.

Account of Mr. **Cuthbert's** elliptic metals for reflecting microscopes. Edinb. Journ. of. Sc. new Ser. 2. p. 321.

6) Messmikroskope.

(Einrichtung v. **Chaulness** u. **Frauenhofer**. Siehe oben.)

Roy, an account of the measurement of a base on Hunslow-heath. Ph. Tr. 1785. p. 385.

— — an account of the trigonometrical operation, whereby the distance between the meridians of the Greenwich Observatory and Paris has been determined. Ph. Tr. 1790. p. 111.

Troughton, an account of a method of dividing astronomical and other Instruments by ocular inspection. Ph. Tr. 1809. p. 105.

7) Sonnenmikroskop.

Baker, account of Lieberkühn's microscopes. Ph. Tr. 1740 p. 803.

von Gleichen genannt Russworm, Abhandlung vom Sonnenmikroskop. Nürnberg 1781. 4.

Wiedeburg, Beschreibung eines verbesserten Sonnenmikroskopes. Nürnberg 1758. 4.

Martin, description and use of an opake solar microscope. London 1774. 8.

Euler, emendatio laternae magicae et microscopii solaris. Nov. Com. Acad. Petr. 3. p. 363.

Aepinus emendatio microscopii solaris. Nov. Com. Acad. Petr. 9. p. 316.

Zeiher, descriptio duplicis microscopii solaris apparatus objectis opacis adaptati ib. 10. p. 299.

Brander, kurze Beschreibung eines ganz neuen camera obscura und eines Sonnenmikroskops. Augsburg 1769. 8.

Häseler, Verbesserung der Sonnenmikroskope der Zauberlaterne und Camera obscura nach Euler. Holzminden 1779. 8.

Lampenmikroskop (Gasmikroskop).

Adam's Essay on the microscope p. 63.

Schmidt, Theorie und Beschreibung des von dem jüngern H. Adam's verbesserten Lampenmikroskopes. Gren neues Journ. 1. p. 275.

Pfaff, über die Verstärkung des Lichts nach Drummonds Methode und die Anwendung des so verstärkten Lichtes statt des Sonnenmikroskopes. P. A. 40. 547.

II. Abschnitt.
Gesundes und krankhaftes Sehen.

Auge.

1. Anatomische Untersuchungen ausser den allgemeinen physiologischen Werken.

Briggs, Ophthalmographia. 1686.

Appel, de oculi humani fabrica. Lugd. Bat. 1741.

Porterfield, Treatise on the eyes, the manner and phaenomena of vision. Edinb. 1759. 2 vol. 8.

Zinn, descriptio anatomica oculi humani. Gott. 1753. 4.

Horrebow, de oculo humano ejusque morbis. Hafniae 1792.

S. T. Sömmering, Abbildungen des menschlichen Auges. Frankf. a. Main 1801. fol.

D. W. Sömmering, de oculorum hominis animaliumque sectione horizontali. Comment. Gott. 1818.

Lieutaud, Zergliederungskunst mit Portal's Anmerkungen. Leipzig 1800. 2. 5. 2.

Monro, three treatises on the brain, the eye and the ear. Edinburg 1797. 4.

Petit, mémoire sur plusiers découvertes faites dans les yeux de l'homme des animaux à quatre pieds, des oiseaux et des poissons. Mém. de Paris. 1726.

Schreger, Versuch einer vergleichenden Anatomie des Auges. Leipzig 1810. 8.

Home, On the anatomical structure of the eye illustrated by microscopial dravings, executed by Bauer. Ph. Tr. 1822. 76.

Knox, on the comparative anatomy of the eye. Edinb. Tr. und Ed. Ph. Journ. 10. 338.

Muncke, Artikel Auge im neuen Gehler.

Himly und Schmidt, ophthalmologische Bibliothek.

2. Physikalische und chemische Untersuchungen über das Auge.

Chenevix, on the analysis of the humours of the eye. Ph. Tr. 1803. p. 195.

Nicolas, Annales de Chimie. 53. p. 307.

L. Gmelin, diss. sistens indagationem chemicam pigmenti nigri oculorum. Gott. 1812. 8.

Lassaigne, examen chimique de la membrane rétine et des nerfs optiques. Ann. de Ch. et de Ph. 45. p. 215.

Berzelius, über die Zusammensetzung der thierischen Flüssigkeiten, übers. v. Schweigger. Nürnb. 1814. p. 57.

Chossat, sur la courbure des milieux réfringens de l'oeil chez le boeuf. Ann. de Ch. et de Ph. 10. p. 317.

— — sur le pouvoir réfringent des milieux de l'oeil. ib. 8. p. 217.

Hawksbee, experiments on mechanics pneumatics and optics. London 1709. 4. p. 225.

Petit, différentes manières de connoitre la grandeur des chambres de l'humeur aqueuse dans les yeux de l'homme. Mém. de Par. 1728. p. 321.

— — mémoire sur les yeux gelés, dans lequel on détermine la grandeur des chambres qui renferment l'humeur aqueuse. Mém. de Paris 1723. 8. p. 54.

Krause, über die gekrümmten Flächen der durchsichtigen Theile des Auges. Meckels Archiv für Anat. u. Physiol. 1831. vol. 6. Pogg. Ann. 31. p. 93.

Brewster, experiments on the structure and refractive powers of the coats and humours of the human eye. Edinb. Ph. Journ. 1. p. 42.

3. Achromasie des Auges (Sehen).

d'Alembert, sur une question d'optique. Opusc. de math. 8. p. 324, 16 Mém. ch. 3.

Baden Powell, on the achromatism of the eye.

Frauenhofer, Farbenzerstreuung im menschlichen Auge. G.A. 56. p. 304.

Brewster, observations on the supposed achromatism of the eye. Lond. and Ed. Ph. Mag. 9. p. 358.

Baden Powell. on the achromatism of the eye, reply. ib. 6. p. 247.

Mollweide, über einige prismatische Farbenerscheinungen ohne Prisma und über die Farbenzerstreuung im menschlichen Auge. Gilb. Ann. 17. p. 358. und 30. p. 220.

Maskelyne, Versuch, die Schwierigkeit in der Theorie des Sehens welche von der verschiedenen Brechbarkeit des Lichtes abhängt, zu erklären. Ph. Tr. 79. p. 256. Grens Journ. 2. p. 370.

4. Beschreibung einzelner Theile des Auges.

Rudolphi, dissertatio de oculi quibusdam partibus. Greifswalde 1801. 4.

Ribes, recherches anatomiques sur quelques parties de l'oeil. Mém. de la société medicale d'émulation. 7. p. 97.

Hegar, de oculi partibus quibusdam. Gott. 1818. 8.

Blumenthal, de externis oculi integumentis inprimis de membrana niclitante quorundam animalium. Berol. 1812. 4.

Muck, dissertatio de ganglio ophtalmico et nervibus ciliaribus animalium. Landshut.

Bock, Beschreibung des fünften Nervenpaares und seiner Verbindung mit andern Nerven, vorzüglich dem Gangliensystem. Meissen 1817.

Home, an account of the orifice in the retina of the human eye discovered by **Sömmering** to which are added proofs of this appearence being extended to the eyes of other animals. Ph. Tr. 1798. p. 332.

Fielding, on a new membrane in the eye. Lond. and Ed. Ph. Mag. 1. p. 116.

Sawry, an account of a new discovered membrane in the human eye. Lond. 1807. 4.

Jacob, an account of a membrane in the eye new first described. Phil. Tr. 1819. p. 300.

Reil, lentis crystallinae structura fibrosa. Hal. 1784. Grens Journ. 8. p. 325.

Zinn, de vasis subtilioribus oculi et cochlea auris internae. Gott. 1753.

Walter, de venis oculi

Zinn, de ligamentis seu processibus ciliaribus. Gott. 1753. 4.

Smith, on the muscular structure and functions of the capsule of the crystalline lens and cyliare zone. Lond. and Ed. Ph. Mag. 3. p. 5.

Maunoir, mémoire sur l'organisation de l'iris. Paris 1812.

Mauchart, dissertatio de cornea.

Walther, dissertatio de lente crystalina.

Morgagni, Anim. ad Anatom. 6. p. 71.
Petit, mémoire sur le cristalin de l'oeil de l'homme, des animaux à quatre pieds, des oiseaux et des poissons. Mém. de Par. 1730. p. 4.
— — de la capsule du cristallin. Mém. de Par. 8. 612.
Baerens, dissertatio sistens systematis lentis crystalinae monographiam. Tübing. 1819. 4.
Ch. Bell, on the motions of the eye in illustration of the uses of the muscles and nerves of the orbit. Ph. Tr. 1823. p. 166. p. 289.
Petit, mémoire dans lequel il est demontré que les nerfs intercostaux fournissent des rameaux qui portent des esprits dans les yeux. Mém. de Par. 1727. p. 1.
Kieser, de anamorphosi oculi. Gott. 1804.
Elsaesser, de pigmento oculi nigro. Tub. 1799. 8.

5. Beschreibung der Augen der Thiere.

Drummond, on certain appearences observed in the dissection of the eyes of fishes. Edinb. Tr. 7. p. 377.
André, a microscopic description of the eyes of the moniculus polyphemus. Ph. Tr. 1782. p. 440.
Lacepede, sur l'organe de la vue du poisson appelé cobite ou gros-yeux de Cayenne.
Brewster, (siehe Polarisation).
Brewster, on the anatomical and optical structure of the crystalline lenses of animals particularly that of the cod. Ph. Tr. 1833. p. 323.
Knox, on the discovery of the foramen centrale in the eye of reptiles. Edinb. Ph. Journ. 9. p. 358.
— — observations on the structure and functions of the canal of Petit and the Masurpium nigrum in the eyes of birds, fishes and reptiles. ib. 10. p. 323.
— — on the limits of the retine in the sepia loligo. ib. 3. p. 193.
Macquenzie, observations respecting the vision of the humble-bee Ph. Tr. 1833. p. 323.

6. Anpassen des Auges für verschiedene Entfernungen.
(Siehe Auge u. Sehen.)

Pemberton, de facultate oculorum ad diversas rerum conspectorum distantias se accommendandi. L. Bat. 1719.

de la Hire, sur la conformation de l'oeil. Mém. de Par. 10. p. 680.

Home, on the power of the eye to adjust itself to different distances, when deprived of its cristalline lens. Phil. Trans. 1802. p. 1.

le Roy, mémoire sur le méchanisme par lequel l'oeil s'accommode aux differentes distances des objets. Mém. de Par. 1755. p. 594.

Young, on the mecanisme of the eye. Ph. Tr. 1801. p. 23.

Olbers, de oculi mutationibus internis. Gott. 1780. 4.

Pouillet, Elémens de physique. II. 331.

Brewster, on the accomodation of the eye to different distances. Edinb. Journ. of Sc. 1. 77.

Treviranus, Biologie oder Philosophie der lebenden Natur. 6. p. 521.

Vallée, Traité de la science du dessin. Par. 1821. 4.

von Grimm, dissertatio de visu. Gott. 1758.

7. Einfach Sehen. (Siehe Auge.)

Kepler, dioptrica prop. 62.

Gassendi, opera. II. 395.

Mönnich, Untersuchung über die Frage, ob man mit beiden Augen zugleich und gleich deutlich oder wirklich nur mit einem Auge recht deutlich sieht, wenn man das Object einfach sieht. Abh. der Berl. Akad. 1790. 91. p. 46.

du Tour, discussion d'une question d'optique: pourquoi un objet sur lequel nous fixons les yeux, paroit il unique, quoique l'objet se peigne également sur l'une et l'autre retine et par consequent paroit double. Mém. de math. et de ph. III. 514. IV. 499. V. 677.

Wells essay upon single vision with two eyes. Lond. 1791. 8.

Herholt, Sieht der Mensch mit einem Auge allein oder mit beiden zugleich. Kopenhagen 1814. 8.

Ackermann, in Reil's Archiv. 6. p. 296.

v. Arnim, über scheinbare Verdoppelung der Gegenstände für das Auge. Gilb. Ann. 3. p. 249.

Reid, inquiry into the human mind. p. 257.

Hartley, observations on Man. 1. p. 207.

Briggs nova visionis theoria. Lond. 1688. 8. p. 25.

Anfangsgründe derjenigen Theile der Naturlehre, welche mit der Arzneiwissenschaft in Verbindung stehen. Leipzig 1784. 8.

Twining, on single vision and the union of the optic nerves. Edinb. Journ. of Sc. 9. 143.

Rochon, pourquoi ne voyons-nous pas les objets doubles, puisque nous avons deux yeux. Recueil de Mém. p. 86.

Wollaston, on semi-decussation of the optic nerves. Ph. Tr. 1824. 222.

8. Sehen.

Fabricius ab Aquapendente, de visione. Ven. fol. 1600.

Porta, de refractione libri 9. Neap. 1583. 4.

Kepler, Paralipomena ad Vitellionem. Frankf. 1604. 4. cap. 5.

Vasali, de humani corporis fabrica libri septem. Bas. 1543.

Scheiner, oculus sive fundamentum opticum in quo radius visualis eruitur, sive visiori in oculo sedes cernitur, et anguli visorii ingenium reperitur. 1652. 4.

Mariotte and Pecquet, on the insensible spot of the retina and on the seat of vision. Ph. Tr. 1668. p. 668. u. 1670. p. 1023.

de la Hire, Explication de quelques faits d'optique et de la manière dont se fait la vision. Mém. de Par. 1709. p. 95.

— — dissertation sur les differens accidens de la vue. Mém. de Par. 9. p. 530. 620.

Scarella, de principiis visionis directae, reflexae et refractae. Comm. Bon. Tom. V. 1. p. 110, 2. p. 446, 6. p. 344.

Hanow, neue Bemerkungen von dem Gebrauch des Gesichts. Danz. Nat. Ges. Neue Samml. 1. 1.

Thomas Young, Observations on vision. Ph. Tr. 1793. p. 169.

Le Clerk, discours touchant le point de vue, dans lequel il est prouvé, que les choses, qu'on voit distinctement ne sont vûs que d'un oeil. Par. 1679.

Briggs, discours obout vision, with an examination of some late objections against it. Ph. Tr. 1683. p. 171.

Laurentius, de specierum erectione in camera optica, cui nonnulla obiter de visione. Misc. Acad. nat. cur. 1684. Ap. 157.

Gauteron, problème d'optique, où l'on examine si la sensation de la vue se fait sur la retine ou sur la choroide et duquel on tire des consequences sur les sensations en général. Mém. de Montp. 1. p. 23.

du Tour, mémoire pour établir que le point visible est vu dans le rayon, ou de ce point à l'oeil. Mém. de Math. et Ph. 6. p. 241.

Bernoulli, experimentum circa nervum opticum. Comm. Acad. Petr. 1. p. 314.

Le Cat, Traité des sens. Rouen 1740. 8.

Volkmann, neue Beiträge zur Physiologie des Gesichtssinnes. Leipzig 1836.

Müller, zur vergleichenden Physiologie des Gesichtssinnes. Leipzig 1826.

Treviranus, Beiträge zur Anatomie und Physiologie der Sinneswerkzeuge. 1828.

Zenneck, Verhältnisse der fünferlei Klassen der äussern sinnlichen Erscheinungen zu einander. G. A. 51. p. 149.

Lehot, nouvelle théorie de la vision. Par. 1825.

Purkinie, Beiträge zur Kenntniss des Sehens in subjectiver Hinsicht. Prag 1819.

Mühlibach, inquisitio de visus sensu. Vindob. 1816. 8.

Andrew Horn, the set of vision determined. Lond. 1813. 8.

Caldani, intorno ai movimenti dell' iride del occhio. Societ. Ital. 14. 2. p. 101.

Ch. Bell, on the motion of the eye. Edinb. Phil. Journ. 12. 371.

Brewster, observations on the vision and impression of the retina in reference to certain supposed discoveries of Ch. Bell. Edinb. Journ. of Sc. 2. p. 1. und 5. p. 259.

— — on some remarkable affections of the retina, as exhibited in its insensibility to indicat impressions, and to the impressions of atenuated light. Ed. Journ. of Sc. 3. p. 288.

Lloyd, a treatise on light and vision. 8. 1831.

Fearn, a rational of the laws of central vision composing the laws of single and erect vision deduced upon the principles of dioptrics. London.

Plagge, physiologische Bemerkungen über das Sehen, in Hecker's Annal. 1830. 404.

Bartels, Beiträge zur Physiologie des Gesichtssinnes. 1834.

9. Dauer des Eindruckes im Auge.

Segner, de raritate luminis. Gott. 1740.

d'Arcy, mémoire sur la dureté de la sensation de la vue. Mém. de Par. 9. 614.

Paris, thaumatrope.

Plateau, dissertation sur quelques propriétés des impressions produites par la lumière sur l'organe de la vue. Liege 1829. 8. P. A. 20. 304.

Wheatstone, description of the Kaleidophon or phonic Kaleidoskope, a new philosophical toy for the illustration of several interesting and amusing acoustical and optical phaenomena. Quat. Journ. of Science. New. Ser. 11. 344.

Roget, explanation of an optical deception in the appearence of the spokes of a wheel seen trough vertical apertures. Ph. Tr. 1825. 131.

Faraday, on a peculiar class of optical deceptions. Roy. Inst. 1. 205. P. A. 22. 601.

Qnetelet, dissertatio de quibusdam locis geometricis nec non de curva focali. Gand 1819.

Dandelin, Mém. de l'Acad. de Bruxelles. 2. 169.

Külp, dissertatio mathematica de curva focali regulari. Manh. 1823.

François, des courbes d'intersection apparente de deux lignes, qui tournent avec rapidité autour de deux points fixes. Quetelet Corr. math. 5. 120.

van Rees im Quetel. Corr. math. V. 361.

François, Théorie mathematique des courbes d'intersection apparente de deux lignes qui tournent avec rapidité autour de deux points fixes. Quet. Corr. math. 5 1. 2.

Addams account of a peculiar optical phaenomenon seen after having looked at a moving body. Lond. and Edinb. Ph. Mag. 5. 373.

Plateau, des illusion d'optique sur lesquelles se fonde le petit appareil appelé récemment phênakisticope. Ann. de Ch. et Ph. 53. 304.

Stampfer, die stroboskopischen Scheiben oder optischen Zauberscheiben, deren Theorie und wissenschaftliche Anwendung. Wien 1833.

Horner, on the properties of the daedalium a new instrument of optical illusion. Phil. Mag. Ser. 3 vol. 4. 36. P. A. 32. 650.

Talbot, a body in rapid motion, yet apparently at rest. Lond. and Ed. Ph. Mag. vol. 4. 113.

Wheatstone, Versuche, die Geschwindigkeit der Elektricität und die Dauer des elektrischen Lichtes zu messen. Ph. Tr. 1835. 583. P. A. 34. 464.

Dove, über die Discontinuität des Leuchtens der Blitze. P. A. 35. 379.

Lüdicke, Beschreibung eines kleinen Schwungrades, die Verwandlung der Regenbogenfarben in Weiss darzustellen. G. A. 5. 272.

— — Versuche über die Mischung der prismatischen Farben. 34. 1.

Busolt, Farbenkreisel. P. A. 32. 656.

Is. Newton, experiments on ocular spectra produced by the action of the sun's light on the retina. Ed. Journ. of Sc. 4. 75.

Brewster, on the undulation excited in the retina by the action of luminous points and lines. Lond. and Ed. Ph. Mag. 1. 169.

Smith, investigation of certain remarkable and unexplained phaenomena of vision. ib. 1. 249.

Brewster, observations on the action of light upon the retina with an examination of the phenomena described by Smith. ib. 2. 168.

— — on the effects of compression and dilatation upon the retina ib. 1. 56.

Quetelet, physiologisch optische Beobachtung. P. A. 31. 494.

Brewster, on the influence of successive impulses of light upon the retina. Lond. and Edinb. Phil. Mag. 4. 241.

10. Täuschungen.

Brewster, on the optical illusion of the conversion of Camoes into Intaglios. Ed. Journ. of Sc. 4. 99.

Gmelin, de fallaci visione per microscopia composita notata nonnulla continens. Phil. Trans. 1745. 382.

Rittenhouse, on an optical deception. Amer. Trans. 2. 37.

Wollaston, on the apparent direction of eyes in a portrait. Ph. Tr. 1824. p. 247. G. A. 82. p. 61.

Griffith, observations on the vision of the retina. Lond. and Ed. Ph. Mag. 4. 43.

— — Observations on the supposed vision of the blood-vessels of the Eye (Purkinies Experiment). ib. 4. 115.

Horner, on the autoptic spectrum of certain vessels within the eye as delineated in shadow on the retina. ih. 4. p. 262.

W's, Observations on the visibility of the retina with remarks upon its probable cause. ib. 4. p. 354.

11. Krankhafte Zustände.

Gillies, account of o peculiar modification of vision. Edinb. Ph. Jour. 259. (Gegenstände entfernen sich scheinbar.)

Russel, account of a singular affection of vision. Edinb. Ph. Journ. 1. p. 271. (Ein Auge wird kurzsichtig, das andre weitsichtig.)

Prevost, sur des yeux d'une organisation particulière et sur un moyen simple de suppléer aux lunettes des presbutes. Ann. de Ch. et de Ph. 6. p. 113.

— — doublement d'un objet par un oeil unique. ib. 51. p. 210.

Airy, on a peculiar defect in the eye and a mode of correcting it Cambr. Phil. Tr. II. p. 267.

Griffin, on an unusual affection of the eye, in which three images were produced. Ed. and Lond. Ph. Mag. 6. p. 281.

Kater, some curious facts of vision. ib. p. 5. and 6. p. 409.

Zeviani, sopra la cecita temporanea di un ochio. Soc. Ital. 10. p. 61.

12. Fehler des Gesichts und Auges.

Demours, traité des maladies des yeux. Paris 1818.

Weller, die Krankheiten des menschlichen Auges. Berlin 1822.

Boerhave, de morbis oculorum praelectiones publicae. Gott. 1750. üb. v. Clauden.

Weller, Diäthetik für gesunde und schwache Augen.

Wardrop, Essay on the morbid anatomy of the human eye. Lond. 1818.

Beer, Lehrbuch der Augenkrankheiten. Wien 1813.

Taylor, Tractat von Augenkrankheiten. Frankfurt 1761.

St. Yves, traité des maladies des yeux. Paris 1723.

Maitre-Jean, traité des maladies de l'oeil. Paris.

Demours, précis théorique et pratique sur les maladies des yeux. Par. 1821.

Nicolai, Abhandlung von den Fehlern des Gesichts. Berl. 1754. 8.

Reid, observation on blindness and on the employment of the other senses to supply the loss of sight. Manch. Mem. 1. p. 159.

Stack, an essay to improve the theory of defective sight. Irish. Trans. 1788. p. 27.

Ware, observations relative to the near and distant sight of different persons. Ph. Tr. 1813. p. 131.

Holke, disquisitio de acie oculi dextri et sinistri in mille ducentis hominibus sexu aetate et vitae ratione disversis examinata. Lips. 1830.

Petit, dissertation sur l'opération de la cataracte. Mém. de Par. 1725. p. 8.

— — mémoire dans lequel on détermine l'endroit où il faut piquer l'oeil dans l'opération de la cataracte. Mém. de Par. 1726. 8. p. 370.

Wardrop, account of a lady born blind who secured sight at an advanced age by the formation of an artificial pupil. Edinb. Journ. of Sc. 6. p. 20.

Sybel, dissertatio de quibusdam formae et materiae oculi aberrationibus a statu naturali. Hal. 1799.

Blumenbach, de oculis Leucaetiop. et motu iridis. Gott. 1786. 4.

13. Aufrecht Sehen.

Boehm, de visione erecta, non obstante imagine in oculo inversa. Act. Hassiaca 1771. 64.

Walter, Berlin. Deutsch. Abh. 1788. 3.

Berkeley, on vision.

de Condillac, Traité des sensations.

d'Alembert, doutes sur differentes questions d'optique. Opusc. 1. p. 265.

Le Cat, Traité des Sens.

Rochon, comment voit-on les objets droits. Rec. de mém. p. 61.

Araldi, esame di uno fra i diversi dubbi messi del celebre d'Alembert ai principi del Ottica con alcune considerazioni sopra la teorica psicologica della visione. Mem. del Inst. Nazion. Ital. 1. p. 451.

14. Schärfe des Auges.

Tobias Mayer, Experimenta circa visus aciem. Commenta Gott. 4. p. 120.

Ehrenberg, Betrachtungen über die Sehkraft des menschlichen Auges. P. A. 24. p. 1.

Amici, Mémoire sur les observations des Satellites de Jupiter en plein jour. Ferussac. bull. sc. math. 1824. p. 221.

Holke, disquisitio de acie oculi dextri et sinistri. Lips. 1830.

Lehot. Ferussac. bull. des sc. math. XII. p. 417. 1829.

Mile, in Magendie Journ. de phys. III. 3. p. 180.

Herschel, an investigation of the cause of that indistinctness of vision which has been ascribed to the smallness of the optic pencil. Ph. Tr. 1786. p. 500.

— — experiments for ascertaining how far telescopes will enable us to determine very small angles and to distinguish the real from the spurious diameters of celestial and terrestrial objects. Ph. Tr. 1805. p. 31.

Frauenhofer. G. A. 74. 366.

15. Brillen,

Lahire. Mém. de Paris. 9. p. 530.

Richardson, patent spectacles. Repert. 10. 145.

Wollaston, improved periscopic spectacles. Nichols. 7. 143. 241.

Jones, on Wollaston's spectacles. Nichol. 7. 192. und 8. 38.

Adams an essay on vision, explaining the fabric of the eye and the nature of vision. Lond. 1792. 8. üb. v. Kries. Gotha 1794. 8.

Bischoff, praktische Abhandlung der Dioptrik. Stuttgard 1808.

Tauber, Anweisung für auswärtige Personen, wie dieselben aus dem optisch oculistischen Institute zu Leipzig Augengläser bekommen können. Leipzig 1821.

Ware, observations on the treatment of the epiphora, a new action to which are new added observations on the near and distant sight of different persons. Lond. 1818. 8.

Kitchiner, die Oekonomie der Augen a. d. E. Weimar 1825. 8.

Airy. Cambr. Phil. Tr. II. p. 267. (cylindrische).

III. Abschnitt.

Chromatik.

Erklärung der Farben.

(Gegen Newton).

Rizetti, Specimen physico- mathematicum de luminis affectionibus. Ven. 1727. 8.

Castel, l'optique des couleurs, fondée sur les simples observations et tournée sur toute la pratique de la peinture avec figures. Paris 1740.

Leblond, harmony of colouring. London 1737.

Gautier, Chroagenesie ou genération des couleurs contre le système de Newton. Paris 1750. 51. 2 vol. 8.

— — Observations sur l'histoire naturelle sur la physique et la peinture. Paris 1752.

Cominale, Anti-Newtonianismus. 1754. 4.

Marat, decouvertes sur la lamière. Par. 1780. 8.

— — notions Elémentaires d'optique. Par. 1784. 8.

Goethe, zur Farbenlehre. 1810.

— — Beiträge zur Optik. Weimar 1791. 1792.

— — Entoptische Farben, zur Naturwissenschaft. 126 — 190.

Bourgeois, manuel d'optique experimentale. 2 vol. 12. Par. 1823.

Wünsch, Kosmologische Unterhaltungen. 1794.

Ueber Newton und Goethe.

Werneburg, merkwürdige Phänomene durch verschiedene Prismen zur richtigen Würdigung der Newtonschen und Goetheschen Farbenlehre. Nürnb. 1817. 4.

Reuther, über Licht und Farbe, die prismatischen Farben und die Newtonsche Farbenlehre. Kassel 1833.

Moser, über Göthes Farbenlehre. Abh. der Königsb. deutsch. Gesellsch.

Steffens, über die Bedeutung der Farben in der Natur. Schriften alt u. neu.

Seebeck, von den Farben und dem Verhalten derselben gegen einander. Schweig. Journ. 1811. p. 1.

Brandes, Art. Farbe in Gehl. neu. phys. Wörterb.

Mollweide, demonstratio propositionis quae theoriae colorum Newtoni fundamenti loco est. Lips. 1811.

Pfaff, über die farbigen Säume der Nebenbilder des Doppelspaths mit besondrer Berücksichtigung von Goethe's Erklärung der Farbenentstehung durch Nebenbilder. Schweig. Jahrb. 6. 177.

Mollweide, über die Reduction der Newtonschen 7 Hauptfarben auf eine geringere Anzahl. Gehl. Journ. 1. 651.

Poselger, der farbige Rand eines durch ein biconvexes Glas entstehenden Bildes mit Bezug auf Goethes Farbenlehre. G. A. 37. 135.

Helwag, Newton's Farbenlehre, aus ihren richtigen Principien berichtigt. Lübeck 1835.

Eigenthümliche Theorieen.

Exley, physical optics or the phenomena of optics. Lond. 1834.

Hoppe, Versuch einer ganz neuen Theorie der Entstehung sämmtlicher Farben. Breslau 1824. 8.

Parrot, von der Geschwindigkeit des Lichtes. Gilb. A. 51. p. 292.

Schäffer, Versuch einer Beantwortung der von der Acad. d. Wiss. zu St. Petersburg aufgegebenen Preisfrage über das Licht. Bremen 1830. 8.

Röttger, Erklärung des Lichtes und der Dunkelheit, der Reflexion und der Refraction und Widerlegung der Lehre von der Geschwindigkeit des Lichtes. Halle 1828.

Reade, experimental outlines for a new theory of colours light and vision. Lond. 1816. 8.

Walter Crumm, an experimental inquiry into the number and properties of the primary colours and the source of colours in the prism. Lond. 1830.

Pigmente.

(Ausser den Werken über technische Chemie.)

Gülich, vollständiges Färbe- und Bleichbuch. Ulm 1779—1703.

Prange, Farbenlexicon, worin die möglichen Farben der Natur nicht nur nach ihren Eigenschaften, Benennungen, Verhältnissen und Zusammensotzungen, sondern auch durch die wirkliche Ausmalung enthalten sind. Halle 1782.

Raphael Mengs lezioni prattiche di pittura. Parma 1780. 4.

Hoffmann, Versuch einer Geschichte der malerischen Harmonie überhaupt und der Farbenharmonie insbesondere mit Erläuterungen aus der Tonkunst und vielen praktischen Anmerkungen. 1786.

Schiffermüller, Versuch eines Farbensystems. Wien 1772. 4.

Tobias Mayer, de affinitate colorum. Oper. ined. 1. p. 33.

Lambert, Beschreibung einer mit dem Calauschen Wachse ausgemalten Farbenpyramide. Berl. 1772. 4.

Guyot, von der Entstehung der Farben in nouvelles recréations physiques et mathémattiques. Paris 1769—1770.

Wünsch, Versuche und Beobachtungen über die Farben des Lichts. Leipzig 1792.

Klotz, Meldung einer Farbenlehre und eines Farbensystems. München 1806.

— — gründliche Farbenlehre. München. 1816.

A treatise on Ackerman's fine water-colours, with directions how to prepare and use them. London. 8.

Der vollkommne Färber. Sorau 1759. 8.

Pörner, chymische Versuche und Bemerkungen zum Nutzen der Färbekunst. Leipz. 1783. 8. 3 Th.

Berthollet, art de la teinture. 2 vol. 8.

Hermbstädt, Grundriss der Färbekunst. 3. Aufl. Berlin. 1824. 8.

— — Magazin für Färber. 1802—1810. 7 B.

Fairer, nouvelles recherches sur le perfectionnement de l'art de la teinture. Paris 1806. 8.

Boncroft, neues englisches Färbebuch, üb. v. Buchner. Nürnberg 1818. 2 Bände. 8.

Vitalis, Grundriss der Färberei, üb. v. Schultes. Stuttg. 1824. 8.

Runge, Farbenchemie. Berlin 1834.

— — Einleitung in die technische Chemie für Jedermann. Berlin 1836.

Farbenzerstreuung.

Versuche.

Dollond, an account of some experiments concerning the different refrangibility of light. Ph. Tr. 1759. p. 733.

Beguelin, mémoires sur les prismes achromatiques. Mém. de Berl. 1762. p. 66.

Venturi, Considerazione ottiche. Societ. Ital. 3. p. 258.

Jeaurat, détermination de la réfraction et de la dispersion des rayons dans le crown glass et le verre de Venise et dans le flint glass ou cristal blanc d'Angleterre avec les dimensions des objectifs achromatiques, composés de 2. 3. 4 et 5 lentilles calculées depuis deux pouces de foyer jusqu'à 20 pieds. Mém. de Paris 1770. p. 461.

Rochon, sur la mesure de la dispersion et de la réfraction de différentes substances, et description de l'instrument qui a servi à cette determination. Recueil de Mém. p. 279.

Boscowich, Opera ad opticam et astronomiam pertinentia. Venet. 1785. Tom. 1.

Wollaston, method of examining refractive and dispersive powers by prismatic reflection. Ph. Tr. 1802. p. 365.

Blair, experiments and observations on the inequal refrangibility of light. Edinb. Transact. 3. p. 1.

Brewster, description of an instrument for measuring the dispersive and refractive powers of solid and fluid substances; with remarks on the irrationality of the coloured spaces in different media and a table of the dispersive powers of various bodies. Philosoph. Instrum. p. 289.

— — on the optical properties of sulphuret of carbon. Edinb. Phil. Trans. 8. p. 285.

*Frauenhofer, Bestimmung des Brechungs- und Farbenzerstreuungsvermögens verschiedener Glassarten in Bezug auf die Vervollkommnung astronomischer Fernröhre. München 4. und Schumacher astronomische Abhandlungen. Heft 2. p. 1.

Herschel 2, on light p. 574.

Amici, sur la construction d'une lunette achromatique sans lentille. Quetelet Supplém. 432.

Hartmann, über die genaue Bestimmung der Brechung und Zerstreuung des Lichtes in gegebenen Glasarten mit Hülfe sorgfältig geschliffener Prismen. Schum. ast. Nach. 7. 265.

Brewster, on certain pecularities in the double refraction and absorption of light exhibited in the Oxolate of Chromium and Potash. Phil. Trans. 1836. Pogg. Ann. 37. 360.

Empirische Formeln.

Rudberg, über die Dispersion des Lichtes. Pogg. Ann. 9. 483.

Bigeon, note sur la dispersion de la lumière. Ann. de Ch. et de Ph. 37. p. 440.

(Theorie der Farbenzerstreuung.)

Challis, an attempt to explain theoretically the different refrangibility of the rays of light, according to the hypothesis of undulations. Ph. Mag. new. Ser. 8. p. 169.

*Cauchy, mémoire sur la dispersion de la lumière. Prag 1836.

— — mémoire sur la théorie de la lumière. Mém. de l'Acad. de Par. 1831. 10. 293.

Baden Powell, an abstract of the essential principles of Mr. Cauchy's view of the undulatory theory, leading to an explanation of the dispersion of light, with remarks. Lond. and Ed. Ph. Journ. 6. p. 16, 107. 189. 262.

— — Versuch zur Aufstellung einer Theorie der Dispersion des Lichtes. Pogg. Ann. 37. 352. u. Ph. Tr. 1835. 249.

Tovey, Beziehung zwischen der Geschwindigkeit und Länge einer Lichtwelle. Pogg. Ann. 37. 360.

Farbige Flammen.

Talbot, some experiments on coloured flames. Edinb. Journ. of Sc. 5. p. 77.

— — facts relating to optical science Lond. and Edinb. Phil. Mag. 4. p. 112. Pogg. Ann. 31. p. 591.

Brewster, description of a monochromatic lamp for microscopical purposes with remarks on the absorption of the prismatic rays by coloured media. Edinb. Phil. Trans. 9. p. 433.

Vasalli, parallèle de la lumière solaire avec celle du feu commun. Mém. de Turin. 5. p. 186. a. 1790.

Talbot, on a method of abtaining homogeneous light of great intensity. Lond. and Edinb. Ph. Mag. 3. p. 35.

Absorptions-Farben.

Brewster, on the absorption of light by coloured media and of the colours of the prismatic spectrum exhibited by certain flames, with an account of a ready mode of determining the absolute dispersive power of any medium by direct experiment. Edinb. Trans. 9. p. 445.

Jachson, Farben durchsichtiger Körper. Bibl. univ. 1830. Mai. p. 11.

Rubini, indagine fisica sui colori. Societ. Italian. 8. p. 699.

Brewster, Observations on vision trough coloured glasses and on its application to telescopes and to microscopes of great magnitude. Edinb. Phil. Journ. 6. p. 102.

*— — on a new analysis of solar light indicating three primary colours forming coincident spectra of equal length. Edinb. Trans. 12. p. 123.

— — Observation on the absorption of specific rays in reference to the undulatery theory of light. Edinb. and Lond. Ph. Mag. 2. p. 360.

Airy, remarks on Brewster's observations. Ib. 2. p. 419.

Herschel, on the absorption of light by coloured media, viewed in connexion with the undulatory theory. Ib. 3. p. 401. Pogg. Ann. 31. p. 245.

*v. Wrede, Versuch die Absorption des Lichtes nach der Undulationstheorie zu erklären. Pogg. Ann. 33. p. 353.

Feste Linien.

Wollaston, a method of examining refractive and dispersive powers by prismatic reflection. Ph. Tr. 1802. p. 365.

Frauenhofer, Bestimmung des Brechungs- und Farbenzerstreuungsvermögens verschiedener Glasarten in Bezug auf die Vervollkommnung achromatischer Fernröhre. Münchner Akad. Abhand. 1821. 22.

Brewster, Observations on the lines of the solar spectrum and on those produced by the earth's atmosphere and by the action of nitrous acid gas. Edinb. Phil. Trans. 12. p. 519.

Miller, Lond. and Ed. Phil. Mag. 2. 381.

Rudberg, Pogg. Ann. 35. 523. (in tropfbar. Flüss.)

Wheatstone, on the prismatic decomposition of electrical light. Lond. and Ed. Ph. Mag. 7. p. 299. Pogg. Ann. 36. p. 148.

Natürliche Farben.

Newton, Optice lib. 3.

Biot, explication des couleurs propres et permanentes des corps. Traité de Ph. 4. p. 123.

*Brewster, on the colours of natural bodies. Edinb. Ph. Tr. 12. p. 538.

Morozzo, Examen physico-chimique des couleurs animales. Mém. de Turin. 3. p. 275.

Caldani, nuove osservazioni sull cagione del vario colorito negli animali. Soc. Ital. 8. p. 458.

Fleming, on the change of colours in the feathers of birds independent of moulting. Ed. Ph. Journ. 2.

Bonati, congitture intorno alle cagioni del vario colore degli Africani e di altri popoli. Soc. Ital. 8. p. 445.

Mitchel, an essay upon the causes of the different colours of people in different climates. Ph. Tr. 48. p. 102.

Wells, observations and experiments on the colours of blood. Ph. Tr. 1797. p. 416.

Decandole, expériences relatives à l'influence de la lumière sur quelques végetaux. Mém. prés. 1. p. 329.

Macaire Prinsep, mémoire sur la coloration automnale des feuilles. Ann. de Ch. et de Ph. 38. 415.

Farbenmesser.

Biot, précis élémentaire. 2. 607.

van Beek, Nieuwe Verh. d. Neederl. Inst. 2. 217. Schw. J. 62. 246.

Arago, remarques critiques sur le colorigrade de Mr. Biot. Ann. de Ch. et de Ph. 4. p. 95.

Nobili, sui colori in generale ed in particolare sopra una nuova scala cromatica dedotta dalla metallocromia. Mem. 1. p. 162.

Farben der Metalle durch Anlaufen.

Delaval, an experimental inquiry into the cause of the permanent colours of opake bodies. Manch. Mem. 2. p. 147.

Fusinieri, ricerche sui colori che acquistano le superficie dei metalli riscaldati. Brugnat. Journ. 2. Dec. 2. p. 92.

— — sugli effetti analoghi del gas ossigeno e del chloro nel coloramento de' metalli messi riscaldati. Ib. 3. p. 291.

— — aggiunta alla memoria. Ib. 4. p. 37.

Pristley, an account of rings consisting of all the prismatic colours made by electrical explosions on the surface of pieces of metal. Phil. Tr. 58. p. 68.

Nobili, sopra una nuove classe di fenomeni elettro-chimici. Mem. and Osservazioni 1. p. 18.

— — sui colori in generale ed in particolare sopra una nuova scala cromatica dedotta dalla metallocromia. Ib. 1. p. 162.

— — sopra la polarizzazione de' colori. Ib. 1. p. 189.

Physiologische Farben.

1. Im Allgemeinen.

Scherfer, Abhandlung von den zufälligen Farben. Wien 1765.

de la Hire, dissertations sur les differens accidens de la vue. Mém. de Par. 9. p. 614.

Buffon, dissertation sur les couleurs accidentelles. Mém. de Par. 1743. p. 147.

Aepinus, de coloribus accidentalibus. Nov. Com. Acad. Petr. 10. p. 282.

Jurin, Abhandlung vom deutlichen und undeutlichen Sehen in Smith's Optik üb. v. Kästner.

Darwin, on the ocular spectra of light and colours. Ph. Tr. 1786. p. 313.

Comparetti, Observationes dioptricae et anatomicae de coloribus apparentibus. Patav. 1798.

Plateau, essai d'une théorie générale comprenant l'ensemble des apparences visuelles, qui succèdent à la contemplation des objets colorés et de celles, qui accompagnent cette contemplation, c'est à dire la persistance des impressions de la rétine, les couleurs accidentelles, l'irradiation, les effets de la juxtaposition des couleurs, les ombres colorées etc. Ann. de Ch. et de Ph. 58. p. 337.

— — mémoire sur le phenomène des couleurs accidentelles. Ann. de Ch. et de Ph. 53. p. 386. Pogg. Ann. 32. p. 543.

Goethe, zur Farbenlehre. Vol. 1.

2. Besondere Fälle.

a) Farbige Schatten.

Leonardo da Vinci, Traité de la peinture. Paris 1651. 328.

Otto von Guerike, experimenta nova de vacuo spatio. Amstel. 1672. p. 142.

Mazéas, mémoires de mathemat. et de physique. Tom. 2.

Beguelin, mémoire sur les ombres colorées. Mém. de Berl. 1783. p. 52.

von Gleichen, genannt Russworm, von den Farben des Schattens. Act. Acad. Mogunt. 1778. p. 302.

H. F. T., observations sur les ombres colorées. Paris 1782.

Flaugergues 2, sur les ombres colorées. Mém. de Berl. 1783. p. 52.

Melville, observations on light and colours. Essays and Observations Phys. and Litt. 2. p. 12.

de Carvalho e Sampago, Tratado das Cores. Malta 1787.

Petrini, Mem. di Math. e di fisica del Soc. Ital. 13. p. 11.

Opoix, Journal de physique. 1783. Dec.

Rumford, account of some experiments upon coloured shadows. Ph. Tr. 1794. 107.

Hassenfratz, sur les ombres colorées. Ecole Polytechnique. Cah. 11.

Grotthus, in Schweigger's Beiträgen zur Chemie und Physik. 3. p. 14.

Muncke, über subjective Farben und gefärbte Schatten. Schweigger's Journ. 30. p. 47.

Paula Schrank, über die blauen Schatten. Abh. der Münch. Akad. 1811. p. 293. und 1813 p. 57.

Zschokke, die farbigen Schatten, ihr Entstehen und ihr Gesetz. Aarau 1826.

Treschel, darüber. Biblioth. univers. 32. p. 3.

Pohlmann, Theorie der farbigen Schatten, vollständig entwickelt und durch Versuche begründet. Pogg. Ann. 37. p. 319.

Tortual, über die Erscheinungen des Schattens und deren physiologische Bedingungen, nebst Bemerkungen über die wechselseitigen Verhältnisse der Farben. Berlin 1830. 8.

b. Andere besondere Fälle.

de Bergen, de maculis et faculis a solis aspectu in oculo residuis. Nov. Act. Acad. Nat. Curios. 1. p. 188.

v. Platen, Erfahrungen über die im Auge zurückbleibenden Gegenstände. Berl. naturf. Freunde neue Schrift. 1. p. 344.

Eichel, experimenta circa sensum videndi. Coll. societ. med. Havn. 1774. 8.

Wünsch, visus phaenomena quaedam. Lips. 1776. 4.

Franklin, Experiments and Observations.

Monge, sur quelques phenomènes de la vue. Ann. de Ch. 1789. p. 3. Grens Journ. 2. p. 142.

le Gentil, über die Farben, welche roth und gelb gefärbte Gegenstände zeigen, wenn man sie durch rothe oder gelbe Gläser betrachtet. Grens Journ. 6. p. 165. Ann. de Chim. 10. p. 225.

Prieur, Bemerkungen über die Farben und einige besondere Erscheinungen derselben. Gilb. Ann. 21. p. 315. Ann. de Ch. 54. p. 1.

Chevreuil, sur l'influence que deux couleurs peuvent avoir l'une sur l'autre quand on les voit simultanément. Mém. de l'Acad. de l'Inst. 11. p. 448.

Beguelin, sur la source d'une illusion du sens de la vue, qui change le noir en couleur d'écarlate. Mém. de Berlin 1771. p. 8.

Brewster, account of two experiments on accidental colours with observations on their theory. Lond. and Ed. Ph. Mag. 4. p. 353.

Lehot, Annales des sciences d'observations par Saigey et Raspail. 1830. 3. 3. Froriep's Notizen. 28. p. 177.

Brockedon in Baumg. und Ettingh. Zeitschr. 8. p. 474.

Janin, Mémoires et Observations sur l'oeil. Lyon 1772. 8.

Walther, von der Einsaugung und Durchkreuzung der Sehnerven. Deutsche Abhandl. der Berl. Akad. 1793. p. 3.

Osann, über Ergänzungsfarben. Pogg. Ann. 37. p. 287.

Bourgeois in Ferussac bullet. 1828. p. 179.

Schulz, über physiologische Farbenerscheinungen, insbesondere das phosphorische Augenlicht als Quelle derselben betrachtet in Goethe für Naturwissenschaft. 2. p. 20. 38.

Gherard, de visione, quae duobus simul oculis vel alterutro tantum exercetur, item de nonnullis praestantibus phaenomenis visionis, quae fit ope vitrorum coloratorum deque coloribus, quas vocant accidentales eorumque theoria. Comm. Acad. Bonon. 1834. 1. p. 349.

Unempfindlichkeit für Farbenunterscheidung.

Phil. Trans. 1738. Herschel on light p. 434. §. 507.

Huddart, on persons who could not distinguish colours. Ph. Tr. 1777. p. 260.

Scott, imperfection of sight. Ph. Tr. 1778. p. 613.

Dalton, Extraordinary facts relating to the vision of colours with observations. Manch. Memoirs. 5. 1. p. 28.

Brewster, account of two remarkable cases of insensibility in the eye to particular colours. Edinb. Journ. of Sc. 10. p. 153.

Butter, remark on the insensibility of the eye to certain colours. Edinb. Ph. Journ. 6. p. 135.

Harvey, on the effects of time in modifying anomolous cases of vision, with regard to colours. Edinb. Journ. of Sc. 5. p. 114.

Beugung und Gitterfarben.

Grimaldi, Physico mathesis de lumine coloribus et Iride. Bonon. 1665.

Hooke, Philos. Trans. 1672 und 1675.

Newton, Optice lib. 3.

Maraldi, divers expériences d'optique faites en plein soleil et dans une chambre obscure. Mém. de Paris 1723. p. 111.

du Tour, sur la diffraction de la lumière. Mém. présent. 5. p. 636.

de l'Isle, mémoire pour servir à l'histoire et au progrès de l'astronomie. Petersb. 1738. 4.

le Cat, Traité des sens. p. 299.

Mairan, de la diffraction. Mém. de Paris 1738. p. 1.

du Sejour, Mém. de Paris 1775.

Stratico, memoria intorno ad un fenomeno della diffrazione della luce. Saggi di Padova 2. p. 185.

Comparetti, observationes opticae de luce inflexa et coloribus. Patav. 1787.

Lord Brougham, experiments and observations on the inflection, reflection and colours of light. Ph. Tr. 1796. p. 227. u. 1797. p. 352.

Hopkins and Rittenhouse, on inflection trough clothes. Americ. Trans. 2. p. 201.

Jordan, the observations of Newton concerning the inflections of light, accompanied with other observations differing from his, and appearing to lead to a change of his theory of light and colours. London 8. 1799. Gilb. Ann. 18. p. 1.

Marat, decouvertes sur la lumière, constatées par une suite d'experiences nouvelles. Paris 1780. übers. von Weigel. Leipzig 1783.

*Thomas Young, on the theory of light and colours. Ph. Tr. 1802. p. 12.

— — an account of some cases of the production of colours, not hit herto desenbed. Ph. Tr. 1802. p. 387.

— — Experiments and Calculations relative to physical optics. Ph. Tr. 1804. p. 1.

*Arago, sur un phenomène remarquable, qui s'observe dans la diffraction de la lumière. Ann. de Ch. et de Ph. 1. 199.

— — remarques sur l'influence mutuelle de deux faisceaux lumineux, qui se croisent sous un très-petit angle. Ib. 1. p. 332.

*Fresnel, mémoire sur la diffraction de la lumière. Mém. de l'Acad. de Par. V. Ann. de Ch. et de Ph. 11. p. 246. 337. Pogg. Ann. 30. 100.

Arago, rapport sur les mémoires envoyés au concours de l'Academie pour le prix de la diffraction. Ann. de Ch. et de Ph. 11. p. 5.

*Fresnel et Arago, mémoire sur l'action, que les rayons de lumière polarisés exercent les uns sur les autres. Ib. 10. p. 288.

Pouillet et Biot, sur la diffraction de la lumière u. Biot Traité de physique. 4. p. 743.

Tob. Mayer 2, phaenomenorum ab inflexione luminis pendentium ex propriis observationibus et experimentis recensio et comparatio. Comm. Gott. 1820. 4. p. 49.

Parrot, von der Beugung des Lichtes. Gilb. Ann. 51. p. 247.

Haldat, extrait d'un mémoire sur les causes de la diffraction. Ann. de Ch. et de Ph. 41. p. 424.

*Frauenhofer, neue Modificationen des Lichtes durch gegenseitige Einwirkung und Beugung der Strahlen und Gesetze derselben. München 1818 und in Schumacher's astronomischen Abhandlungen.

— — kurzer Bericht von den Resultaten neuerer Versuche über die Gesetze des Lichtes und die Theorie desselben. Gilb. Ann. 74. p. 337.

Thomas Young, theory of the colours observed in the experiments of Frauenhofer. Edinb. Journ. of Sc. new Ser. 1. p. 112.

Babinet, sur les couleurs des reseaux. Ann. de Ch. et de Ph. 40. p. 166. Pogg. Ann. 15. p. 505.

Arago, sur la scintillation des étoiles. Ann. de Ch. et de Ph. 26. p. 431.

Herschel 2, phenomena produced by apertures of various figures. on Light p. 491. §. 766. Pogg. Ann. 23. p. 281.

*Schwerd, die Beugungserscheinungen aus den Fundamentalgesetzen der Undulationstheorie analytisch entwickelt. Manheim 1835. 4.

*Airy, Mathematical Tracts. Cambridge 1831. 8.

— — Berechnung der Newtonschen Diffractionsversuche. Cambr. Phil. Tr. 5. p. 2. Pogg. Ann. 36. 389.

Barton, on the inflexion of light. Lond. and Edinb. Journal of Science. 2. p. 263.

Powell, remarks en Barton's paper. Ib. 2. p. 424.

Barton, reply to Mr. Powell. Ib. 3. p. 172.

Powell, remarks en Barton's reply. Ib. 3. p. 412.

Beugungsversuche für Erklärung der Höfe.

Jordan, an account of the Irides and Coronae, which appear around and contiguous to the bodies of the Sun, Moon and other luminous objects. London 1799. Gilb. Ann. 18. p. 27.

Brewster, Edinb. Phil. Journ. 8. p. 394.

Frauenhofer, Theorie der Höfe, Nebensonnen und verwandter Phänomene mit Versuchen zur Bestätigung derselben. Schum. astron. Abhandl. 3. p. 33.

Dove, Versuche über Gitterfarben in Beziehung auf kleinere Höfe. Pogg. Ann. 26. p. 311.

Babinet, mémoires d'optique météorologique. Compt. rend. 1837. 1.638.

Reflexionsgitter.

Barton, sur les nouvelles parures métalliques. Ann. de Ch. et de Ph. 23. p. 110. Gilb. Ann. 74. p. 309.

Brewster, on a new series of periodical colours produced by the grooved surfaces of metallic and transparent bodies. Ph. Tr. 1829. p. 301. Pogg. Ann. 18. p. 579.

— — on new properties of light exhibited in the optical phenomena of mother of pearl, and other bodies to which the superficial structure of that substance can be communicated. Ph. Tr. 1814. p. 397.

Farbenringe.

a. Versuche.

Boyle, Experiments and Considerations touching colours. Lond. 1663.

Hooke, Micrographia 1665 a Birch's history of the royal society 3. p. 29.

Newton, Optics lib. 2.

Mariotte, traité de la lumière et des couleurs.

du Tour, recherches sur le phenomène des anneaux colorés. Mém. de math. et de phys. prés. 4. p. 285.

Mazéas, Observations sur les couleurs engendrées par le frottement des surfaces planes et transparentes. Mém. de. Berl. 1752. p. 248.

Jordan, new observations concerning the colours of thin transparent bodies shewing these phaenomena to be inflections of light, and that of the easy transmissions and reflections derivid from them, have no existence, but fail equally in their application by Newton to account for the colours of natural bodies. Lond. 1800. 8.

Th. Young, on the colours of thin plates shown by the Solar microscope. Roy. Inst. 1. p. 241.

— — introduction to medical literature. p. 556.

W. Herschel, Experiments for investigating the laws of the coloured concentric rings, discovered by Newton between two object-glasses laid upon one another. Th. Tr. 1807. p. 180. 1809 p. 338. 1810 p. 365.

Knox, on some phenomena of colours, exhibited by thin plates. Ph. Tr. 1815. p. 161.

Arago, mémoire sur les couleures des lames minces. Mém. d'Arcueil 3. p. 223.

Fusinieri, ricerche sui colori delle lamine sottili, e sui loro rapporti ar colore prismatici. Brugnatelli Journ. 2. dec. 2. p. 145.

— — memoria sui fenomeni fisico-chimici delle lamine sottili. Ib. 4. p. 133. 209. 287. 380. 442.

Talbot, 4 Report of the British association p. 347.

Airy, on a remarkable modification of Newton's rings. Cambr. Ph. Tr. 4. p. 219. Pogg. Ann. 22. p. 611. u. 26. p. 123.

— — on the phenomena of Newton's rings when formed between two transparent Substances of different refractive powers. Cambr. Ph. Tr. 4. p. 409. Pogg. Ann. 28. p. 75.

Brewster, on a new species of coloured fringes produced from reflexion between the lenses of achromatic compound object-glasses. Edinb. Ph. Tr. 12. p. 191.

Whewell in Quetelet correspondence mathématique 5 p. 6. im 6 p. 1.

Duc de Chaulness, observations sur quelques experiences de la 4 partie du 2 livre de l'optique de Newton. Mém. de Paris 1758. p. 130.

Pouillet, élémens de physique 2. p. 478.

Brewster, on a new species of coloured fringes produced by the reflection of light between two plates of parallel glass of equal thickness. Edinb. Phil. Trans. 1815.

Nicholson, Journal. 2. p. 312.

Versuche mit zwei geneigten Spiegeln.

*Fresnel, sur la lumière in Riffault Supplement à la chimie de Thomson.

Baden Powell, on experiments relative to the interference of light. Phil. Magaz. 1832. 11. p. 1.

Potter, on the modification of the interference of two pencils of homogeneous light produced by causing them to pass trough a prism of glass and on the importance of the phenomena which then take place in determining the celerity with which light traverses refracting substances. Lond. and Edinb. Ph. Mag. 2. p. 81.

Airy, remarks on Potter's experiments on interference ib. 2. p. 161.

Hamilton, on the effect of aberration in prismatic interference ib. 2. p. 191.

Potter, reply to the remarks of Airy and Hamilton ib. 2. p. 261.

Hamilton, on the undulatory time of passage of light trough a prism. ib. 2. p. 284.

Airy, results of the repetition of Potters experiment of interposing a prism in the path of interfering light ib. 2. p. 409, 419.

b. Theoretische Untersuchungen über Farbenringe.

α. Wellentheorie.

Hooke, micrographia.

Euler, essai d'une explication physique des couleurs engendrées sur des surfaces extremement minces. Mém. de Berl. 1752.

β. Prinzip der Interferenz.

Thomas Young, on the theory of light and colours. Ph. Tr. 1802. p. 12.

— — Experiments and calculations relative to physical Optics. Ph. Tr. 1804. p. 131.

Poisson, sur le phenomène des anneaux colorés. Ann. de Ch. et de Ph. 22. p. 337.

Fresnel, note sur le phenomène des anneaux colorés ib. 22. p. 129.

Herschel 2, on light §. 641.

*Airy, on the undulatory theory of optics. Mathem. Tracts. p. 301.

γ. Durch andere Annahmen erklärt.

Parrot, Theorie der farbigen Ringe zwischen Glasflächen. Gilb. Ann. 51. p. 265.

Tob. Mayer 2, de arcubus coloratis inter duo vitra objectiva seu plana conspicuis Comm. Gott. 1823. 5. p. 3.

δ. Theorie der Anwandlungen.

Newton, Optice lib. 2.

Meleville, Observations on light and colours. Essays 2. 12.

Biot, sur les réflexions, les réfractions et les couleurs des corps minces transparents. Traité de ph. exp. et math. 4. ch. 4. p. 1.

— — sur les accès de facile transmission et de facile réflexion. Ib. 4. p. 88.

— — application de la théorie précédente à la réflexion des rayons de lumière qui ont traversé des milieux épais. Ib. 4. ch. 5. p. 115.

— — du retour des rayons réfléchis par les plaques à faces planes et parallèles et par les faces courbes. Ib. 4. ch. 7.

Beugungserscheinungen an Krystallen.

Babinet, précis d'un mémoire sur les caractères optiques des minéraux. Compt. rendu 1837. I. 758. P. A.

— — mémoire d'optique météorologique. Compt. rend. 1837. 1. 638.

Am Auge.

Peclet, über die Striche, welche man beobachtet, wenn man mit blossem Auge durch eine schmale Spalte sieht. Ann. de Ch. et de Ph. 54. 379. P. Ann. 34. 557.

Beugungs-Apparate.

von Baumgartner, Spiegelapparat. (Plössl.)
Schwerd, Diaphragmen. (Schwerd.)
Frauenhofer, Gitter. (Frauenh. Instit.)

IV. Abschnitt.
Erscheinungen des polarisirten Lichtes.

Apparate.

Biot, Traité de physique experimentale et mathematique. (Biot's Spiegel-Apparat.)

van Beek, Mém. de l'Institut des Pays Bas. Vol. 2.

Hachette, description de l'appareil de Mr. Nörrenberg, bulletin de la société philomatique 1833 juin. (Mit einer schiefen Glasplatte und darunter gelegten belegten Spiegel durch Refraction polarisirt.)

Baumgartner, Naturlehre. 3. Aufl. p. 383. (senkrecht stehend durch einen etwas geneigten belegten Spiegel.)

Seebeck, in Baumg. u. Ettingh. Zeitsch. 2. p. 451. (mit grossen Spiegeln besonders für gekühlte Gläser.)

Herschel 2, on light (periscopischer Apparat mit Turmalinen.)

Brewster, description of a new darkening glass for solar observations, which has also the property of polarising the whole of the transmitted light. Edinb. Tr. 8. p. 25.

— — Treatise on optics. (polarisirende Mikroscope.)

Marx, über die Form der isochromatischen Curven in ein- und zweiachsigen Krystallen und über einige neue Vorrichtungen sie zu beobachten. Schweigger's Jahrbuch 19. p. 167. (zwei gegen einander federnde Turmaline.)

Airy, on a new analyser of light. Cambr. Ph. Tr. Pogg. Ann. (für lineare, circulare und elliptische Polarisation, besonders für Krystalle.)

Dove, Beschreibung eines Apparates für gradlinige, elliptische und circulare Polarisation. Pogg. Ann. 35. p. 596. Scientific Memoirs Vol. 1.

Polarisirende Krystalle.

Turmalin.

Biot; Ann. de Chim. 1815. May. Seebeck in Biot Traité Vol. 4. (entdeckt von Biot und Sebeck.)

Agat.

Brewster, on some properties of light. Ph. Tr. 1813. p. 101.

— — on the affections of light transmitted trough crystallised bodies. Ph. Tr. 1814. p. 187.

Dichroit.

Marx, Schweigger Jahrbuch 17. p. 368. (statt des Turmalins anzuwenden.)

Polarisirende Prismen.

Wollaston, on the method of cutting rock crystal for micrometer.

Brewster, Treatise on optics. (ein Bild durch Mattschleifen fortgeschafft.)

*Nicol, on a method of so far increasing the divergency of the two rays in calcureous spar, that only one image may be seen at a time. Jameson Edinb. Journ. 20. 83. Pogg. Ann. (durch totale Reflexion ein Bild fortgeschafft.)

Talbot, on Nicol's polarizing eye piece. Lond. and Ed. Ph. Mag. 4. p. 289.

A. Polarisations-Erscheinungen durch einfach brechende Körper.

1) Gradlinige Polarisation durch Spiegelung.

Malus, sur une propriété de la lumière réflechie. Mém. d'Arcueil. 2. p. 143. (Entdeckung der Polarisation durch Spiegelung.)

— — sur une propriété des forces repulsives qui agissent sur la lumière. Mém. d'Arcueil. 2. p. 254.

Brewster, on the laws, which regulate the polarisation of light by reflexion from transparent bodies. Ph. Tr. 1815. 125. (Gesetz, dass der durch Reflexion total polarisirte Strahl senkrecht steht auf dem gebrochenen.)

Seebeck 2, Observationes circa nexum intercedentem inter corporum lucem simpliciter refringentium vim refringentem et angulos incidentiae sub quibus luminis ab illorum superficiebus reflexi polarisatio fit perfectissima. Berol. 4. 1830. Pogg. Ann. 20. 27. (Bestätigung des Brewsterschen Gesetzes.)

Brewster, on the action of crystallized surfaces upon light. Ph. Tr. 1819. p. 145.

Seebeck 2, über die Polarisationswinkel am Kalkspath. Pogg. Ann. 21. p. 22. and 22. p. 126.

*__Fresnel__, mémoire sur la loi des modifications, que la reflexion inprime à la lumière polarisée. Ann. de Ch. et de Ph. 46. p. 225. P. A. 22. p. 90.

Neumann, über den Einfluss der Krystallflächen bei der Reflexion des Lichtes und über die Intensität des gewöhnlichen und ungewöhnlichen Strahls. Berlin 1837. 4.

Brewster, on the action of the second surfaces of transparent plates upon light. Ph. Tr. 1830. p. 145. Pogg. Ann. 19. p. 518.

*— — on the law of the partial polarisation of light by reflexion Ph. Tr. 1830. p. 69. Pogg. Ann. 19. p. 259.

Tob. Mayer 2, de polaritate luminis. Comm. Gotl. 2. 1813. p. 1.

Praktische Anwendung derselben.

Arago, Annuaire pour 1836. (in das Meer zu sehen.)

Talbot, Pogg. Ann. 35. 330. (zu mikroskopischen Beobacht.)

Gradlinige Polarisation durch einfache Brechung.

Brewster, on the polarisation of light by oblique transmission through all bodies, wheter crystallized or uncrystallized. Ph. Tr. 1816. p. 46.

*— — on the law of the polarisation of light by refraction. Ph. Tr. 1830. p. 133. Pogg. Ann. 19. p. 281.

2) Circulare Polarisation durch Spiegelung.

*__Fresnel__, mémoire sur les lois des modifications imprimées à la lumière polarisée par la réflexion totale dans l'interieur des corps transparens. Ann. de Ch. et de Ph. 29. p. 175. (Siehe auch oben Fresnel.)

*__Cauchy__, Théorie de la lumière. Mém. de l'Inst. de l'Acad. 10. 293.

3) Elliptische Polarisation durch Spiegelung.

*__Fresnel__, mémoire sur la loi des modifications, que la reflexion inprime à la lumière polarisée. Ann. de Ch. et de Ph. 46. p. 525. Pogg. Ann. 22. p. 90.

Matheson, on the intensity of light when the vibrations are elliptical. Edinb. Journ. of Sc. new Ser. 5. p. 86.

*Brewster, on the phenomena and laws of elliptic polarization as exhibited in the action of metals upon light. Ph. Tr. 1830. p. 28. Pogg. Ann. 21. 219.

Neumann, Theorie der elliptischen Polarisation des Lichtes, welche durch Reflexion von Metallflächen erzeugt wird. Pogg. Ann. 26. p. 89.

4) Polarisations-Erscheinungen der Atmosphäre und der Himmelskörper.

Brewster, Philosophical Instruments. p. 349.

Arago, nouveau cyanomètre fondé sur les propriétés de la lumière polarisée et qui semble satisfaire aux vraies conditions du problème. Ann. de Ch. et de Ph. 4. p. 99.

— — la lumière des halos est polarisée par réfraction. Ib. 29. p. 77.

— — sur une faible polarisation dans la lumière de la queue de la comète de 1819. Ann. de Ch. et de Ph. 13. p. 104.

Klöden, de luce aëre polarisata. Berol. 1837.

Goethe, zur Morphologie. 1. p. 16. etc.

B. Doppelte Strahlenbrechung und Polarisation durch Dopelbrechung.

1. Beobachtungen derselben vor Entdeckung der Polarisation durch Reflexion.

Erasmus Bartholinus, experimenta crystalli Islandici disdiaclastici. Hafniae 1670.

Beccaria, account of the doubly refraction in crystals. Ph. Tr. 1762.

Martin, an essay on the nature and wonderfull properties of Island-Crystal, respecting its manifold and unusual refraction of light. Edinb. Phil. Journ. 8. p. 150.

Hauy, Traité de mineralogie. I. p. 159.

Brewster, account of the discoveries respecting the double refraction and polarization of light. Edinb. Ph. Journ. 1. p. 289. 2. p. 167. 3. p. 148. 277. 4. p. 124. 8. p. 150. 9. p. 148. 10. p. 318.

2. Gesetze derselben.

a) Für einachsige Krystalle.

*Huyghens, Traité de la lumière, où sont expliquées les causes de ce qui lui arrive dans la réflexion et dans la réfraction et particulièrement dans l'étrange réfraction du cristal d'Islande. Leide 1690. 4. (Huyghenssches Gesetz und Entdeckung der Polarisation des Lichtes durch doppelte Refraction.)

Wollaston, on the oblique refraction of Icelands Crystals. Ph. Tr. 1802. p. 381. (Empirische Bestätigung des Huyghensschen Gesetzes.)

*Malus, Théorie de la double réfraction. Paris 1810. 4.

Laplace, sur le mouvement de la lumière dans les corps diaphanes. Mém. de l'Inst. 1809. p. 300. (Das Huyghensche Gesetz aus dem Princip der kleinsten Wirkung.)

Positive und negative,

Biot, sur la nature des forces, qui produisent la double réfraction. Mém. de l'Inst. 14. p. 228. Gilb. Ann. 65. p. 1.

b) Für zweiachsige Krystalle.

Fresnelsche Wellenfläche und besondere Eigenschaften derselben.

*Fresnel, mémoire sur la double réfraction. Mém. de l'Acad. de l'Instit. 1827. p. 45. Pogg. Ann. 23. p. 372. 494.

*Ampère, mémoire sur la détermination de la surface courbe des ondes lumineuses dans un milieu, dont l'élasticité est différente suivant les trois directions principales, c'est à dire celle où la force produite par l'élasticité a lieu dans la direction même des molecules de ce milieu. Ann. de Ch. et de Ph. 39. p. 113. Pogg. Ann. 30. 262.

— — démonstration d'un théorème, d'où l'on peut deduire toutes les lois de la réfraction ordinaire et extraordinaire. Mém. de l'Inst. 1813. p. 235. (Nach der Emissionstheorie.)

*Hamilton, Theory of systems of rays. Trans. of the Irish Acad. 1828. Vol. 15. p. 69. Vol. 16. p. 1. u. 94.

Neumann, über den Einfluss der Krystalflächen bei der Reflexion des Lichtes. Berl. 1837. 4.

Mac-Cullagh, on the double refraction of light in a crystallized medium according to the principles of Fresnel. Irish Tr. 16. p. 31.

— — note on the subject of conical refraction. Lond. and Ed. Ph. Mag. 3. p. 114. 197.

Empirische Bestätigung dieser Gesetze.

*Brewster, on the laws of polarization and double refraction in regularly crystallized bodies. Ph. Tr. 1818. 1. p. 199.

*Biot, mémoire sur les lois générales de la double réfraction et de la polarisation dans les corps regulièrement cristallisés. Mém. de l'Acad. de l'Inst. 1818. Tom. 4.

*Lloyd, on the phenomena presented by light in its passage along the axes of biaxal crystals. Lond. and Ed. Ph. Mag. 11. p. 112. 207. (Bestätigung der conischen Refraction.)

Dieselben Gesetze unter der Annahme in der Polarisationsebene stattfindender Vibrationen.

*Cauchy, Théorie de la lumière. Mém. de l'Acad. 10. p. 293.

*Neumann, Theorie der doppelten Strahlenbrechung, abgeleitet aus den Gesetzen der Mechanik. Pogg. Ann. 25. p. 418.

Mac-Cullagh, a short account of some recent investigations concerning the laws of reflexion and refraction at the surface of crystals. Lond. and Ed. Ph. Mag. 7. p. 295. u. 10 .p. 42.

3. Farbenzerstreuung in doppelbrechenden Krystallen.

Biot, examen comparé de l'intensité d'action, que la force répulsive extraordinaire du spath d'Islande exerce sur les molecules lumineuses de divers couleurs. Mém. d'Arcueil. 3. p. 223.

*Rudberg, Untersuchungen über die Brechung des farbigen Lichtes im Bergkrystal und Kalkspath. Pogg. Ann. 14. p. 45.

— — Untersuchungen über die Brechung des farbigen Lichtes im Arragonit und im farblosen Topase. Pogg. Ann. 17. p. 1.

Brewster, Observation on Rudberg's memoir. Lond. and Ed. Ph. Mag. 1. p. 6.

4. Einfluss der Wärme auf die doppelte Strahlenbrechung.

*Mitscherlich, über die Ausdehnung der krystallisirten Körper durch die Wärme. Pogg. Ann. 10. p. 137. u. 41. p. 213.

— — Einfluss der Wärme auf die optischen Achsen des Gypses. Pogg. Ann. 8. p. 519.

Rudberg, über die Veränderung, welche die Doppelbrechung in Krystallen durch Temperaturerhöhung erleidet. Pogg. Ann. 26. p. 291. (Die Doppelbrechung des Kalkspaths ändert sich so mit steigender Temperatur, dass der kleinere Brechungsexponent, also der des ausserordentlichen Strahls sich vergrössert und sich dem ordentlichen nähert, welcher dagegen keine oder eine äusserst geringe Veränderung erleidet, während bei dem Bergkrystall beide Brechungsexponenten sich vermindern. Bei dem Arragonit vermindert sich zugleich nach allen drei Hauptrichtungen der Brechungsexponent, während sich gleichzeitig die Neigung zwischen den optischen Achsen vermindert.)

Brewster, on the action of heat in changing the numbre and nature of the optical or resultant axes of glauberit. Lond. and Ed. Ph. Mag. 1. p. 417.

Neumann, über die optischen Eigenschaften der hemiprismatischen oder zwei- und eingliedriger Krystalle. Pogg. Ann. 35. p. 81. (Die Geschwindigkeit, mit welcher sich bei der Erhöhung der Temperatur die optischen Achsen einander nähern, ist für beide Achsen verschieden.)

Marx, über einen Gegensatz in dem Verhalten der zweiachsigen Krystalle zur Erwärmung. Schweigger's Jahrb. 19. p. 184.

5. **Unterscheidung der Krystallsysteme nach ihren optischen Eigenschaften.**

a) Zweiachsige und einachsige Krystalle unterschieden.

Biot, sur l'utilité des lois de la polarisation de la lumière pour reconnoitre l'état de cristallisation et de combinaison dans un grand nombre de cas ou le système crystallin n'est plus immediatement observable. Mém. de l'Inst. 1816. p. 275.

*Brewster, on the connexion between the prismatic forms of crystals and the numbre of their axes of double refraction. Mem. of the Wernerian Soc. 1821. Vol. 3. p. 50. 337.

Brooke, Observations on the connexion between the optical structure of minerals and their primitive forms.

Brewster, reply to Mr. Brooke's Observations. Edinb. Ph. Journ. of Sc. 9. p. 361.

Brooke, remarks on the subjects connected with Mr. Brewster's reply. Edinb. Ph. Journ. of Sc. 11. p. 187.

b) Nähere Unterscheidung der zweiachsigen nach den Farbencurven um ihre Achsen.

*Herschel 2, on the action of crystallized bodies on homogeneous light and on the causes of deviation from Newton's scale in the tints which many of them develope on exposure to a polarized ray. Ph. Tr. 1820. p. 45. (Die Farbencurven zweiachsiger Krystalle im homogenen Licht sind Lemniscaten, der Winkel der optischen Achsen in verschiedenen Farben verschieden.)

Herschel 2, über die optischen Eigenschaften der Farbenstrahlen im Borax. Quetelet Corresp. math. 7. 77. Pogg. Ann. 26. 308. (Die Farbenaxenpaare im Borax liegen in verschiedenen Ebenen.)

Neumann, über die optischen Eigenschaften der hemiprismatischen Krystalle. Pog. An. 35. p. 81. 203. (Entdeckung von Nörrenberg der Verschiedenheit der optischen Achsen des Gypses, bei welchem die in einer Ebene liegenden Farbenachsen auf beiden Seiten der Mittellinie ungleich vertheilt sind, während bei dem Borax die Verbindungslinie der Mittelpunkte der rothen Ringsysteme d. Verbindungslinie d. blauen unter einem Winkel schneidet.)

Müller, über die optischen Eigenschaften des ameisensauren Kupferoxyds. Pogg. Ann. 35. p. 472. (Sämmtliche Farbenaxen dieser zwei- und eingliedrigen Krystalle liegen in einer Ebene, aber so, dass die blaue Axe des einen Systems der der rothen des andern zugekehrt ist.)

Neumann, optische Eigenschaften tetartoprismatischer Krystalle. Pogg. Ann. 35. 380.

Miller, on the position of the axes of optical elasticity in crystals belonging to the oblique-prismatic system. Cambr. Ph. Tr. V. p. 3.

6. Farbenerscheinungen doppelbrechender Krystalle im polarisirten Licht.

a) Unvollständig beobachtete Farbencurven, sogenannte polarisation colorée.

Arago, mémoire sur une modification rémarquable, qu'éprouvent les rayons lumineux dans leur passage à travers certains corps diaphanes et sur quelques autres phénomènes d'optique. Mém. de l'Inst. 12. p. 93. A. 1811. (Glimmer, Bergkrystal.)

Biot, mémoire sur un nouveau genre d'oscillation, que les molecules de la lumière éprouvent en traversant certains cristaux. Mém. de l'Instit. 1812. 1. p. 1—371.

— — sur une nouvelle application de la théorie des oscillations de la lumière. Mém. de l'Inst. 1812. II. p. 1.

— — sur une loi rémarquable, qui s'observe dans les oscillations des particules lumineuses, lorsqu'elles traversent obliquement les lames minces de chaux sulfate ou de cristal de roche taillés parallelement à l'axe de cristallisation. Mém. d'Arcueil. 3. p. 132.

Biot, mémoire sur une modification remarquable, qu'éprouvent les rayons lumineux dans leur passage à travers certains corps diaphanes et sur quelques autres phénomènes d'optique. Mém. de l'Inst. 12. p. 135.

— — récherches expérimentales et mathématiques sur les mouvemens des molecules de la lumière autour de leur centre de gravité. Paris 4. 1819. (Polarisation mobile.)

Thomas Young, Quaterly Journal. Vol. XI. (durch Interferenz erkl.)

*Fresnel et Arago, mémoire sur l'action, que les rayons de lumière polarisés exercent les uns sur les autres. Ann. de Ch. et de Ph. 10. p. 288. (Bedingungen ihrer Interferenz.)

Arago, rapport fait à l'Academie le 4. Juin 1821 sur un mémoire de Fresnel relatif aux couleurs des lames cristallisées douées de la double réfraction. Ann. de Ch. et de Ph. 17. p. 80.

*Fresnel, note sur le calcul des teintes, que la polarisation developpe dans les lames cristallisés. Ann. de Ch. et de Ph. 17. p. 102. 167. 312.

Biot, remarque sur le rapport de Mr. Arago et examen des remarques de Mr. Biot par Arago. Ib. 17. p. 225. 258.

b) Farbencurven um die Achsen der Krystalle.

(In einachsigen Krystallen gesehen von Wollaston 1814, von Seebeck Dec. 1815, in zweiachsigen von Brewster 1814.)

*Brewster, on the laws of polarization and double refraction in regularly crystallized bodies. Ph. Tr. 1818. 199. (Unterschied einachsiger Krystalle in positive und negative, empirische Unterscheidung derselben durch Verengern oder Erweitern der Ringe bei combinirten Platten und durch das Verhalten derselben bei zwischengehaltenem Gypsplättchen, zweiachsige Krystalle unterschieden durch den Character der Hauptachse.)

— — on the affections of light transmitted trough crystallized bodies. Ph. Tr. 1814. p. 187.

(siehe oben 2. b. 5. a. 5. b.)

α) Ableitung derselben in senkrecht auf die Achse geschnittenen Platten einachsiger Krystalle.

*Airy, on the nature of the light in the two rays produced by the double refraction of quartz. Cambr. Ph. Tr. 4. p. 79.

199. Pogg. Ann. 23. p. 204. (Formeln für die Farbencurven einachsiger Krystalle in irgendwie polarisirtem Licht.)

Mac Cullagh, geometrical propositions applied to the wave-theory of light. Irish Trans. Vol. 17.

Dove, über den Unterschied positiver und negativer Krystalle bei circularer und bei elliptischer Polarisation. Pogg. Ann. 40. 457. (Rechtscirculares Licht bewirkt um die Achse positiver Krystalle dieselben Farbenerscheinungen als linkscircures um die Achse negativer.)

β) Parallel der Achse.

Müller, Erklärung der isochromatischen Curven, welche einachsige parallel mit der Achse geschnittene Krystalle in homogenem polarisirten Lichte zeigen. Pogg. Ann. 33. p. 282.

γ) Geneigt gegen die Achse und gekreuzt.

Müller, über die isochromatischen Curven der einachsigen Krystalle. Pogg. Ann. 35. p. 95. 277.

δ) Zweiachsige.

Neumann, über die optischen Achsen und die Farben zweiachsiger Krystalle. Pogg. Ann. 33. p. 257.

Dove, Erscheinungen zweiachsiger Krystalle in circular polarisirtem Lichte. Pogg. Ann. 40. 482. (analog denen der einachsigen.)

c) Idiocyclophanische Krystalle.

Brewster, Ph. Tr. 1814. p. 203—211. (Kalkspath. Salpeter.)

Herschel 2, bicarbonate of potash. on light. p. 562. §. 1082.

Brewster, on the multiplication of images and the colours which accompany them in some specimens of Calcareous Spar. Ph. Tr. 1815. p. 270.

— — on a new optical and mineralogical property of calcareous Spar. Ed. Tr. 8. p. 165.

Kobell, über einen optisch merkwürdigen Arragonitkrystal. Pogg. Ann. 20. p. 342.

Erman, über epoptische Figuren des Arragonit ohne vorläufige Polarisation. Abh. der Berl. Akad. 1832.

Dove, Versuche über Circular-Polarisation des Lichtes. Pogg. Ann. 35. p. 592.

d) Zusammengesetzte doppelbrechende Krystalle.

Brewster, account of a remarkable structure in Apophyllite with observations on the optical peculiarities of that mineral. Edinb. Trans. 9. p. 317.

— — on the distribution of colouring matter and on certain peculiarities in the structure and optical properties of the Brazilian Topaz. Cambr. Phil. Tr. 1822. 2. 1.

— — Observations of the optical structure of lithion mica. Edinb. Journ. of Sc. 2. p. 205.

Talbot, extrait d'une lettre à Mr. Arago sur les cristaux de borax. Compte rendue 1836. No. 19. p. 472.

e) Dichroitische Krystalle.

Brewster, on the phenomena of dichroism and the absorption of common light by crystallized bodies. Edinb. Phil. Journ. 3. p. 243.

f) Krystalle mit verschieden doppelbrechender Kraft für die einzelnen Farben.

Herschel 2, on certain remarkable instances of deviation from Newton's scale in the tints developed by crystals, with one axis of double refraction, on exposure to polarized light. Cambr. Ph. Tr. 1. 21.

Brewster, on oxahverite. Edinb. Journ. of Sc. No. 13. p. 115.

Herschel 2, on a remarkable pecularity in the law of the extraordinary refraction of differently coloured rays exhibited by certain varieties of Apophyllit. Cambr. Ph. Tr. 1. p. 241.

Brewster, account of a remarkable peculiarity in the structure of Glauberite, which has one axis of double refraction for violet and two for red light. Ed. Tr. 11. p. 273. P. A. 21. 607.

g) Erscheinungen in Krystallen analog den in gekühlten und gepressten Gläsern.

Brewster, on a new species of double refraction accompanying a remarkable structure in the mineral called Analcime. Edinb. Tr. 1822.

— — observation relative to the structure and origin of the diamond. Lond. and. Edinb. Ph. Mag. 7. p. 245.

— — notice of a singular structure of the diamond. Edinb. Ph. Journ. 3. p. 98.

Brewster, notice on the structure and crystalline form of Haytorit. Edinb. Journal of Sc. 6. p. 301.

— — on the optical properties of muriate of Soda, fluate of lime and the diamond, as exhibited in their action upon polarized light. Edinb. Tr. 8. p. 157.

h) Zusammenhang der Doppelbrechung mit andern Erscheinungen.

Brewster, on the connexion between the optical structure and chemical composition of minerals. Edinb. Phil. Journ. 5. p. 1.

— — observations en the relation between the optical structure and the chemical composition of the apophyllit and other minerals of the zeolite family. Ib. 7. p. 13.

— — on the optical properties of sulphate of carbon, carbonate of barytes and nitrate of potash with inferences respecting the structure of doubly refracting crystals. Edinb. Ph. Tr. 8. p. 353.

7. Gepresste und gekühlte Gläser.

***Seebeck**, einige neue Versuche und Beobachtungen über Spiegelung und Brechung des Lichtes. Schweigger Journ. 7. p. 284.

— — von den entoptischen Farbenfiguren und den Bedingungen ihrer Bildung in Gläsern. Ib.

Brewster, result of some recent experiments on the properties impressed upon light by the action of glass raised to different temperatures and cooled under different circumstances. Ph. Tr. 1814. p. 436.

— — additional observations on the optical properties and structure of heated glass and unannealed glass drops. Ph. Tr. 1815. p. 1-

— — on new properties of heat as exhibited in its propagation along plates of glass. Ph. Tr. 1816. p. 46.

— — on the communication of the structure of doubly refracting crystals to glass, muriate of soda, fluor spar and other substances by mechanical compression and dilatation. Ph. Tr. 1816. p. 311.

— — on the effect of simple pressure in producing that species of crystallization, which forms two appositely polarized Images and exhibits the complementary colours by polarized light. Ph. Tr. 1815. p. 60.

*Brewster, on the laws which regulate the distribution of the polarizing force in plates tubes and cylinders of glass, that have received the polarizing structure. Edinb. Tr. 8. p. 353.

Dove, Versuche über die Circularpolarisation des Lichtes. Pogg. Ann. 35. p. 579.

Brewster, on the structure of crystalline lens of fishes and quadrupedes, as ascertained by its action on polarized light. Ph. Tr. 1816. p. 311.

— — experiments on the depolarization of light as exhibited by various minerals, animal and vegetable bodies with a reference of the phenomena and general principles of polarization. Ph. Tr. 1825. p. 60.

Doppelbrechung derselben nachgewiesen.

*Fresnel, sur la double réfraction du ver comprimé. Ann. de. Ch. et de Ph. 20. p. 376. P. A. 19. p. 539.

Guérard, double réfraction du verre ordinaire. Compte rendue 1836. 19. p. 474. Pogg. Ann. 38. p. 233. (Gekühlt).

Brewster, of the production of regular double refraction in the molecules of bodies by simple pressure with observations on the origin of the double refracting structure. Ph. Tr. 1830. p. 87.

Biot, nouvelles expériences sur le développement des forces polarisantes par la compression dans tous les sens des cristaux. Ann. de Ch. et de Ph. 3. p. 386.

Brewster, on the effects of compression and dilatation in altering the polarizing structure of doubly refracting crystals. Edinb. Ph. Tr. 8. p. 281.

Polarisationsfarben durch tönende Scheiben.

*Biot, sur une nouvelle propriété physique, qu'acquièrent les lames de verres, quand elles exécutent des vibrations longitudinales. Ann. de Ch. et de Ph. 13. p. 151. (Longitudinal schwingende Scheiben depolarisiren das Licht.)

In der Natur gebildet vorkommende Erscheinungen analog gekühlten Gläsern.

Herschel 2, on certain optical phenomena exhibited by mother of perl. Edinb. Ph. Journ. 2. 114.

Brewster, on the optical properties and mechanical condition of amber. Ed. Ph. Journ. 2. p. 332.

8. Erscheinungen in circularpolarisirenden Körpern.

a) Bergkrystal.

*Biot, mémoire sur les rotations que certaines substances inpriment aux axes de polarisation des rayons lumineux. Mém. de l'Inst. de l'Acad. 1818. p. 41. (Unterschied rechts und links gewundener Bergkrystalle, die Drehung proportional der Dicke der Platte und verschieden für verschiedene Farben.)

*Fresnel, extrait d'un mémoire sur la double réfraction particulière que présente le cristal de roche dans la direction de son axe. Ann. de Ch. et de Ph. 28. p. 147. Pogg. Ann. 21. p. 276. (Beweis, dass das die Achse des Bergkrystalls durchlaufende Licht aus einem rechts und links circularen Strahl besteht, welche sich mit verschiedener Geschwindigkeit fortpflanzen. Nach Cauchy schwach elliptisch.)

*Airy, on the nature of the light in the two rays produced by the double refraction of quartz. Cambr. Ph. Tr. 4. p. 79. 199. Pogg. Ann. 23. p. 204. (Theoretische Ableitung der Ringsysteme der Bergkrystalle in linearem und circularem Licht und der Erscheinungen combinirter Platten senkrecht auf die Achse.)

Herschel 2, on the rotation impressed by plates of rock-crystal on the planes of polarization of the rays of light, as connected with certain pecularities in its crystallization. Cambr. Ph. Tr. 1. p. 43. (Die Trapezflächen an den plagiedrischen Krystallen bestimmen den Sinn der Drehung der Polarisationsebene.)

Brewster, on circular polarization as exhibited in the optical structure of the amethyst, with remarks on the distribution of colouring matter in that mineral. Edinb. Ph. Tr. 9. p. 139. (Der Amethyst besteht aus rechts und links drehenden Bergkrystallen.)

Dove, über den Zusammenhang der optischen Eigenschaften der Bergkrystalle mit ihren äussern krystallographischen Kennzeichen. Pogg. Ann. p. 40. 607. (Krystalle mit abwechselnden matten und glatten Stellen auf den Pyramidal- oder Säulenflächen und Krystalle mit beiderlei Trapezflächen zeigen ausser der gewöhnlichen Figur auch das Ringsystem positiver einachsiger Krystalle und combinirter Platten.)

Babinet, mémoire sur la double réfraction circulaire. Compte rendue. 1837. 1. 900.

b. Flüssigkeiten.

Biot und Seebeck, in Biot Traité de physique. 4. p. 536. M. P. 1818.

Biot, sur un caractère optique à l'aide duquel on reconnoit immediatement les sucs végétaux, qui peuvent donner du sucre analogue au sucre des cannes, et ceux qui ne peuvent donner que du sucre semblabe au sucre de raisin. Ann. de Ch. et de Ph. 52. p. 58. P. A. 28. p. 165.

Biot et Persoz, mémoire sur les modifications que la fécule et la gomme subissent sous l'influence des acides. Ib. 52. p. 72. P. A. 32. 160.

Biot, sur une nouvelle relation physique entre les élémens des corps naturels et les affections propres des différens rayons simples d'où resulte une nouvelle condition à satisfaire dans la constitution théorique du principe lumineux. L'Inst. 4. N. 161. Pogg. Ann. 38. 192.

Biot, mathematische und experimentelle Methoden, um das Gemenge von bestimmten oder unbestimmten Verbindungen, falls beide auf das polarisirte Licht wirken, zu unterscheiden. Pogg. Ann. 38. p. 179.

9. Specielle krystallographische Untersuchungen im Zusammenhange mit optischen Eigenschaften.

Neumann, die thermischen, optischen und krystallographischen Achsen des Krystallsystems des Gypses. Pogg. Ann. 27. 240.

Soret, Mém. de la soc. de phys. de Genève. Tom. 1.

Miller, on the position of the axec of optical elasticity in crystals belonging to the oblique prismatic system. Cambr. Tr. V. 3.

— — über die Gestalt des Schwefelnickels und anderer Substanzen. Lond. and Ed. Ph. M. 6. 105. Pogg. Ann. 36. 475.

V. Abschnitt.

Theorien des Lichtes.

(Der Intensität, Spiegelung, Brechung, Farbenzerstreuung, Beugung und Polarisation desselben, und Bestimmungen der hierher gehörigen empirischen Data.)

Beweise für die Bewegung des Lichts.

Olaus Römer, demonstration touchant le mouvement de la lumière. Mém. de Par. 1. p. 214. u. 10. p. 575. (9. November 1676 aus der Verfinsterung der Jupitermonde für reflectirtes Licht.)

Bradley, Phil. Trans. abridg. vol. 6. p. 168. (20. December 1725 aus der Aberration der Fixsterne für directes Licht.)

Emanationssystem.

Newton, Optice. Quaestiones

Boscovich, philosophiae naturalis theoria ad unicam legem reducta. Venet. 1759. 4. p. 167.

— — dissertatio de lumine. Vindob. 1766. 4.

Malus, théorie de la double réfraction.

Biot, traité de physique expérimentale et mathématique.

Wellentheorie.

(Vor Young und Fresnel.)

Descartes, Principia philosophiae. P. III. §. 55. 63. 64.

— — Dioptrica C. 1. §. 3. 4.

Malebranche, réflexions sur la lumière et les couleurs et la génération du feu. Mém. de Par. 1699. 41.

*Huyghens, Traité de la lumière où sont expliquées les causes de ce qui lui arrive dans la réflexion et dans la réfraction et particulièrement dans l'étrange réfraction du cristal d'Islande. Leide 1690.

Euler, nova theoria lucis et colorum. Opusc. var. arg. Berol. 1746. 4. p. 169.

— — lettres à une princesse d'Allemagne sur différentes questions de physique et de philosophie. Par. 1788.

(Seit Young und Fresnel.)

*Thomas Young, course of lectures in natural philosophy and the mechanical arts. Lond. 1807. 2 vol. 4. (Princip der Interferenz.)

— — Encyclopaedia Britan. Chromatics p. 161. (Querschwingungen.)

*Fresnel, sur la lumière. Supplément à la traduction françoise de la cinquième édition du traité de chemie de Thomson par Riffault. Paris 1822. übersetzt in Pogg. Ann. 3. p. 89. 303. 5. p. 223. 12. p. 197. 366.

*Airy, on the undulatory theory of optics. Mathematical Tracts p. 248 — 410.

Fechner, hauptsächliche Bestimmungen der Undulationstheorie. Repertor. 2. 345 — 393.

Ampère, note sur la chaleur et sur la lumière considérées comme résultant de mouvements vibratoires. Ann. de Ch. et de Ph. 57. 211.

Cauchy, Théorie de la lumière. Mem. de l'Acad. 10. 293.

— — mémoire sur la dispersion de la lumière. Prag 1836.

— — optique mathématique. Compt. rend. 1836. 1. p. 184. 207. 364. Pogg. Ann. 39. 33.

— — notes sur l'optique. Compt. rend. 1836. 1. p. 341. 427. 455. Pogg. Ann. 39. 48.

Kelland, on the laws of transmission of light and heat in uncrystallized media. Lond. and Edinb. Ph. Mag. 10. p. 336.

Mathemathische Untersuchungen über Bewegungen in elastischen Medien.

*Navier, sur les lois de l'équilibre et du mouvement des corps solides élastiques. Mém. de l'Acad. 7. p. 375.

Poisson, Mémoires sur l'équilibre et le mouvement des corps élastiques. Mém. de l'Acad. 8.

Poisson, Extrait d'une lettre à Fresnel. Ann. de Ch. et de Ph. 22. 270.

Fresnel, réponse à cette lettre. Ib. 23. 129.

*Poisson, mémoires sur la propagation du mouvement dans les milieux élastiques. Mém. de l'Acad. 10.

— — sur le mouvement de deux fluides élastiques superposés. Ib. 10. 317.

*Cauchy, application des formules qui représentent le mouvement d'un système de molecules sollicitées par des forces d'attraction ou de répulsion mutuelle à la théorie de la lumière. Exercic. de math. 5. p. 19.

— — sur le mouvement d'un système de molecules qui s'attirent ou se repoussent à de très-petites distances et sur la théorie de la lumière. Mém. de l'Acad. 9. 114.

Lamé, mémoire sur les vibrations lumineuses des milieux diaphanes. Ann. de Ch. et de Ph. 57. 211.

Bewegungen in Medien mit nach verschiedener Richtung verschiedener Elasticität.

(Theorie der Doppelbrechung.)

*Fresnel, mémoire sur la double réfraction. Mém. de l'Acad. 7. p. 45—176. Pogg. Ann. 23. p. 372. 494.

Ampère, sur la determination de la surface courbe des ondes lumineuses dans un milieu, dont l'élasticité est différente suivant les trois directions principales. Ann. de Ch. et de Ph. 39. 113. Pogg. Ann. 30. 262.

Cauchy, Théorie de la lumière. Mém. de l'Acad. 10.

Neumann, Theorie der doppelten Strahlenbrechung, abgeleitet aus den Gleichungen der Mechanik. Pogg. Ann. 25. 418.

Demonstration of certain points in Fresnel's theory of double refraction deduced from Tovey's investigations of the undulatory theory. Lond. and Ed. Ph. Mag. 10. 24.

A. Uebergang aus einem Medium in das andere.

(Brechung.)

Maignan, perspectiva horaria. Rom 1648. fol.

Joh. Bernoulli, Acta Erud. 1701. Jan.

a) Brechung erklärt durch grössere Geschwindigkeit im brechenden Medium.

(Emanationstheorie.)

Descartes, dioptrique 1637. (grösserer Widerstand im dichteren Mittel bei instantaner Bewegung.)

Newton, Principia philosophiae naturalis mathematica 1. prop. 94.

Clairault, sur les explications Cartesienne et Newtonienne de la réfraction de la lumière. Mém. de Par. 1739. 259.

Leibnitz, unicum opticae catoptricae et dioptricae principium. Acta Erud. 1682. Jun. (Produkt aus der Länge des Weges in den Widerstand des Mittels ein kleinstes.)

Maupertius, accord de différentes lois de la nature, qui avaient jusqu'ici paru incompatibles. Mém. de Par. 1744. p. 83. (Princip der kleinsten Wirkung.)

Fontana, ricerche analitiche sopra diversi soggetti. Mem. del. Soc. Ital. 3. p. 498.

d'Alembert, des lois de la réfraction de la lumière à des surfaces très courbes dans l'hypothèse de l'attraction Newtonienne. Opusc. de math. 5. p. 452.

Laplace, sur le mouvement de la lumière dans les milieux diaphanes. Mém. de l'Inst. 1809. p. 300.

Ampère, démonstration d'un theorème d'ou l'on peut deduire toutes les lois de la réfraction ordinaire et extraordinaire. Mém. de l'Inst. 14. p. 235.

b) Brechung erklärt durch kleinere Geschwindigkeit im brechenden Medium.

(Wellentheorie.)

Fermat, litterae ad patrem Mersennum continentes objectiones quasdam contra dioptricam Cartesii. Epist. Cart. pars 3. litt. 29—46.

Huyghens, Traité de la lumière. Leide 1690.

Lagrange, sur la théorie de la lumière d'Huyghens. Ann. de Ch. et de Ph. 21. 213.

Euler, nova theoria lucis et colorum. Opusc. var. arg. Berol. 1746.

Fresnel, explication de la réfraction dans le système des ondes. Ann. de Ch. et de Ph. 15. 379.

c) Prüfung beider Theorien in Beziehung auf Brechung.

Beguelin, récherches sur les moyens de découvrir par des expériences comment se fait la propagation de la lumière. Mém. de Berl. 1772. 152.

Tralles, (Vorschlag, die Aberration durch ein massives Glasfernrohr zu messen.) Abh. d. Berl. Akad. 1804—1811..

*Arago, Ann. de Ch. et de Ph. 1. p. 199. (Beweis durch Interferenz, dass das Licht im dichteren Medium langsamer geht.)

Potter's particulars of a series of experiments and calculations undertaken with a view to determine the velocity with which light traverses transparent media. Lond. and. Ed. Ph. Mag. 3. p. 333.

(Siehe oben pag. LX Interferenzversuche mit 2 Spiegeln.)

d) Prüfung durch den Einfluss der Bewegung der Erde auf die Brechung.

Mitchel, Phil. Trans. 1784.

Laplace u. Arago in Biot astronomie physique vol. 3.

Fraunhofer, Edinb. Journ. of Science 8. p. 7.

Fresnel, sur l'influence du mouvement terrestre dans quelques phenomènes d'optique. Ann. de Ch. et de Ph. 9.

Prevost, de l'effet du mouvement d'un plan réfringent sur la réfraction. Mém. de Genève 1. Ann. de Ch. et de Ph. 15. 183.

e) Farbenzerstreuung.

Melville, Observations on light and colours. Essay and Obs. Vol. 2. p. 12. (Verfinsterung der Jupitersmonde als Prüfung der gleichen Geschwindigkeit des verschiedenfarbigen Lichts.)

Courtivron précis du traité d'optique, où l'on donne la théorie de la lumière dans le système Newtonien. Par. 1752. (derselbe Vorschlag.)

Short, (Widerlegung der Annahme ungleicher Geschwindigkeit durch Beobachtung der Jupitersmonde). Ph. Tr. 1753.

Mitchel, (Widerlegung durch Beobachtung nicht prismatischer Aberration.) Pristley Gesch. der Opt. p. 292.

Euler, opuscula varii argumenti 1. p. 217. (durch gegenseitige Einwirkung der Wellen auf einander.)

Challis, attempt to explain theoretically the different refrangibility of the rays of light according to the hypothesis of undulations. Ph. Mag. New Ser. 8. (durch Widerstand der Theilchen des Mediums gegen die Bewegung der Aethertheilchen nach Young).

Airy, Mathematical Tracts p. 285 (durch von der Schwingungszeit abhängige Aenderung der Elasticität des Aethers).

Fresnel, sur la lumière (der Wirkungskreis der Aethertheilchen ist nicht unendlich klein gegen die Wellenlänge).

*Cauchy, mémoire sur la dispersion de la lumière. (Ausführung der Fresnelschen Andeutung.)

Kelland, on the dispersion of light as explained by the hypothesis of finite intervals. Cambr. Tr. 6. p. 153.

B. Spiegelung.

a) Theorie.

Huyghens, Lagrange, Euler, siehe Brechung.

Fresnel, résumé d'un mémoire sur la réflexion de la lumière. Ann. de Ch. et de Ph. 15. 379. Pegg. Ann. 30. 255.

Frauenhofer, kurzer Bericht von den Resultaten neuerer Versuche über die Gesetze des Lichtes und die Theorie desselben. Gilb. Ann. 74. 337.

Challis, Theory of the transmission of light trough mediums and of its reflection at their surfaces, according to the hypothesis of undulations. Phil. Mag. 11. p. 161.

b) Intensität des gespiegelten Lichtes auf unkrystallinischen Medien.

Formel von Young, Encyclop. Brit. Suppl. Art. Chromatics (senkrechte Incidenz).

— — Poisson, sur le mouvement de deux fluides élastiques superposes. Mém. de l'Acad. 10. 317.

*— — Fresnel, mémoire sur la loi des modifieations, que la réflexion inprime à la lumière polarisée. Ann. de Ch. et de Ph. 46. 225. Pogg. Ann. 22. 90.

Matheson, on the intensity of light when the vibrations are elliptical. Edinb. Journ. of Sc. 5. p. 86.

Cauchy, Brief an Libri. Pogg. Ann. 39. p. 39.

Neumann, Reproduction der Fresnelschen Formeln über totale Reflexion. Pogg. Ann. 40. 497.

c) Bestätigung der Fresnelschen Intensitätsformel durch Beobachtung der Ablenkung der Polarisationsebene.

*Brewster, on the law of the partial polarization of light by reflexion. Ph. Tr. 1830. p. 69. Pogg. Ann. 19. 259.

*Brewster, on the laws of the polarization of light by refraction. Ph. Tr. 1830. p. 133. Pogg. Ann. 19. 281.

Brewster, on the action of the second surfaces of transparent plates upon light. Ph. Tr. 1830. p. 145. Pogg. Ann. 19. 518.

d) Intensität des auf krystallischen Substanzen reflectirten und durch sie gebrochenen Lichtes.

*Neumann, über den Einfluss der Krystallflächen bei der Reflexion des Lichtes und über die Intensität des gewöhnlichen und ungewöhnlichen Strahles. Berlin 1837. 4.

Arago, sur la loi du carré du cosinus, relative à l'intensité de la lumière polarisée transmise par un cristal doué de la double réfraction. Quetel. Suppl. p. 590. Pogg. Ann. 35. 444.

Neumann, Photometrisches Verfahren, die Intensität der ordentlichen und ausserordentlichen Strahlen, so wie die des reflectirten Lichtes zu bestimmen. Pogg. Ann. 40. 497.

Seebeck 2, über die Polarisationswinkel am Kalkspath. Pogg. Ann. 21. p. 290.

Mac Cullagh, on the laws of crystalline reflexion. Lond. and Ed. Ph. Mag. 8. p. 103. u. 10. p. 42.

Seebeck 2, Bemerkungen über die Polarisation des Lichtes durch Spiegelung besonders an doppelt brechenden Körpern. Pogg. Ann. 38. 276.

e) Reflexion auf stark brechenden Substanzen.

Airy, on the phenomena of Newtons rings when performed between two transparent substances of different refractive power. Cambr. Tr. 4. 409. Pogg. Ann. 28. p. 75.

f) auf Metallen.

(siehe elliptische Polarisation.)

g) Einfluss der Farbenzerstreuung auf Spiegelung.

Brougham, experiments and observations on the inflection, reflection and colours of light. Ph. Tr. 1797. p. 352.

Prevost, eige optische Bemerkungen, besonders über die Reflexibilität der Lichtstrahlen. Gilb. Ann. 5. p. 129.

— — einige Versuche über die verschiedene Reflexibilität des farbigen Lichtes. Ib. 5. 147.

Brewster, on the phenomena and laws of elliptic polarisation as exhibited in the action of metals upon light. Ph. Tr. 1830. p. 28. P. A. 21. 219.

Biot, Traité de physique. 4. p. 579.

Brewster, on the reflexion and decomposition of light at the separating surfaces of media of the same and of different refractive powers. Ph. Tr. 1829. p. 187.

h) Photometrische Messungen des reflectirten Lichtes.

Potter, an account of experiments to determine the reflective powers of Crown Plate and Flintglass at different angles of incidence and an investigation towards determining the law by which the reflective power varies in transparent bodies possessing the property of single refraction. Edinb. Journ. of Sc. 1831. p. 53.

— — experiments to determine the reflection of the second surface of flintglass at incidences at which no portion of the rays passes trough the surface. Lond. and Ed. Ph. Mag. 1. p. 56.

— — on the power of glass of antimony to reflect light. ib. 4. p. 6.

— — an account of experiments to determine the quantity of light reflected by plane metallic specula under different angles of incidence. Edinb. Journ. of Sc. new Series 3. p. 278.

Whealer, experiments and observations on the application of photometry to certain cases connected with the undulatory theory of light. Lond. and Ed. Ph. Mag. 5. p. 439.

i) Photometrische Untersuchungen vor Entdeckung der Polarisation oder des directen Lichtes.

Bouguer, comparaison de la force de la lumière du soleil de la lune et de plusieurs chandelles. Mém. de Paris 1726. hist. 11.

Celsius, nouvelle idée sur la mesure de la lumière. Mém. de Par. 1735. hist. 5.

Bouguer, remarques sur les moyens de mesurer la lumière avec quelques applications de ces moyens. Mém. de Par. 1757. p. 1.

— — Traité d'optique sur la gradation de la lumière. Par. 4. 1760.

Lambert, Photometria sive de mensura et gradibus luminis colorum et umbrae. Aug. Vind. 1760. 8.

Karsten, Untersuchungen über die ersten Gründe der Photometrie. Abh. d. Baiersch. Akad. 9. p. 55.

— — Photometrie. Greifswald. 1777. 8.

Franz Maria, nouvelles découvertes sur la lumière. 1700.

Huyghens, Cosmotheoria. 2. p. 136.

Euler, réflexions sur les divers dégrés de lumière du soleil et des autres corps. Mém. de Berl. 1750. p. 280.

Fontana, sopra la misura della luce. Mem. del Soc. Ital. 1. p. 3.

Fossombroni, Saggio di ricerche sull' intensita del lume. Arezzo 1781. fol.

Schulten, recherche générale sur la quantité de lumière directe ou indirecte, envoyée dans l'oeil par les objets lumineux. Mém. de Petersb. 1. 1. p. 39.

k) Photometer.

Rumford, account of a method of measuring the comparative intensities of the light emitted by luminous bodies. Ph. Tr. 1794. 67. Grenn, neues Journ. 2. p. 15.

Leslie, Beschreibung eines neuen Photometers. Gilb. Ann. 5. p. 235. Nich. Journ. 3. p. 461.

Ritchie, on Leslies Photometer. Edinb. Journ. of Sc. 2. p. 321.

— — on a new photometer founded on the principles of Bouguer. Ed. Journ. of Sc. 5. p. 139.

Wollaston, on a method of comparing the light of the sun with that of the fixed stars. Ph. Tr. 1829. p. 19. P. A. 16. 328.

Potter, on an instrument of photometry by comparison. Lond. and Ed. Ph. Mag. 1. p. 174.

Xavier de Maistre, description d'un photomètre destiné à comparer la splendeur des étoiles. bibl. univ. 1832. p. 323.

Quetelet, sur la photometrie. Supplem. p. 359.

Talbot, facts relating to optical science. Lond. and Ed. Ph. Mag. 5. p. 321.

Plateau, Betrachtung über ein von Talbot vorgeschlagenes photometrisches Princip. Pogg. Ann. 35. p. 457.

Steinheil, Photometer. Pogg. Ann. 34. p. 644.

Osann, Versuche über Phosphoreszenz durch Insolation und Beschreibung eines neuen Photometers. Pogg. Ann. 33. p. 405.

Beleuchtung.

Reinke, über die parabolischen Reflectoren und deren Anwendung zu Nachtsignalen. Hamb. 1803. 4.

Bordier-Marcet, la parabole soumise à l'art ou essai sur la catoptrique de l'éclairage. Paris 1819. 8.

Fresnel, mémoire sur un nouveau système d'éclairage des phares. Paris 1822. 4.

Brewster. on the construction of polyzonal lenses and mirrors of great magnitude for light-houses and for burning instruments. Edinb. Phil. Journ. 8. 160. Ed. Tr. 11. p. 33.

— — on a singular luminous property of wood steeped in solutions of lime and magnesia. Edinb. Ph. Journ. 3. p. 343.

*Drummond, description of an apparatus for producing intense ligt visible at great distances. Edinb. Journ. of Sc. 5. p. 319.

— — on the means of facilitating the observation of distant stations in geodetical operations. Ph. Tr. 1826. p. 324.

— — on the illumination of light houses. Ph. Tr. 1830. p. 383.

Artikel Lighting Manufactories in Encyclopaedia Metropolitana Manufactures p. 581. Taf. 56.

Pfaff, über die Verstärkung des Lichtes nach Drummonds Methode. Pogg. Ann. 40. p. 547.

Peclet, über Intensität des Lampen- und Kerzenlichts. Erdman. Journ. 1. p. 66.

Aldini, saggio di machine relative alla luce intermittente dei fari tanto a oleo che a gas. Soc. Ital. 19. 2. p. 454.

Auzout, of a means to illuminate an object in what proportion one pleaseth. Ph. Tr. 1665. 68.

Aldini, Osservazioni fisiche sulla construzione di varie lampane antiche e moderne. Soc. Ital. 19. 2. p. 23.

Bérard, description d'un nouveau photophore ou porte-lumière. Mélanges Physico-Math. 1.

Rumford, Untersuchungen über die Quelle des Lichtes beim Verbrennen nebst Angabe einer neuen Lampe von mächtiger Wirkung. Gilb. Ann. 46. 225.

Gilbert, zur Geschichte der Argandschen und ähnlicher Lampen. Ann. 56. 391. Vergleich. versch. Beleucht. 76. p. 113—170.

Rumford, observations sur la dispersion de la lumière des lampes par le moyen des écrans de verre depoli, étoffes de soie avec la description d'une nouvelle lampe. Mém. de l'Inst. 8. p. 223. Gilb. Ann. 45. p. 344.

Fresnel, note sur les becs à plusieurs mèches appliqués aux lampes d'Argand. Ann. de Ch. et de Ph. 16. p. 377.

Theoretische Bestimmung der Intensität des gebeugten Lichtes.

*Fresnel, mémoire sur la diffraction de la lumière. Mém. de l'Acad. 5. 339—475. Ann. de Ch. et de Ph. 11. p. 245. 337.

Schwerd, die Beugungserscheinungen aus den Fundamentalgesetzen der Undulationstheorie analytisch entwickelt. 1835. 4.

Airy, Mathematical Tracts. p. 311.

Knochenhauer, über die Oerter der Maxima und Minima des gebeugten Lichtes nach den Fresnelschen Beobachtungen. P. A. 41. p. 103.

Beugung unabhängig v. der Beschaffenheit der Schirme nach Flaugergues Journ. de ph. 75. p. 27. und Haldat Ann. de Ch. et Ph. 41. p. 424. nach Berthollet und Malus.

Bestimmung der Brechung und Zerstreuung durchsichtiger und undurchsichtiger Substanzen.

a) Durch Prismen.

Euler, réflexions sur la manière d'examiner la réfraction du verre par les moyens du prisme. Mém. de Berl. 1766. p. 202.

Th. Young, lectures on natural philosophy (Tafel).

Herschel 2, Edinb. Journ. of Sc. 20. p. 296.

*Frauenhofer, Bestimmung des Brechungs- und Farbenzerstreuungsvermögens verschiedener Glasarten. Schum.' astronom. Abhandl.

Seebeck 2, obs. circa nexum intercedentem inter corporum lucem simpliciter refringentium et angulos incidentiae sub quibus luminis ab illorum superficiebus reflexi polarisatio fit perfectissima. Berol. 1830. 4.

Prechtl, praktische Dioptrik. p. 124.

Baumgärtner, Naturlehre. Supplementb. p. 440.

Barlow, ib. p. 439.

Hartmann, über die genaue Bestimmung der Brechung und Zerstreuung des Lichtes in gegebenen Glasarten mit Hülfe sorgfältig geschliffener Prismen. Schum. astr. Nachr. 7. p. 265.

Hawksbee, a description of the apparatus for making experiments on the refractions of fluids with a table of the specific gravities, angles of observations and ratio of refractions of several fluids. Ph. Tr. 1710. 204.

Rochon, sur la mesure de la dispersion et de réfraction de différentes substances et description de l'instrument qui a servi à cette determination. Récueil de mém. p. 279. (Durch

Vergleichung der Ablenkung eines durch eine Wand getrennten, mit 2 Flüssigkeiten gefüllten Prisma.)

Blair, über aplanatische Teleskope. Edinb. Tr. vol. 2. Gilb. Ann. 6. 129. (Jetzt gebräuchliches durchbortes massives Prisma für Flüssigkeiten mit angelegten Glasplatten.)

Cadet et Brisson, mémoire sur le pouvoir réfringent des liqueurs soit simples soit composées. Mém. de Par. 1777. 541.

de la Hire, expériences sur la réfraction de l'huile par rapport à l'eau et a l'air. Mém. de Par. 9. p. 577.

*Biot et Arago, mémoire sur les affinités des corps pour la lumière et particulièrement sur les forces réfringentes des différents gaz. Mém. de l'Inst. 1806. 2. p. 301. Gilb. Ann. 26. p. 36. (Ablenkung durch Bordas leeres und mit Gas gefülltes Prisma verglichen.)

*Dulong, mémoire sur les pouvoirs réfringens des fluides élastiques. Mém. de l'Acad. 1825. Pogg. Ann. 6. p. 393. (Durch Beobachtung constanter Ablenkung bei veränderter Dichtigkeit der Gassarten.)

b) Durch totale Reflexion im Innern eines Prisma, an dessen Grundfläche die Substanz.

Wollaston, methode of examining refractive and dispersive powers by prismatic reflection. Ph. Tr. 1802. p. 365. Gilb. Ann. 23. p. 235. (Th. Young, Lect. 2. p. 298 darüber.)

Malus, über die Messung des Brechungsvermögens der undurchsichsichtigen Körper. Gilb. Ann. 31. p. 225.

c) Durch Brennweite einer Linse.

Huyghens, dioptrica. p. 4.

Klügel, analytische Dioptrik. p. 106.

Schefer, institutiones dioptricae. p. 40. (Man betrachtet mit einem achromatischen Fernrohr eine kleine Schrift hinter der Linse in der zu bestimmenden Brennweite derselben.)

Euler, Expériences pour déterminer la réfraction de toutes sortes des liqueurs transparentes. Mém. de Berl. 1756. p. 235. (Brennweite einer Linse, in welcher die Flüssigkeit eingeschlossen.)

Euler 2, sur la réfraction des fluides et sur l'influence de la chaleur sur la réfraction des fluides. Mém. de Berl. 1762.

p. 279. 302. 311. 318. 328. (die Flüssigkeit in das hohle Objectiv eines Fernrohrs eingeschlossen, und dessen Länge gemessen, wenn ein entfernter Gegenstand deutlich erscheint.)

Brewster, description of an instrument for measuring the refractive powers of fluids, and of a method of determining the refractive powers of solids with tables of the refractiv powers of various substances. Phil. Instr. p. 204. (die zwischen ein Planglas und eine Convexlinse gedrückte Substanz wird vor das Objectiv eines achromatischen Mikroskops befestigt, und die zum deutlich Sehen erforderliche Verschiebung des Objectes gemessen.)

Th. Young, Calculation of Dr. Brewsters unreduced observations. Quat. Journ. vol. 22.

Marx, über das lichtbrechende Vermögen der Körper. Schweigg. Journ. 5. 2. p. 385.

d) Durch Brechung in einer Planscheibe vor dem Objectiv eines Mikroskops.

Duc de Chaulness, mémoire sur quelques expériences relatives à la dioptrique. Mém. de Berl. 1767. 431.

e) Aus der scheinbaren Neigung der optischen Achsen eines zweiachsigen Krystalls das Brechungsverhältniss einer Flüssigkeit, in die er getaucht.

Neumann, über die optischen Eigenschaften der zwei- und eingliedrigen Krystalle. Pogg. Ann. 35. 92.

f) Durch Spiegelung von der Hinterfläche einer Linse.

Stampher, 2 dioptrische Abhandlungen. Jahrb. des Wien. polyt. Inst. 7.

g) Durch Verschiebung der Fransen bei Interferenzversuchen bei eingeschalteter Planscheibe.

Arago, Ann. de Chim. et de Ph. tom. 1. p. 199.

h) Durch den Polarisationswinkel.

Marx, Schweigger Journal. 61. p. 46.

i) Durch das Polarisationsmaximum auf Metallen.

Brewster, on the phenomena and laws of elliptic polarization. Ph. Tr. 1830. 101.

Methoden die Farbenzerstreuung zu messen.

Boscowich, vitrometrum. Dissert. ad opticam spect. 1. §. 205. (veränderliches Wasserprisma mit Glasprisma combinirt).

Rochon, diasporamètre. Récueil de Mém. p. 279. (2 gleichwinklige Prismen auf einander gedreht.)

Clairault, mémoire sur les moyens de perfectionner les lunettes d'approche par l'usage d'objectifs composés de plusieurs matières différemment réfringentes. Mém. de Par. 1762. p. 578. (Prisma mit variabelem Winkel).

Biot und Cauchoix, Gilb. Ann. 35. 399.

Brewster, description of an instrument for measuring the dispersive and refractive powers of solid and fluid substances, with remarks on the irrationality of the coloured spaces in different media and a table of the dispersive powers of various bodies. Ph. Instr. p. 289. (Substanz zwischen 2 Prismen eingeschaltet, deren eins drehbar).

Frauenhofer, (durch die festen Linien, siehe oben).

1. Unabhängigkeit der Brechung und Farbenzerstreuung von andern physikalischen Bestimmungen und von einander.

Von der thermischen Dichtigkeitsänderung bei Flüssigkeiten, siehe Arago u. Petit, sur la puissance réfr. et dispers. de certains liquides et des vapeurs qui forment. Ann. de Ch. et Ph. 1. 1.

Von der Brechung der Bestandtheile bei Gasarten und Flüssigkeiten, siehe Arago und Dulong a) und f) hingegen proportional der Dichtigkeit bei Gasen (Dulong).

Avogrado, sopra la relazione che esiste tra i calori specifici e i poteri refringenti delle sostanze gazose. Societ. Ital. 18. 1. p. 153. Pogg. Ann. 6. p. 419.

Herschel 2, Brechungs- und Farbenzerstreuungsvermögen unabhängig von einander. On light. p. 575.

Anzahl der Grundfarben.

(Die Zahl 3 bezeichnet blau, gelb und roth).

Hooke, micrographia, 2 Grundfarben. Blau und Roth.

Mariotte, Traité de couleurs (3) und Weiss und Schwarz.

Funccius, de coloribus coeli. 1716.

Guyot, récréations physiques et mathématiques. Paris, 1769. vol. 3. (3).

Tobias Mayer, de affinitate colorum, Oper. ined. 1722. (3).

Lambert, Beschreibung einer mit dem Calauschen Wachse ausgemalten Farbenpyramide. Berl. 1772. 4. (3) und Weiss u. Schwarz.

Prieur, mémoire sur la décomposition de la lumière en ses élémens les plus simples (3).

Wünsch, Versuche und Beobachtungen über die Farben des Lichts. Leipzig, 1792. (Roth. Grün. Violett.)

Mollweide, über die Reduction der sieben Hauptfarben auf eine geringere Anzahl. Gehlen Journ. der Ch. u. Ph. 1. p. 651. (gegen Wünsch).

Goethe, zur Farbenlehre. (3).

Runge, Farbenkugel oder Construction des Verhältnisses aller Mischungen der Farben zu einander und ihrer vollständigen Affinität. Hamburg, 1810. (3.)

Thomas Young, lectures on natural philosophy. 1. p. 441. (Roth, Grün, Violett.)

Wollaston, a method of examining refractive and dispersive powers by prismatic reflection. Ph. Tr. 1802. 365. (4 Farben im Spectrum, roth, gelblichgrün, blau, violett.)

Einfache Farben.

Newton, Optice (Verschiedene Brechung und Fits als ihr unterscheidendes Merkmal).

Frauenhofer, Bestimmung des Brechungs- und Farbenzerstreuungsvermögens verschiedener Glasarten. Münch. 1821. (Feste Linien als Kennzeichen homogener Farbe).

Frauenhofer, neue Modificationen des Lichtes durch gegenseitige Einwirkung und Beugung der Strahlen. (München, 1818. (Homogene Farben durch feine Gitter).

— — kurzer Bericht von den Resultaten neuer Versuche über die Gesetze des Lichtes und die Theorie desselben. Gilb. Ann. 74. p. 337.

Bestimmung ihrer Wellenlänge.

Newton, Optice (accessus). lib. 2. zu Anfang.

Fresnel, mémoire sur la diffraction. Pogg. Ann. 30. p. 184.

Frauenhofer, neue Modificationen. Gilb. Ann. 74. p. 359.

Schwerd, die Beugungserscheinungen aus den Fundamentalgesetzen der Undulationstheorie analytisch entwickelt. p. 33.

Bestimmung ihrer verschiedenen Intensität.

Herschel, Untersuchung über die Natur der Sonnenstrahlen. p. 13.
Frauenhofer, Brechung und Farbenzerstreuung. Taf. I.

Allmähliger Uebergang derselben in einander ohne wahre Homogeneität.

Rochon, recherches sur la nature de la lumière des étoiles fixes. Récueil de Mém. p. 13.
Brewster, on a new analysis of solar light indicating three primary colours forming coincident spectra of equal lenght. Edinb. Tr. 12. p. 123.
v. Wrede, Versuch die Absorption des Lichtes nach der Undulationstheorie zu erklären. Pogg. Ann. 33. d. 353.
Challis, theoretische Auslegung einiger Thatsachen die Zusammensetzung der Farben des Spectrums betreffend. Pogg. Ann. 37. p. 528.

Zusammensetzung der Farben.

Newton, Optice 1. 2. prop. 5.
Scopoli, entomologia carniolica. 1763.
Voigt, Beobachtungen und Versuche über farbiges Licht, Farben und ihre Mischung. Grens Journ. 3. 3.
Wünsch, Versuche über die Farben des Lichts. Leipzig, 1792.
Lüdicke, Beschreibung eines kleinen Schwungrades die Verwandlung des Regenbogens des Lichtes, mit Bemerkungen und Versuchen über die dazu nöthige Eintheilung des Farbenbildes. Gilb. Ann. 8. 272.
— — Versuche über die Mischung prismatischer Farben. Gilb. Ann. 34. 1. u. 362.
Münchow, Bericht über die Versammlung der Naturforscher in Berlin. (Weiss durch ein schnell gedrehtes Prisma hervorgebracht.)

Anhang.

1) Optische Phaenomene der Atmosphäre.

A. Regenbogen.

Bary, sur la détermination élémentaire de déviation qu'un rayon de lumière homogène puisse subir en traversant un prisme donné. Ann. de Ch. et de Ph. 45. 88. Pogg. Ann. 26. p. 170.

*Theodorich, de radialibus impressionibus et de iride. 1311. Man.

*Descartes, Meteorol. c. 8.

Mariotte, observations sur les couleurs et sur l'arc en ciel. Mém. de Par. 1. p. 291.

*Newton, optice l. 2. prop. 9.

Halley, de iride sive arcu coelesti dissertatio geometrica, qua methodo directa iridis utriusque diameter, data ratione refractionis, obtinetur: cum solutione inversi problematis, sive inventione rationis istius ex data arcus diametro. Ph. Tr. 1700. p. 714.

Joh. Bernoulli, Opera, Tom. 4. n. 171. p. 197.

d'Alembert, recherches mathématiques sur l'arc en ciel. Misc. Soc. Taur. 4. p. 127.

Brewster, Phil. Instrum. p. 349. (sein Licht polarisirt.)

Frauenhofer, Gilb. Ann. 74. 342. (Farben nicht homogen.)

Ainger, on the darkness between the primary and secondary rainbows. Bop. Tart. 1831. p. 281.

*Th. Young, über den Nebenregenbogen. Exp. and. Obs. relative to physical optics. Ph. Tr. 1804. 1. Gilb. Ann. 39. p. 272. (entsteht durch Interferenz).

Babinet, über den Regenbogen und dessen überzählige Bogen. Pogg. Ann. 41. p. 139.

Potter, math. consider. on the rainbero. Cambr. Tr. 6. p. 141.

Aeltere Untersuchungen und andre Erklärungen.

Vitellio, opticae thesaurus per Risnerum. Bas. 1572. fol.

Clictove, philosophiae naturalis paraphrasis. Par. 1501. fol.

Maurolycus, Photismi de lumine et umbra ad prospectivam radiorum et incidentiam facientes. Ven. 1575. 4.

Fleischer, de iridis doctrina Aristotelis et Vitellionis certa methodo comprehensa. Witemb. 1571. 8.

de Dominis, de radiis visus et lucis in vitris perspectivis et iride tractatus. Venet. 1611. 4.

Marcus Marci, Thaumantias liber de arcu coelesti. Prag, 1648.

Moeser, de iride. Misc. Acad. Nat. Cur. 1685. p. 109.

Scheibel, de Fleischeri Vratislaviensis in doctrinam de iride meritis Vratisl, 1762. 4.

Mallet, über die Erklärung des Regenbogens. Schwed. Abh. 1763. p. 239.

Bergmann, de arcus coelestis explicationibus. Opusc. phys. chem. vol. 5. p. 314.

Kotelnikow, phaenomenorum iridis seu arcus coelestis disquisitio. Nov. Com. Petr. 7. p. 252.

l'Abbé P., observations sur l'arc en ciel suivies de l'application d'une nouvelle théorie des couleurs de ce phenomène. Par. 1788. 8.

Helwag, Abhandlung vom vielfachen Regenbogen. Neues deutsches Museum. 1790. p. 420. (der Nebenbogen durch Wellen auf der Oberfläche der Tropfen erklärt).

Pemberton, letter concerning the appearence of several arches of colours contiguous to the inner edge of the common rainbow with some other reflections on the same subject. Ph. Tr. 1723. p. 245. (durch Farben dünner Blättchen erklärt.)

Venturi, commentari sopra la storia e le teorie dell' ottica. Bologna. 1814. Gilb. Ann. 52. p. 385. (durch die elliptische Form der Tropfen erklärt.)

B. Grössere Höfe.

Descartes, meteor. cap. 9. 10.

Huyghens, de coronis et parheliis. Amst. 1728. 4. (durch Eiscylinder mit undurchsichtigem Kern erklärt.)

Mariotte, Traité des couleurs. Oeuvr. 1. p. 272. (durch Reflexion in dreiseitigen Eisprismen.)

Venturi, Commentari sopra la storia e le teorie dell' ottica. Bolog. 1814. (ebenso.)

***Frauenhofer**, Theorie der Höfe, Nebensonnen und verwandter Phaenomene, mit Versuchen zur Bestätigung derselben. Schum. astr. Abhandl. 3. 33. (ebenso.)

Tob. Mayer, Commentatio physico-mathematica de halonibus sive coronis. Com. Gött. 1804. (durch Brechung in Dunstbläschen.)

Brandes, Artikel im neuen Gehler (durch Eisprismen.)

Schmidt, analytische Optik. §. 612.

Babinet, über den horizontalen Kreis bei Nebensonnen. Pogg. Ann. 41. p. 128. (durch senkrechte Eisprismen.)

Arago, (durch Refraction polarisirt) bull. univ. Mai, 1825.

Weidler, dissertatio de parheliis. Witemb. 1738. 4. (durch zweimalige Brechung und Reflexion in kleinen Tropfen.)

Moser, über einige optische Phänomene und Erklärung der Höfe und Ringe um leuchtende Körper. Pogg. Ann. 16. 67. (durch Brechung in Dampfblasen.)

C. Kleinere Höfe.

(Siehe Gitterfarben, pag. LVIII.)

Wood, Mem. of the philos. Soc. of Manch. 3. p. 336. a. 1790.

D. Terestrische Refraction und Luftspiegelung.

***Wollaston**, on double images caused by atmospherical refraction. Ph. Tr. 1800. p. 239. Gilb. Ann. 11. p. 1.

— — observations on the quantity of horizontal refraction with a method of measuring the dip at sea. Ph. Tr. 1803. 1.

***Biot**, sur les réfractions extraordinaires, qui s'observent très près de l'horizont. Mém. de l'Inst. p. 1—266. Gilb. Ann. 47. 237.

Gruber, Beobachtungen über die Strahlenbrechung auf erwärmten Flächen. Gilb. Ann. 3. 376. Auszug: aus Physikalische Abhandlung über die Strahlenbrechung und Abprallung auf erwärmten Flächen. Dresden, 1783.

Woltmann, Beobachtungen über die Br hung der Lichtstrahlen, die nahe über die Erdfläche hinfahren. Gilb. Ann. 3. 397.

Brandes, Beobachtungen über die Strahlenbrechung und empirische Resultate aus denselben. Oldenburg, 1807.

Vinze, on horizontal refractions. Ph. Tr. 1799. p. 13. Gilb. Ann. 4. p. 129.

Huddart, on horizontal refractions which affect the appearence of terrestrial objects and the dip or depression of the horizon of the sea. Ph. Tr. 1797. p. 29.

Büsch, tractatus duo optici argumenti. Hamb. 1783. Gilb. Ann. 3. p. 190.

Monge, mémoire sur le phenomène d'optique connu sous le nom de mirage. Decade philosophique. An 7. no. 10. Mém. sur l'Egypt. p. 64.

Gergonne. essai analytique sur le phénomène de mirage. Ann. de mathém. 20. 1.

Mile, sur la grandeur apparente des objets causée par la réfraction de la lumière dans l'atmosphère. Journ. de physic. 1822. Novbr.

Mayer, de refractionibus objectorum terrestrium. Gott. 1751. (für grössere Winkel.)

E. Theorie der astronomischen Strahlenbrechung.

Scheiner, refractiones coelestes.

Halley. Ph. Tr. 1721. p. 169. (Newtons Tafel.)

Cassini, novissimae motuum solis ephemerides ex recentioribus tabulis Cassini a Com. Malvasia supputatae. 1661.

de la Hire, examen de la ligne courbe formée par un rayon de lumière, qui traverse l'atmosphère. Mém. de Paris. 1702. p. 52. 182.

Herrmann, Act. Erud. Liss. 1756. p. 256.

Taylor, methodus incrementorum. p. 108.

Jacob Bernoulli. Opera 2. p. 1063.

Johann Bernoulli, Opera 3. p. 516.

Daniell Bernoulli, Hydrodynamica. p. 221.

Heinsius, de computo refractionis astronomicae sub hypothesi radios lucis instar rectae lineae atmosphäram trajicere. Lips. 1749. 4.

Simpson, mathematical dissertations. p. 46.

Bouguer, Mém. de Paris. 1739. 1749.

la Caille, sur les réfractions astronomiques. Mém. de Par. 1755.

Tobias Mayer, de refractione astronomica. Altorf, 1781.

Euler, de la réfraction de la lumière en passant par l'atmosphère selon les divers degrés tant de la chaleur que de l'élasticité de l'air. Mém. de Berlin, 1754. p. 131.

Lambert, propriétés remarquables de la route de la lumière par les airs. à la Haye. 1788. 8.

Lagrange, Mém. de Berlin, 1772. p. 259.

Oriani, de refractione astronomica Ephem. Mediol. 1788.

Kramp, analyse des réfractions astronomiques et terrestres. Strasburg, 1799. 4.

Humboldt, essai sur les réfractions astronomiques. Voy. 1. 134. Gilb. Ann. 31. 337.

Tralles, Veränderungen, welche die Feuchtigkeit in der Strahlenbrechung der Luft bewirkt. Gilb. Ann. 27. 428.

Laplace, mécanique céleste. 4. p. 268. Gilb. Ann. p. 25. 393.

Bessel, fundamenta astronomiae. p. 28. 43. Königsberger Beobacht. 7. p. 38 u. 8. 22.

Ivory, on the astronomical refractions, Ph. Tr. 1823. p. 409.

Thomas Young, a finite and exact expression for the refraction of an atmosphere nearly resembling that of the earth. Ph. Tr. 1824. p. 159.

Plana, recherches analytiques sur la densité des couches de l'atmosphère et la théorie des réfractions astronomiques. Turin 1823. 4. p. 143.

Gergonne, du mouvement de la lumière dans un milieu transparent, dont la densité varie dans tous les sens, suivant une loi mathématique quelconque. Ann. de mathém. 19. p. 257.

Lee, on the dispersive power of the atmosphere and its effect on astronomical observations. Ph. Tr. 1815 p. 375.

Svanberg, disquisitiones analyticae in theoriam refractionum. Nov. act. reg. soc. scient. Upsal. 9. p. 89.

Schmidt, Lehrbuch der mathematischen und physischen Geographie. Götting. 1829. 2. p. 305.

Forster, mémoire sur les variations du pouvoir de réflection de refraction et de dispersion de l'atmosphère. Bull. univ. 2. p. 110. Ph. Mag. 1824. p. 192. März.

Ueber die verschiedenen Auflösungen des Problems der astronomischen Strahlenbrechung. Quat. Journ. of Sc. 1825. p. 347.

Besondere Erscheinungen des Himmels.

Treiber, de figura et colore coeli apparente. Jena 1668.

Kästner, in Smith Optik. p. 57.

Kries, Erscheinungen convergenter Sonnenstrahlen. Pogg. Ann. 5. p. 90.

Wrede, Ueber die scheinbare Lage paralleler Strahlen in der Atmosphäre und ihre Anwendung zu meteorologischen Messungen. Pogg. Ann. 7. p. 217. u. 305.

Dämmerung.

Lambert, Photometrie p. 440.

Torbern Bergmann, Geschichte der Wissenschaft von der Dämmerung. Schwed. Abh. 1760.

Nunnez, de crepusculis 1541. prop. 17. Kürzeste Dämmerung.

Johann Bernoulli, Acad. Erud. 1692 pag. 446.

l'Hospital, Analyse des infiniment petits. Par. 1696.

Kästner, in Lulofs Kenntniss der Erdkugel. p. 84.

Dandelin, solution du problème du plus court crepuscule proposé d'abord par Nonius. Quetelet. corr. math. 2. p. 2.
Brandes, Ueber Abendröthe. Artikel im neuen Gehler.

2) **Der optische Theil der sogenannten natürlichen Magie.**

Streifenbilder.

Schwenter, mathematische Erquickungsstunden. 1651. 1 p. 271.
Wolff, Elementa Optices, probl. 28.

Anamorphosen.

Vaulezard, perspective conique et cylindrique 1630. 8.
Schott, magia universalis naturae et artis. Herbip. 1657. 4.
Langsdorff, Grundlehren der Photometrie. Erlangen. 1803. p. 93.
Leupold, anamorphosis mechanica. Lips. 1714. 4.
Leutmann, Anamorphoseos polyedricae coustructionis methodus vera atque certa, notatis falsarum manuductionum passim propositarum anomaliis opticis. Comm. Acad. Petr. 4.p. 202.
Leutmann, Anmerkung vom Glasschleifen.

Optische Täuschungen überhaupt.

Ehrenberger, de deceptionibus opticis Act. Acad. curios 7. p. 314.
— — de deceptionibus catoptricis ib. 8. p. 108.
— — de deceptionibus dioptricis — 8. — 220
Rochussen, Verhandlingen over het verwaardingen van teekeningen voor den Conus-Spiegel. Verh. Batav. Genootsch. 11 p. 127.
Baptista Porta, magia naturalis 1558. fol.
Kircher, ars magna lucis et umbrae.
Ozanam, récréations mathématiques et physiques. Par. 1697.
Guyot, nouvelles récréations physiques et mathématiques Par. üb. Augsb. 1772. dritter Theil.
Wiegleb. natürliche Magie. Berlin. fortgesetzt v. **Rosenthal** 1789.
Funk, natürliche Magie. Berlin 1783. 8.
Halle, Magie oder die Zauberkräfte der Natur in Versuchen. 1783. 8.
Gütle, Versuche, Unterhaltungen und Belustigungen a. d. natürlichen Magie. Leipz. 1791. 8.
***Brewster**, letters on natural magic addressed to Sir Walter Scott. London. 1832.

Historische Uebersicht

der Erfindung der optischen Instrumente und ihrer Verbesserung.

1280—1311 Brillen in Italien.

1550 Camera obscura v. Porta.
1590 holländisches Fernrohr v. Jansen.

1611 astronomisches Fernrohr vorgeschl. v. Kepler.
1621 zweiglasiges Mikroskop v. Drebbel.
1630 astronomisches Fernrohr ausgeführt v. Scheiner. (Rosa ursina)
1640 Fadenkreuz im Fernrohr v. Gascoigne.
1644 Spiegel zum Fernrohr vorg. v. Mersenne.
1645 terrestrisches Fernrohr v. Rheita. (Oculus Enoch et Eliae)
1646 laterna magica v. Kircher.
1663 Spiegelteleskop v. Gregory.
1665 dreiglasiges Mikroskop v. Hooke und Campani.
1667 Mikrometer v. Römer a Picard.
1672 Spiegelteleskop, Spiegelmikroskop und Ablesungprisma von Newton.
— Spiegelteleskop v. Cassegrain.
1684 Grosse Refractoren v. Campani u. Huyghens.

1700 Negatives Ocular v. Huyghens (Opera, nach Huyghens Tode bekannt gemacht).
1719 Heliostat v. s'Gravesand und v. Fahrenheit.
1723 Grössere Spiegelteleskope ausg. v. Hadley.
1731 Spiegelsextant v. Hadley.
1733 achromatische Objective v. Hall.
1734 Gregorsche Teleskope v. Schort.
1738 Sonnenmikroskop v. Lieberkühn.
1748 Heliometer v. Bouguer.
1753 Heliometer mit zerschnittenem Objectiv nach Savery u. von Dollond.
1758 achromatisches Fernrohr v. Dollond veranlasst durch Euler.
1760 rechtwinklig gebrochenes Fernrohr v. Aepinus.
1767 Reflexionskreis vorg. v. Tobias Mayer.
1768 Messmikroskop v. Herzog v. Chaulness.
1776 Lunette à double image v. Rochon.

1783 Dynameter v. Adams u. Ramsden.
— Positives Ocular v. Ramsden.
1787 verbessertes Lampenmikroskop v. Adams.
— Reflexionskreis v. Borda.
1789 Grösstes Spiegelteleskop v. Herschel.
— Objective mit Flüssigkeiten v. Blair.

1807 Camera lucida v. Wollaston.
1809 Reflexionsgoniometer v. Wollaston.
1811 Periskopische Gläser v. Wollaston.
1813 Eriometer v. Thomas Young.
1814 Kaleidoskop v. Brewster.
1818 Katadioptrische Mikroskope v. Amici.
1821 Heliotrop v. Gauss.
1824 Verbesserung der Mikroskope durch aufeinandergeschraubte Linsen v. Selligue.
— Diamant- u. Saphirlinsen v. Goring u. Pritchard.
— Grösster Refractor v. Frauenhofer (in Dorpat).
1826 Pancratisches Ocular v. Kitchiner.
— Teinoskop v. Amici.
1828 Doublets v. Wollaston.
— Grösstes Heliometer v. Frauenhofer (in Königsberg).
— Dialytische Fernröhre vorgeschlagen von Rogers.
1829 Bergkrystallfernröhre v. Cauchoix.
— Polyzonallinsen v. Fresnel u. Brewster.

Neueste Verbesserungen.

Dioptrische Mikroskope v. Chevalier, Amici, Plössl, Pistor und Schiek.
Aplanatische Loupen u. Feldstecher v. Plössl.
Dialytische Fernröhre nach Littrow v. Plössl.
Grosse Objective mit Flüssigkeiten v. Barlow.
Achromatische Oculare v. Duwe.

Uebersicht der optischen Literatur.

I. Allgemeine Werke, mathematische Optik und optische Instrumente.

II. Gesundes und krankhaftes Sehen.

III. Chromatik.

H. W. Dove.

Namenregister.

Gedruckt bei Julius Sittenfeld, Burg-Strasse No. 25.

Fig. 1.

Fig. 2.

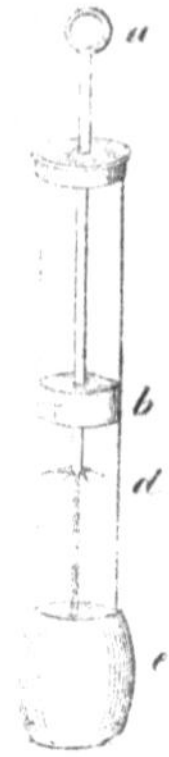

Fig. 3.

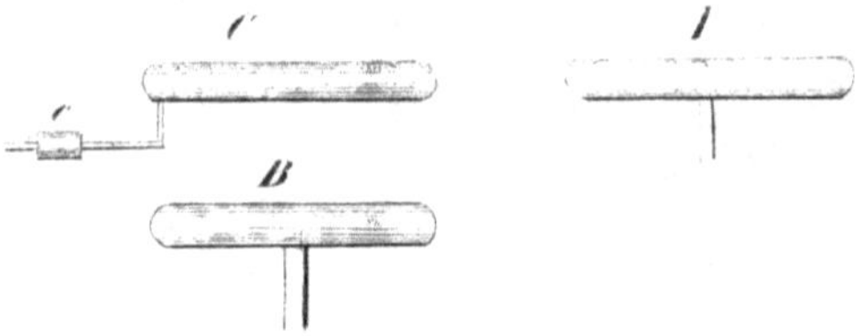

Fig. 4.

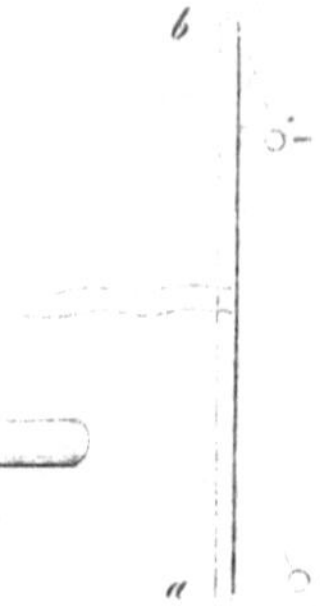

Fig. 6.

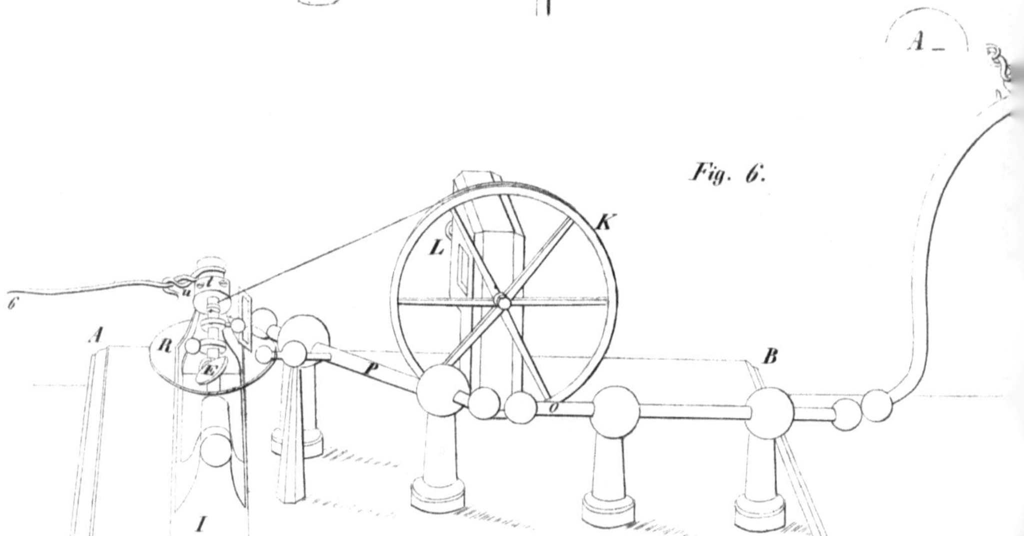

Fig. 7.

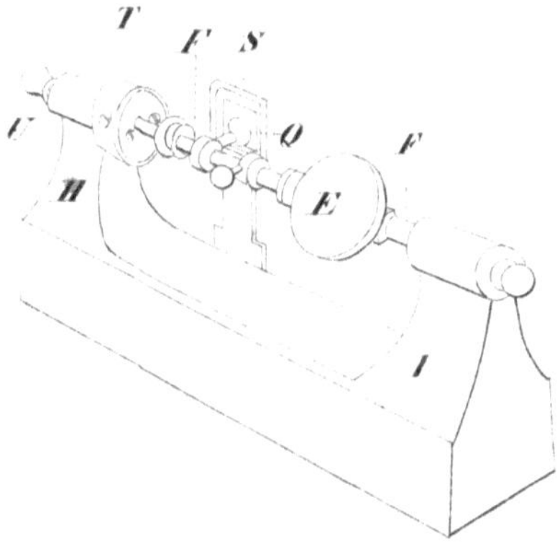

Fig. 5.

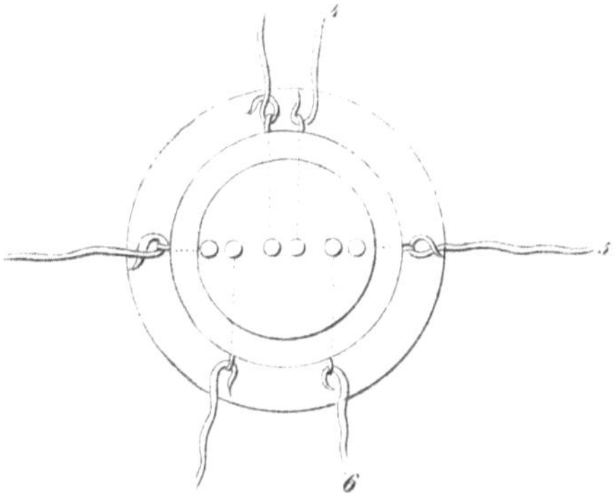

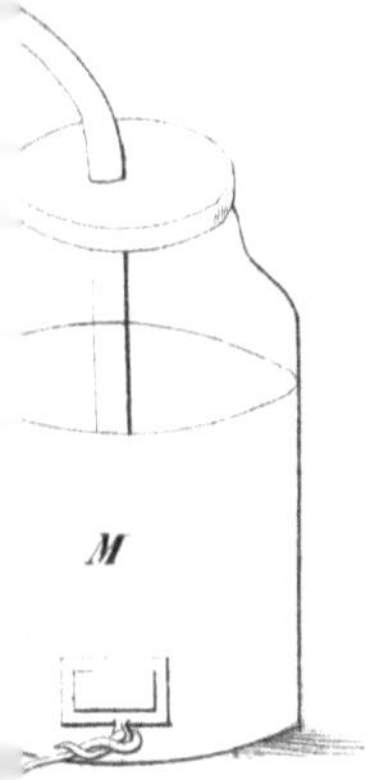

Fig. 8.

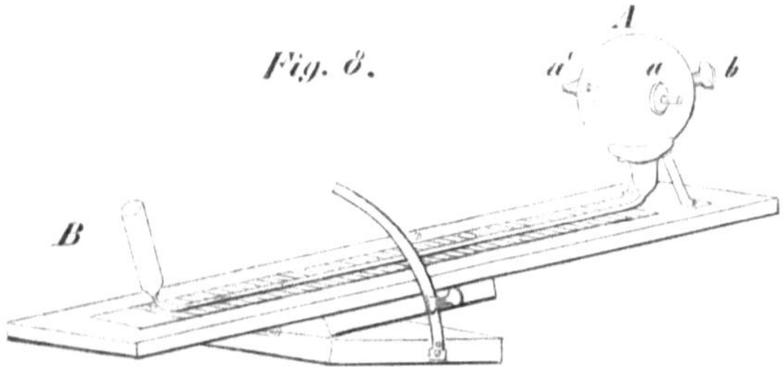

Fig. 9.

Fig. 10.

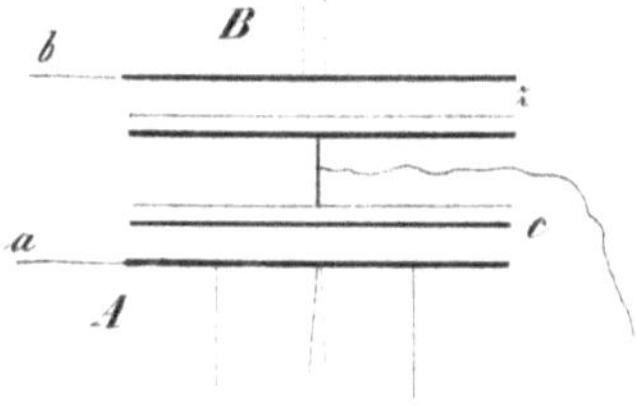

FSC
www.fsc.org
MIX
Papier | Fördert gute Waldnutzung
FSC® C083411

Kolibri 360 GmbH
Ferdinand-Jühlke-Straße 7
99095 Erfurt, Deutschland
produktsicherheit@kolibri360.de